鄱阳湖生态安全

王圣瑞 等 编著

科学出版社

北京

内 容 简 介

本书通过考察鄱阳湖的演变特征,以水文情势变化、湿地生态系统演变、入湖污染负荷控制、流域产业结构调整等为重点,剖析了鄱阳湖所面临的主要生态安全问题,总结分析了近 30 年来鄱阳湖生态系统的变化态势;从水生态系统健康、湖区及流域经济社会影响、生态服务功能损失、生态灾变以及综合影响等方面评估了鄱阳湖的生态安全状况;以珍稀候鸟和江豚数量基本稳定、维持一定的生态水位、维护湿地生态系统健康、提升湿地生态服务功能为主要目标,以流域污染源系统控制为重点,结合退田还湖,以水(生态水位)、湿地植物、鱼类和珍稀候鸟为主要保护对象,提出了鄱阳湖生态安全保障对策与研究展望。

本书可供从事湖泊学、生物地球化学、环境化学、环境工程、环境管理、城市规划、水利管理部门的研究人员、管理人员以及高等院校师生阅读参考。

图书在版编目(CIP)数据

鄱阳湖生态安全/王圣瑞等编著. —北京:科学出版社,2014.3
ISBN 978-7-03-039863-5

Ⅰ.①鄱…　Ⅱ.①王…　Ⅲ.①鄱阳湖-生态安全-研究　Ⅳ.①X321.256

中国版本图书馆 CIP 数据核字(2014)第 035353 号

责任编辑:杨　震　刘　冉 / 责任校对:彭　涛
责任印制:钱玉芬 / 封面设计:铭轩堂

科 学 出 版 社 出版
北京东黄城根北街 16 号
邮政编码:100717
http://www.sciencep.com
北京通州皇家印刷厂印刷
科学出版社发行　各地新华书店经销
*
2014 年 3 月第 一 版　开本:720×1000　1/16
2014 年 3 月第一次印刷　印张:27
字数:542 000
定价:138.00 元
(如有印装质量问题,我社负责调换)

序

我国生态环境目前处于大范围生态退化和复合型环境污染共存的主要阶段。湖泊水污染和藻类水华暴发事件频发,严重影响了湖区群众的生产、生活与饮用水安全,湖泊生态安全问题已成为制约区域社会经济可持续发展的重大环境问题之一。2007年5月太湖水华暴发导致的无锡市饮用水污染事件更是给我国湖泊保护工作敲响了警钟。新时期,我国湖泊保护和治理应贯彻落实"让江河湖泊休养生息"的战略思想,突出体现"一湖一策"的原则,着力解决湖泊水污染防治和区域经济发展间的矛盾,使湖泊生态系统逐步恢复到健康安全状态。

鄱阳湖作为我国最大的淡水湖泊和长江流域最大的通江湖泊,在调蓄滞洪、水源涵养、生物多样性保护、越冬候鸟栖息、农产品提供以及污染物降解等方面发挥着重要作用。鄱阳湖是全球越冬候鸟的重要栖息地,保持了世界上98%的国际濒危物种白鹤(Grus leucogeranus)和80%以上的东方白鹳(Ciconia boyciana)等珍稀种群越冬栖息;鄱阳湖是洄游性鱼类、珍稀水生动物的繁殖场所,也是长江江豚最重要的避难所。在鄱阳湖栖息的长江江豚约占整个种群数量的1/4~1/3。鄱阳湖多年平均水量占长江干流多年平均径流量的15.6%。优质丰富的水资源在稳定长江中下游正常生态流量、防止长江口海水倒灌、维护长江中下游水量平衡、区域生态环境安全和支撑区域经济社会可持续发展等方面发挥着重要作用。

《鄱阳湖生态安全》一书是"鄱阳湖生态安全调查与评估项目"成果的进一步深化。该书通过历史与现状的对比分析,总结了近30年来鄱阳湖生态系统的变化态势,以水文情势变化、湿地生态系统演变、入湖污染负荷控制、流域社会经济发展等为重点,研究了鄱阳湖所面临的主要生态安全问题;从水生态系统健康、流域经济社会影响、生态服务功能损失、生态灾变以及综合影响等方面评估了鄱阳湖生态安全状况;以珍稀候鸟和江豚数量基本稳定、维持一定的生态水位、维护湿地生态系统健康、提升湿地生态服务功能为主要目标,以流域污染源系统控制为重点,结合退田还湖,以水(生态水位)、湿地植物、鱼类和珍稀候鸟为主要保护对象,提出了鄱阳湖生态安全保障对策。该书的创新之处在于提出了湖泊保护和治理不仅仅是水质保护和水污染防治,需要把湖泊保护和治理融入流域社会经济发展中统筹考虑,保护湖泊的实质是解决好"人湖"关系,即应以环境承载力为依据,约束流域开发与优化产业布局,转变发展模式,促进资源节约,实施最为严格的环境保护标准,实施流域生态建设,实现"人湖"和谐,即湖泊管理应由单一的管理湖泊本身向"人湖"和谐转变。

该书是全国重点湖泊生态安全调查与评估的重要成果,也是鄱阳湖研究的又一重要成果,是我国又一部针对湖泊生态安全问题的研究专著,可供众多湖泊开展生态安全评估工作参考,该书定会在我国湖泊保护和管理方面发挥重要作用。适逢江西省实施鄱阳湖生态经济区战略,保障鄱阳湖"一湖清水",不仅是江西省经济社会发展的重要支撑,也是保障长江中下游生态安全和长江中下游地区社会经济稳定可持续发展的重要支撑。因此,该书的出版将对建设鄱阳湖生态经济区和保障长江中下游地区生态安全提供基础数据和重要参考。

湖泊生态安全问题是国内外最为关心的环境问题之一,其影响范围之大,程度之深令民众、科学家和决策者均高度关注。开展湖泊生态安全评估是保障湖泊生态安全的前提,真正做到确保湖泊生态安全状况在安全以上水平,还需要相关的环境工作者继续付出更多的努力,在已取得成绩的基础上,持续创新。保障湖泊生态安全需要综合运用技术、工程、法律、经济、政策和必要的行政等手段,在湖泊生态安全研究方面,期待继续有更多更好的研究成果。基于鄱阳湖突出的国际地位与重要的生态功能,解决其存在的生态环境问题和隐患,有效保护好鄱阳湖"一湖清水",需要进一步开展深入系统的研究,落实鄱阳湖生态环境保护战略和对策。希望更多的人关注湖泊的保护和治理,更多的人关注鄱阳湖的保护和治理。

中国工程院院士

中国环境科学研究院院长

2014 年 2 月

前　言

鄱阳湖位于江西省北部、长江中下游南岸，是长江流域最大的通江湖泊，也是我国第一大淡水湖。多年平均水域面积 3900 km²，容积 290 亿 m³，为过水性湖泊，其水位在 7.12~22.50 m（星子站，吴淞高程）之间波动，水域面积也在 140~4500 km² 之间变化。鄱阳湖承纳赣江、抚河、信江、饶河、修水（又称"五河"）及清丰山溪、博阳河、漳田河、潼津河等区间来水，构成了完整的鄱阳湖水系。其与江西省省域范围高度重叠、相对独立和完整，经湖盆调蓄后由湖口北注长江。"高水是湖，低水似河"、"洪水一片，枯水一线"是鄱阳湖的典型特征。

作为鄱阳湖湿地的典型代表，鄱阳湖国家级自然保护区是我国首批列入《国际重要湿地名录》的七块区域之一。鄱阳湖生态功能及维护流域生态安全作用十分重要，其生态环境对长江中下游地区具有重要影响。鄱阳湖是全球越冬候鸟的重要栖息地，支撑了世界上 98% 的国际濒危物种白鹤（*Grus leucogeranus*）、80% 以上的东方白鹳（*Ciconia boyciana*）、60% 以上的白枕鹤（*Grus vipio*）和 50% 以上的鸿雁（*Anser cygnoides*）等珍稀种群越冬栖息；鄱阳湖还是长江江豚最重要的避难所，栖息的长江江豚数量约占整个种群数量的 1/4~1/3。

鄱阳湖及流域优质丰沛的水资源对保护洄游性鱼类和长江流域生物多样性，调蓄洪水、防止长江口海水倒灌，以及维护长江中下游生态环境安全和支撑区域经济社会发展发挥着重要作用。

近年来，鄱阳湖生态系统发生了较大变化，生态服务功能呈下降趋势，水文情势的较大变化已成为鄱阳湖的重要生态安全问题。自 2003 年以来，受流域降水偏少及长江上游来水变化等因素影响，鄱阳湖枯水位连创新低，枯水期提前且不断延长，加之流域用水量增加等因素，鄱阳湖生态安全状况面临较大挑战。湿地植被变化明显，主要建群种由薹草群落向芦苇、南荻演替，并出现植株矮化、生物量下降、一些湿（旱）生、沼生植物开始向该区域入侵，以及湿地植被向湖心推移等现象；渔业资源总体退化，渔获物低龄化、低质化和个体小型化趋势明显，总产量呈现下降趋势；入湖污染物总量呈逐年增加趋势，水质下降，富营养化形势严峻，特别是 2003 年以后，鄱阳湖Ⅰ、Ⅱ类水体仅占 50%，Ⅲ类水体占 32%，劣于Ⅲ类的水体占 18%。2007年 8 月，鄱阳湖康山水域发生了持续一周的局部水域富营养化，为保护鄱阳湖敲响了警钟。保护鄱阳湖湿地生态功能，确保鄱阳湖优质、丰富的水资源和健康安全的生态环境是鄱阳湖流域、长江中下游区域生态安全与经济社会发展的重要保障。

2007 年太湖无锡水域蓝藻"水华"事件产生了严重的社会影响，给我国湖泊保护工作敲响了警钟,突显出湖泊生态安全问题已成为制约区域社会经济可持续发展的重大环境问题之一。时任国务院总理温家宝 2007 年 6 月 10 日做出专门批示:"对我国几大湖泊水库的生态安全问题,要逐一进行评价,并提出综合治理措施。"按照温总理的批示要求,由环境保护部牵头,会同国家发展和改革委员会、水利部及相关地方政府共同组成领导小组(办公室设在环境保护部污染防治司),由中国环境科学研究院等全国优势单位组成项目组,选择包括太湖、巢湖、洞庭湖、鄱阳湖、洪泽湖、滇池等六个湖泊和三峡水库、丹江口水库和小浪底水库等三大水库在内的九大湖泊水库,开展了生态安全调查与评估。鄱阳湖生态安全调查与评估由中国环境科学研究院和江西省环境保护科学研究院等单位完成。各承担单位先后投入数百人次,采取现场调查、采样测试、资料收集、数据分析、走访专家等多种方式,全面剖析了近 30 年来鄱阳湖生态系统变化态势,重点对比研究了历史与现状间的动态变化及其影响因素,以水文情势变化、入湖污染负荷控制与社会经济发展等为重点,多角度全方位地对鄱阳湖生态环境变化进行了分析。

从湖泊生态系统演变、污染物输入、服务功能价值损失等方面,剖析了鄱阳湖所面临的主要生态安全问题,揭示了影响鄱阳湖生态安全状况的主要因素;评估了鄱阳湖生态安全状况;提出了由流域污染控制、生态建设、水资源利用与管理、生态恢复以及湿地管理等具体内容组成的鄱阳湖生态安全保障对策。本书成果可为鄱阳湖保护和鄱阳湖生态经济区建设提供基础资料和重要参考。

本书是鄱阳湖生态安全调查与评估项目成果的总结和进一步提升。第 1 章由王圣瑞、席海燕编写;第 2 章由王圣瑞、刘志刚、席海燕编写;第 3 章由方红亚、刘志刚、冯明雷编写;第 4 章由刘志刚、储昭升、徐军、过龙根、张萌编写;第 5 章由刘志刚、廖兵、王圣瑞、李惠民、王琳、李秀峰编写;第 6 章由刘志刚、王圣瑞、冯明雷、熊鹏、刘慧丽编写;第 7 章由刘志刚、万晓明、蔡芹编写;第 8 章由万晓明、刘志刚编写;第 9 章由王圣瑞、刘志刚、冯明雷、杨苏文、张莉编写;第 10 章由王圣瑞、戴年华、魏国汶、邵明勤编写;第 11 章由王圣瑞、席海燕、冯明雷编写;第 12 章由庞燕、王圣瑞编写;第 13 章由刘志刚、冯明雷、王圣瑞、杨苏文编写;第 14 章由刘志刚、方红亚、冯明雷、熊鹏、倪兆奎、焦立新编写;第 15 章由孟庆国、张楠、方红亚、喻杰编写;第 16 章由王圣瑞、席海燕编写;第 17 章由王圣瑞、刘志刚、冯明雷编写。最后由王圣瑞、冯明雷等统稿。

本书的出版得到了环境保护部污染防治司饮用水处及流域处、中国环境科学研究院、江西省环境保护厅、江西省水利厅和江西省环境保护科学研究院、江西省环境监测中心站等单位领导和专家的支持和帮助。本书的部分章节在编写过程中得到谢平、倪乐意、吴晓雷等专家的指导和把关,在此表示衷心的感谢。

　　鄱阳湖生态安全调查与评估工作得到了很多专家和领导的指导和帮助,在此特向"全国重点湖泊水库生态安全调查与评估"项目负责人中国环境科学研究院孟伟院士、金相灿研究员和郑炳辉研究员等表示诚挚的谢意;衷心感谢中国环境科学研究院刘鸿亮院士等项目咨询专家;感谢"全国重点湖泊水库生态安全调查与评估"项目组所提供的生态安全评估方法。

　　由于时间仓促,本书难免存在诸多不足之处,恳请读者批评指正。

目　　录

第一篇　我国湖泊主要生态环境问题
与生态安全评估

第1章 问题的提出与研究意义

1.1 我国湖泊概况及其演变特征

我国是一个多湖泊的国家,湖泊具有供水、防洪、航运、养殖、观光等多重价值,是我国社会经济发展的重要资源,其生态健康与安全状况是我国21世纪社会经济发展的重要保障。我国天然湖泊遍布陆域全境,约占全国陆地总面积的0.8%,但湖泊的汇水范围及其对流域社会与经济发展所产生的影响远远高于上述比例。湖泊是我国最重要的淡水资源之一,储水总量为7088亿m^3,其中淡水储量为2250亿m^3,全国城镇饮用水水源的50%以上源于湖泊。因此,湖泊对我国经济社会发展起到了不可估量的作用。但目前我国已有多个大中型湖泊不仅水质恶化,其生态系统也发生了明显退化,有毒蓝藻水华频繁暴发,饮用水源地水质安全受到严重威胁,部分湖泊不仅丧失了其作为饮用水源的功能,其他生态服务功能,如鱼类产卵场、生物栖息地、景观和娱乐等也已经丧失或正在丧失。据初步估计,目前我国已经发生富营养化的湖泊面积达到5000 km^2,具备发生富营养化条件的湖泊面积达到14 000 km^2。由此可见,在未来几十年内,随着流域的经济快速发展和人口增加,我国湖泊富营养化发展趋势仍会加剧,态势令人担忧。如果不及时采取相应的防治措施,湖泊资源利用和生态环境保护间的矛盾将会更加突出,我国湖泊富营养化控制与水污染防治可能迎来更为严峻的挑战。

1.1.1 我国湖泊数量与面积演变

我国幅员辽阔,湖泊数量类型众多、分布广且变化复杂。20世纪50年代初步统计,我国湖泊总面积为81 819.8 km^2,面积大于1.0 km^2的湖泊2300多个,广泛分布于东部平原、青藏高原、云贵高原、蒙新高原和东北平原与山区等五大湖区。从2005年开始,全国第二次湖泊调查表明,1.0 km^2以上的自然湖泊2693个,总面积81 414.7 km^2,其中大于1000 km^2的特大型湖泊有10个(马荣华等,2011)。半个世纪以来,我国湖泊面积总体呈明显减少趋势(表1-1)。

表 1-1　中国五大区湖泊面积变化

湖区	1950 年	1998 年		2011 年	
	湖泊面积 /km²	湖泊数量 (>1 km²)	湖泊面积/ km²	湖泊数量 (>1 km²)	湖泊面积 /km²
东部平原	31 998.6	696	21 171.6	634	21 053.1
蒙新高原	7159.5	772	19 700.3	514	12 589.9
云贵高原	1094	60	1199.4	65	1240.3
青藏高原	37 400.9	1091	44 993.3	1055	41 831.7
东北平原与山地	4166.8	140	3955.3	425	4699.7
合计	81 819.8	2759	91 019.9	2693	81 414.7

20 世纪 50 年代与 20 世纪末相比,东部平原湖区湖泊面积变化最为明显,减少了 12 411.1 km²;而青藏高原湖区增加了 5415.2 km²,云贵高原湖区与东北平原与山地湖区的湖泊面积变化相对较小。人类活动的剧烈干扰推动了湖泊的迅速演变,进入 21 世纪以来,蒙新高原湖区和青藏高原湖区湖泊面积变化较大,分别减少了 6751.73 km² 和 3212.4 km²,其他湖区不论是数量还是面积变化均较小。

与《中国湖泊志》相比,近 30 年来,全国新生面积大于 1.0 km² 的湖泊 60 个,主要位于冰川末梢、山间洼地与河谷湿地,集中在青藏高原和蒙新高原湖区;面积大于 1.0 km² 的 243 个湖泊消失,主要分布在蒙新高原湖区和东部平原湖区的长江中下游湖区,其中因围垦而消失湖泊 102 个,均分布在东部平原湖区;由于自然和人类影响而干涸的湖泊 97 个,主要分布在蒙新高原湖区(刘吉峰和怀河,2008)。

1.1.2　我国湖泊水质演变

我国湖泊数量多、类型全、分布广,其形成及演变不仅受流域自然环境因素及其变化影响,且深受人类活动干扰,湖泊水质呈现出不同的区域演变特征。

20 世纪 50～70 年代,此阶段我国经济尚不发达,发展速度较慢,"五大湖区"湖泊的富营养化通常可被视为以自然富营养化过程为主,即在自然条件下,湖泊富营养化需要几千年甚至更长的时间才能完成,而人类活动可以使湖泊在较短的时间内完成富营养化(杨桂山等,2010)。调查显示,20 世纪 70 年代,全国 34 个重点湖泊中,富营养化湖泊仅占评价面积的 5%,在这一时期,湖泊水质总体较好,湖泊水质的发展与变化趋势是以富营养化为主。

20 世纪 80 年代,我国城市化和工业化进程加快,资源利用强度加大,导致湖泊氮、磷营养盐大量累积,太湖、滇池、巢湖"三湖"等湖泊生态系统遭受破坏,蓝藻水华频繁暴发,全国湖泊富营养化呈现快速发展的态势。此阶段导致湖泊富营养化的原因主要可归结为不合理的水资源利用、围垦侵占湿地、江湖阻隔、清水产流机制破坏、水循环受阻、高强度土地利用和与快速工业化及城镇化不协调的落后环保设施等(许其功等,2011)。

1984 年全国调查的 34 个湖泊中,富营养化的占 26.5%,1988 年达到 61.5%,时至 1996 年,国家重点监测的 26 个湖泊水库普遍受到污染,磷、氮浓度较高,有机物污染面广,个别湖泊水库出现重金属污染。淡水湖泊的主要污染物为磷、氮,耗氧有机物污染问题突出。湖泊富营养化成为了此阶段首要的环境问题之一,呈现快速发展的态势。根据《中国湖泊志》1980～1990 年的水质调查数据,90 年代初,全国湖泊水质类别较 80 年代初总体呈现下降趋势。其中水质类别下降了 1 个等级的湖泊有 8 个;80 年代初 V 类水质湖泊的数量为 0,而 90 年代初已达 6 个(表 1-2)。这一时期,我国东部平原湖泊及城市湖泊水质指标下降幅度较大,如太湖、洪泽湖、巢湖、五里湖、东湖等,水质均下降了 1～2 个等级,而中西部湖泊,如洞庭湖、梁子湖、洱海、抚仙湖等湖泊水质变化则不明显。

《中国水资源公报》(1998 年)发布的 16 个评价湖泊中,6 个达到 I、II 类标准,4 个湖泊的部分水体受到污染,6 个湖泊水污染严重。

表 1-2　我国部分湖泊水质变化

项目	20 世纪 80 年代初					20 世纪 90 年代初				
	I 类	II 类	III 类	IV 类	V 类	I 类	II 类	III 类	IV 类	V 类
湖泊数量	2	6	9	8	0	0	6	8	5	6
比例%	8.00	24.00	36.00	32.00	0.00	0.00	24.00	32.00	20.00	24.00
湖泊面积/km²	3421	7739.6	2604.8	3880.2	0	0	6622.6	6975	336.8	3711.2
比例%	19.39	43.86	14.76	21.99	0.00	0.00	37.53	39.53	1.91	21.03

20 世纪 90 年代末到 21 世纪初,我国湖泊富营养化形势较为严峻,湖泊污染来源日趋复杂。除原有工业污染,近年来农业面源和生活污染问题日益突出。除常规污染物之外,重金属、持久性有机污染物(POPs)等不断增加。据统计,被调查的湖泊中,70% 以上已受到不同程度的污染,中东部地区湖泊大多呈富营养化。对我国 67 个主要湖泊的水质调查和评价结果表明,属 II 类水质的湖泊为 5 个,面积为 1135.2 km²;属 III 类水质的湖泊有 16 个,面积为 2154.5 km²;属 IV 类水质的湖泊有 18 个,面积为 10 393.7 km²;属 V 类水质的 11 个,面积为 4768.1 km²;属劣 V 类水质的湖泊有 17 个,面积为 154.15 km²。另外,67 个主要湖泊中,属贫营养湖泊数量为零,属中营养的湖泊为 18 个,占调查湖泊总数的 26.9%,面积为 70 131 km²,占调查湖泊总面积的 37.6%。属富营养型的湖泊为 49 个,占调查湖泊数量的 73.1%,面积为 11 632.55 km²,占调查湖泊总面积的 62.4%。从湖泊数量上来看,有近 3/4 的湖泊已达富营养程度,所占面积也接近总面积的 2/3,表明我国湖泊富营养化问题已较为严重。

1.2　我国湖泊面临的主要生态环境问题

我国湖泊数量众多、类型多样、分布广,湖泊面临的生态环境问题不仅受流域自然环境因素变化的驱动,且还受流域人类活动干扰等因素影响。自新中国成立以来,不同发展阶段全国湖泊生态环境问题呈现较为明显的阶段性特征和地域性差异。20世纪50～70年代为全国性的开发利用阶段,解决人民群众的吃饭问题是该时期国家的头等大事。向湖泊要粮、要地是当时我国对湖泊利用的主要方式,除了为改善灌溉等条件而建设了相关的水利工程外,全国性的围垦和养殖活动大规模实施。此阶段全国湖泊受人类活动的影响也最为剧烈,湖泊面积萎缩严重,大量的湖荡、塘坝以及湖滨湿地等由于被侵占和破坏而退化消失。特别是在长江和淮河中下游平原湖区以及云贵高原湖区,围湖垦殖活动规模较大,使湖泊面积急剧减少了约13 000 km²,约相当于目前五大淡水湖面积总和的1.3倍;因围垦而减少的湖泊容积达500×10⁸ m³以上,相当于五大淡水湖现蓄水总容积的1.2倍(刘吉峰和吴怀河,2008)。这一时期,由于我国经济发展水平较低,发展速度较慢,湖泊生态环境面临的主要问题,其一是由于人类强烈活动而造成的湖泊面积萎缩,且主要是在东部平原湖区和云贵高原湖区;其二是部分湖泊出现了水污染与富营养化问题,且这一时期湖泊水污染受人类活动影响较小(杨桂山等,2010;许其功等,2011),主要是部分城市小型湖泊具备了发生富营养化的条件。

自20世纪80年代开始,伴随着改革开放步伐的加快,湖泊流域经济社会得到了快速发展,工业废水及生活污水等的排放量逐年快速增加,来自生活污水、工业废水与废渣、矿业开采、农业生产等的污染对湖泊水体造成了不同程度的污染。湖泊水体氮磷和耗氧有机物污染较重,湖泊水污染与富营养化成为这一时期我国湖泊较为突出的水环境问题之一,且日趋严重。

这一时期,我国东部平原湖区的大部分湖泊具备了发生富营养化的条件;大中型湖泊和城市湖泊大部分处于中度污染以上水平,其中滇池污染程度最重,以太湖、滇池、巢湖等"三湖"为代表的湖泊生态系统结构普遍遭到破坏,水生态系统退化严重,蓝藻水华频繁暴发,湖泊富营养化呈现快速发展的态势。

此阶段,我国城市化和工业化进程处于快速发展期,经济发展迅猛,资源利用强度加大,湖泊水质及其生态系统的变化基本反映了高强度人类活动对湖泊的影响。湖泊面临的主要生态环境问题,其一是水污染严重,富营养化趋势加剧,主要污染指标为总氮、总磷、高锰酸盐指数等;同时,伴随有机物、重金属等多种形式并存的复合污染;其二是强烈人类活动造成的流域水土流失也较为严重,水源涵养林、塘坝、湖滨湿地等普遍受到破坏,入湖水量和水质呈现双下降趋势。

　　自 20 世纪 90 年代末至今,我国湖泊水体受污染面积和被污染湖泊数量快速增加,湖泊生态环境主要受不合理的流域发展模式和流域水土资源利用方式等影响,其主要生态环境问题不仅是水质恶化,其生态系统也发生了明显退化,有毒蓝藻水华暴发频繁,饮用水源地水质安全受到严重威胁,部分湖泊不仅丧失了其作为饮用水源的功能,其他生态服务功能,如鱼类产卵场、生物栖息地、游泳和娱乐等也已经丧失或正在丧失。全国众多湖泊由于长期接纳过量氮磷等污染负荷,处于"水华"频发的高生态风险状态,突显出湖泊生态安全问题已成为制约区域社会经济可持续发展的重大环境问题之一,严重影响了居民的生产生活和饮用水安全。以下对我国不同湖区湖泊的主要生态环境问题作进一步分析。

1.2.1　东北平原和山地湖区

　　东北平原和山地湖区湖泊系指黑龙江省、吉林省和辽宁省辖境内的大小湖泊。随着社会经济的发展,该区域湖泊面临的主要生态环境问题包括:因过度垦荒,湖泊湿地、沼泽以及植被用地急剧减少;流域生态环境受到破坏,水土流失加剧;农业污染负荷大量增加及水质下降明显。其中不合理的流域发展模式致使水土流失问题突出,湖泊淤积严重造成湖床升高,湖泊的容积变化,水深变浅,而使湖泊面积有所扩大,同时水质下降严重。以兴凯湖为例,1989 年水域景观面积是 1240.218 km²,2006 年增大到 1255.513 km²(于成龙等,2010)。

　　与此同时,湖泊周边居民生活和生产污水直接排放,加之来自农田的面源污染,这一湖区湖泊的富营养化问题总体处于加重趋势,主要污染物为总磷、总氮及 COD_{Mn} 等。兴凯湖水质监测数据显示:1994~1998 年,大、小兴凯湖 pH 为 7.0~7.53,COD_{Mn} 平均值分别为 5.42 mg/L 和 6.65 mg/L,呈波动上升趋势;BOD_5 分别为 1.59~2.91 mg/L 和 1.76~3.20 mg/L,亦呈波动升势。TP 值分别为 0.013~0.049 mg/L 和 0.013~0.071 mg/L,TN 变幅为 0.0876~2.65 mg/L,平均 0.969 mg/L,磷酸盐 0.143~0.196 mg/L,已达中富营养水平。鸡西市 2009 年环境质量报告资料显示,大兴凯湖 COD_{Mn} 平均值 4.09 mg/L(最大值 5.08 mg/L),超标率 41.7%;NH_4^+-N 平均值为 0.466 mg/L(最大值 0.626 mg/L),超标率 29.2%;水质由 Ⅱ 类下降到 Ⅲ 类,主要污染指标为 COD_{Mn}。小兴凯湖水质已处于国家地表水 Ⅲ 类标准,COD_{Mn} 平均值为 4.73 mg/L(最大为 6.40 mg/L),超标率 12.5%(图 1-1)(陈立群等,1994;卢玲等,2011)。藻类监测表明,小兴凯湖蓝绿藻类占浮游植物的 69%,藻类生物量达到 31.35 mg/L,趋向中富营养水平。

　　镜泊湖是我国最大的高山堰塞湖,是我国著名的风景旅游胜地和黑龙江省省级自然保护区,也是牡丹江市和沿岸数万居民的生活及农业生产水源。湖区水域兼有水产养殖、发电、旅游、水运等多种功能。近年来,镜泊湖水质状况呈现逐渐恶化趋势(陈立群等,1994;董慧文,2005;金志民等,2009)。由表 1-3 可见,镜泊湖水

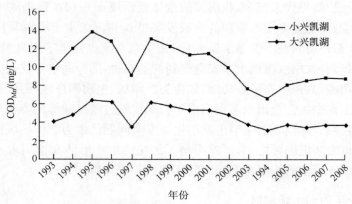

图 1-1　兴凯湖不同时期水体 COD_{Mn} 浓度变化

质 TN、TP 及 COD_{Mn} 浓度增长较快,均高于湖泊富营养化标准,目前已经劣于Ⅴ类,严重影响了湖泊的正常服务功能。

表 1-3　镜泊湖 TN、TP 及 COD_{Mn} 浓度变化

项目名称	年份		
	1991	2002~2004(平均)	2007
TN/(mg/L)	0.797	1.00	5.68
TP/(mg/L)	0.189	0.082	0.155
COD_{Mn}/(mg/L)	7.68	6.07	12.87

　　拥有丰富火山地貌和矿泉水资源的五大连池,正面临水质下降和面积萎缩的威胁。多年来,由于流域沿岸的不合理开发,特别是过度开垦,池岸失去了保护林、湖荡、湿地等天然保护屏障,造成池岸坍塌后退、湖底淤积等问题。由于周围农田分布较多,化肥、农药以及居民生活污水排放入湖等导致入湖氮磷等负荷快速增加,加速了湖泊富营养化。1998 年前后,距湖岸 2 m 以内的水面水草丰富,到 2008 年 7~8 月份,水草分布已经退到了沿岸边 30 m 范围。五大连池风景区中心水域药泉湖,以前甚至有 1/3 的湖面分布有水草,而 2008 年调查发现,由于大量水草腐烂导致了水质恶化,湖水变绿,已经富营养化。在面积最大的三池中,平水期水质为Ⅱ~Ⅲ类,丰水期为Ⅲ~Ⅳ类,进入 10 月份后水质才会有所好转。药泉湖 1985~1995 年湖水水质均为Ⅱ~Ⅲ类,到 2002 年已达到Ⅳ~Ⅴ类。

1.2.2　东部平原湖区

　　东部平原湖区是指分布在长江中、下游平原以及长江三角洲地区,其次在淮河中游及黄河与长江之间的大运河沿线所分布的大小湖泊,是我国湖泊分布密度最

大的地区,也是污染最为严重和重点治理的区域。

该湖区共有湖泊634个,面积21 053.1 km²,分别占全国湖泊总数量和总面积的23.5%和25.9%,其中大于10.0 km²的138个,面积19 412.0 km²,主要的典型湖泊有太湖、巢湖、洪泽湖、洞庭湖和鄱阳湖等。

目前太湖所面临的主要生态安全问题是入湖污染负荷较高,湖泊生态系统退化严重,流域涵养林、塘坝、湖荡以及湖滨湿地等受破坏严重,富营养化趋势并未得到根本性的遏制。20世纪80年代初,太湖水体属于中营养状态;而在20世80年代后期及90年代初期,太湖发展为中富营养状态;90年代中后期则处于富营养状态,而在2005年前后,太湖富营养化程度达到最高值。太湖水质连续多年处于劣V类,主要污染指标为总氮和总磷(诸敏,1996;朱广伟,2008)。2007年太湖发生了"无锡蓝藻事件",无锡市100多万居民的饮用水受到影响。"十一五"和"十二五"期间,各级政府都加大了对太湖治理的投入。近年来,全社会共投资810亿元,太湖水质总体有所改善,富营养化程度由中度改善为轻度,总氮仍处于劣V类。由于太湖流域产业政策、排放标准亟待统一,主要是生活污染,其次是农业面源及部分工业,造成太湖污染物排放总量仍然超过其水环境容纳限值。

巢湖属于过水性湖泊,主要通过裕溪河与长江进行交换。自1962年巢湖闸建成后,巢湖成为人工控制的半封闭型-封闭型湖泊,长江倒灌入巢湖水量由建闸前的每年13.6亿m³,减少到建闸后的不足2亿m³。同时,巢湖闸的建成运行,使巢湖水位大幅提升,特别是在冬春季提升水位超过1m,而使巢湖分布面积较大的水生植被大面积消失。巢湖闸建成后,湖体换水周期从2.5年增至25年,湖水呈半封闭状态,水体流动缓慢,加剧了营养物质的滞留和集聚,加上流域入湖污染负荷的快速增加,巢湖藻类暴发频次增加,湖泊生态系统的脆弱性和不稳定性不断加剧。根据监测资料,2005年巢湖总体水质为劣V类,2007～2008年水质为Ⅳ类,水质略有改善,2009～2010年水质主要以劣V类为主。

洪泽湖是我国第四大淡水湖泊,位于淮河干流中下游,是具有防洪、灌溉、调水、水产、水运、水电等综合利用功能的大型湖泊。20世纪90年代以来,淮河上游工业废水和城市生活污水集中下泄,影响了洪泽湖水质,湿地生态环境受到破坏,沿湖居民生活和生产受到较大影响。70年代水质较好且基本稳定,80年代水质逐渐变坏,90年代初期至中期,水质急剧恶化,90年代后期,水质明显改善,但波动很大。其中1998年水质较好,这与流域雨情、水情有关。90年代变化情况与上述入湖河段十年的变化规律基本一致,反映出了过水性湖泊的特征。

洞庭湖位于湖南省北部,是我国第二大淡水湖,是我国首批列入国际重要湿地名录的湿地之一,是洄游性鱼类、江豚等珍稀水生动物的栖息地以及珍稀候鸟的迁徙越冬地和水生生物的物种基因库,维系着湖区及长江中下游沿江地区的防洪安全和江湖水域生物安全和生态系统生物安全。洞庭湖也是我国重要的农产品、水产品等生产基地,其水生态健康安全状况对长江中下游地区经济社会发展具有重要影响。1983~1985年间,洞庭湖主要湖体(西洞庭湖、南洞庭湖和东洞庭湖)水质基本处于清洁状态,符合Ⅲ类水质标准。在1988年洪水期,几乎所有湖体的监测断面水质指标达到峰值,主要是总磷严重超标,较大幅度超过Ⅴ类水质标准。从1995年开始,洞庭湖水污染逐渐加重,1999年丰水期,南嘴段面的内梅罗指数达到22.74,主要原因是总磷严重超标,远远超过Ⅴ类水质标准。

在此以后,西洞庭湖和南洞庭湖水质都处在污染甚至重污染的状态(卜跃先等,1997;申锐莉和鲍征宇,2007)。1991~2004年间,万子湖、横岭湖和虞公庙三条断面的水质曲线接近重合,说明南洞庭湖接纳的沿湖排放累积污染物相对较少;1993~2004年间,小河嘴断面(西洞庭湖出口)的水质状况要好于南嘴断面(西洞庭湖入口),这说明西洞庭湖的水质虽然在逐渐恶化,但是西洞庭湖对水质仍有一定的净化作用;鹿角(东洞庭湖入口)和东洞庭湖两条断面的水质曲线也接近重合,说明东洞庭湖接纳的沿湖排放累积污染物能力较强,即水质的净化作用较强,水质没有遭到进一步的污染。从整体上看,1983~2004年间,洞庭湖水质污染呈有升有降的波动变化,并且总磷和石油类的污染问题严重,丰水期的水质总体好于平水期(杨国兵,2003;饶建平等,2011;周泓等,2011)。从空间变化上讲,严重污染状态的峰值大多出现在资江、松澄洪道、洪道藕池口、藕池河和澄水等入湖河道的监测断面上。因此,虽然入湖河道污染较为严重,但是洞庭湖湖体的水质总体较好。其中东洞庭湖污染较为严重,而西洞庭湖监测断面氮磷等水质指标也时有出现峰值,南洞庭湖在三个湖体中水质居中。

鄱阳湖位于长江中、下游交接处的南侧、江西省北部,是长江流域最大的通江湖泊,也是中国第一大的淡水湖。近30年来,鄱阳湖水质总体良好,大多数水质指标满足Ⅰ、Ⅱ类水质标准,但总体呈下降趋势,富营养化指数总体呈上升趋势,目前处于中营养,已十分接近富营养(高桂青等,2010)。局部湖区部分时段处于轻度富营养化,偶有水华发生。20世纪80年代,鄱阳湖以Ⅰ、Ⅱ类水质为主,平均占85%,Ⅲ类水占15%,总氮、总磷浓度较低,满足Ⅱ类水标准;90年代仍以Ⅰ、Ⅱ类水为主,平均占70%,Ⅲ类水占30%,水质下降趋势加快,水体总氮、总磷浓度升高明显,总氮、总磷浓度升高是水质变差的主要原因。进入21世纪,特别是2003年以后,Ⅰ、Ⅱ类水质仅占50%,Ⅲ类水质占32%,劣于Ⅲ类水质占18%,水质下降趋势更加明显。特别是近几年,鄱阳湖水体总磷、总氮浓度升高较快,枯水期更为明显。Ⅰ类水断面自2006年就不再出现,1997~2000年期间,Ⅱ类水质断面所占比例较大,随后出现Ⅲ类水断面逐年增加,2004年后劣于Ⅲ类水质所占断面比例急速上升,与鄱阳湖水质总体下降趋势相符。从污染源结构来看,湖区面源污染对水质下降的影响较大。自2003年起,来自农业、工业和城镇生活等的污染负荷逐年增加,是导致鄱阳湖水质下降的主要原因。

　　综上分析,东部平原湖区是受人类活动影响最大的湖区,也是污染最为严重和重点治理的区域。伴随着流域经济社会的快速发展,湖区人口快速增长、工业废水及生活污水的大量排放、农业快速发展带来的化肥、农药的大量使用,再加上长久以来的围湖造田,水利工程建设等对湖泊水体及湖区生态环境造成了较为严重破坏。东部平原湖区湖泊水污染与富营养化日益严重,其污染物来源复杂,湖泊水污染和富营养化呈现复合性和伴生性特点。湖泊水体主要污染物突出表现为总氮、总磷、氨氮、COD_{Mn}、BOD_5 等超标,同时伴有重金属、持久性有机污染物(POPs)等污染。因此,除长久以来不合理人类活动与工业污染外,近年来入湖河流污染、农业面源和生活污染等对东部平原湖区湖泊水环境也造成了严重影响。

1.2.3　云贵高原湖区

　　云贵高原湖泊是指云南省、贵州省和四川省境内的大小湖泊,共计 65 个,面积 1240.3 km^2,分别仅占全国湖泊总数量和总面积的 2.4% 和 1.5%。其中大于 10 km^2 的 13 个,面积 1103.3 km^2。该湖区的湖泊兼具灌溉、供水、航运、养殖、发电等多种功能,滇池、抚仙湖、泸沽湖和洱海等湖泊还是我国著名的风光旅游胜地。特定的区域生态环境造就了高原湖泊生态系统的独特演变过程,该湖区湖泊大多分布于断裂带,多为构造湖和岩溶湖,山高谷深,水文过程较特殊,入湖河流较多,而出湖河流普遍较少,换水周期较长,湖泊生态系统普遍较脆弱,降水和蒸发直接影响了湖泊的水量平衡。由于湖泊流域工农业生产的发展以及人口增长,使资源需求量迅速增加。长期以来对资源的不合理开发,特别是围湖造田、放水发电、对水生生物的过度捕捞,以及大量农业及生活废污水的排放,致使湖泊水体污染严重,生物资源锐减,湖泊的生态环境遭到巨大破坏。

　　根据《中国湖泊志》1988~1992 年数据显示,该区域湖泊中滇池、杞麓湖、异龙湖、长桥海和草海已经为富营养化湖泊。尽管洱海、阳宗海和程海等水质相对较好,但其营养水平也呈升高趋势;即使水质良好的抚仙湖,其水质也呈明显下降趋势。该湖区湖泊平均海拔在 1000 m 以上,光照充足,湖泊藻类水华风险较大。

　　云贵高原湖区湖泊受人类活动影响较大,也是我国湖泊污染较为严重和重点治理的区域之一。长久以来,由于围湖造田、工业、农业、水产养殖及旅游开发等人类活动,造成该湖区湖泊流域不合理的发展模式,致使流域水土流失较为严重,湖泊水污染与富营养化问题较为突出,对湖泊水体及湖区生态环境造成了较为严重的破坏,其中滇池是我国污染最为严重的湖泊之一。因此,湿地破坏、城市生活和面源污染、入湖河流污染等因素驱动云贵高原湖区湖泊水质下降和水生态退化。

1.2.4　蒙新高原湖区

　　蒙新高原湖区系指在行政区划上属于我国内蒙古自治区、山西省、陕西省、甘肃省和新疆维吾尔自治区等五省(自治区)的湖泊,共计 514 个,面积 12 589.9 km²,其中大于 10 km² 的 88 个,面积 11 307.7 km²。

典型湖泊包括呼伦湖、乌梁素海、岱海、哈纳斯湖、乌伦古湖、博斯腾湖及吉力湖等。该湖区淡水和微咸水湖泊数量少、储水量小,水资源贫乏;由于该湖区地处内陆、气候干旱、降水稀少、地表径流补给不丰、蒸发强度超过湖水的补给量,湖泊逐渐咸化,总体演化趋势为逐渐萎缩(曾海鳌和吴敬禄,2010)。

近 50 年来,大规模开发蒙新地区土地资源,造成入湖径流急剧减少,湖泊水资源在降水稀少的干旱气候背景下蒸发强烈,加上人为因素的影响,湖泊缺乏水源补给,造成湖泊水资源严重短缺,湖泊面积迅速萎缩,水质咸化并向盐湖发展,部分湖泊最终成为了干涸的荒漠(张振克和杨达源,2001);而部分湖泊由于接受流域排放的大量污染物,面临严峻富营养化的威胁(韩瑞梅等,1995;史小红等,2007);由于湖泊咸化、萎缩甚至干涸等进程的加快,该湖区内的多数湖泊水资源严重短缺,湖泊及其流域的生态环境遭遇巨大破坏。

对于蒙新湖区而言,矿化度是湖泊水体污染的主要指标。阜康天池、喀纳斯湖和赛里木湖为山地湖泊,但赛里木湖矿化度高达 3.039 g/L(甚至比一些平原/盆地湖泊更高),喀纳斯湖和阜康天池矿化度分别为 0.041 g/L 和 0.119 g/L;乌伦古湖、博斯腾湖、吉力湖、乌梁素海和哈素海的矿化度范围为 0.6～2.89 g/L;柴窝堡湖、红碱淖和达里诺尔相对较高,矿化度高达 5.30～6.22 g/L。蒙新地区湖泊 1988 年和 2008 年矿化度对比结果如图 1-2 所示(曾海鳌和吴敬禄,2010)。

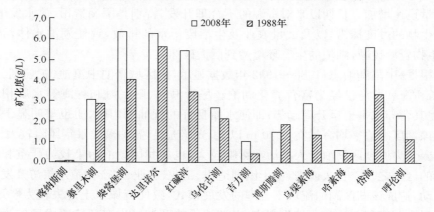

图 1-2　蒙新高原湖泊 1988 年和 2008 年矿化度对比
1988 年湖泊水体矿化度数据来源于文献(王苏民和窦鸿身,1998)

由图 1-2 可见,柴窝堡湖、红碱淖、吉力湖和乌梁素海的矿化度增长幅度较大,而达里诺尔、乌伦古湖和哈素海增长幅度较小,基本不变或呈下降趋势的有赛里木湖、喀纳斯湖和博斯腾湖(徐海量等,2003;柴政等,2008;马龙和吴敬禄,2011)。受降水、冰川消融及人类活动的复合影响,赛里木湖和喀纳斯湖的湖水矿化度也基本不变或略微增大。而由于蒙新地区降水量小、蒸发量大,柴窝堡湖和红碱淖水体矿化度分别增加了 58.8％和 53.6％(施雅风和曲耀光,1989;李立人和王雪冬,2003;尹立河等,2008;曾海鳌和吴敬禄,2010)。

1990 年前,得益于冰川融水和地下水的补给,柴窝堡湖水量变化很小;1992 年以后,湖区周围地下水取水量逐年增加,2002 年总取水量达 $5.12 \times 10^7 \, m^3$,而到 2006 年更高达 $5.50 \times 10^7 \, m^3$,大量开采地下水致使湖区地下水位明显下降趋势。对达里诺尔而言,因人类活动影响相对较弱,湖水矿化度增加幅度较小。通过 1988 年和 2008 年湖泊矿化度的变化对比,证明了人类活动(主要是修筑水库和地下水开采等)在湖泊水环境变化中的重要作用。

对乌伦古湖、博斯腾湖、吉力湖和乌梁素海而言,自然因素和人类活动对其的影响与柴窝堡湖和红碱淖存在一定差异。近 50 年来,湖泊水体矿化度变化趋势如图 1-3 所示。从博斯腾湖矿化度变化曲线来看,1955～2005 年间,博斯腾湖的矿化度整体呈上升趋势。而吉力湖从 1955～2002 年间矿化度一直呈减少趋势,但近年来急速增大。乌伦古湖从 20 世纪 50 年代到 80 年代末,矿化度一直在较高水平。时至 1988 年,由于"引额济渠"的开通,增加了乌伦古湖的补水量,十多年来其水质矿化度较 1988 年降低了 1 g/L(肖霞云等,2005;张建平和胡随喜,2008),近年来也呈逐渐增大趋势。乌梁素海作为河套灌区水利工程的重要组成部分,直接纳入河套黄河灌区农业灌溉退水,水位年波动较大,导致矿化度也呈波动变化。

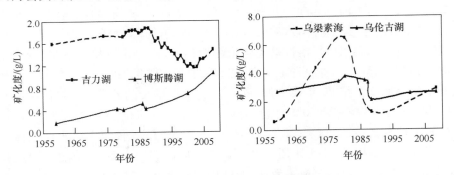

图 1-3　近 50 年来蒙新高原湖泊矿化度变化

总的看来,2002 年以来,各湖泊水体矿化度均呈现出逐渐增大趋势。这与人类活动的影响密切相关,博斯腾湖和乌梁素海矿化度受流域内高矿化度农业面源污染和工矿企业排放污水的污染(韩瑞梅等,1995;史小红等,2007)。大量农田排水使河道水质恶化、盐分向湖泊迁移,是乌伦古湖矿化度升高的主要原因之一。乌伦古湖已经断流,导致吉力湖湖水矿化度快速升高。因此,人类活动是近年来蒙新地区湖泊水质逐渐恶化的主要原因。

蒙新高原湖区湖泊水质除氮磷等污染外,矿化度升高也是其主要问题之一。湖泊水质的发展与变化主要受气候和人类活动的双重影响,特别是近20年来影响尤为明显。由于该湖区属于西北内陆地区,气候干旱,蒸发强烈,上游拦截水源使入湖水量减少,造成众多湖泊面积萎缩,贮水量减少;农业灌溉对水资源的不合理开发利用也加剧了湖泊面积萎缩及水量减少,造成湖泊不仅水污染问题突出,也表现为水体矿化度较高。因此,驱动蒙新高原湖区湖泊水质变化的主要原因为气候变化与人类对湖泊水资源的不合理开发利用。

1.2.5　青藏高原湖区

青藏高原湖区湖泊是地球上海拔最高、数量最多、面积最大的高原湖群区,也是我国湖泊分布密度最大的两大稠密湖群区之一。青藏高原湖区共有湖泊1055个,合计面积41 831.7 km²,分别占全国湖泊总数量和总面积的39.2%和51.4%,其中大于10.0 km²的389个,合计面积39 603.7 km²。

该湖区湖泊补水是以冰雪融水为主,湖水入不敷出,多处于萎缩状态。区域内湖泊以咸水湖和盐湖为主,典型湖泊有青海湖、纳木错、色林错、扎陵湖等。由于特殊的地理位置及社会经济发展水平,该区域湖泊水质长期保持良好水平。

根据青海省水环境监测中心的最新监测数据,到目前为止,中国最大的内陆湖泊青海湖还未被检测出水体污染项目,水质仍然保持良好。青海湖流域水环境监测点共有6处,从监测资料来看,作为咸水湖,青海湖水质仍然优于地表水环境Ⅲ类水标准。同时,青海湖入湖的几条河流,如布哈河、沙柳河、哈尔盖河等,水质类别为地面水环境Ⅰ类到Ⅲ类,水质较好,水功能区均能达到水质管理目标。青海湖是封闭内陆湖泊,湖水中可溶性盐类数量相对稳定,由于水位持续下降,青海湖盐度随水量减少而升高。青海省水文水资源局的勘测表明,1962年青海湖含盐量为12.49 g/L,到20世纪80年代中期,湖水含盐量呈增长的趋势,80年代中期水体矿化度在14 g/L左右,到2005年已达到15.13 g/L,青海湖水质盐度上升较明显。另外,根据西藏自治区2008~2011年环境公报,羊卓雍湖、纳木错水质总体达到《地表水环境质量标准》Ⅰ类水质标准。青藏高原区湖泊水质多年来保持良好,主要是由于流域人口较少,工业不发达,污染物排放量少。但是随着旅游业发展等带来的流域人类活动强度的增加,应以维持生物多样性和加强生态建设为重点,加强青藏高原区湖泊保护。

1.3　保障湖泊生态安全具有重要意义

1.3.1　湖泊生态安全

根据《湖泊生态安全调查与评估》关于湖泊生态安全的理解(中国环境科学研

究院等,2012),最初生态安全是指生态系统相对于"生态威胁"的一种功能状态,之后又得到较多的引申和发展。目前认为生态安全是指人类赖以生存和发展的生态环境处于健康和可持续发展状态(陈国阶,2002;肖笃宁等,2002;王耕等,2007)。生态安全的本质有两个方面,其一是生态风险可控,其二是生态系统健康。生态风险表征了环境压力造成危害的概率和后果,相对来说它更多地考虑了突发事件的危害。而生态系统健康是生态安全的核心,目前学术界对于生态系统健康的定义尚未达成完全共识。苏格兰生态学家 James Hutton 最早提出地球是一个具有自我维持能力的超有机体,提出"自然健康"的概念。此后,Lee 等相继提出生态系统健康的定义及标准(Lee,1982;Karr et al,1986;Costanza,1998;Rapport et al,1998)。其中,Costanza 和 Rapport 定义的生态系统健康概念得到了较广泛的认可,Costanza(1998)等从生态系统自身出发,定义生态系统健康的典型代表,把生态系统健康的概念归纳为生态系统内部稳定,没有疾病,且具备多样性或复杂性、稳定性或可恢复性,具有活力或增长的空间,系统要素间保持平衡。

鉴于目前我国湖泊富营养化问题突出,特别是湖泊水源地水质安全以及藻类水华风险备受关注,考虑我国经济社会发展对湖泊服务功能的需求以及对湖泊保护和治理的迫切任务。在 Costanza 和 Rapport 等学者对生态系统健康概念总结的基础上(Rapport and Whitford,1999;Costanza et al,1997;Rapport et al,1998;Costanza and Mageau,1999),提出了湖泊生态安全的概念。即湖泊生态安全是指从人类角度考虑,湖泊对人类是安全的,湖泊为人类提供的生态服务功能健康安全;从湖泊角度考虑,人类对湖泊的干扰在其可承受范围之内。

湖泊生态安全的具体内涵包括如下四个方面:①湖泊水生态系统健康是指湖泊生态系统具有良好的水质状况与水生态结构,能够维持水生态系统结构稳定并依据自身规律自然健康演化。②湖泊-流域生态系统健康是指湖泊流域生态系统内的物质循环和能量流动未受损害,处于良性动态平衡,流域社会经济活动在湖泊流域生态环境可承载范围之内,彼此之间不造成压力。③人类社会经济活动对湖泊的干扰在湖泊的承受范围内,即湖泊生态系统能够消纳人类正常社会经济活动产生的污染物,能够从人类合理活动的干扰中恢复过来。④湖泊提供的服务功能健康是指湖泊可为人类提供清洁水源、养殖、气候调节、旅游、休闲娱乐等服务功能,可为湖泊-流域社会经济的可持续发展起到良好的支撑作用。

1.3.2 保障生态安全是湖泊保护的基本目标

湖泊作为我国重要的国土资源,其对我国社会和经济的发展起到了不可估量的作用。但目前我国已有多个大中型湖泊不仅水质恶化,其生态系统也发生了明显退化,有毒蓝藻水华暴发频繁,饮用水源地水质安全受到严重威胁,部分湖泊不仅丧失了其作为饮用水源的功能,其他生态服务功能,如鱼类产卵场、生物栖息地、景观和娱乐等也已经丧失或正在丧失。近年来,我国一些重点湖泊水库频繁地暴发蓝藻水华,严重影响了周边群众的用水安全和生命健康,也对当地经济和社会发展造成了极大影响。

太湖、巢湖、滇池与洪泽湖水质超Ⅴ类,饮用水源地水质安全受到威胁,生物多样性下降,水生植被严重退化,滨湖区无序开发持续蚕食湖荡、湿地,蓝藻水华暴发的问题难以在短期内解决是其主要的生态安全问题。鄱阳湖和洞庭湖的主要生态安全问题体现在湿地植被退化严重,生物栖息地受到威胁;入湖污染负荷增加,富营化趋势加重;渔业资源衰退和珍稀鸟类受到威胁。重点湖泊流域内粗放式的经济社会发展模式,导致了产业结构以工业为主,污染物排放量大、大量使用化肥农药的现代农业快速发展以及管理不到位等,是导致湖泊流域生态安全水平下降的主要原因。因此,湖泊保护的基本目标是保障其处于安全水平。

1.4　本章小结

我国是一个多湖泊国家,湖泊是我国最为重要的国土资源之一,对经济社会发展起到了不可估量的作用。但目前我国已有多个大中型湖泊不仅水质恶化,其生态系统也发生了明显退化,有毒蓝藻水华暴发频繁,饮用水源安全受到严重威胁,部分湖泊不仅丧失了其作为饮用水源的功能,其他生态服务功能也已经丧失或正在丧失。在未来几十年内,随着流域的经济快速发展和人口增加,我国湖泊富营养化可能仍会加剧,态势令人担忧。如果不及时采取相应的防治措施,湖泊的资源利用和水环境保护的矛盾将会更加突出。我国湖泊数量众多、类型各异、分布广,湖泊面临的生态环境问题不仅受流域自然环境因素变化的驱动,还受流域人类活动干扰等因素影响。不同发展阶段不同区域湖泊的生态环境问题呈现较为明显的阶段性特征和地域差异性,针对不同湖区,需要区别对待。

基于生态安全的湖泊保护将成为长期努力的方向。我国湖泊保护形势严峻,有太湖、巢湖和滇池等需要进一步加大力度治理的重污染湖泊,也有鄱阳湖、洞庭湖等污染程度尚轻,需抓紧“抢救”的湖泊,还有相当数量生态状况良好的湖泊,应以保护为主。综合考虑我国湖泊特点,结合让江河湖泊休养生息与建设生态文明等的要求,我国湖泊保护应以保障湖泊生态安全为目标,按照分类指导的方针开展工作,即污染严重湖泊,应继续加大治理力度,处于“亚健康”状态污染程度较轻的湖泊应实施抢救性保护和治理;目前生态良好湖泊应优先保护。鉴于湖泊保护和治理的复杂性与长期性,应按照“一湖一策”,尽快推动我国湖泊水库管理由水质管理向水生态管理的转变,保障生态安全将是我国湖泊保护长期努力的方向。

第 2 章　我国湖泊管理与生态安全评估

2.1　我国湖泊管理现状及存在的主要问题

发达国家尤其是美国、日本等国家,经过多年研究和实践,在湖泊管理方面取得了相当的进展,积累了许多有益经验。①以立法为先导。从日本等国家的湖泊管理经验来看,具有立法为先导的特点,通过立法加强湖泊的保护。②实施流域综合管理。流域管理是美国 21 世纪湖泊环境管理的基本战略,也是英、法、日等发达国家水环境管理的基本战略。③注重湖泊及其流域的生态完整性。欧盟各国、美国、加拿大、澳大利亚和南非等的管理者已经认识到,传统的流域管理必须向基于生态系统的流域综合管理转变。④广泛的公众参与,这也是美国、日本等发达国家开展湖泊流域保护和管理的鲜明特色。⑤充分运用先进的科学技术。计算机模拟、数据库、GIS、RS 等现代新技术在湖泊流域管理中被广泛应用。

在借鉴发达国家湖泊管理经验的基础上,通过对我国湖泊管理现状的分析,探究湖泊管理中存在的主要问题及原因,探索符合我国国情的湖泊管理新思路,构建我国湖泊管理新体系,以实现我国湖泊保护与资源高效利用间的协调发展。

2.1.1　我国湖泊管理现状

1. 行政分级、部门分工与流域管理相结合的湖泊管理体制

我国现行的湖泊管理体制可以概括为行政分级管理、部门分工管理与湖泊流域管理相结合的管理体制(赵志凌等,2009),其组织结构可见图 2-1。根据《中华人民共和国水法》,我国现行水资源管理体制实行流域管理与行政区域管理相结合的管理体制,对湖泊水资源的管理基本遵循此规定。国务院水行政主管部门负责全国水资源的统一管理和监督工作,在部分重点湖泊设立流域管理机构,如太湖流域管理局;在所管辖的范围内行使法律法规所规定以及国务院水行政主管部门所授予的水资源管理和监督职责。县级以上地方人民政府水行政主管部门按照规定的权限,负责本行政区域内水资源的统一管理和监督工作(高而坤,2004;张晓宇和窦世卿,2006)。此外,国务院有关部门(如水利、交通、渔业、环保、国土、市政、卫生和林业等)按照职责分工,负责各自相关湖泊资源的开发、利用、节约和保护管理等工作。县级以上地方人民政府相关部门按照职责分工,负责本行政区域内湖泊资源开发、利用、节约和保护管理等工作。如水利部门主要负责湖泊防洪、蓄水、灌溉、排涝、供水、发电以及建设维修水工程等;交通部门管理水运和航道,负责航道

的整治和监督;渔业部门管理渔业捕捞、渔业开发和水产养殖;林业部门负责管理湿地资源和野生鸟类、禽类等;环保部门负责湖区水质污染监测和污染控制、生态保护等工作。

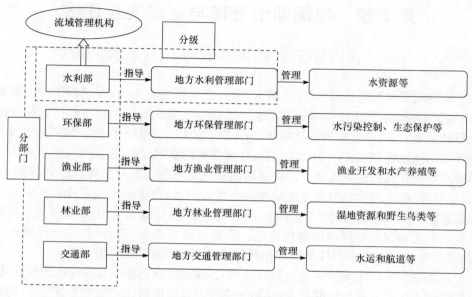

图 2-1　我国现行湖泊管理体制组织结构图

2. 湖泊管理法律法规体系已初步建成,但仍需进一步完善

当前,我国湖泊管理法律法规体系已初步建成。现行国家层面的法律法规体系中有多处体现了对湖泊资源的保护以及合理开发利用。《宪法》主要从国家职责和公民义务方面,对自然资源的保护做了原则性的规定,湖泊作为我国重要的自然资源之一被涵盖其中。与湖泊水资源和水环境保护有关的法律法规主要包括:《中华人民共和国环境保护法》、《中华人民共和国水法》、《中华人民共和国水污染防治法》及实施细则、《中华人民共和国水土保持法》等。在《中华人民共和国水法》中规定了包括湖泊水资源在内的我国的水资源管理体制、水资源规划、水资源开发利用、水资源、水域和水工程的保护等方面的内容。其他相关的一些法律法规,如《中华人民共和国渔业法》、《中华人民共和国渔业法实施细则》等也明确规定了包括湖泊渔业资源在内的渔业资源的合理开发利用、保护、监督管理等内容。但是,目前我国尚没有一部国家层面的专门针对湖泊管理和保护的类似"湖泊法"的法律。

除上述国家层面的法律法规外,一些省市针对当地湖泊水环境保护和水资源管理的特点,开展了所在地区湖泊的立法工作。如 2002 年湖北省颁布了《武汉市湖泊保护条例》,2004 年江西省颁布了《江西省鄱阳湖湿地保护条例》,2006 年江西省颁布了《南昌市城市湖泊保护条例》,云南省也先后制定了《云南省程海保护条例》、《云南省星云湖保护条例》、《云南省杞麓湖保护条例》以及大理白族自治州制定了《大理洱海保护条例》等地方性法规。此外,我国首部跨区域湖泊条例——《太湖流域管理条例》,已报国务院常务会议审批并出台。

3. 湖泊环境保护标准与规划基本构成了较为完整的体系

以水质系列标准为主的湖泊标准管理体系。我国湖泊环境保护标准主要包括湖泊水质标准、水质评价标准和监测标准。一般入湖河流水质执行《地表水环境质量标准》(GB 3838—2002)中有关河流标准的限值,而在一些地区,如云南大理,为了保护洱海湖泊水质,对其入湖河流水质提出了较高的要求,执行《地表水环境质量标准》(GB 3838—2002)中有关湖泊标准的限值。另外,根据湖泊功能区划不同,不同湖泊执行不同的水质标准。如湖泊发展渔业需满足《渔业水质标准》(GB 11607—89);作为饮用水水源的湖泊需同时满足《地表水环境质量标准》(GB 3838—2002)的Ⅲ类和《生活饮用水卫生标准》(GB 5749—2006)中的生活饮用水水源水质卫生要求。我国湖泊水质评价标准主要采用《地表水环境质量标准》(GB 3838—2002),但在总氮和总磷指标评价方面考虑了湖泊的要求。湖泊水质监测标准采用国标《水质—湖泊和水库采样技术指导》(GB/T 14581—93)。该标准制定了湖泊的采样方案设计、采样技术、样品保存和处理等要求。

以专业规划为主题的湖泊保护规划体系。在湖泊规划编制方面,各专业规划已基本形成体系。特别是在"三湖",渔业、水利、环保等都有针对或者涉及湖泊的专项规划,基本形成了防洪、治涝、灌溉、航运、供水、水力发电、渔业、水资源保护、水污染防治等专项规划体系。各部门在编制专项规划时,也大都考虑到了与其他专项规划的协调和统一。如渔业部门编制湖泊渔业发展规划时,会考虑到对湖泊水质和水生态环境保护的影响。但由于缺少经过多部门协调一致的权威性湖泊流域综合规划,各专项规划在执行过程中往往出现难以落实或者执行不到位的现象。仍以渔业规划为例,尽管在编制规划时考虑到了对湖泊环境的保护,但由于缺乏更高层面的湖泊流域综合规划和综合管理机构的监管,不合理的渔业养殖对湖泊水质和水生态环境的影响难以避免。

4. 湖泊监测评价网络已基本建成

我国对湖泊的监测管理主要由环保部门和水利部门共同负责。目前环保部在全国 26 个国控重点湖库上设置断面 110 个,省控监测湖泊有 182 个。湖泊常规监测主要以流域为单元,优化断面为基础。采用手工采样、实验室分析的方式。另外在 17 个重点湖库的主要断面已经建成了水质自动监测系统站。26 个国控重点湖泊,2003 年以前,按水期进行监测,每年进行枯、平、丰三个水期共六次监测。自2003 年开始,每月开展监测。监测时间为每月的 1～10 日。每月监测项目为水温、pH、电导率、溶解氧、高锰酸盐指数、五日生化需氧量、氨氮、石油类、挥发酚、汞、铅、总磷、总氮、叶绿素 a、透明度、水位等 16 项,部分省界断面还进行流量监测,以计算污染物通量。每个水期监测项目按照《地表水环境质量标准》(GB 3838—2002)中表 1 规定的 24 个项目进行。地表水常规监测的监测断面布设、样品采集方法、保存和运输、监测等均按照《地表水和污水监测技术规范》(HJ/T 91—2002)进行,分析方法均采用国家标准方法。质量保证和质量控制按照《环境水质监测质量保证手册》(第二版)的要求执行。每月编制《地表水水质月报》。水利部主要负责湖泊的水文监测,包括湖泊水位、流速、流量、水温、含沙量、冰凌和水质等情况的监测。

2.1.2　我国湖泊管理存在的主要问题

1. 条块分割、多龙管湖的管理体制不利于湖泊的高效管理

我国现行的湖泊管理体制呈现条块分割、"多龙管湖"的局面。在横向管理上,湖泊水资源归属于交通、水利、渔业、环保、市政和林业等近十多个部门,各部门之间的管理职责存在明显的交叉与重合,部门之间的责、权、利关系不清晰,各自为政,缺乏沟通和协调的问题比较突出,形成"多龙管湖"的局面。在纵向管理上,形成了中央统一管理和地方辖区管理相结合的特征。地方管理机构受中央直属部委统一管理,而同时又隶属于地方政府管理,缺乏独立的管理权限,导致地方管理机构完全难以执行中央管理部门对其的要求,呈现条块分割。我国大部分湖泊并未从流域的角度进行综合管理,只有部分重点湖泊设有流域管理机构,即便如此,作为国家有关部委的派出机构,其与地方行政机构之间的协调性较差,对湖泊流域的综合管理作用有限。现行这种条块分割、"多龙管湖"的湖泊管理体制使得我国湖泊管理职责不清、部门协调困难,导致了我国湖泊管理一些问题长期得不到解决。

2. 湖泊法律法规体系与发达国家存在差距,体系完整性和系统性有待加强

湖泊管理的法律法规体系是一个体系化互相联系的有机整体,应形成由基本法律和与之相配套的一系列法规、实施细则组成的严密体系。世界发达国家均有专门针对湖泊保护和管理的基本法律,如日本早在 1984 年就在全国颁布实施了《湖泊法》。但迄今为止,我国尚没有一部专门针对湖泊保护和管理的国家基本法律,这导致我国湖泊管理内部法律法规之间缺乏协调,尚未组成一个有机的整体。国家层面的由各部门制定的如《水污染防治法》、《渔业法》等,以及地方政府各自制定的湖泊保护法律法规之间,皆因缺乏一部具有协调性的基本湖泊法而导致彼此之间缺乏协调衔接,甚至存在相互矛盾和歧义之处。此外,虽然一些地方政府制定了地方性湖泊保护条例,但实施力度不够,且很多地方政府至今尚未出台相应的湖泊保护地方性法规。由此可见,我国湖泊管理法律法规体系存在结构性缺陷,湖泊

法律法规体系与发达国家间存在差距,体系的完整性和系统性有待加强。

3. 水质管理模式下的标准、监测、评估体系难以实现湖泊的可持续利用与发展

从我国湖泊管理的标准、监测、评估等体系现状情况来看,我国的湖泊管理尚处于一种以水质管理为核心的管理模式。如前所述,目前我国湖泊管理适用的标准主要为湖泊水质方面的标准,包括水环境质量标准、污染物排放标准、水质采样标准以及水质保护标准等。而涉及湖泊生态系统有关的标准,如湖泊水生生物相关标准、沉积物相关标准、生态健康及安全等相关标准尚属空白。

此外,我国湖泊监测网络的覆盖度及管理信息化水平还不能满足湖泊保护和治理新形势的要求。目前仅在部分重点湖泊初步建立了信息化管理系统,如太湖建立了全覆盖的监测监控网络,在湖内、湖岸、水下、船上均布设了蓝藻监视点,还利用环境卫星加强遥感监测,形成了天地一体化监测网,加强蓝藻预警。而其他大多数湖泊尚未开展相关工作。另外,目前湖泊水质监测网络与水文监测网络建设相对较强,而水生态监测网络相对较弱(林联盛等,2009);对湖泊水质评估比较重视,而对生态系统健康及安全评估尚处于起步阶段。湖泊是一个复杂的生态系统,水质仅仅是其生态系统健康状况的一个表现形式,急需从生态系统角度对湖泊进行综合管理(刘永等,2007;刘永和郭怀成,2008)。

4. 湖泊管理中的公众参与不足

公众环境意识及公众参与是发达国家湖泊管理成功的基础和宝贵经验(Depoe et al,2004)。如日本治理琵琶湖,开展了用肥皂代替合成洗涤剂的全民运动,削减入湖污染负荷。加拿大圣劳伦斯河的治理,积极鼓励社区群众参与治理流域水污染。据统计,平均每年有 15 200 人参加流域治理,义务工作时间达 16 万小时。瑞典水环境治理的成功动力是公众对高质量水环境的追求。由于公众参与机制缺乏以及公众环境参与意识薄弱,我国公众环保意识和公众参与度与发达国家相比存在相当大的差距。主要表现为公众参与总体水平偏低,参与程度不高,参与效果不理想,参与渠道、途径不多不通畅等一系列问题。

目前,中国公众参与湖泊管理的各种形式均存在一定的局限。具体而言,多方参与协商的模式面临的主要问题是由于相关利益方的代言组织还没有发育完全,很多情况下是由相关政府部门代行,并不能完全代表相关方利益;公众听证方式的主要问题是参与者选择易受主持方操控,由于信息不对称,听证会代表难以对听证方案提出实质性的抗辩意见,听证记录对政府决策缺乏明确的约束作用;专家论证方式的主要问题是参与者不代表相关利益,存在不负责任的道德风险;征询意见的方式面临的主要问题在于公众意见发散,且易受舆论误导,这种方式对政府决策发挥的作用有限。因此,完善我国公众参与机制,提高湖泊管理中公众环境保护意识

的任务仍然相当艰巨(李东,2009;金相灿等,2009)。

2.2　我国湖泊管理需求分析

从我国湖泊管理的现状及主要问题来看,目前我国湖泊管理存在的种种问题,其根源在于条块分割、"多龙管湖"的管理体制和传统落后的管理模式以及管理的科技支撑不够。因此,探索我国湖泊管理新体系,首先应实现管理思路的两大转变:第一,从多龙管湖向流域综合管理转变;第二,从水质管理向水生态管理转变。在此基础上,依托科技创新,通过对湖泊管理体制机制、政策法规、规划标准、监测评估体系等方面进行系统创新,建立我国湖泊流域生态系统综合管理新体系,其基本思路详见图 2-2。具体将从下述五个方面对该新体系进行阐述。

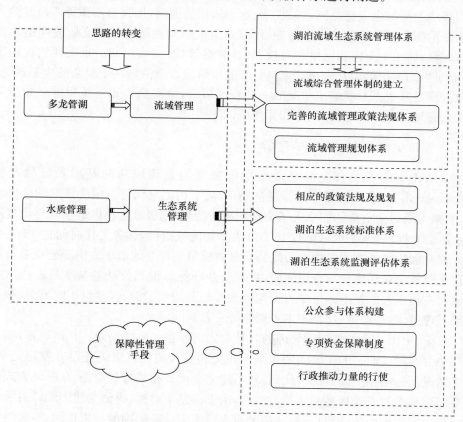

图 2-2　构建我国湖泊流域生态系统管理新体系基本思路示意图

2.2.1　建立湖泊流域综合管理联席体制

当前,西方学者对湖泊管理制度所持观点主要有下述三种:一是政府集中控制管理;二是实行私有化;三是由利益相关方(当地的居民、学术组织、大学、环保组织等)自主管理。后两种管理方式适合于小型湖泊,而较大面积湖泊基本上都是由政府管理。政府主导的湖泊管理体制主要有:①由湖泊管理协调委员会组织协调,政府多部门合作管理并负责具体实施。湖泊管理协调委员会通常由不同的政府部门组成,没有独立的财政预算和专门的工作人员,职能相对较弱。②由湖泊管理协调机构(coordinating agency)协调各部门或地区(国家)之间的湖泊管理行动,但不具体执行管理任务。湖泊管理协调机构有独立的财政预算,甚至有立法权,通常为一个常设机构独立存在,或挂靠在某个部门。如五大湖国际联合委员会(IJC)是由美国、加拿大各委派 3 名代表组成,下设水质董事会(WQB)作为主要顾问,30 多年来促成了两国水质协定的签署和美国清洁水法的有效执行。③由综合湖泊管理机构(integrated management organization)负责并实施,具有协调、开发和管理等管理职能,并有制定管理法规的权利,相当于一级政府的组织机构。如日本琵琶湖管理,通过设立县市町镇联络会议制度和由中央政府与地方共同组成行政协议会,对水质保护、水产业、旅游业、土地利用等方面实行以流域为单元、政府主导与全民参与的综合管理模式(张兴奇等,2006;徐荟华和夏鹏飞,2006)。

我国现行湖泊管理体制涉及环保、水利、国土、农业、林业、交通等多个部门,呈现"条块分割、多龙管湖"的体制顽疾。借鉴国外湖泊管理经验,结合我国国情,我国湖泊应按照流域为单元,打破行政边界,通过横向和纵向的联合,建立湖泊流域综合管理联席体制,实现湖泊统一协调的高效管理。

通过建立具有地方行政职能的湖泊流域管理机构,专门负责湖泊流域的管理、协调和开发,并应有制订相关管理法规的权利。负责对湖泊流域进行统一规划,提出相关政策法规标准,组织开展相关技术研发、生态环境监测、信息交流等。对于跨行政区域的湖泊建立上述机构显得尤其重要,因为只有打破行政分割,实行统一管理,才能真正实现流域的系统综合管理。

2.2.2　建立湖泊流域生态系统管理的政策法规体系

在湖泊流域生态系统管理理念的指导之下完善我国湖泊管理的法律法规体系。首先,我国急需研究制定一部专门针对湖泊保护和管理的国家基本法律。对湖泊流域生态系统管理体制、综合规划等一系列问题做出强制性的规范。同时,要将湖泊视为生态系统进行保护和开发利用,将湖泊生态承载力等问题纳入法规的范围,实现湖泊的永续开发、利用。

此外,我国湖泊众多,成因各异,湖泊与入湖河流的水文关系、流域经济发展水平与产业结构以及排入湖泊的污染物构成与数量各有差别,很难找到条件完全相同的两个湖泊。因此,湖泊流域生态系统管理法律法规体系的构建中应考虑这个问题,因地制宜,针对特定湖泊制定相应的法规政策,在湖泊基本法的指导之下实现"一湖一法","一湖一策"。

2.2.3 构建基于湖泊流域生态系统管理的规划体系

湖泊流域生态系统是由湖泊及其流域和其间生存的人所组成的一个兼具自然属性和社会属性的复合系统,应在湖泊流域管理及生态系统综合管理思路的指导下,科学编制湖泊流域生态系统管理规划。具体包括以下方面:

(1)湖泊流域综合规划

规划是湖泊管理、保护和开发利用的总纲,只有在科学合理的湖泊流域综合规划指导下,湖泊管理、保护和开发才能健康有序、协调、可持续地发展。流域综合规划的编制应系统分析全球气候变化和流域下垫面条件改变对流域洪水、干旱、水资源、生态环境以及湖泊生态系统的影响,深入分析流域社会经济发展与湖泊资源开发利用关系,以及湖泊生态系统的生态承载能力。以实现湖泊资源开发与保护并重、整体与局部双赢、近期与长远兼顾为目标,明确湖泊流域治理、开发与保护的优先领域和顺序,充分发挥湖泊的多功能、综合利用效益。

对生态良好的湖泊流域,要协调好流域开发和保护的关系;对生态严重恶化的湖泊流域,要提出有效遏制流域生态恶化的修复与保护措施。根据各湖泊流域治理、开发与保护的不同目标,研究提出湖泊流域综合规划方案。

(2)行业专项规划

依据湖泊流域综合规划,按照"安全、高效、优化配置资源、行业之间协调发展"的原则,分行业制定湖泊的水资源、防洪排涝、水产养殖、旅游等专项规划。专项规划指导思想、目标必须明确,比如水资源规划必须明确水资源的功能定位和水量、水质的保护目标、保护措施;防洪排涝规划应明确防洪标准、工程和非工程措施;水产养殖规划着重明确水产养殖种类、规模、湖区范围及养殖方式等,使规划具有前瞻性、科学性和可操作性。

2.2.4 健全和发展流域生态系统监测、标准及评估体系

监测网络建设和完善。在健全现有湖泊监测网络的基础上,采用传感器技术、现代无线通信技术、计算机技术、物联网等信息技术,对湖泊流域的水资源、生物资源、水质及其空间分布等进行流域生态系统尺度的实时监测和动态管理。开展动态的、流域生态系统尺度的湖泊监测,为湖泊资源合理优化配置,开展湖泊水资源和环境污染状况的调查、评价和管理奠定基础,实现湖泊管理由粗放式向精细化、信息化转变。

标准体系建设。开展我国湖泊流域生态系统标准体系的研究与制定,建立湖泊流域生态管理标准体系,在水质标准的基础上,制定水生生物资源标准、营养物标准、水体沉积物质量标准、富营养化标准、湖泊生态健康及安全标准等。

湖泊生态评估体系的建立。在健全的监测网络和标准体系之下,超越传统的湖泊水质评价范围,建立我国湖泊生态系统健康安全评估体系。湖泊生态系统健康安全评估体系应包括湖泊水生态健康评估、流域经济社会活动影响评估、湖泊生态服务功能评估以及湖泊生态灾变评估等 4 项内容,以及湖泊生态安全综合评估,形成"4+1"的湖泊生态安全评估体系,并在全国范围内的湖泊管理中进行推广应用。

2.2.5　加强湖泊流域生态系统管理保障体系建设

协调好流域管理与行政管理的关系,重点发挥行政管理的推动作用。建立湖泊流域综合管理体制,并不意味着政府行政管理能力的丧失,行政职能仍要发挥积极的主导作用。如云南省和昆明市对滇池治理实行"河(段)长负责制",由市级四套班子领导担任"河长",河道流经区域的党政主要领导担任河"段长",对辖区水质目标和截污目标负责,实行分段监控、分段管理、分段考核、分段问责,取得了不错的治理成效。

另外,如无锡太湖的蠡湖,当地政府大力推行铁腕治污,加大行政执法力度,使得蠡湖成为国内水质最好的城市内湖。上述有效的管理经验值得全国的湖泊管理借鉴和推广。

构建公众参与体系,实质性推动公众参与湖泊的保护和管理。公众参与是推动环境保护可持续发展的重要力量之一。这是一种"自下而上"的力量,也是一种可持续的力量,更是一种遏制环境违法的"大规模建设性武器"。针对我国湖泊管理过程中缺乏公众参与的现状,急需构建湖泊流域管理的公众参与体系。进一步完善公众参与机制,如相关法规的制定要广泛听取公众的意见,搭建平台让公众充分表达自己的意见和诉求等;进一步加强宣传和教育,提高公众的环境保护意识,积极参与湖泊管理;加强信息化平台建设,方便公众及时获取相关信息。通过建立完善公众参与机制,形成全社会共同监督和管理湖泊的合力。

建立专项资金保障制度,构建新的融资机制。建立稳定、可靠的湖泊治理资金保障体系。中央及地方政府应加大对湖泊水资源管理和保护的财政投入,同时应探索构建新的投融资机制,鼓励民间资本进入,以解决湖泊治理资金投入不足的问题。同时,应制定合理的水价,征收污水处理费,提高水资源再生利用率和污水排放量,从源头解决水资源短缺和水污染问题。

2.3　休养生息是我国湖泊环境保护的重要方向

2.3.1　湖泊生态系统是兼具自然属性和社会属性的复合系统

狭义的湖泊生态系统是指由湖泊生物群落及其环境因子共同组成的动态平衡系统,是陆地水圈的重要组成部分,在蒸发—降雨—地表和地下径流回归大海的自然水循环过程中发挥着极其重要的作用(金相灿,1995)。湖泊不仅是优美的自然景观资源,也具有调蓄洪水、保护生物多样性、净化环境、物质输移、调节气候等重要生态服务功能。整个自然界都处在不断运动和变化中,各圈层互相作用的自然过程引起湖泊变化。湖泊外部环境的变化,也会引起湖泊内部生态系统的变化,这是湖泊具有的自然属性。另外,择水而居的习惯,使绝大多数湖泊都或多或少地受到人为因素影响,这是湖泊具有的社会属性,纯粹自然的湖泊生态系统仅存在于人迹罕至的高山雪原之中。湖泊与人类社会经济活动之间也形成了相互作用和相互影响的动态平衡,湖泊可为人类提供水源、水产品、能源、航运、休闲娱乐、文化美学等社会经济服务功能(孙宁涛和李俊涛,2007;中国环境与发展国际合作委员会,2010;刘耀彬等,2010),流域人类活动也会引起湖泊生态系统变化。因此,必须认识到湖泊生态系统是由湖泊及其流域和其间生存的人组成的一个兼具自然属性和社会属性的复合系统,着眼于湖泊的治理和保护,必须实现"人湖和谐"(图2-3)。

2.3.2　湖泊污染的根源在于流域人类的不合理活动

当前我国湖泊面临水污染严重、富营养化、面积萎缩以及生态功能退化等问题,湖泊生态环境的不可持续态势令人担忧。目前湖泊水污染严重,有相当数量的湖泊水质为V类或劣V类,湖泊富营养化形势严峻。据统计,20世纪70年代,我国湖泊富营养化面积约为135 km²(金相灿等,1990),而目前的富营养化面积约达8700 km²,40年间激增了约60倍(金相灿等,2009)。近年来我国相当数量的湖泊出现了水位持续下降,集水面积和蓄水量不断减小的问题,部分湖泊甚至干涸。自20世纪50年代以来,全国大于10 km²的湖泊中,干涸面积4326 km²,萎缩减少面积约9570 km²,减少蓄水量516亿m³(陈雷,2009)。

我国湖泊生态系统的结构和功能总体处于不断退化的状态。具体表现为湖泊生物资源退化,生物多样性下降,湖泊与江河水力联系受到阻隔,生态服务功能退化等。例如滇池,20世纪50年代沉水植物有42种,80年代下降到13种(余国营等,2000),到目前只剩8种(杨桂山等,2010)。长江中下游地区是我国湖泊分布最密集的区域之一,历史上该地区的湖泊大多与长江自然连通,发挥着正常的洪水调蓄和生物多样性维持等生态功能(姜加虎和王苏民,2004);而目前仅有洞庭湖、鄱阳湖和石臼湖等为数不多的几个湖泊自然通江,众多湖泊的污染物净化、生物交

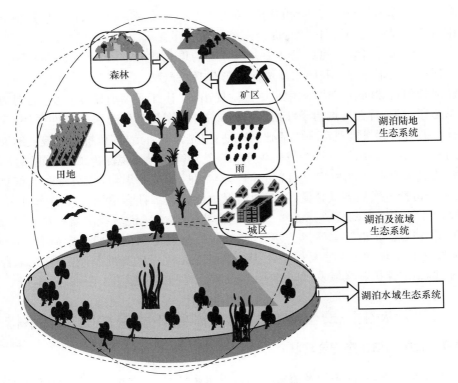

图 2-3　湖泊-流域生态系统示意图

换、信息交流以及水量调蓄等生态服务功能急剧下降。

2.3.3 "让江河湖泊休养生息"是新时期我国湖泊环境保护的方向

我国湖泊保护实践证明,保护好湖泊,必须协调好湖泊保护与资源利用及其与区域经济发展间的关系,保护中发展,发展中保护,走湖泊可持续发展的道路,体现使江湖休养生息的思路。第十三届世界湖泊大会向世界发布了《武汉宣言》,表达了"实现人类与湖泊和谐共生,是我们共同的美好愿景"的期盼,会议主题就是"让湖泊休养生息,全球挑战与中国创新——建设资源节约环境友好型社会"。

环保部周生贤部长在第十三届世界湖泊大会上发表了"让江河湖泊休养生息"的讲话,指出了我国在江河湖泊生态保护方面所做的努力和今后的基本思路,从江河湖泊休养生息、建设生态文明、科学发展观等辩证的高度阐述了江河湖泊生态保护的根本出路,就是以生态文明建设为指导,深入实践科学发展观,注重以人为本、改善民生、恢复生机、提升活力,遵循自然规律、道法自然、系统管理、综合治理,控源截污、转型发展。让江河湖泊休养生息必须遵循和把握江河湖海的内在规律,坚持环境优先的理念,将水环境容量和承载力作为调控经济发展规模和速度的抓手,将环境要求作为各类经济活动的约束性条件,综合采取多种措施,在发展经济的过程中维系生态系统的自身平衡,促进系统良性循环。

"让江河湖泊休养生息"是党中央国务院的重大战略部署,为新时期我国湖泊环境保护指明了方向。我国水环境保护形势日益严峻,基于国内外社会治理实践和江河湖泊自然演替规律,党中央国务院提出了"让江河湖泊休养生息"的湖泊治理思路和对策,旨在通过给予江河湖泊人文关怀,恢复其生态系统良性循环,为经济社会的可持续发展奠定环境基础。这是对"先污染后治理"传统治污模式的反思和调整,是综合运用经济社会发展规律和自然规律指导环境保护工作的重要体现。我国湖泊保护应贯彻落实"让江河湖泊休养生息"的战略思想,应坚持四个重要原则:①坚持推进发展方式转变,发挥湖泊保护优化经济社会发展的积极作用,引导区域产业结构转型调整;②坚持"一湖一策",根据各湖泊流域经济社会发展模式和自然生态状况,采取"一湖一策"办法,有针对性地确定湖泊保护目标和主要措施;③坚持污染治理和生态修复相结合,恢复湖泊生态系统的良性循环;④强化综合治理,协调湖泊保护和区域发展间的矛盾,逐步恢复和完善湖泊生态系统。

2.4　开展生态安全评估是我国湖泊环境保护的重要举措

2.4.1　我国湖泊生态安全现状

近几十年来,我国湖泊及流域社会经济快速发展,人类对环境的扰动导致入湖污染负荷大幅增加,与污染治理措施、设施的滞后形成了尖锐矛盾,加之氮、磷等污染负荷削减难度较大,致使我国众多湖泊长期接纳过量的氮磷营养盐负荷,湖泊(水库)富营养化程度普遍较高,湖泊水体处于"水华"频发的高生态风险状态。

我国大中型湖泊的富营养化问题已直接影响其周边及下游城镇、农村地区的饮用水安全,危及百姓的健康。根据 2010 年中国环境状况公报,我国湖泊生态安全总体状况可概况为以下四个方面:

1. 水污染形势严峻,水环境质量下降

当前我国湖泊水污染普遍严重,有相当数量的湖泊水质为Ⅴ类或劣Ⅴ类。据环保部 2010 年统计数据显示,在全国 26 个国控重点湖泊(水库)中,满足Ⅱ类水质的 1 个,占 3.8%;Ⅲ类的 5 个,占 19.2%;Ⅳ类的 4 个,占 15.4%;Ⅴ类的 6 个,占 23.1%;劣Ⅴ类的 10 个,占 38.5%。主要污染指标为总氮和总磷。全国九大重点湖泊中,太湖、巢湖、鄱阳湖、洞庭湖、滇池、洪泽湖,三峡水库、丹江口水库与小浪底水库水质均已处于地面水环境质量标准Ⅲ类标准以下,其中鄱阳湖、洞庭湖和洪泽湖整体水质Ⅲ类到Ⅳ类,局部水域部分时间段为Ⅴ类,太湖、滇池、巢湖为劣Ⅴ类。湖泊水质恶化的现状导致湖泊水质达不到水环境功能要求,水环境承载力下降,湖

泊水体各种功能的环境价值也不同程度地降低,甚至丧失。

2. 富营养化问题严重,水华频繁暴发

蓝藻水华暴发(藻型)和高等水生植物过度繁殖(草型)是我国湖泊富营养化重要表现形式,其中以水华暴发最为常见,问题也最为严重。监测结果表明,九大重点湖泊中,太湖、巢湖、洪泽湖和滇池均已处于富营养化水平,其中太湖和巢湖处于中度富营养化水平,滇池处于重度富营养化水平,藻类水华常年发生;三峡水库局部水体、小浪底水库局部水域已发现了藻类水华,鄱阳湖、洞庭湖局部水域也有水华发生。水华暴发是湖泊生态灾变的重要表征,对生态系统健康,特别是对人类健康的危害不容忽视。

3. 不合理的人类活动对湖泊的影响和破坏严重

我国有相当数量的湖泊正逐渐由自然状态变成人为控制状态,在经济发达地区尤为严重。一方面是由于人类对湖泊认识的不足,缺乏对湖泊的科学保护、合理利用和有效管理,导致对湖泊资源的过度开发和无序利用,造成湖泊萎缩、生态破坏等一系列问题。以湖泊围垦为例,据不完全统计,20 世纪 40 年代以来,长江大通以上中下游地区有 1/3 以上的湖泊面积被围垦,围垦总面积超过 13 000 km²,相当于目前五大淡水湖面积总和的 1.3 倍,因围垦而消亡的湖泊达 1000 余个。

另一方面,随着湖泊流域社会经济的快速发展,沿湖地区开发强度及规模不断增加,导致湖泊资源以及环境压力日益增大,湖泊有限的生态承载力和环境容量难以承受。以经济发达的太湖流域为例,从 1999 年至 2009 年,十年的发展使太湖流域人口数量增长了 42%,年用水总量从 284.8 亿 m³ 增至 353.3 亿 m³,年废水排放总量从 49.2 亿 m³ 增至 62.4 亿 m³;与此同时,水质污染日益严重,至 2009 年太湖 7.6% 的水域水质为 Ⅳ 类,18.5% 水域为 Ⅴ 类,其余 73.9% 水域均劣于 Ⅴ 类,太湖整体处于中度富营养状态。

4. 湖泊生态系统的结构和功能总体处于不断退化状态

我国湖泊生态系统的结构和功能总体处于不断退化状态,湖泊萎缩退化严重,生物资源退化,生物多样性下降,湖泊与江河水力联系受到阻隔,生态服务功能退化等。近年来我国相当数量的湖泊出现了水位持续下降,集水面积和蓄水量不断减小的问题,部分湖泊甚至干涸。自 20 世纪 50 年代以来,全国大于 10 km² 的湖泊中,干涸面积 4326 km²,萎缩减少面积约 9570 km²,减少蓄水量 516 亿 m³。另据统计,滇池在 20 世纪 50 年代沉水植物有 42 种,80 年代下降到 13 种,目前只剩 8 种。长江中下游地区是我国湖泊分布最密集的区域之一,历史上该地区湖泊大多与长江自然连通,发挥正常的洪水调蓄和生物多样性维持等生态功能;而目前仅

少数湖泊自然通江,众多湖泊的污染物净化与水量调蓄等功能急剧下降。

2.4.2　生态安全评估推动了我国湖泊管理的重大转变

2008 年以来,应用"全国重点湖库生态安全调查与评估"项目成果,陆续完成了对全国十二大重点湖泊水库,即太湖、巢湖、三峡水库、滇池、丹江口水库、小浪底水库、洪泽湖、洞庭湖、鄱阳湖、乌梁素海、抚仙湖、梁子湖的生态安全状况的评估,综合评估结果为,滇池、乌梁素海"很不安全";太湖、巢湖处于"不安全"状态;洞庭湖、洪泽湖、三峡水库处于"一般安全"状态;鄱阳湖、丹江口水库、小浪底水库处于"安全"状态;梁子湖、抚仙湖"很安全"。同时识别了重点湖泊水库的主要生态安全问题,按"一湖一策"提出了针对性的对策、措施和建议,对我国湖泊水库的保护和治理起到了重要的推动作用。

1. 湖泊管理应由水质管理向流域生态系统综合管理转变

多年的湖泊治理经验证明,湖泊问题不仅仅是水质问题,在湖泊水质发生较大变化前,其生态系统的结构和功能已经发生了较大的变化,湖泊主要生物类群的变化尤为明显。保障湖泊生态安全,不能单纯管理水质,应由水质管理向流域生态系统综合管理转变。近年来,国内外诸多学者对流域生态系统管理及其内容与方法开展了大量研究工作。认为水质管理目标单一,以水质保护,水环境功能维持为主,管理对象为水系和污染源,属于自然科学范畴。

流域生态系统管理目标较为综合,包括维系流域水系生态结构和功能的完整性与持续性,资源利用的可持续性,水质保护,特殊文化的保护,流域经济的持续发展等。管理对象除湖泊水系之外,还包括由湖泊-流域生态、经济以及社会子系统构成的复杂系统。流域生态系统管理应涵盖流域综合管理和生态系统管理的思想和内容,既体现了对流域内资源的综合管理,同时利用生态系统方法,对生态系统的组成、结构和功能过程给予研究,并将人类活动和需求纳入生态系统的管理中去。通过适应性管理以恢复或维持生态系统的整体性和服务功能的持续性,实现流域内社会经济和生态环境系统的可持续发展。

因此,要解决目前我国湖泊面临的诸多问题,除了控制入湖污染负荷,进行湖泊水质管理外,对湖泊-流域生态系统进行管理是湖泊综合管理的方向。对湖泊-流域实施生态系统综合管理,系统地对湖泊-流域进行生态学分析,并在此基础上制定生态恢复措施和开展生态系统管理对策的综合性研究。以湖泊-流域生态系统综合管理的概念、目标和原则为基础,通过湖泊-流域生态系统综合评价和管理模型研究,提出适应性的管理对策和管理机制。

2. 湖泊管理的实质是解决好"人湖"关系,实现"人湖"和谐发展

湖泊污染及生态环境问题的根源在流域及人类,不合理的人类社会经济活动是湖泊-流域生态系统退化的主要驱动力和胁迫因子。因此,湖泊管理的实质是解决好"人湖"关系。人类与湖泊的关系应是既要改造和利用,又能主动适应和保护,人类应由湖泊的征服者,转变为湖泊的保护者和朋友,必须尊重湖泊生态系统的自然属性和演变规律,不仅要考虑当代人的需求,还要考虑到后代以及自然界自身的需求,实现湖泊资源的可持续利用。

人与湖泊之间的关系很大程度上取决于人们对湖泊的认识,属于湖泊水文化范畴,对湖泊管理应提升到文化及生态文明建设的高度。加强湖泊水文化建设、发挥水文化功用,通过对先进的湖泊科学文化知识和湖泊保护思路的传播,推动社会公众提升湖泊生态保护意识,逐步形成自觉保护湖泊资源的社会理念。引导人们树立人与自然和谐相处的新型价值观,促使人们在湖泊环境治理、湖泊资源开发利用过程中,关注湖泊的价值与伦理,自觉地约束、规范自身行为,实现人与水、人与湖泊、人与自然的和谐发展。

总之,湖泊生态系统是由湖泊及其流域和其间生存的人组成的一个兼具自然属性和社会属性的复合系统,包括湖泊水生态系统、湖泊周边陆地生态系统以及湖泊及其流域构成的完整湖泊-流域复合生态系统。湖泊生态安全不仅是湖泊水生态系统健康,还应包括其流域生态系统健康、生态服务功能健康以及人类对湖泊干扰在其可承受范围之内。湖泊管理应由水质管理向流域生态系统综合管理转变,其本质是解决好"人湖"关系,实现"人湖"和谐。

2.5　鄱阳湖生态安全及其保障重点

2.5.1　鄱阳湖生态安全状况

2008 年,中国环境科学研究院、江西省环境保护科学研究院等数家单位联合对鄱阳湖的生态安全进行了调查,并在环保部全国重点湖泊水库生态安全调查评估项目的指导下,开展了鄱阳湖生态安全评估。评估结果认为,鄱阳湖生态安全状况为总体安全,但已接近一般安全水平,而保障其生态安全的重点就是要解决好"江湖"、"河湖"和"人湖"关系,特别是要解决好"人湖"关系,即解决好经济社会发展、湖区居民收入提高与鄱阳湖保护间的关系。

以下简述鄱阳湖生态安全总体情况。

1. 鄱阳湖生态安全状况总体安全,但已接近一般安全水平,呈现逐年下降趋势

鄱阳湖作为中国最大的淡水湖,其生态安全状况总体为"安全"水平,但已经下

降接近"一般安全"水平。自 1980 年以来,鄱阳湖生态安全状况总体呈逐年下降趋势,其安全水平变化分为 1980～1990 年、1991～2002 年和 2002～2008 年三个阶段。2008 年,鄱阳湖生态安全水平仅相当于 20 世纪 80 年代的 61.8%。

2. 进入鄱阳湖的污染负荷逐年增加

鄱阳湖及其周边地区是江西省社会经济发展的重要区域,也是江西省农业的基础区域。调查研究表明,1997 年江西省废污水排放量约 $15×10^8$ t,至 2007 年约 $25.8×10^8$ t,该期间废污水排放量平均每年约以 $1×10^8$ t 的速度递增,化学需氧量排放量平均每年约以 $2×10^4$ t 的速度递增,氨氮排放量平均每年约以 $0.2×10^4$ t 的速度递增。

3. 鄱阳湖水质总体呈现下降趋势,水体富营养化趋势加重

通过对鄱阳湖近 30 年水质监测资料的综合分析评价得知(孙晓山,2009),鄱阳湖水质总体呈下降趋势。20 世纪 80 年代鄱阳湖水质以 Ⅰ、Ⅱ 类水质为主,平均占 85%,Ⅲ 类水占 15%,呈缓慢下降趋势;90 年代水质仍以 Ⅰ、Ⅱ 类水为主,平均占 70%,Ⅲ 类水占 30%,下降趋势加快;进入 21 世纪,特别是 2003 年以后,Ⅰ、Ⅱ 类水仅占 50%,Ⅲ 类水占 32%,劣于 Ⅲ 类水占 18%,水质下降趋势明显。

与此同时,鄱阳湖水质总氮、总磷浓度也不断上升,由 20 世纪 80 年代初的 Ⅱ 类水标准到近年来部分湖区断面接近巢湖、太湖年平均水平。相应地鄱阳湖富营养化指数总体也呈现上升趋势,目前总体处于中营养水平,已经十分接近富营养水平,局部湖区偶有"水华"发生,处于轻度富营养化状态。

4. 湖区生物多样性已受到严重威胁

鄱阳湖独特的地理、水文和气候条件孕育了丰富多样的生物资源,也使其成为我国重要的淡水湿地,被列入国际重要湿地名录。鄱阳湖湿地是我国内陆湖泊生物多样性与生物安全最为丰富的地区,对于维持长江流域生物多样性与生物安全具有重要意义。

然而,目前鄱阳湖生物多样性受到严重威胁,主要表现为:①栖息鸟类种类增加,分布范围较广,种群数量较稳定,游禽类雁鸭类数量波动较大;②鄱阳湖鱼类种类减少、产量降低,出现低龄化与小型化趋势;③鄱阳湖藻类种类下降,密度升高,部分湖湾偶见小面积水华;④湖区湿地生物多样性下降趋势明显,部分物种消失(赵其国等,2005)。

2.5.2 保障鄱阳湖生态安全具有重要意义

根据重点湖泊生态安全状况评估结果,国内九大重点湖泊水库中,六大湖泊生态安全水平的排序为鄱阳湖＞洞庭湖＞洪泽湖＞巢湖～太湖＞滇池；其中滇池为很不安全水平，太湖和巢湖为不安全水平，但也已接近很不安全，洞庭湖和洪泽湖处于一般安全水平。虽然鄱阳湖是六大重点湖泊中生态安全水平最高的湖泊，为安全水平，但也已接近一般安全水平。伴随着江西省经济社会的快速发展，特别是2003 年以后，长江水文情势发生了较大变化，鄱阳湖作为我国最大的淡水湖泊和通江湖泊，其生态安全状况的下降趋势不容乐观。

目前，鄱阳湖生态经济区建设已上升为国家战略，保障鄱阳湖生态安全，不仅是长江中下游生态安全的重要保障，也是江西省乃至长江中下游地区社会经济稳定可持续发展的重要支撑。同时，保障鄱阳湖生态安全也具有重要的国际意义，有利于充分展示我国对全球生态环境负责任的大国形象，可进一步提升我国的国际威望。近年来，水文情势出现的较大变化已成为鄱阳湖的重要生态安全问题。自2003 年以来，鄱阳湖枯水位连创新低，出现枯水期提前且延长的特点；湿地植被变化明显，主要建群种由薹草群落（2000 年）演替为芦苇、南荻（2009 年），并出现植株矮化、生物量下降、一些湿（旱）生、沼生植物开始向该区域入侵、湿地植被向湖心推移等现象；渔业资源总体退化，种类减少，渔获物低龄化、低质化和个体小型化趋势明显，总产量呈现下降趋势。

鄱阳湖流域通过实施以江河源头水环境保护、饮用水水源地保护、污染物总量控制、重点河段综合整治和农村污染防治等为主要内容的流域水污染防治措施，抓住污染物总量控制及农村面源污染防治两个重点，有效削减和控制入湖污染负荷（主要为氮磷），改善湖区及"五河"水环境质量，"五河"主要控制断面及进入鄱阳湖水体水质总体稳定在Ⅲ类以上，确保河湖水质基本达到水环境功能目标，保障区域饮用水及工农业用水安全。以珍稀候鸟和江豚数量基本稳定，维持一定的生态水位，维护湿地生态系统健康，提升湿地生态服务功能为主要目标，结合退田还湖，以水（生态需水）、湿地植物、鱼类和鸟类为主要保护对象，划定适度开发区、限制开发区和禁止开发区，以湿地保护、湿地恢复、湿地资源合理利用及生态产业示范和保护能力建设等为主要内容做好湿地保护，保护与恢复"草滩-泥滩-积水洼地"组成的鄱阳湖天然湿地，保障湖区用水安全和鄱阳湖生态安全。

以承载力为基础，调控流域水土资源。鄱阳湖流域水资源时空分布不均、生态用水量较低及持续低水位等制约了区域发展，以调整水资源分配和推进节水型生态工业园建设等为主要内容调控水资源；以重要生态功能区保护和"百亿斤粮食增产"工程为导向，划定基本农田保护区、滨湖保护区等生态红线，在入江河道及"五河"沿岸等黄线控制区实施河岸带植被恢复，建设生态产业集聚区，控制非农用地，实施土地整理和生态建设等调控土地资源。

以"减排"为核心调整产业结构，实现"人湖"和谐。湖体核心区及滨湖保护区为发展控制区，重点关注规模化畜禽养殖业对湖泊的污染威胁，充分发挥良好生态环境和特色农业资源优势,大力构建优势产业集群,促进高效生态农业发展。

突出特色、严格准入、以工业园区为平台,以骨干企业为依托,推进企业节能、节水、减排、降耗,打造南昌、九江、景德镇、鹰潭、抚州和新余六个工业中心,并着力推进昌九工业走廊发展,积极创建集约化、集群化工业发展模式。通过打造北部山水名胜区(重点发展庐山旅游)、中部湖泊景观区(重点发展鄱阳湖、拓林湖旅游)、南部人文景观区(重点发展南昌旅游)、东部特色文化区(重点发展景德镇旅游和龙虎山旅游)等生态旅游业,形成南昌(以南昌市昌北、昌南、昌西南物流基地为主)、赣北(以九江市为主)、赣东(以鹰潭-上饶为主)、赣西(以新余-宜春为主)等重要物流中心,全面提升第三产业总量。

总之,湖泊的保护和治理不仅仅是水质保护和水污染防治,要把湖泊的保护和治理融入到社会经济发展中考虑。保护湖泊的实质是解决好环境保护与经济发展间的关系,应以环境承载力为依据,实现"人湖"和谐,即湖泊管理应由单一管理湖泊本身向"人湖"和谐转变。为了实现鄱阳湖流域的可持续发展,非常有必要研究其生态安全问题,并提出保障对策,保障鄱阳湖生态安全。并以此为例,引领我国湖泊环境管理水平的提升。

2.5.3　保障鄱阳湖生态安全的关键所在

鄱阳湖是我国最大的淡水湖。长期以来,鄱阳湖水质状况总体良好,湿地生态系统相对稳定,每年向长江下游地区输送大量的优质淡水资源,有效地保证了长江下游地区的生态安全和经济社会可持续发展。

鄱阳湖的生态保护遵循源头控制和分类管理的原则,强化自然生态恢复。近年来,鄱阳湖生态保护的重点工作主要应包括以下方面:

1. 有效控制流域污染,削减入湖污染负荷

江西省实施了全省城镇污水处理厂建设工程,正在实施工业园区污水处理厂工程。2009 年以来,江西省已完成各县(市)城镇生活污水处理厂建设和管网建设,并投入运营。目前正在推进江西省 94 个工业园区污水处理厂工程,首批 10 个工业园区污水处理厂项目已建成,第二批 25 个项目正在推进之中。项目的建成和实施,将有效推进鄱阳湖流域工业园区的污染控制,特别是鄱阳湖生态经济区内的工业园区务必实现污水达标排放。

2. 优化产业布局和经济社会发展空间布局,加强湿地管理,实施禁渔禁港

从鄱阳湖保护需求出发,结合鄱阳湖生态经济区建设,进一步优化产业布局和经济社会发展空间布局,构建湖泊生态安全格局和流域水土资源利用新格局,划定开发红线,确定发展空间格局,划定保护区,限制湖区水土资源的无序开发,给鄱阳

湖留出足够的空间。

长期以来,江西省十分注重鱼类资源的休养生息,每年 3 月 20 日至 6 月 20 日为鄱阳湖禁渔期,同时长江江西段也实施禁渔,禁渔期为 4 月 1 日至 6 月 30 日。禁渔期间禁止所有捕捞作业及其他任何形式破坏渔业资源和渔业生态环境的活动。鄱阳湖禁渔区为湖体水线及"五河"干流入湖口(赣江北支望湖亭以下,中支朱港码头以下,南支程家池以下;抚河湘子口以下;信江下泗潭以下;修河望湖亭以下;饶河龙口以下)以内水域;长江江西段禁渔区上起瑞昌市马头镇江西岭,下至彭泽县马垱镇牛矶山水域,全长 152 km。加强鱼类资源保护,向鄱阳湖、长江江西段和"五河"放流大量鱼苗,有效保护了鄱阳湖渔业资源。

3. 进一步加大生态建设力度,建设绿色流域

河流是陆地水流及其物质载体的总称,具有重要的生态价值和服务功能。健康河流是人类经济社会发展和生态环境保护相协调的整合性概念,是生态环境自然属性和服务功能社会属性的辩证统一。"维护河流健康,建设绿色流域"是新时期赋予湖泊保护及流域管理的使命和新要求,也是湖泊生态安全的主要支撑。

维护河流及其流域生态系统健康,建设绿色流域就是维护河流水文过程和自然水循环,减轻洪涝灾害,保障河流生态系统需水量和水质安全,保障流域防洪安全和供水安全,保护水生物多样性基本稳定,不断提高水资源利用效率,促进水资源合理开发、科学利用,营造生态优良的自然河流环境,以水资源的可持续利用支撑和保障流域经济社会的可持续发展,并为子孙后代留下山清水秀、富含生机且健康安全的绿色流域。

4. 实施分区管理,完善综合管理的法规和标准体系

为推进鄱阳湖生态经济区建设,保护鄱阳湖"一湖清水"和良好的生态环境,2009 年江西省根据建设绿色生态江西和"五个一流"的相关要求,划定设立了"五河一湖"及东江源头保护区(赣府字[2009]36 号),其中鄱阳湖滨湖保护区范围为以 1998 年鄱阳湖最大水域面积(即 5181 km²)形成的最高水位线(1998 年 7 月 30 日湖口水位 22.48 m,吴淞高程)为界线,向陆地延伸 3 km 的范围,总面积 3745.76 km²,推动成立鄱阳湖湿地综合管理机构。

同时出台了"江西省人民政府关于加强'五河一湖'及东江源头环境保护的若干意见",意见指出,严格按照产业政策,淘汰落后的生产能力、工艺和设备,对医药、印染、造纸、电镀、化工、选矿等重污染行业进行专项整治,对污染物排放超过国家和地方排放标准与污染物排放总量控制指标的污染严重企业,使用有毒有害原料生产或在生产中排放有毒有害物质的企业,实施强制性清洁生产审核;禁止在"五河一湖"内新建有污染的企业等。

针对鄱阳湖生态经济区规划的"两区一带",重点以鄱阳湖滨湖控制开发带(即鄱阳湖滨湖保护区)为中心建设鄱阳湖生态安全屏障。扎实推进鄱阳湖综合整治,全面清查环湖区域内的污染物排放,整治非法排污行为。

2012年3月,江西省颁布了《鄱阳湖生态经济区环境保护条例》,明确了滨湖控制开发带区域的工业企业异地搬迁改造、扩建,高效集约发展区内的开发建设,应优先考虑生态承载能力等。该法规于同年5月1日起实施,与此相配套,江西省正在大力推进《鄱阳湖生态经济区水污染物排放标准》的出台,标准的实施将为进一步加强鄱阳湖区排污行为的监管起到积极作用。由于鄱阳湖属通江湖泊,其生态系统受水文、气候等自然特征变化较为明显,应加强制度建设,创新机制和体制,建立和完善湿地管理的长效机制。

2.6　本章小结

"让江河湖泊休养生息"是党中央国务院的重大战略部署,通过生态安全评估工作推动了我国湖泊管理思路的转变,湖泊管理的实质是解决好"人湖"关系,实现"人湖"和谐发展。构建我国湖泊流域管理新体系,应实现两个转变,一是从"多龙管湖、条块分割"的管理体制向湖泊流域综合管理转变。通过强化湖泊流域综合管理机构职权,使其在湖泊流域综合管理中发挥主导作用;二是从水质管理向湖泊水生态系统综合管理转变。将湖泊看作一个完整的生态系统,对其管理体制机制、法规标准、规划、监测体系及目标考核等方面进行系统创新,真正实现湖泊由水质管理向水生态系统管理的转变。

我国湖泊面临着复合污染和以富营养化为特征的生态退化等严重威胁。应坚持以人为本,尊重自然,顺应自然,以流域水环境容量和生态承载力为基础,统筹湖泊环境保护与经济社会发展间的关系,大幅度减轻对湖泊污染和过度开发的压力,主动给江河湖泊以人文关怀,提高水环境质量和生态服务功能,促进人与湖泊流域自然和谐发展。"让江河湖泊休养生息"为新时期我国湖泊环境保护指明了方向。应坚持推进发展方式转变,发挥湖泊保护优化经济社会发展的积极作用,引导区域产业结构调整;坚持"一湖一策",根据各湖泊流域经济社会发展模式和自然生态状况,有针对性地确定湖泊保护目标和主要措施;坚持污染治理和生态修复相结合,恢复湖泊生态系统的良性循环;强化综合治理,协调湖泊保护和区域发展间的矛盾,逐步恢复和完善湖泊生态系统的结构和功能。

开展生态安全评估是我国湖泊环境保护的重要举措。保障鄱阳湖生态安全,需要以削减流域入湖污染负荷、实施禁渔禁港、建设绿色流域和强化分区管理等为重点内容,有效控制入湖污染负荷,维持湿地生物多样性,构建鄱阳湖流域生态安全保障体系,突出在保护中发展的思想,支撑区域经济社会可持续发展。

第二篇　鄱阳湖及其流域生态环境状况

第3章 鄱阳湖及其流域概况

3.1 鄱阳湖流域概况

3.1.1 自然环境概况

1. 地形地貌

鄱阳湖流域东、南、西三面环山,地势南高北低,渐次向北倾斜,形成中部多丘陵、北部以鄱阳湖为中心的平原。鄱阳湖区是鄱阳湖流域地势最低的区域,区内周围高中心低,南部高北部低,地貌以平原和低丘岗地为主,山地较少,仅有庐山、云居山、西山等。其中平原面积最大,鄱阳湖平原包括湖滨平原、饶河中下游平原、信江中下游平原、赣抚平原、修水中下游平原和长江南岸平原。五河中下游平原沿五河中下游两岸分布,宽度 0.1~10 km 不等,长江南岸平原则沿长江南岸分布,由长江冲积而成,多为沙洲地貌,形成沿江的东西向狭窄平原。平原地区主要以农业生产为主,大面积分布的是农田人工植被和湖滨草洲等。

2. 地质

鄱阳湖流域跨越两个不同的大地构造单元,北部位于扬子准地台的东南缘,中南部为华南褶皱系之东北域。地质构造复杂,地层发育齐全。鄱阳湖区及赣江、抚河、修河下游和饶河流域,广泛出露前震旦系板溪群浅变质砂岩、板岩、千枚岩等;信江凹陷带主要出露、白垩系红层;修河中游古生代、中生代及新生代地层均有出露,其上游以板溪群为主;抚河中上游主要为上侏罗系的火山岩和白垩系红层;赣江中上游以红层出露为主;其余中高山区广泛出露寒武系、震旦系的砂岩板岩及各时期的岩浆岩类岩石。

3. 气候

江西省及鄱阳湖流域属中亚热带湿润季风气候区,气候温和,雨量丰沛,光照充足,无霜期较长。四季分明,冬季寒冷少雨,春季梅雨明显,夏秋受副热带高压控制,晴热少雨,偶有台风侵袭。鄱阳湖流域热量资源比较丰富,历年平均气温 16.3~19.7℃,自北向南递减。极端最高气温 41.2~44.9℃,极端最低气温 −15.2~−11.2℃,最高气温多出现在 7~8 月,最低气温多出现在 1~2 月。鄱阳湖区多年平均气温 16.5~17.8℃,7 月份气温最高,日平均气温 30℃,极端最高气温 40.5℃;1 月份气温最低,日平均气温 4.4℃,极端最低气温－11.9℃。鄱阳湖流域多年平均风速 3.01 m/s,历年最大风速 34 m/s。夏季多南风或偏南风,冬季和春秋季多北风或偏北风,全年以北风出现频率最高。日平均气温≥10℃分布南北差异较大,年积温赣南为 6000℃以上,赣北为 5500℃以下,其余区域为 5500～6000℃。鄱阳湖区冬季多偏北风,夏季多西南风或偏东风,多年平均风速 1.8～2.7 m/s,历年最大风速 13.7～22 m/s。

江西省及鄱阳湖流域是全国多雨区之一,历年平均降雨量 1638.4 mm,以东部资溪县 1978.0 mm 为最多,以中南部的泰和县 1413.2 mm 为最少,两者之间相差 564.8mm。江西省各地年降雨量不仅地理分布差异较大,而且一年中的不同季节降雨量也存在较大差异。3～6 月降雨特别集中,占全年降雨量的 55.9%,尤其是 4～6 月间雨量达 752.5 mm,占降雨量的 45.3%。雨季(4 月至 7 月上旬)降雨量最多的为东部属信江流域的弋阳县,1023.6 mm,最少的为万安县,619.9 mm,两者相差 403.7 mm。江西省降雨量年际之间的差异也十分明显,自 1961 年以来,降雨量最多的年份是 1975 年为 2165.5 mm,最少的 1963 年为 1121.4 mm,两者相差 1044.1 mm。

4. 土壤

江西省及鄱阳湖流域土壤类型多样,有红壤、黄壤、黄棕壤、紫色土、石灰土、山地草甸土、潮土、水稻土、新积土、火山灰土、石质土、粗骨土等 12 个土类,24 个亚类,93 个土属,251 个土种。其中红壤面积为 153.13 万 hm²,占全省土壤总面积的 70.69%。江西是全国红壤分布的主要省份之一,红壤是鄱阳湖流域最重要的土壤资源。其次为水稻土,广泛分布于山地丘陵谷地及河湖平原阶地,为主要的耕作土壤,面积占 20.36%;另外,黄壤、山地黄棕壤、山地草甸土、紫色土、潮土、石灰土也有分布,面积占 0.15%～2.77%。

鄱阳湖滨湖平原以冲积性土壤为主,湖区洲滩地区多为草甸土、沼泽土,滨湖和河流两岸是冲积土,质地主要为河流冲积物,因而具有肥力较高、耕性良好、宜种性广等特征。平原阶地以水稻土为主,还有阶地红壤;低丘岗地大面积分布的是红壤,边缘山地土壤为红壤、红黄壤、黄壤、黄棕壤,少量为石灰土。

3.1.2　自然资源概况

1. 土地资源

江西省土地总面积 16 689 434 hm²。据土地利用变更调查,至 2005 年年底,江西省农用地面积 14 190 111 hm²,占土地总面积的 85.02%;建设用地面积 906 211 hm²,占土地总面积的 5.43%;未利用地面积 1 593 112 hm²,占土地总面积的 9.55%。农用地中,耕地 2 859 012 hm²、园地 273 435 hm²、林地 10 310 488 hm²、牧草地 3824 hm²、其他农用地 743 352 hm²。建设用地中,居民点及工矿用地 637 639 hm²、交通运输用地 64 768 hm²、水利设施用地 203 804 hm²。

2005 年,江西省已利用土地 15 096 322 hm²,土地利用率为 90.45%;农业土地利用率为 85.02%,耕地复种指数为 186.39%。单位土地 GDP 为 2.56 万元/hm²,单位工业用地平均产值为 207.41 万元/hm²,单位农用地平均产值 1.00 万元/hm²。

江西省土地利用的特点为:山地丘陵多,平原盆地少;土地利用结构类型多样,农用地比重高,农用地中林地比重大;土地利用呈一定的地域分布规律,耕地、城镇工矿用地等主要分布在平原、盆地、河谷地带及周边岗地与丘陵地区,林地、牧草地等主要分布在山地丘陵区域;土地利用程度和利用效益相对较高,土地利用效益的区域差异明显。

2. 水资源

江西省多年平均水资源总量为 1564.98 亿 m³。2010 年,江西省水资源总量 2275.50 亿 m³,地下水资源量与地表水资源量间不重复计算量 20.31 亿 m³。2010 年末江西省大中型水库蓄水总量为 105.65 亿 m³,其中大型水库蓄水总量为 86.55 亿 m³;中型水库蓄水总量为 19.10 亿 m³。2010 年,江西省供水总量 239.75 亿 m³,其中地表水供水总量 229.84 亿 m³,占 95.9%;地下水供水总量 9.91 亿 m³,占 4.1%。2010 年,江西全省供水总量为 239.75 亿 m³,其中农田灌溉用水量 147.00 亿 m³,占 61.3%;工业用水量 57.35 亿 m³,占 23.9%;居民生活用水量 19.93 亿 m³,占 8.3%;林牧渔畜用水量 7.51 亿 m³,占 3.2%;城镇公共用水量 4.07 亿 m³,占 1.7%。

3. 水力资源

鄱阳湖五大水系水力资源理论蕴藏量 440.9×10⁴ kW,其中赣江 267×10⁴ kW,占 60.5%;抚河 38.1×10⁴ kW,占 8.6%;信江 67.4×10⁴ kW,占 15.3%;饶河 23.7×10⁴ kW,占 5.4%;修河 44.7×10⁴ kW,占 10.1%。已开发量 199.6×10⁴ kW,其中赣江 98.5×10⁴ kW,占 49.3%;抚河 12.5×10⁴ kW,占 6.3%;信江 20.4×10⁴ kW,占 10.2%;饶河 5.3×10⁴ kW,占 2.7%;修河 63×10⁴ kW,占 31.5%。鄱阳湖区地势平坦,蕴藏水力资源技术可开发装机容量 36×10⁴ kW。

4. 矿产资源

截至 2005 年年底,江西省已发现各种有用矿产 171 种(以亚矿种计),矿产地 5000 余处。其中探明有资源储量的 111 种,已列入江西省矿产资源储量表的矿产

96 种;矿产地 1352 处,包括大型产地 123 处、中型产地 268 处、小型产地 961 处。对我国国民经济建设具有较大影响的 45 种主要矿产中,江西有 36 种。

江西已探明的主要矿产保有资源储量居全国前十位的共有 55 种,其中居全国首位的有铜、金、银、钽、铷、滑石、冶金用砂岩、化工用白云岩、伴生硫、化肥用灰岩、铀、钍等 12 种,居全国第二位的有钨、铯、钪、碲、粉石英、饰面用板岩和冶金用白云岩、玻璃用砂岩等 8 种,居全国第三位的有铋、铍、叶蜡石、透闪石、玻璃用砂、海泡石黏土、水泥配料用页岩等 8 种。具有突出优势的矿产是有色金属、贵重金属、稀有金属和稀土金属。金、银、铜、钨、铀、钽、铌被誉为"七朵金花"。铜、钨、稀土等矿产开采冶炼已具规模,德兴铜矿为全国最大铜矿,贵溪冶炼厂为全国最大铜冶炼企业。

5. 风能资源

鄱阳湖区风力资源丰富,年平均风速 2.4～4.8 m/s,为江西省大风集中区域。鄱阳湖北部区域受狭管湖道地形作用,风能资源丰富,风况条件好。主要大风浪区在鞋山、老爷庙、瓢山三个湖域。这些湖域水较深、吹程长,成浪条件好,实测最大浪高达 2 m。从星子向鄱阳湖水域延伸,成为高值区,年平均风速 3.5 m/s 以上,庐山、星子、棠荫、康山全年各月平均风速都在 3 m/s 以上,其中庐山有 11 个月大于 4 m/s,为风能资源丰富区。年有效风速出现时数及其百分率,分别为大于 3500 h 和 40%,年平均风能密度大于 70 W/m²,有效风能密度大于 160 W/m²,年平均有效风能达 500 kWh/m² 以上,适宜中小型风力发电。

江西省提出,"十二五"期间充分利用江西在中部地区的风能资源优势,以鄱阳湖陆地以及九岭山、武功山等高山风资源较好区域为重点,集中建设一批风电场,适时启动鄱阳湖浅滩风电开发,同时积极推进一批风电项目前期工作。目前,鄱阳湖区已有老爷庙、矾山湖、长岭、大岭风电场等四座风电场建成且并网发电。

6. 森林资源

据 2005 年资料统计,鄱阳湖五大水系流域森林面积共计 812.9×10⁴ hm²,占鄱阳湖流域森林总面积的 93.2%,其中赣江流域 471.1×10⁴ hm²,占 54%;抚河流域 86.4×10⁴ hm²,占 9.9%;信江流域 82.3×10⁴ hm²,占 9.4%。鄱阳湖流域活立木总蓄积量 3.53×10⁸ m³,其中赣江流域 1.94×10⁸ m³,占 54.9%;抚河流域 0.34×10⁸ m³,占 9.6%;信江流域 0.28×10⁸ m³,占 8%;饶河流域 0.34×10⁸ m³,占 9.5%;修河流域 0.43×10⁸ m³,占 12.2%;鄱阳湖区 0.08×10⁸ m³,占 2.4%。

3.1.3　社会经济概况

1. 人口

2011 年末江西省常住人口 4488.4 万人,比 2010 年末增长 0.6%。其中,65岁及以上老年人口 355.5 万人,占总人口的比重为 7.9%。全年出生人口 60.3 万人,出生率 13.48‰;死亡人口 26.76 万人,死亡率 5.98‰;自然增长率 7.5‰(详见表 3-1)。

表 3-1　2011 年末江西省人口数及其构成　　　　　　单位:万人

指标	人口	比重/%
常住人口	4488.4	100
城镇	2051.2	45.7
乡村	2437.2	54.3
男性	2313.4	51.5
女性	2175.1	48.5
0～14 岁	965.5	21.5
15～64 岁	3167.5	70.6
65 岁及以上	355.5	7.9

2011 年农民人均纯收入 6892 元,比上年增长 19.1%;城镇居民人均可支配收入 17 495 元,增长 13.0%。农村居民恩格尔系数 45.2%,城镇居民恩格尔系数 39.8%。

2. 经济

2011 年江西省全年实现地区生产总值 11 583.8 亿元,较 2010 年增长 12.5%。其中,第一产业增加值 1391.1 亿元,增长 4.2%;第二产业增加值 6592.2 亿元,增长 15.5%;第三产业增加值 3600.5 亿元,增长 10.7%。三次产业对经济增长的贡献率分别为 4.3%、67.4% 和 28.3%。三次产业结构调整为 12.0∶56.9∶31.1。非公有制经济快速发展,实现增加值 6393.2 亿元,增长 13.6%,占 GDP 的比重达 55.2%。鄱阳湖生态经济区实现生产总值 6804.8 亿元,增长 12.8%,占江西省的 58.7%。江西省确定的"十大战略性新兴产业"完成增加值 1568.3 亿元,增长 21.6%。人均生产总值 25 884 元,增长 11.8%。

2011 年江西省财政总收入 1645.0 亿元,较 2010 年增长 34.2%。其中,地方财政收入 1053.4 亿元,增长 35.4%。财政总收入占生产总值的比重达到 14.2%,同比提高 1.2 个百分点;税收总收入 1368.7 亿元,增长 32.5%,占财政总收入的比重达到 83.2%。县域财力进一步增强,全年财政总收入超 10 亿元的县(市、区)达到 40 个,其中南昌县超 45 亿元。

全年居民消费价格上涨 5.2%,其中食品价格上涨 11.2%,拉动居民消费价格上涨 3.6 个百分点;居住类价格上涨 4.6%。商品零售价格上涨 4.8%。工业生产者出厂价格上涨 11.3%,其中冶金工业上涨 23.4%。工业生产者购进价格上涨 12.4%,其中有色金属材料和电线类上涨 25.1%。固定资产投资价格上涨 8.4%。农产品生产价格上涨 14.3%。

2011 年末江西省从业人员 2532.6 万人,比上年末增加 33.9 万人。城镇新增就业 52.7 万人。年末城镇登记失业率为 2.98%。

3. 农业

2011 年江西全省全年粮食种植面积 365.01 万 hm²,比上年增长 0.3%;油料种植面积 73.24 万 hm²,增长 0.1%;棉花种植面积 8.20 万 hm²,增长 2.8%;蔬菜种植面积 53.55 万 hm²,增长 2.8%。全年粮食总产量 2052.8 万吨,创历史新高。其中,早稻 785.6 万吨,增长 11.4%。

全年肉类总产量 320.1 万吨,比上年增长 3.9%。年末生猪存栏 1827.5 万头,增长 4.0%;生猪出栏 3000.1 万头,增长 3.5%。全年水产品产量 222.8 万吨,增长 3.5%。牛奶产量 12.7 万吨,增长 3.5%。禽蛋产量 53.5 万吨,增长 4.5%(详见表 3-2)。

表 3-2　江西省 2011 年主要农产品产量及其增长速度

产品名称	产量/万吨	比上年增长/%
粮食	2052.8	5.0
其中:稻谷	1950.1	4.9
油料	113.6	5.6
其中:油菜籽	66.7	4.4
棉花	14.3	9.2
烟叶	4.6	21.1
茶叶	3.3	9.8
园林水果	387.7	30.5
蔬菜	1165.8	4.5
肉类	320.1	3.9
水产品	222.8	3.5

全年 472 家省级以上龙头企业实现销售收入 1500.5 亿元,比上年增长 15.1%;实现利润 89.0 亿元,增长 51.8%;直接带动 370 万农户户均增收 2200

元。江西省规模以上加工型龙头企业达 2800 家,增长 12.0%;实现销售收入 2000 亿元,增长 19.1%。农民专业合作组织 15 302 个,增长 27.8%;合作组织成员 12.8 万户,增长 27.3%。

年末农业机械总动力 4200.0 万 kW,比上年末增长 10.4%;联合收割机达 5.3 万台,增长 16.0%。实际机耕面积达 289.0 万 hm²;机械收获面积 229.8 万 hm²,占农作物总播种面积的 41.9%,同比提高 1.2 个百分点。农用化肥施用量 (折纯)140.8 万吨,增长 2.3%;施用强度 492.5 kg/hm²,处于相对较高水平。

4. 工业

2011 年江西省全部工业完成增加值 5611.9 亿元,比上年增长 17.6%,占生产总值比重达 48.4%,比上年提高 3 个百分点。其中,规模以上工业增加值 3910.9 亿元,增长 19.1%。在规模以上工业中,轻工业增加值 1241.7 亿元,增长 20.2%;重工业增加值 2669.2 亿元,增长 18.6%。分企业类型看,国有企业增加值 382.0 亿元,增长 10.2%;集体企业增加值 24.3 亿元,增长 4.3%;股份合作企业增加值 42.7 亿元,增长 18.9%;股份制企业增加值 1277.6 亿元,增长 17.2%;私营企业增加值 1439.9 亿元,增长 22.4%;外商港澳台投资企业增加值 741.4 亿元,增长 21.9%。全年规模以上工业中,装备制造业实现增加值 792.8 亿元,比上年增长 21.9%,高于江西省平均增长速度 2.8 个百分点,其中电气机械及器材制造业增长 18.9%,通信设备、计算机及其他电子设备制造业增长 35.6%,通用设备制造业增长 27.5%,金属制品业增长 19.6%。

全年规模以上工业产品销售率 98.9%;实现利税 1814.7 亿元,比上年增长 38.2%,其中利润 1113.9 亿元,增长 44.5%。在 37 个行业中,有 35 个行业实现盈利。工业经济效益综合指数 292.2%,比上年提高 18.1 个百分点。

全年规模以上工业实现主营业务收入 18 466.8 亿元,比上年增长 41.7%。主营业务收入超千亿元的产业增加到 5 个,其中有色行业突破 4000 亿元;主营业务收入超百亿元工业企业总数达 12 家,其中江铜集团突破 1000 亿元。

江西省工业园区投产企业达 7951 家;安置从业人数 174.0 万人,比上年增长 10.5%。全年园区完成工业增加值 3003.4 亿元,增长 19.6%;主营业务收入、利润、利税分别完成 13 241.5 亿元、837.6 亿元和 1327.9 亿元,分别增长 40.4%、47.5% 和 42.5%。年主营业务收入超百亿元的园区新增 12 家,总数达 46 家,其中南昌高新技术产业开发区达 804.1 亿元。

5. 固定资产投资

2011 年江西省社会固定资产投资 11 020 亿元,比上年增长 25.6%。分产业看,在固定资产投资中,第一产业投资 182.2 亿元,增长 5.5%;第二产业投资

5210.0 亿元,增长 27.7%,其中工业投资 5155.0 亿元,增长 27.3%;第三产业投资 3363.9 亿元,增长 29.0%。分投资主体看,国有经济投资 1995.5 亿元,增长 11.1%;非国有投资 6760.6 亿元,增长 33.5%,其中民间投资 6320.6 亿元,增长 35.8%。

6. 资源与环境

截止到 2011 年末,江西全省有 2 处世界自然遗产(三清山、龙虎山龟峰),1 处世界文化遗产(庐山),2 处世界地质公园(庐山、龙虎山);11 个国家级风景名胜区,25 个省级风景名胜区;8 个国家级自然保护区,28 个省级自然保护区;43 个国家级森林公园,100 个省级森林公园。江西省森林覆盖率 63.1%,居全国前列。

2011 年末已建有自然保护区 201 个,其中国家级自然保护区 9 个;自然保护区总面积 114.14 万 hm^2,占江西省土地面积的 6.8%。江西省 81 个县(市)新建配套污水处理管网 1240 km,启动第二批 30 个工业园区污水处理设施建设。在 3 万个自然村实施农村清洁工程,建成乡镇垃圾填埋场 2350 个。创建国家级生态乡镇 40 个,生态村 9 个。江西省共有省级生态工业园区 20 个,国家园林城市 7 个,11 个设区市和 28 个县(市)被评为省级园林城市。

3.2　鄱阳湖及其流域特征

鄱阳湖是长江流域最大的通江湖泊,也是中国第一大淡水湖。地理坐标为北纬 28°24′~29°46′,东经 115°49′~116°46′。鄱阳湖上承赣江、抚河、信江、饶河、修河等五大河(又称"五河"或"五大水系"),下接浩浩长江。鄱阳湖流域面积 16.2 万 km^2,是江西省总面积的 97.2%,鄱阳湖流域总面积的 96.8%(约为 15.7 万 km^2)位于江西省境内。剩余的 5139 km^2 的面积分别属于闽、浙、皖、湘等省,仅占全流域的 3.2%;鄱阳湖流域具有与江西省行政区域范围高度的重叠和一致性特征。

3.2.1　鄱阳湖湖盆

鄱阳湖水域辽阔,是吞吐型、季节性淡水湖泊,具有"高水是湖,低水似河"、"洪水一片,枯水一线"的独特景观。洪、枯水期的湖泊面积、容积相差极大,湖口站历年实测最高水位 22.59 m(1998 年 7 月 31 日),相应通江水体(湖泊区+青岚湖+五河尾闾河道)面积 3708 km^2,湖体容积 303.63 亿 m^3;历年实测最低水位 5.90 m(1963 年 2 月 6 日),相应通江水体面积约 28.7 km^2,湖体容积 0.63 亿 m^3。

由通江水体面积与容积关系可见(见图 3-1),鄱阳湖水位变幅较大,且其容积、面积的变化与高程的关系很不规则。在低水位阶段(10 m 以下),随着水位的升高,湖泊面积、容积缓慢增加,而后进入一个相对快速增加的阶段;在水位超过

16 m 以后,其湖泊面积、容积又进入缓慢增加阶段,在 10~16 m 水位阶段,湖泊面积、容积变化较快。

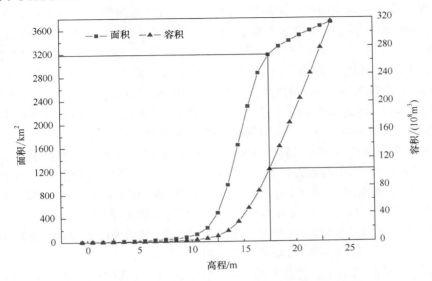

图 3-1　鄱阳湖区通江水体高程与面积、容积的关系曲线

　　鄱阳湖湖盆周围的地貌形态以丘陵为主,这构成了主要的湖岸地形。湖岸标高一般为 20~80 m,高于正常湖泊水位 5~65 m,山体稳定性尚好。其边坡类型呈现湖东以岩质边坡为主,湖西和南部以土质边坡为主的特点。湖岸边坡受浪蚀和风化剥蚀影响,其中浪蚀作用强烈,为湖岸破坏的主要形式。呈 NNE 向展布的入江水道,湖底地势平坦,平均高程多在 5~14 m,比降约为 0.2‰。湖底河道以下切为主,河槽一般低于湖底 3~5 m,湖口附近河槽底高程约为 1.0 m。鄱阳湖区内地层除缺失奥陶系上统、泥盆系中、下统、石炭系下统、三叠系、侏罗系、白垩系下统及上第三系外,自中元古界双桥山群至第四系均有分布。碳酸盐岩主要分布在湖口至星子一带的次级背、向斜轴部,都昌向斜轴部也有较大面积分布。

　　鄱阳湖区位于扬子准台地(下扬子-钱塘台坳与江南台隆二级构造单元的结合部位)。区内断裂发育,主要有 NE-NNE 和 EW 向及 NW 向三组,以前两组发育为最,其中湖口—松门山断裂带,沿入江水道纵贯全境,在地质历史上曾多次活动,切穿了不同时期的沉积覆盖层。根据《中国地震动参数区划图》(GB 18306—2001),湖区地震动峰值加速度为 0.05 g,相应于地震基本裂度Ⅵ度区。

3.2.2　鄱阳湖区

　　鄱阳湖正常水位形成的水域及湖滩洲地,分别隶属于沿湖 12 个县(市、区),东为湖口、都昌、鄱阳 3 县,南为余干、进贤、南昌、新建 4 县,西为永修、德安、共青城、星子 4 县(市),西北为九江市庐山区。鄱阳湖区总面积 19 715 km²,占江西省总面积的 12%。鄱阳湖水域与湖洲滩地所在行政区域称为鄱阳湖区。

鄱阳湖湖面略似葫芦形,以松门山为界,分为南、北两部分。南部宽浅,为主湖体;北部窄深,为入江水道区。湖南北最长 173 km,东西最宽 74 km,最窄处 2.8 km,平均宽 18.6 km,平均水深 7.38 m,岸线长约 1200 km。湖盆自东向西,由南向北倾斜,湖底高程由 12 m 降至湖口约 1 m。鄱阳湖湖底平坦,最低处在蛤蟆石附近,高程为-10 m,滩地高程多在 12~18 m。湖中有 25 处共 41 个岛屿,总面积 103 km²,岛屿率为 3.5%,其中莲湖山面积最大,达 41.6 km²,而最小的印山、落星墩面积均不足 0.01 km²,湖区主要汉港约 20 处。

鄱阳湖区是江西省人口较为密集的地区,也是江西省经济发展水平较低的地区。据统计,1982 年湖区人口较 1949 年增加了约 292.06 万,湖区年人口出生率高于 20‰。截止到 2008 年,湖区人口较 1982 年又增加了近 218 万。2010 年湖区人口为 732.93 万,占江西全省人口的 16.43%。受资源条件、交通状况及血吸虫病疫情等的制约和影响,湖区经济长期以来以农业(包括种植业、渔业、畜禽养殖业等)为主,工业基础较为落后,城镇化进程相对滞后。

2008 年湖区国内生产总值为 846.82 亿元,仅占江西全省的 13.1%,人均 GDP 占江西省平均值的 80.66%。地方财政收入 35.12 亿元,占江西省的 7.2%,人均财政收入仅占江西省平均值的 44.52%,农民人均纯收入为 4664 元左右,占江西省平均值的 99.3%;湖区三产结构比重为 18.4∶53.0∶28.6。2010 年湖区 12 个县(区)GDP 为 1097.03 亿元,占江西省的 11.61%,财政收入为 103.57 亿元,仅占当年江西全省财政收入的 8.45%,远远落后于江西省平均水平。

据统计,目前鄱阳湖地区有保护耕地面积在一万亩①以上的圩堤共计 86 座,堤线长度 2241 km,保护耕地 561.51 万亩,保护人口 667.81 万人;保护耕地面积在 3 000~10 000 亩的圩堤 69 座,堤线长度 219.51 km,保护耕地 24.54 万亩,保护人口 26.14 万人。此外,湖区捕捞能力也成倍增长,渔船数量从 20 世纪 60 年代的七八千条,猛涨至 80 年代初的近两万条,目前湖区渔船数量仍维持这个水平,专业渔业人口约 5 万余人。

3.2.3 鄱阳湖生态经济区

2009 年 12 月 12 日,国务院正式批复了鄱阳湖生态经济区规划,这是新中国成立以来江西省第一个列为国家战略的区域性发展规划,标志着建设鄱阳湖生态经济区已经上升为国家战略,是江西发展史上的重要里程碑。鄱阳湖生态经济区有别于行政区域,属于经济协作活动的范畴。以鄱阳湖为核心,以环鄱阳湖城市圈

---

①　1 亩≈666.7 m²。

为依托,以保护鄱阳湖区域优良的生态环境为根本,通过大力发展生态农业、新型工业化和新型城镇化,促进生态文明与经济文明的高度统一,实现经济社会全面协调和可持续发展。根据《鄱阳湖生态经济区规划》,鄱阳湖生态经济区地处中纬度,长江中下游南岸,地理坐标东经 $114°29'\sim117°42'$,北纬 $27°30'\sim30°06'$,面积 5.12 万 km²,占江西全省国土总面积的 30.6%。

　　鄱阳湖生态经济区涉及的县(市、区)范围包括:南昌市辖区(东湖区、西湖区、青山湖区、青云谱区、湾里区)、九江市辖区(庐山区、浔阳区)、景德镇市辖区(昌江区、珠山区)、鹰潭市辖区(月湖区)、新余市辖区(渝水区)、抚州辖市区(临川区)、南昌县、新建县、进贤县、安义县、德安县、共青城市、星子县、永修县、九江县、湖口县、都昌县、瑞昌市、武宁县、彭泽县、鄱阳县、余干县、万年县、丰城市、樟树市、高安市、乐平市、浮梁县、贵溪市、余江县、东乡县、新干县等 38 个县(市、区)。鄱阳湖生态经济区范围详见图 3-2。

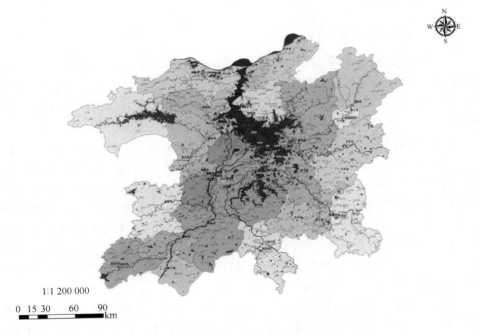

图 3-2　鄱阳湖生态经济区范围

　　建设鄱阳湖生态经济区,是引领江西长远发展的大战略。鄱阳湖地区以占江西全省 30% 的国土面积承载了近 50% 的人口,创造了 60% 以上的经济总量,是江西省经济密度最高和承载能力最强的地区,也是江西省最有条件、最具潜力实现重点突破、率先崛起的地区。推进鄱阳湖生态经济区建设,将遵循产业经济生态化、生态经济产业化的理念,改变传统的生产方式和消费方式,合理利用资源,发展生态经济。将有助于推动工业文明向生态文明迈进,有助于探索并走出一条科学发展、绿色崛起的新路子。鄱阳湖生态经济区上升为国家战略与世界科技发展和产业调整历史契机的相逢对接,将为江西及鄱阳湖流域发挥生态优势,推动经济社会结构战略性转型,抢占未来发展的制高点,带来千载难逢的历史机遇。这一战略的实施,将使鄱阳湖地区及流域能在世界科技创新、产业调整中更好地把握先机,促进区域经济跨越发展。鄱阳湖生态经济区规划提出了要建设四大体系、十大产业基地,安排了一大批重大工程项目建设,涉及生态、经济、社会等各个方面。

鄱阳湖水质优劣在很大程度上成为中国长江流域生态环境质量的标志。建设鄱阳湖生态经济区,有利于探索生态环境保护与经济协调发展的新路子,有利于探索大湖流域综合开发的新模式,有利于构建国家促进中部地区崛起战略实施的新起点。

3.2.4　鄱阳湖流域

1. 鄱阳湖流域生态系统

鄱阳湖流域地处中国南方山地红壤丘陵区,可以分为三大地貌区域,自北向南分别为长江中下游平原区、湘赣丘陵区和南岭山区。与此相应,流域宏观地貌北部为鄱阳湖平原,是长江中下游平原区的重要组成部分;中部丘陵山区为流域和江西省域主体,属湘赣丘陵;南部赣南山区则为南岭山区的东部。

江西省及鄱阳湖流域这种三大地貌区的宏观地貌格局,奠定了江西省东、南、西三面环山向北敞开和南高北低的地势,形状似"簸箕";东、南、西三面的山脉既是省域的疆界又是水系的分水岭,使得省域成为一个完整的地理单元。发源于东、南、西三面边界山地各条河流,顺势从东、南、西三面流向中北部汇入鄱阳湖,大体上呈向心状排列,形成了完整的鄱阳湖辐聚水系,构成了完整的鄱阳湖流域,使得江西省这个自然的、生物的、人类活动的复合生态系统具有显著的大流域生态系统和山、江、湖一体的特征。这种地理上自成体系、结构上相对完整、功能上相对独立的封闭的复合生态系统在中国是独一无二的。

鄱阳湖流域生态系统归纳起来,主要是五大生态系统,即森林生态系统、湿地生态系统、草地生态系统、农田生态系统和城市生态系统。但最具鄱阳湖流域区域特性并起主导作用的主要是亚热带森林生态系统和鄱阳湖湿地生态系统,其中亚热带森林生态系统主要分布在五大水系流域,是五大水系生态系统的主要组成部分(鄱阳湖流域分布详见图3-3)。

2. 鄱阳湖流域生态环境敏感性

生态环境的敏感性是指生态系统对人类活动干扰和自然环境变化的反映程

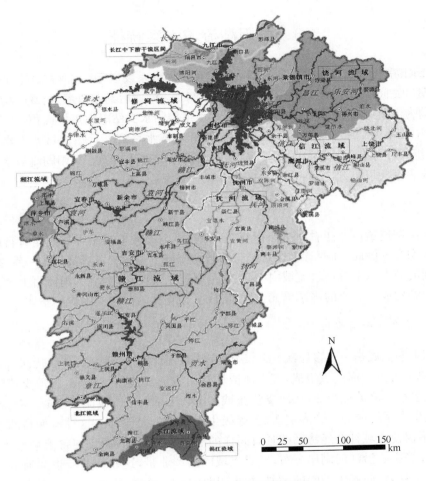

图 3-3　江西省水系及鄱阳湖流域

度,它能反映鄱阳湖流域发生生态环境问题的难易程度和可能性大小,揭示流域生态环境内部的基本特征。根据"江西省生态功能区划"研究成果(中国科学院地理科学与资源研究所等,2008),从土壤侵蚀敏感性、水污染敏感性、酸雨敏感性、耕地资源的胁迫敏感性、地质灾害敏感性和综合敏感性等六个方面进行生态环境敏感性评价,鄱阳湖流域生态系统和生态环境的内部特征表现为中度敏感,其中土壤侵蚀敏感性为中度,酸雨敏感性为中度,水污染敏感性为中度,耕地资源胁迫敏感性为轻度,地质灾害敏感性为轻度,综合敏感性评价为中度。

3.3　鄱阳湖流域水系特征

鄱阳湖承纳赣江、抚河、信江、饶河、修河五大水系及区间（五河控制水文站以下至湖口之间的区域，含湖区直接入湖河流）来水，调蓄后经湖口汇入长江，构成以鄱阳湖为汇集中心的完整辐聚水系。五大水系控制水文站以上流域面积 13.71 万 km^2，占鄱阳湖流域总面积的 84.5%。鄱阳湖流域水系特征是指流域范围水系的结构、组成及分布等级、层次、密度，以及水文条件的总体特征。鄱阳湖流域水系特征主要表现为以下几方面：

1. 整体性

鄱阳湖流域占江西省国土面积的 94.1%，整个流域生态系统与江西省行政疆域基本吻合。因此，江西省生态系统与鄱阳湖流域生态系统具有高度的一致性，而鄱阳湖流域生态系统通过流域内赣江、抚河、信江、饶河、修河五大河流将上游山区和鄱阳湖构成了完成的水系单元，进而形成了相互制约与相互影响的整体。

2. 层次性和网络状

鄱阳湖流域是一个多层次、多等级的完整系统。整个流域由赣江、抚河、信江、饶河、修河等五大河流域组成，五大河流域又由各河支流流域组成，各河支流流域又由众多小支流流域组成，各小支流流域又由数千条更小支流流域组成，使得鄱阳湖流域生态系统成为一个多层次、多等级生态系统的复合体。这种流域自然生态系统，不仅使流域社会经济系统具有同样的层次等级结构，而且使得流域城市（城镇）和经济中心沿江河湖岸分布，形成流域内的产业带，这些产业带也与河流一样向心状排列，朝向鄱阳湖畔的南昌-九江产业中心。总之，鄱阳湖流域表现出了有序、呈网络状的流域自然-经济系统结构。

3. 相对封闭性和一定的开放性

鄱阳湖流域三面环山，北面与长江水道相接，既是天然的省界，又是与外界联系的口岸。历史上，特别是以水陆交通为主要运输方式的时期，这里是江西省主要物资进出口通道。这样一种状况限制了江西省与外界的交往，造成了江西这个独立、完整大系统的相对封闭性；一方面减少了外界对系统的干扰和破坏，但另一方面也制约了系统经济社会的发展，使系统长期处在传统的农业经济社会，保持着鱼米之乡自给自足的状态。

随着国家经济社会的快速发展，江西省及鄱阳湖流域以农业为主体的传统的发展模式显然已不适应发展形势。如何打破这种封闭状况？进一步解放思想，以开放促进大发展,便成了江西发展的必由之路。近年来,江西省实行大开放和以工业化、城镇化为主体的发展战略。在国家建成京九铁路的同时,相继建成了南北东西多条出省高速公路和铁路,彻底打破了制约发展的交通瓶颈,实现了鄱阳湖流域与长三角、珠三角、闽东南三角,以及中部各省的对接,同时也打破了系统原有的封闭性,形成了系统经济社会全方位发展的格局。

4. 相对稳定性

鄱阳湖流域是我国水土资源较为协调的少数地区之一,水、热同期,四季分明,十分有利于生物的生长繁衍。鄱阳湖流域生态系统之所以具有较高的稳定性,是因为该系统具有相对的完整性、独立性和封闭性,来自系统外的干扰特别是人为的干扰较少;同时系统的自我调节、自我修复能力较强,各种生态因子较为协调。

3.3.1 五大水系

鄱阳湖流域多年平均年径流量为 $1436 \times 10^8 \, m^3$,相应径流模数 $88.5 \times 10^4 \, m^3 /$ $(km^2 \cdot a)$,相应平均年径流深 $885.1 \, mm$,其中五大水系(控制水文站以上)多年平均径流量为 $1250 \times 10^8 \, m^3$,占鄱阳湖流域径流量的 87%。赣江、抚河、信江、饶河、修河多年平均径流量分别为 $657.6 \times 10^8 \, m^3$、$155.1 \times 10^8 \, m^3$、$178.2 \times 10^8 \, m^3$、$118 \times 10^8 \, m^3$、$123.1 \times 10^8 \, m^3$,分别占五大水系径流量的 54.1%、12.4%、14.3%、9.4%、9.8%,径流模数最大为信江水系,最小为赣江水系。

1. 赣江

赣江为鄱阳湖五大河流之首,是江西省第一大河流,也是长江八大支流之一。赣江发源于江西省赣州市石城县洋地乡石寮东部,河口为永修县吴城镇望江亭。赣江主河道长 823 km,上游为典型的辐射状水系,流域内水系发达。赣江主要一级支流有湘水、濂水、梅江、平江、桃江、章水、遂川江、蜀水、孤江、禾水、乌江、袁水、肖江、锦江等。干支流自南向北,流经 47 个县(市、区)。赣江流域面积 82 809 km²,占鄱阳湖流域总面积的 51%。其中江西省境内 81 527 km²,占流域面积 98.45%;属于邻省面积共 1282 km²,占流域面积的 1.55%,其中福建省 345 km²、广东省 248 km²、湖南省 689 km²。赣江流域东临抚河流域,西以罗霄山脉与湘江流域毗邻,南以大庾岭、九连山与东江、北江为界,北通鄱阳湖。流域范围东西窄而南北长,南北最长 550 km,东西平均宽约 148 km,呈不规则四边形。

2. 抚河

抚河位于江西省东部,发源于广昌、石城、宁都三县交界处的灵华峰东侧里木庄,河口为进贤县三阳集乡。抚河主河道长为 348 km,自然落差 968 m。抚河自南向北流,流经广昌、南丰、临川、进贤等 15 个县(市、区),流域面积 16 493 km²,占鄱阳湖流域总面积 10.2%。抚河流域东邻福建省闽江流域,南毗赣江一级支流梅江,西靠清丰山溪、赣江一级支流乌江,东北依信江,北入鄱阳湖,南北宽,东西窄,呈菱形。

3. 信江

信江发源于浙赣边界玉山县三清乡平家源,河口为余干县瑞洪镇章家村。信江主河道长 359 km,流域地势东南高西北低,南部海拔 800~1300 m。信江上游称金沙溪,穿过七一水库,南经棠梨山、双明等地,在玉山县城到上饶市称为玉山水,上饶市纳入丰溪河后始称信江。汇入较大主要支流有玉琊溪、饶北河、丰溪河。信江流域面积 17 599 km²,占鄱阳湖流域总面积的 10.8%。信江流域西邻鄱阳湖,北倚怀玉山脉与饶河毗邻,南倚武夷山脉与福建省闽江相邻,东毗浙江省富春江,流域形状呈不规则矩形。

4. 饶河

饶河位于江西省东北部,是乐安河与昌江在鄱阳县姚公渡汇合而成,主河道长 299 km。乐安河为饶河分段河流,流域面积 8820 km²(含浙江省境内面积 262 km²),河长 280 km;北支昌江流域面积 6260 km²(含安徽省境内面积 1894 km²),河长 254 km;汇合口以下流域面积 220 km²。流域地形东北高而西南低,流域内河系发达,集水面积大于 10 km² 的河流有 294 条,流域面积 15 300 km²,占鄱阳湖流域总面积的 9.4%。饶河流域西邻鄱阳湖,北倚五龙山脉与安徽省青弋江毗邻,南靠怀玉山脉与信江相邻,东毗浙江省富春江,呈鸭梨形。

5. 修河

修河位于江西省西北,发源于铜鼓县高桥乡叶家山,河口为永修县吴城镇望江亭。流域面积 14 797 km²,主河道长 419 km。修河流域河系发达,集水面积大于 10 km² 的河流有 305 条。修河自源头由南向北流,至修水县马坳乡上塅,俗称东津水。在上塅折向东流,经修水县、武宁县,穿柘林水库,由永修吴城镇注入鄱阳湖。修河流域面积 14 797 km²,占鄱阳湖流域总面积的 9.1%。修河流域东临鄱阳湖,南隔九岭山主脉与锦江毗邻,西以黄龙山、大围山为分水岭,与湖北省陆水和湖南省汨罗江相依;北以幕阜山脉为界,与湖北省富水水系和长江干流相邻,流域西高东低,东西长、南北窄,流域范围形似芭蕉叶。

3.3.2　区间河流

鄱阳湖区间面积为 2.51 万 km²,占鄱阳湖流域面积的 15.5%,多年平均径流

量为 $186×10^8 m^3$，占鄱阳湖流域径流量的 13%。区间平均年径流深 741.3 mm，较五大水系低。区间直接进入鄱阳湖的较大河流有清丰山溪、西河、潼津水、博阳河以及土塘水、徐埠港水等。

1. 清丰山溪

清丰山溪流域面积 2253 km^2，主河道长 111 km，多年平均产水量 $18.51×10^8 m^3$，发源于丰城市焦坑乡明溪村，在南昌县吴石岗前渡槽处进入鄱阳湖。

清丰山溪流域内水系发达，水网交错，集水面积大于 10 km^2 的河流有 39 条，其中集水面积在 10～30 km^2 的河流有 23 条，集水面积在 30～100 km^2 的河流有 11 条，集水面积在 100～300 km^2 的河流有 2 条，集水面积在 300～1000 km^2 的河流有 3 条。

2. 西河

西河又名漳田河，系直入鄱阳湖一级支流，位于安徽省南部和江西省北部，发源于安徽省东至县南部大王尖，经万家湖、卒子山至独山入鄱阳湖。流域面积 2072 km^2，其中江西省外部分面积 991 km^2，主河长 103 km，多年平均产水量 $15.19×10^8 m^3$。

3. 潼津河

潼津河又名潼津水、童子渡河、东河，系直入鄱阳湖一级支流，位于鄱阳县北部，流域面积 978 km^2，主河长 84.8 km，多年平均产水量 $7.763×10^8 m^3$，正源大塘河发源于鄱阳县莲花山乡白马岭峰南麓，在鄱阳县朗埠入鄱阳湖。

4. 博阳河

博阳河系直入鄱阳湖一级支流，流域面积 1220 km^2，主河长 93.5 km，多年平均产水量 $8.42×10^8 m^3$，发源于瑞昌市和平乡的和平山南麓之易家垅，在共青城市注入鄱阳湖。

5. 土塘水

土塘水系直入鄱阳湖一级支流，流域面积 257 km^2，主河长 33.4 km，多年平均产水量 $1.84×10^8 m^3$，发源于彭泽、湖口与都昌三县交界的武山山脉之黄土凸南麓，在都昌县杭桥乡茅山林场经西湖注入鄱阳湖。

6. 徐埠港

徐埠港流域面积 231 km^2，主河长 37.7 km，多年平均产水量 $1.63×10^8 m^3$，发

源于彭泽与都昌两县交界的武山山脉西南麓之上天垄,在都昌县新妙乡石嘴桥经新妙湖注入鄱阳湖。

　　7. 湖区内河流与湖泊

　　鄱阳湖岸线曲折,周围湖汊众多,"卫星湖"密布,如军山湖、瑶湖、青岚湖、南北港、宽湖、北庙湖、新妙湖、珠湖、莲湖、鱼池湖、金溪湖等,枯水季节,大面积的洲滩出露,独特的湖底起伏地形与水位、滩地之间形成了众多小型碟形湖(内湖),星罗棋布。

3.3.3　流域控制性工程

　　截止至 2008 年,江西省建成水库共 9799 座,总库容 288.5 亿 m³,兴利库容 158.0 亿 m³。其中大型水库共 29 座,均坐落于鄱阳湖水系,总库容 170 亿 m³,兴利库容 77.4 亿 m³;中型水库共 238 座,总库容 56.0 亿 m³,兴利库容 36.7 亿 m³。由于鄱阳湖流域降雨径流时空分布不均,年际年内变化较大,增加了水资源开发利用难度,并造成洪涝干旱灾害。已建成的控制性工程在防洪、灌溉、供水、发电、航运及生态保护等方面发挥着重要作用。

　　鄱阳湖流域大型水库基本情况详见表 3-3。

表 3-3　鄱阳湖流域大型水库基本情况表

序号	工程名称	所在水系	集水面积/km²	总库容/万 m³	兴利库容/万 m³	主要开发任务	建成年份
1	万安水库	赣江	36 964	221 600	101 900	防洪、发电、灌溉	1996
2	江口水库	赣江	3900	89 000	34 000	发电、供、灌溉水	1970
3	长岗水库	赣江	848.5	37 000	15 800	防洪、灌溉、发电、养殖	1970
4	团结水库	赣江	412	14 570	4 280	防洪、发电、灌溉、养殖	1979
5	油罗口水库	赣江	557	11 000	5 400	防洪、灌溉、发电	1981
6	龙潭水库	赣江	150	11 560	10 224	发电、防洪养殖	2000
7	南车水库	赣江	459	15 320	9 520	灌溉、防洪、发电、养殖	2003
8	老营盘水库	赣江	172	10 160	5 540	灌溉、防洪、发电、养殖	1983
9	上犹江水库	赣江	2750	82 200	47 100	发电	1957
10	社上水库	赣江	427	17 070	14 300	灌溉、发电、防洪、养殖	1973
11	上游水库	赣江	140	18 300	11 600	灌溉、防洪、发电、养殖、旅游	1960
12	潘桥水库	赣江	71.53	15 130	7 170	灌溉、防洪、养殖	1960
13	白云山水库	赣江	464	11 400	8 100	灌溉	1980
14	泰和枢纽	赣江	40 937	56 000	1 200	发电、航运、灌溉	在建

续表

序号	工程名称	所在水系	集水面积/km²	总库容/万 m³	兴利库容/万 m³	主要开发任务	建成年份
15	石虎塘航电枢纽	赣江	43 770	63 200	5 700	航运、发电、防洪	在建
16	峡江枢纽	赣江	62 710	118 700	21 400	防洪、发电、灌溉	在建
17	紫云山水库	赣江	81.5	14 000	7 420	灌溉、发电、养殖	1965
18	大坳水库	赣江	610.45	11 460	7 731	发电、防洪、灌溉、养殖	1990
19	廖坊枢纽	抚河	7 060	43 200	11 400	防洪、灌溉、发电	2006
20	洪门水库	抚河	2 376	122 000	37 400	发电、供水、灌溉	1983
21	大坳水库	信江	390	27 570	17 240	发电	2001
22	界牌枢纽	信江		18 600		航运、发电	1998
23	七一水库	信江	324	24 890	12 500	供水、灌溉	1960
24	军民水库	信江	133	18 400	14 000	灌溉、防洪、发电、养殖	1972
25	共产主义水库	饶河	155	16 300	6 850	灌溉	1960
26	滨田水库	饶河	72.6	10 500	5 790	灌溉、防洪、供水	1960
27	柘林水库	修河	9340	792 000	344 400	灌溉、供水、防洪、发电、旅游	1976
28	东津水库	修河	1080	79 500	43 580	发电	1996
29	浯溪口水利枢纽	饶河	—	42 700	29 600	防洪、供水、发电	在建

3.4　本章小结

鄱阳湖是长江流域最大的通江湖泊。鄱阳湖上承赣、抚、信、饶、修五大水系，下接长江，流域东、南、西三面环山，北向敞开，地势南高北低，状似"簸箕"。东、南、西三面的山脉既是江西省域的疆界又是水系的分水岭，鄱阳湖流域面积 16.2 万 km²，是江西省总面积的 97.2%，鄱阳湖流域总面积的 96.8% 位于江西省境内，约为 15.7 万 km²。江西省 94.2% 的国土面积属于鄱阳湖流域。从广义上说，江西省可以等同于鄱阳湖流域。

鄱阳湖流域、鄱阳湖和长江是紧密相连的水体。鄱阳湖水系将流域上游山区和鄱阳湖连接成一个相互联系、相互制约、相互依存和相互影响的整体，使得鄱阳湖流域生态系统具有明显的整体性和复合性。

根据地貌、水系、行政区划、区域经济等特征，围绕鄱阳湖形成了多个地理单元,鄱阳湖、鄱阳湖盆地、鄱阳湖平原、鄱阳湖水系、鄱阳湖流域、鄱阳湖区、鄱阳湖地区及鄱阳湖生态经济区等,代表了不同区域的资源禀赋、自然环境与社会经济发展水平各不相同,对鄱阳湖生态系统及生态安全的作用和影响也各不相同。

伴随着区域社会经济的快速发展,又以鄱阳湖区、鄱阳湖生态经济区和鄱阳湖流域所涵盖的区域最具典型性和研究意义。

第4章 鄱阳湖湿地生态系统

4.1 鄱阳湖生态系统及其功能

4.1.1 鄱阳湖流域生态系统

鄱阳湖流域生态系统是由包括湿地生态系统、森林生态系统、农田生态系统、河湖生态系统以及城市生态系统等组成的复合系统。

1. 湿地生态系统

鄱阳湖是由陆地、水体、野生动植物组成,水陆兼有的开放型湿地生态系统。以鄱阳湖为主体,包括其周围的中小湖泊群构成的湖泊湿地,面积超过50万 hm^2,占中国湖泊面积的5%,占长江中下游湖泊面积的23.6%。因此,鄱阳湖湿地在中国湿地,尤其是湖泊湿地中占有重要地位,繁衍着丰富多样的生物,是重要的生物物种基因库。在鄱阳湖的所有生态系统中,湿地生态系统是主要的生态系统组分。

2. 森林生态系统

鄱阳湖森林植被类型多样,种属繁多,已查明的有2400余种。鄱阳湖区丘陵山区地带性植被主要为常绿阔叶林,其植物区系是以壳斗科的常绿植物种类为主建群种;其次为樟科、山茶科、木兰科、冬青科等种属组成。还掺杂有不少暖温带植物区系落叶阔叶林成分。区内森林覆盖面积为411 348 hm^2。主要物质生产功能是提供林木产品、林果产品、食用菌、花卉、药材及其他野生动植物等有经济价值的产品。鄱阳湖区内有庐山山南国家森林公园、鄱阳湖国家森林公园、天花井国家森林公园、三叠泉国家森林公园、莲花山国家森林公园、马祖山国家森林公园与柘林湖国家森林公园等7个国家级森林公园,是区内森林生态系统的典型代表。

3. 农田生态系统

鄱阳湖区内的农田生态系统有水田生态系统和旱地生态系统,农田生态系统具有较高的生产力。区内农田生态系统的物质产品主要是稻谷、油料产品、棉花、糖料产品、烟叶、蔬菜、茶叶、水果、猪肉等农副产品。

4. 河湖生态系统

鄱阳湖区内分布有众多河流、湖库、坑塘,其生态系统服务功能的物质产品主要是养殖和野生的鱼类、虾、蟹等水产品。

5. 城市生态系统

鄱阳湖区已形成九江-南昌-上饶城镇群,由此而形成了城市生态系统。

4.1.2　鄱阳湖生态功能

鄱阳湖作为长江流域的最大通江湖泊,是长江江湖复合生态系统的重要组成部分,是流域及区域社会经济发展的重要支撑,以及长江中下游重要的水源地,是长江生物多样性的保护基地,也是我国重要经济鱼类的种质资源库。

鄱阳湖生态功能对于整个长江中下游地区社会经济的发展、自然资源的保护和利用等均具有重要的作用。

1. 调蓄滞洪功能

鄱阳湖多年平均最大水域面积为 3900 km², 容积 290 亿 m³, 多年平均最高水位 16.69 m, 最低水位 10.34 m。鄱阳湖巨大的容量,可通过江水倒灌的形式调节和调蓄长江大量的洪水,有效缓解长江中下游地区的防洪压力。据测算,鄱阳湖洪、枯水期的湖泊面积、容积相差极大,面积相差 31 倍,容积相差 75 倍。由于鄱阳湖巨大的调蓄洪水功能,国家分别在鄱阳湖区的余干县、鄱阳县、南昌县、新建县设立了康山、珠湖、黄湖、方洲斜塘四个国家蓄滞洪区,总集水面积 794.63 km², 蓄洪面积 549.55 km², 有效蓄洪容积 26.24 亿 m³。鄱阳湖历年削减最大日平均流量2690~37 300 m³/s, 多年平均削减 14 700 m³/s, 削减率为 48.3%。

2. 重要水源涵养功能

鄱阳湖由湖口多年平均注入长江的水量为 1436 亿 m³, 约占长江干流多年平均径流量的 15.6%。其水量超过黄、淮、海三河入海水量的总和。鄱阳湖每年向长江注入的丰富优质的水资源不仅对长江中下游的水资源调节具有重要作用,而且对改善长江中下游区域的生态环境有重要意义,对该地区经济社会的可持续发展提供了支撑和保障。

3. 湿地生物多样性保护功能

目前,鄱阳湖已建立湿地生态、野生动物、鱼类等各种类型的自然保护区 39 处,国家级自然保护区 2 个,保护面积达 555 km², 其中林业部门建立湿地类型的保护区 14 个(鄱阳湖、南矶山湿地、青岚湖、都昌候鸟、三湖、瑶湖、蓼花池、屏峰山、康山、姑塘、鞋山、荷溪、鄱阳湖白沙洲、南湖),面积达 20 万 hm², 保护区面积约占鄱阳湖面积的 40%以上,主要保护对象为湖泊湿地生态系统、候鸟、渔业资源及水生动物等。

　　鄱阳湖是长江中下游越冬鸟类种类和数量最多的湖泊,鸟类共计 310 余种,典型湿地水鸟 160 种,国家保护鸟类 54 种。鄱阳湖又是许多濒危鸟类最为重要的越冬地,13 种世界濒危鸟类在此越冬,目前支持了世界上 98％以上的濒危动物白鹤、80％以上的东方白鹳、60％以上的白枕鹤、50％以上的鸿雁种群。年平均越冬候鸟数量约 40 万只。

　　鄱阳湖拥有丰富的鱼类物种资源,根据现场标本采集和对鄱阳湖多年的调查资料进行整理,确定鄱阳湖分布有鱼类 12 目 26 科 132 种。鄱阳湖也是长江江豚最重要的栖息地,江豚数量大约占到整个长江江豚种群数量的 1/4～1/3。

　　4. 提供农副渔产品功能

　　鄱阳湖区及其流域是全国水稻主产区。根据 2008 年江西省的统计数据,鄱阳湖流域有耕地面积 282.72 万 hm^2,其中水田面积 231.86 万 hm^2、水浇地 2.46 万 hm^2、旱地面积 39.14 万 hm^2。水稻播种面积接近 5000 万亩,稻谷年总产超过 180 亿 kg,均居全国第二位;人均占有稻谷 417 kg,稳居全国第一位;年均调出稻谷 50 亿 kg 以上,居全国第二位。加强湖区农业基础设施建设,提高粮食综合生产能力,对于维护国家粮食安全意义重大。2008 年,鄱阳湖生态经济区粮食产量达到 92 亿 kg,占江西省总产量的 46.9％。

　　5. 污染物降解功能

　　鄱阳湖湿地生态系统对入湖污染物具有明显的降解作用。水环境监测表明,出湖湖口水域水质指标优于湖区康山水域,见图 4-1。鄱阳湖湿地是鄱阳湖水系的

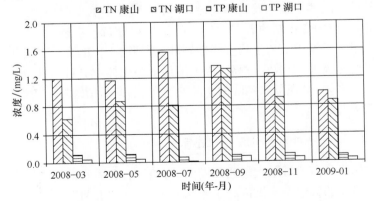

图 4-1　鄱阳湖湿地生态系统污染降解功能

资料来源:江西省环境保护科学研究院,中国环境科学研究院,江西省环境监测中心站,等.
鄱阳湖生态安全调查与评估报告,2008

汇聚中心,江西省境内 94.2%范围内未经处理和处理不达标的工业废水、生活污水、未能利用的化肥和残余农药经河流水系流入鄱阳湖湿地。鄱阳湖湿地发挥了巨大的水质净化作用,其降解污染功能价值达到 139.6 亿元(崔丽娟,2004a)。此外,鄱阳湖具有独特的水情动态和特殊的环境条件,也具有水运、休闲旅游、研究教育基地、调节气候以及重要碳汇等重要功能。

4.2　鄱阳湖湿地类型

4.2.1　鄱阳湖湿地基本特征

1. 鄱阳湖是多类型湿地的复合体

鄱阳湖湿地生态系统是由许多子系统组成,相对完整,既有不同水深的湖泊湿地和河流湿地,其中分布有以沉水植物为主的水生植被,又有我国湖泊特有的分布在高低水位消落区的大面积沼泽和草甸湿地,也有泥滩、沙滩的分布。从陆地至核心水域区,在地貌上具有陆地→草滩→泥滩→浅水区→深水区的结构特征。在植物上具有陆生植被→湿生植被→挺水植被、浮游植物→浮叶植被、浮游植物→沉水植被,以及浮游植被→浮游植物的结构特征;在动物上具有陆生动物→两栖类动物→底栖动物和浮游动物→鱼类等水生动物和浮游动物,以及以湖泊湿地系统为生境的迁徙性鸟类等的结构特征。

各系统之间有着复杂的能量、物质循环和信息流动,而且在一定条件下交织在一起,互相转化、互相影响、互相依存、互相作用,共同维系了湖泊的生态功能。

2. 以湖泊湿地为主,水位不同面积相差极大

水分条件是湿地形成和发育的关键,水环境因子影响着湿地生态系统的类型结构与功能,水位的变化制约着湿地生物的生长和分布。水量、水位、湿地三者间的关系形成了鄱阳湖丰富的生物多样性,并随着湖泊水位的变化而变化。洪、枯水期湖泊面积变化极大,形成水位高时以湖泊湿地为主体,水位低时以草洲上的沼泽和草甸湿地为主体,呈现夏水冬陆的水陆交替景观,即所谓"洪水一片水连天","枯水一线滩无边"。

3. 鄱阳湖是一个开放型的湿地生态系统

鄱阳湖作为长江流域最大的通江湖泊,与长江有着紧密的水力联系,成为长江中下游地区最大的天然调蓄洪区和水源涵养区。承接"五河"之水经调蓄后汇入长江,江湖之间在物质交换、物种交流及信息、能量流动等方面存在多方面的联系。

4. 鄱阳湖具有丰富的生物多样性

鄱阳湖区湿地植物丰富,植物群落建群种多为世界广布种,以水生、沼生和湿生为主,其中草本植物占绝对优势,独特的湿地生态系统繁育了各种鱼类,包括多种洄游鱼类和水生动物,每年吸引着大量的鹤类、鹳类等珍稀候鸟来越冬,成为亚洲最大的鸟类越冬地。

对鄱阳湖湖泊湿地生态系统结构及功能的研究和保护,既是保护鄱阳湖自身生态系统的需要,更是维系长江生态平衡的需要,同时体现了湖泊本身具有的生态服务功能价值。

4.2.2　鄱阳湖湿地类型及其分布

1. 鄱阳湖湿地类型

鄱阳湖湿地划分为天然湿地和人工湿地两大类,天然湿地又分为湖泊湿地、河流湿地、沼泽湿地、草甸湿地和泥沙滩五个湿地型。

按湿地的成因、积水状况及植被类型,又分为 9 个湿地组(体),分别为永久性深水湖泊湿地、永久性浅水湖泊湿地、季节性淹水湖泊湿地;永久性河流、芦苇+荻高草丛沼泽湿地、薹草矮草丛沼泽湿地、杂类草甸湿地以及泥滩和沙滩。

2. 鄱阳湖不同类型湿地面积

鄱阳湖草洲和泥沙滩面积为 3105.28 km²,占鄱阳湖自然水面最大集成面积(3134.5 km²)的 99.1%(胡振鹏等,2010)。鄱阳湖湿地高程 14 m 以下多为泥滩、14~16 m 多为草滩,沙滩面积较小,呈局部斑块状分布的特点。与此同时,由于围堰和泥沙沉积形成的小型碟形湖(内湖)数量众多,如东湖、南深湖、泥湖、常湖、汉池湖等。五大河流在注入鄱阳湖时形成了巨大的河口三角洲,南矶山湿地便是最大的一块三角洲,也是目前全国最大的内陆河口三角洲,形成了鄱阳湖广大的湿地生境,也成为鸟类的主要栖息地。

当星子站水位在 7.96 m 时,鄱阳湖草洲几乎全部出露。其中,沼泽湿地面积650.82 km²,稀疏草洲和茂密草洲面积(主要是杂类草甸湿地)938.47 km²,泥沙滩面积 536.47 km²,浅水水体(沉水植物和浮叶植物主要分布区)面积443.3 km²,出露草洲和泥沙滩总面积 2125.76 km²。其中芦苇-荻高草丛(16~18 m)沼泽湿地 124.4 km²,薹草矮草丛(14~16 m)沼泽湿地 616.83 km²。优势植物如薹草、苦草、竹叶眼子菜是全球易危鸟类鸿雁、全球极危鸟类白鹤等以鄱阳湖为主要越冬地的候鸟所喜食的对象。

星子站水位 18 m 时,草洲和泥沙滩几乎全部被淹没。被淹没的草洲中包括以芦苇-荻高草丛沼泽湿地 124.4 km²，薹草矮草丛沼泽湿地 616.83 km²，杂类草草甸湿地 692.87 km²，泥沙滩及其上的稀疏植被面积 611.56 km²。在水域中还分布有大面积的沉水植物和浮（叶）水植物。被淹没的各类植被和泥沙滩总面积 2045.56 km²（详见表 4-1）。

表 4-1　星子站不同水位鄱阳湖各类湿地面积　　　　　单位：km²

星子站水位		7.96 m	9.89 m	12.16 m	12.98 m	13.88 m	14.99 m	16.15 m
水域	深水	550.19	847.3	1396.57	1463.63	1569.87	1720.49	2655.34
	浅水	443.33	773.83	402.21	415.82	389.71	741.64	76.08
	小计	993.52	1621.13	1798.78	1879.45	1979.58	2462.13	2731.42
水陆过渡带	沼泽	650.82	267.68	287.05	281.56	245.74	95.17	0
	泥滩	516.57	319.58	208.01	208.44	157.27	0	0
	沙地	19.9	39.31	7.25	12.83	（计入泥滩）	5.94	18.01
	小计	1187.29	626.57	502.31	502.83	403.01	101.11	18.01
出露草洲	稀疏草洲	680.98	407.77	289.61	348.36	492.47	452.51	250.31
	茂密草洲	257.48	461.79	526.55	386.52	242.21	101.98	117.53
	小计	938.46	869.56	816.16	734.88	734.68	554.49	367.84
总计		3119	3117	3118	3117	3097	3118	3117

资料来源：胡振鹏等，2010

3. 鄱阳湖湿地生境

鄱阳湖是江西省境内绝大部分地表水的汇集中心，也是泥沙运移与堆积的中心，为过水性、吞吐型的浅水湖泊。受长江倒灌水和"五河"流域来水的两重影响，形成了独特的生态水文过程，丰枯水位变化大，水量丰沛，这也使鄱阳湖湿地生态系统拥有了不同于一般湖泊湿地的特点。根据湿地的水文、地貌、土壤类型及其高程特征，湿地生境可分为五大类，包括湖滨高滩地、湖滨低滩地、泥沙滩、浅水区和深水区，其主要生境特征见表 4-2。

表 4-2　鄱阳湖湿地生境类型

湿地生境类型	主要特征
湖滨高滩地	高程约 16～18 m，为高漫滩地，将大湖与各子湖相分离，出露时间早，出露时间长，土壤为草甸土和沼泽土，是杂类草草甸和挺水植物（芦苇-荻群落）的主要分布地段
湖滨低滩地	高程约 13～16 m，在北部的都昌等地。地势平缓，而面积大，出露时间相对高滩地短，土壤为草甸沼泽土，为以薹草为主的湿地植物群落主要分布区

续表

湿地生境类型	主要特征
泥沙滩	高程约 12~14 m,受水位涨落的影响,出露时间短,土壤为沼泽土,植被稀疏,在河流三角洲前沿可见小面积的泥沙质裸地
浅水区	高程 12~13 m,枯水季节水深<50 cm,一般位于各子湖水陆过渡区的边缘,地表较平缓,光照和氧气较充足,浮游生物、底栖动物、鱼类资源丰富,为浮(叶)水植物和沉水植物的主要分布区
深水区	高程<12 m,枯水季节水深>50 cm,主要分布在河道和一些深水湖泊以及大湖的某些水域,河道水流速较大,泥沙含量较大,加上光照和氧气条件不充足,导致水生植物群落不发育,仅有沉水植物分布

不同生境发育着不同湿地土壤和植物。草洲包括草甸湿地和沼泽湿地,主要分布了湖滨高滩地和低滩地,多为季节性积水,土壤为草甸沼泽土和潜育草甸土。

4.3　鄱阳湖湿地植被

4.3.1　鄱阳湖湿地植被分布

鄱阳湖由于其独特的水位消长过程,形成水陆交错的动态湿地生态系统,造就了特有的"过渡带"区域生物多样性,是不可多得的人与自然和谐的典范。

1. 湿地植物区系

鄱阳湖区湿地植物丰富,植被保存较完好,类型多样,群落结构完整,季相变化丰富,是亚热带难得的巨型湖沼湿地。

(1) 湿地植物物种丰富

据资料统计,鄱阳湖共有各类植物 476 种,隶属 128 科 359 属,其中苔藓植物 2 科 3 属 3 种,蕨类植物 11 科 11 属 12 种,裸子植物 5 科 8 属 14 种,被子植物 110 科 337 属 447 种。被子植物是鄱阳湖湿地植物的主要组成成分。

(2) 湿地种子植物区系地理成分复杂,分布区类型多样

鄱阳湖湿地植物科成分以热带、亚热带、温带分布占优势,其次是世界分布科。而属分布区类型,中温带成分略高于热带成分,即鄱阳湖湿地植物区系具有明显南北植物会合的过渡性质。湿地植物虽具有地带性"烙印",但隐域性特征明显。

(3) 植物群落建群种多为世界广布种

湿地植被中的主要植物群落建群种多为世界广布种,如薹草群落中的薹草 (*Carex* spp.)、芦苇(*Phragmites australis*)、苦草(*Vallisneria natans*)、菹草(*Potamogeton crispus*)与蓼群落(Com. *Polygonum* spp.),以及荸荠群落的龙师草

（*Heleocharis tetraquetra*）和浮萍（*Lemna minor*）等。

（4）湿地草本植物发育

鄱阳湖区湿地植物区系主要由草本植物组成，占总种数的 71%，处于绝对优势地位。草本植物多生长在湖滩和沼泽环境中，以水生、沼生和湿生为主。

（5）具有稀有濒危植物和特有植物

鄱阳湖湿地植物属国家一级保护的有两种，为水韭科（*Isoetaceae*）中华水韭（*Isoetes sinensis*）和睡莲科（*Nymphaeaceae*）莼菜（*Brasenia schreberi*）；属国家二级保护的有粗梗水蕨（*Ceratopteris pteridoides*）、乌苏里狐尾藻（*Myriophyllum propinquum*）、野菱（*Trapa incisa* var. *quadricaudata*）、莲（*Nelumbo nucifera*）和野大豆（*Glycine soja*）。我国特有植物有南荻（*Triarrhena lutarioriparia*）、宽叶金鱼藻（*Ceratophyllum inflatum*）和短四角菱（*Trapa quadrispinosa*）等。

2. 湿地植物生物学特性

鄱阳湖湿地植物有陆生、水生和沼生三种。沼生植物生长在地表经常过湿、季节性或常年积水的生境中，具有水生和陆生植物的双重特性，是水生和陆生植物之间的过渡类型；水生植物则适应水体生境。因此，鄱阳湖湿地植物具有适应这一特殊生境的生态特征。

3. 湿地植被生态特征

（1）湿地植被生活型

鄱阳湖区有湿生-水生最完整的生态系列，按生活型可划分为：湿生植物、沼生植物、挺水植物、漂浮水植物、浮叶植物和沉水植物等类群（图 4-2）。

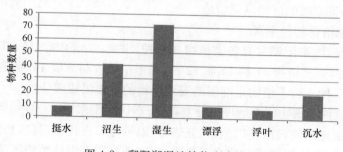

图 4-2　鄱阳湖湿地植物生态类型

湿生植物：中生或湿中生植物，土壤为草甸土，以牛鞭草为代表；

沼生植物：生长于地表常年薄层积水、季节性积水或过湿环境，土壤为沼泽土或土壤具有潜育层，以灰化薹草为代表；

挺水植物：根系生于水体基质，植株大部分挺出水面，以南荻、芦苇为代表；

漂浮植物:根系悬生于水体,植株较小,以浮萍为代表;

浮叶植物:根系着生于水体基质,叶片浮于水面,以荇菜为代表;

沉水植物:根系着生于水体基质,沉于水体,花蕾挺出水面,水媒传粉,以苦草为代表。

(2) 湿地植被分布的环带状

鄱阳湖水位季节性变化较大,高、低水位之间具有广阔的湖洲洲滩,湿地植物群落沿湖滩地势与水体不同深度呈现出明显环带状分布。鄱阳湖湿地植物群落可划分四个植被带,即挺水植被带、莎草植被带、浮水(叶)植被带和沉水植被带(表 4-3)。

表 4-3　鄱阳湖湿地植被带状分布概况

植被带	分布高程/m	面积/km²	主要种类
挺水植被带	14~17	124	芦苇、荻、菰、水蓼、莲、薹草
莎草植被带	10~14	616	灰化薹草、牛毛毡、稗、石龙芮
浮水(叶)植被带	<13.5	68	菱、芡、荇菜、狸藻
沉水植被带	<13.5	—	苦草、眼子菜、茨藻、金鱼藻

A. 挺水植被带

南荻＋芦苇-薹草群丛(Ass. *Triarrhena lutarioriparia ＋ Phragmites australis-Carex* spp.)为本带代表类型。由于近年来鄱阳湖区的过度开发和无序利用,加上枯水期提前和延长,洲滩优势植物生物量下降。20 世纪 50 年代大面积分布的芦苇、南荻群落现仅分散为小群,且植株矮化,被低矮的薹草群落取代,以芦苇、南荻为主的高草群落生物量有下降趋势。

B. 莎草植被带

灰化薹草群丛(Ass. *Carex cinerascens*)等为本带代表类型,俗称草洲,位于低滩地,是鄱阳湖洲滩上最主要的植被类型。其分布上线与荻＋芦苇-薹草群落相接,其下界与竹叶眼子菜-苦草群落或与泥滩、沙滩相连。在蚌湖的分布高程为13.0~16.0 m,群落呈不规则的带状分布。分布区为草甸沼泽土,质地黏重,多为极细粉砂,泥质含量达 30% 左右。

群落利用方式主要是刈割和放牧,是以植物为主要食料的雁鸭类等冬候鸟的觅食对象;汛期水淹之后,该群落又是鲤、鲫鱼的产卵、索饵和避敌场所。

C. 浮水(叶)植被带

荇菜群丛(Ass. *Nymphoides peltatum*)等为本带代表类型。

D. 沉水植被带

竹叶眼子菜-苦草群丛(Ass. *Potamogeton malaianus-Vallisneria natans*)等为代表性类型。本群落为沉水型植被,是鄱阳湖常见且比较重要的水生植被类型。

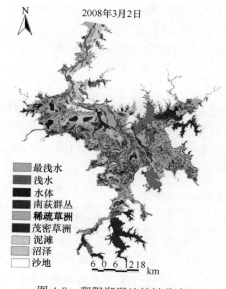

图 4-3　鄱阳湖湿地植被分布图

位于薹草群落下部,在蚌湖呈环带状分布,水深 2～3 m,湖底高程为 13 m 左右,竹叶眼子菜和苦草为优势种。

挺水植被带、沼生植被带和沉水植被带都比较明显,分布面积较广,浮叶植被带较少见,带状现象不明显。在蚌湖、大湖池和沙湖由高向低,可见湖滩上挺水植被和莎草植被呈带状分布,不同的水文状况形成了不同的植被类型。

根据对 2008 年 3 月 2 日鄱阳湖湿地遥感影像解译分析,不同湿地植被群落和湿地类型分布见图 4-3。其分布面积最大的是以薹草群落为主的草洲,各类型沿河道和湖泊呈环带状分布,各类型湿地生境的分布面积见表 4-4。

表 4-4　鄱阳湖湿地生境面积

类别	深水	浅水	最浅水	沼泽	泥滩
面积/hm²	24 459.16	63 394.52	31 461.69	35 479.15	45 515.47

类别	沙地	稀疏草洲	茂密草洲	南荻、芦苇群丛	
面积/hm²	3 437.261	101 408.5	63 617.64	15 566.64	

（3）镶嵌性

具有明显间断性和群落边界的鄱阳湖湿地植物群落,除上述条带状有序分布外,由于湖滩草洲上局部微地形的变化,还常造成群落的镶嵌水平结构,以及导致不同植物群落的交错分布,或由不同群丛个体构成复杂的群落复合体。例如,由于微地形的有规律变化可形成薹草群丛-南荻群丛复合体,此外,草洲上常有一些小块的碟形洼地终年积水,便造成不同植物群落呈斑块状的交错分布,如在签草群落、荆三棱群落、穗状狐尾藻群落、灯芯草群落中,则可能出现穗状狐尾藻群落、水车前群落和菹草群落的小形斑块。这充分体现出鄱阳湖湿地植物群落水平分布上的复杂性特点。

4. 重要湿地植被生物量

（1）湿地植被生物量

根据 TM4 波段与生物量之间的显著相关关系,结合鄱阳湖区通过现场采样建立的 4 波段亮度值与生物量之间的回归关系式,来计算湖区不同季节湿地植被生物量分布状况（单位 g/m²），图 4-4 是根据 2004 年 5 月 5 日 TM 影像反演的湖区植被生物量分级图。从图 4-4 中可见，该时段鄱阳湖区湿生植被整体发育良好，植物生物量高（>5000 g/m²）、中（2000～5000 g/m²）、低（<2000 g/m²）差异相对明显，裸露滩地集中在近水区。

图 4-5 是根据 2008 年 5 月 16 日 TM 影像反演的湖区植被生物量分级图。鄱阳湖区湿生植物生物量已经相对偏高，一方面是季节略微偏后的原因，另一方面，一些区域出现了明显的高值（>10 000 g/m²），可能与湖区杨树种植有关。

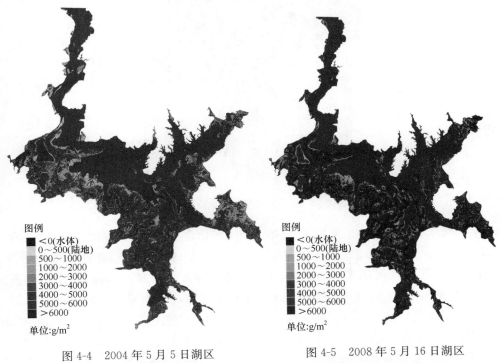

图例
- <0(水体)
- 0～500(陆地)
- 500～1000
- 1000～2000
- 2000～3000
- 3000～4000
- 4000～5000
- 5000～6000
- >6000

单位:g/m²

图 4-4　2004 年 5 月 5 日湖区
湿地植被生物量分级图

图例
- <0(水体)
- 0～500(陆地)
- 500～1000
- 1000～2000
- 2000～3000
- 3000～4000
- 4000～5000
- 5000～6000
- >6000

单位:g/m²

图 4-5　2008 年 5 月 16 日湖区
湿地植被生物量分级图

图 4-6 是根据 2006 年 11 月 3 日 TM 影像反演的湖区植被生物量分级图，由图 4-6 可见，秋季鄱阳湖植被生物量远不如春季。生物量主要集中在中、低湖滩范围内，此时呈现干涸沙地范围明显偏高的趋势，而且不仅仅限于近水区域。

（2）不同湿地植被类群生物量

湿地植物群落的生物量由于群落类型与季节不同而有较大的差异，生物量较大的有南荻＋芦苇-薹草群落、南荻群落、灰化薹草群落、藕草-丛枝蓼群落。以南荻群丛和南荻＋芦苇、灰化薹草群丛为代表的挺水植物群系（柴滩）位于莎草植物

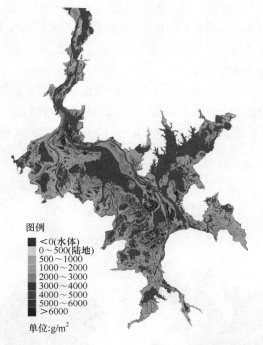

图例
■ <0(水体)
　 0~500(陆地)
　 500~1000
　 1000~2000
　 2000~3000
■ 3000~4000
■ 4000~5000
■ 5000~6000
■ >6000

单位:g/m²

图 4-6　2006 年 11 月 3 日湖区湿地植被生物量分级图

群系(草洲)外侧或与薹草群系交错分布,鄱阳湖挺水植物群系总面积约有
124.4 km²。如以地上部分平均生物量 3.619 kg/m²(鲜重)计算,年产鲜草(下同)
总量达 45 万 t;以灰化薹草为代表的莎草植物群系,分布较广,面积较大,约有
616.83 km²,以"春草"平均生物量 3.093 kg/m² 计算,"春草"年产总量为 190.8 万
t;丰水期(8 月)过后,"草洲"进入第二个生长季——"秋草",其产量低于"春草",
如以"秋草"平均生物量 2.225 kg/m² 计算,"秋草"年产总量为 1 37.2 万 t。"春
草"和"秋草"两次产量加起来才是全年的莎草群系的总产量,即 328 万 t。

　　以野古草群丛为代表的杂类草群系总面积约 692.87 km²,如以平均生物量
0.522 kg/m² 计算,年产总量为 36.2 万 t。

　　苦草地下块茎——冬芽是白鹤等珍稀水禽的主要食物,冬芽的产量对候鸟在
鄱阳湖越冬具有重要意义。研究表明(袁龙义等,2008),蚌湖、象湖和大湖池刺苦
草的地下生物量不同,按冬芽平均生物量 0.2242 kg/m² 计算,年产冬芽总量达 1.5
万 t(图 4-7)。鄱阳湖湿地植被沉水、浮水(叶)植物群系、挺水植物群系、莎草植物
群系和杂类草群系的年产草量(包括苦草冬芽产量)总量约为 420 万 t。

　　由图 4-8 可见,不同类型群落的生物量有较大的差异。地上部分生物量最大
的是藕草-丛枝蓼群丛,达到 5470 g/m²;生物量最小的是水田碎米荠+箭叶蓼群

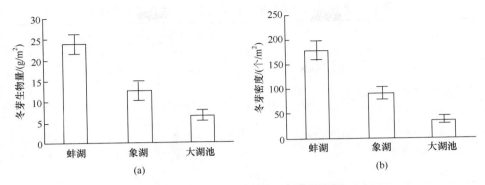

图 4-7　不同湖泊的刺苦草冬芽生物量(a)和密度(b)

丛。湿地植物群落往往具有较大的地下生物量,由多年生草本植物的肉质根、根茎、鳞茎、球茎、块茎等构成,这些地下部分也常常是越冬候鸟的食物。

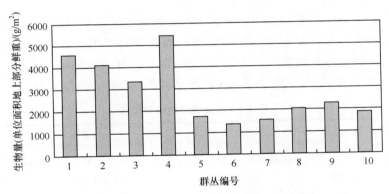

图 4-8　鄱阳湖湿地主要群落类型植物地上部分生物量

1. 南荻+芦苇-灰化薹草群丛;2. 南荻群丛;3. 灰化薹草群丛;
4. 藕草-丛枝蓼群丛;5. 针蔺+水蓼群丛;6. 水田碎米荠+箭叶蓼群丛;
7. 密齿苦草群丛;8. 竹叶眼子菜-密齿苦草群丛;
9. 荇菜-竹叶眼子菜-密齿苦草群丛;10. 穗状孤尾藻+黑藻+苦草群丛

（3）群落生物量季节变化

为更全面地了解鄱阳湖湿地生物量变化,在不同水分梯度中选取了五个群丛,在三泥湾设置了五个样地,分别在不同的季节对同一样地内植物群落地上部分生物量的变化进行研究,结果见表 4-5。不同群丛生物量呈现出不同变化规律。

表 4-5　鄱阳湖五个类型植物群落地上部分生物量季节变化

群落类型	地上部分生物量/(g/m²)				
	11 月	12 月	3 月	4 月	5 月
南荻群丛	3200±550	2760±680	2600±230	3640±950	4420±1200
南荻＋芦苇-灰化薹草群丛	3625±1340	3130±980	3000±740	4580±540	5230±1421
灰化薹草群丛	1850±360	2600±470	3200±770	3380±490	2700±230
针蔺＋水蓼群丛	580±110	960±220	1130±270	1770±440	1850±330
密齿苦草群丛	210	85	140	1550±210	1790

4.3.2　鄱阳湖湿地植被群落

1. 湿地植被类型

丰富的植物区系和复杂的地形等生态条件构成了鄱阳湖区多样化的植物群落和生态类型。根据湿地植物与水位及土壤基质间的相互关系，并按生活型可以把鄱阳湖区湿地植物大致分为五大类群（群系）：沉水植物群系、浮水（叶）植物群系、挺水植物群系、莎草植物群系和杂类草群系（草甸）。具体见表 4-6。

表 4-6　鄱阳湖湿地植物群系

植物群系	群丛
沉水植物群系	苦草群丛（Ass. *Vallisneria natans*）、亚洲苦草群丛（Ass. *Vallisneria asiatica*）、密齿苦草群丛（Ass. *Vallisneria denseserrulata*）、苦草-黑藻＋薹草群丛（Ass. *Vallisneria natans-Hydrilla verticillata*＋*Carex* spp.）、金鱼藻＋小茨藻群丛（Ass. *Ceratophyllum demersum*＋*Najas minor*）、竹叶眼子菜-密齿苦草群丛（Ass. *Potamogeton malaianus-Vallisneria denseserrulata*）、菹草＋穗状狐尾藻群丛（Ass. *Potamogeton crispus*＋*Myriophyllum spicatum*）、穗状狐尾藻群丛（Ass. *Myriophyllum spicatum*）、黑藻＋穗状狐尾藻＋大茨藻群丛（Ass. *Hydrilla verticillata*＋*Myriophyllum spicatum*＋*Najas marina*）、茨藻群丛（Ass. *Najas* spp.）、水车前群丛（Ass. *Ottelia*）
浮水（叶）水植物群系	菱群丛（Ass. *Trapa* spp.）、荇菜-竹叶眼子菜-金鱼藻＋黑藻＋密齿苦草群丛（Ass. *Nymphoides peltatum -Potamogeton malaianus-Ceratophyllum. demersum*＋*Hydrilla verticllata*＋*Vallisneria denseserrulata*）、荇菜＋野菱（Ass. *Nymphoides peltatum*＋*Tropa incisa*）、凤眼蓝群丛（Ass. *Eichhornia crassipes*）、芡实＋野菱群丛（Ass. *Euryale ferox*＋*Tropa incise* var. quadricaudata）、紫萍＋满江红群丛（Ass. *Spirodela polyrrhiza*＋*Azolla imbricata*）、槐叶萍＋紫萍群丛（Ass. *Sarvinia natans*＋*Spirodela. polyrrhiza*）、紫萍＋浮萍群丛（Ass. *spirodela piropolyrrhiza*＋*Lemna minor*）

续表

植物群系	群丛
挺水植物群系	莲群落(Ass. *Nelumbo nucifera*)、菰群丛(Ass. *Zizania latifolia*)、芦竹群丛(Ass. *Arundo donax*)、芦苇群丛(Ass. *Phragmites australis*)、芦苇-䅟草＋野艾蒿＋灰化薹草-四叶葎群丛(Ass. *Phragmites australis-Phalaris arundinacea-Artemisia lavandulaefolia-Carex cinerascens-Galium bungei*)、南荻＋芦苇-灰化薹草群丛(Aass. *Triarrhena lutaterioriparia＋Phragmites australis-Carex cinerascens*)、南荻群丛(Ass. *Triarrhena lutarioriparia*)、南荻-单性薹草群丛(Ass. *Triarrhena lutarioriparia-Carex unisexualis*)、南荻＋刺芒野古草-下江委陵菜群丛(Ass. *Triarrhena lutarioriparia-Arundinella setosa-Potentilla limprichtii*)
莎草植物群系	灰化薹草群丛(Ass. *Carex cinerascens*)、阿齐薹草群丛(Ass. *Carex argyi*)、糙叶薹草群丛(Ass. *Carex scabrifolia*)、签草群丛(Ass. *Carex doniana*)、寸草-肉根毛茛-四叶葎群丛(Ass. *Carex duriuscula-Ranunculus polii-Galium bungei*)、䅟草-寸草＋下葎江委陵菜＋紫云英群丛(Ass. *Phalaris arundinacea-Carex duriuscula＋Potentilla limprichtii＋Astragalus sinicus*)、䅟草＋野艾蒿-下江委陵菜＋紫云英群丛(Ass. *Phalaris arundinacea＋Artemisia lavandulaefolia-Potentilla limprichtii＋Astragalus sinicus*)、
莎草植物群系	南荻＋䅟草-下江委陵菜(Ass. *Triarrhena lutarioriparia＋Phalaris arundinacea-Potentilla limprichtii*)、芦苇-䅟草＋丛枝蓼-水田碎米荠群丛(Ass. *Phragmites australis＋Phalaris arundinacea＋Polygonum posumbu-Carex Cardamine lyrata*)、芦苇-灰化薹草＋水田碎米荠群丛(Ass. *Phragmites. australis-Carex. cinerascens＋Cardamine lyrata*)、具槽秆荸荠＋灰化薹草-水田碎米荠群丛(Ass. *Heleochars. valleculosa＋Cardamine. cinerascens＋C. lyrata*)、具槽秆荸荠-轮叶狐尾藻＋水马齿＋牛毛毡群丛(Ass. *Cardamine. valleculosa-M. verticillatum＋Callitriche staginalis＋Heleocharis yokoscensis*)、蒌蒿＋丛枝蓼群丛(Ass. *Artemisia selengensis＋Polygonum posumbn*)、水田碎米荠群丛(Ass. *Cardamine lyrata*)、蓼子草群丛(Ass. *Polygonum posumbu*)、看麦娘群丛(Ass. *Alopecurlus aequalis*)、丛枝蓼群丛(Ass. Polygonum posumbu)、齿果酸模-广州萍菜＋戟叶蓼群丛(Ass. *Rumex dentatus-Rorippa cantoniensis＋Polygonum thunbergii*)、荆三棱群丛(Ass. *Scirpus yagara*)、鼠麹草群丛(Ass. *Gnaphalium affine*)
杂类草群系(草甸)	毛秆野古草群丛(Ass. *Arundinella hirta*)、狗牙根群丛(Ass. *Cynodon dactylon*)、益母草群丛(Ass. *Leonurus artemisia*)、假俭草群丛(Ass. *Eremochloa ophiuroides*)、五节芒群丛(Ass. *Miscanthus floridulus*)、白茅群丛(Ass. *Imperata cylindrica*)、还亮草群丛(Ass. *Delphinium anthriscifolium*)

资料来源：李文华，等. 鄱阳湖水利枢纽对湿地与候鸟的影响及对策研究. 2010

2. 湿地植物群落分布

(1) 湿地植物群落分布模式

在湖滩湿地不断发育的过程中,水位涨落和土壤水分-空气因子的交互作用下,随着滩地出露时间的不同,鄱阳湖湿地植物群落呈现复杂的空间格局,即在不同高程的滩地上可形成不同的群落类型,从而形成不同时间-高程-群丛模式。根据生态序列分析,得到鄱阳湖湿地植物群落分布的一般模式,见图 4-9 所示。

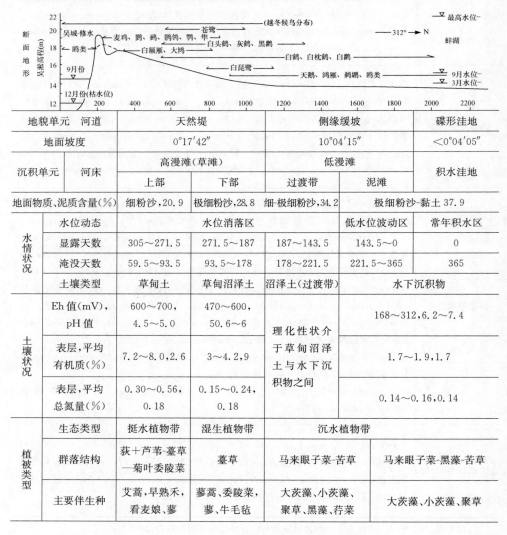

图 4-9　鄱阳湖典型湿地生态断面

资料来源:《鄱阳湖研究》编委会,1988

（2）湿地植物群落年内周期性演替

鄱阳湖的湿地植物群落具有年内波动的特性。植物群落波动是指在短期或周期性出现的气候或水分变动的影响下，植物群落出现的年变化或季节变化。波动的特点表现在群落逐年或逐季变化方面的不定性、变化的可逆性以及在典型情况下植物区系成分的相对稳定性。植物群落在波动中，其生产力、各成分的数量比例、优势植物种的重要值以及物质和能量的平衡方面，也都发生相应的变化。但波动不是演替，并不改变群落的物种结构组成和性质。在不同季节，通过 GPS 定位，进行野外实地调查，收集鄱阳湖南矶山湿地不同生境中优势群落信息，对其进行分析，得出不同生境中植被的季节性波动情况，如表 4-7 所示。从表中可知，在水陆过渡区的浅水区和泥滩沼泽地是群落波动最大的区域，由此可见这一区域的环境变化最大，而在深水区和高滩地上群落波动则要小得多，这与这两个区域的环境相对稳定有着密切关系。

表 4-7　不同时间、不同高程于同一地点出现的群丛

生境	春季（3～5 月）	夏季（6～8 月）	秋季（9～11 月）	冬季（12～2 月）
深水区	苦草	苦草＋竹叶眼子菜	苦草＋竹叶眼子菜	—
浅水区	竹叶眼子菜	—	荇菜＋竹叶眼子菜＋苦草	—
沼泽地	藕草	竹叶眼子菜＋苦草	针蔺	水田碎米荠＋蓼子草
低滩地	薹草-水田碎米荠	聚草＋黑藻＋薹草＋茨藻	薹草＋丛枝蓼	菱蒿＋薹草
高滩地	南荻＋芦苇、芦苇＋菱蒿	南荻＋芦苇、南荻	南荻＋芦苇-灰化薹草	南荻＋菱蒿

资料来源：胡振鹏等，2010

4.4　鄱阳湖湿地其他主要生物资源

鄱阳湖是长江流域湿地生物多样性较为丰富的地区。鄱阳湖国家级自然保护区是我国首批列入《国际重要湿地名录》的七块区域之一，也是我国唯一加入国际生命湖泊网的湖泊，是全球公认的生物多样性热点区域。

鄱阳湖江湖关联的独特水文特征和复杂的湿地食物网，使鄱阳湖成为独特的江湖复合生态系统，所具有的大面积湖滩草洲和丰富湿地生物资源使其成为我国乃至东北亚片区典型越冬候鸟的重要栖息地。每年都有数十万羽的候鸟在鄱阳湖湿地越冬,被称为"世界鸟类保护的王国"。鄱阳湖湿地丰富的物种多样性在全国乃至全球物种多样性保护和生态系统功能维持等方面具有重要的科学和生态价值,尤其在全球候鸟保护上具有非常重要的国际地位。此外鄱阳湖还分布着 132种鱼类,重点水生动物种类若干,如国家一级保护动物白鳍豚、白鲟和中华鲟,二级保护动物江豚、胭脂鱼;整个长江水域白鳍豚数量极为稀少,鄱阳湖区已多年未见白鳍豚、白鲟出现,较少见到中华鲟出现,偶有刀鲚、鳗鲡、胭脂鱼出现;鄱阳湖也是长江江豚的最重要栖息地。

4.4.1　水禽及候鸟

1. 鄱阳湖水禽及候鸟种类

鄱阳湖国家自然保护区,是鹤类、鹳类、大鸨、天鹅等珍禽和众多水禽的主要越冬栖息地,也是鹭类、燕类、八色鸫等夏候鸟的繁殖地,又是候鸟南来北往的主要迁徙通道和中途食物补给地。在这里觅食、栖息的候鸟不仅种类繁多、数量巨大,而且与自然环境和谐统一,亚热带湿地生态系统保存完好。

鄱阳湖珍稀候鸟分布的种类和数量远大于同纬度长江中下游的其他省份,在鄱阳湖越冬的候鸟中,白鹤的不可替代性最为明显。根据中国政府提交给《湿地公约》的鄱阳湖国际重要湿地信息表,该湿地越冬候鸟种群超过全球种群 1% 水平以上的鸟类有 16 种,包括白鹤(*Grus leucogeranus*)、东方白鹳(*Ciconia boyciana*)、白枕鹤(*Grus vipio*)、小天鹅(*Cygnus columbianus*)、白琵鹭(*Platalea leucorodia*)、苍鹭(*Ardea cinerea*)以及雁鸭类、鸻鹬类等,其中,小天鹅、鸿雁(*Anser cygnoides*)、白额雁(*Anser albifrons*)是优势种群。

目前鄱阳湖湿地已记录鸟类有 17 目 55 科 310 种,其中候鸟 108 种,水鸟 125种,隶属于 6 目 19 科 60 属。属于 IUCN 极危鸟类有 1 种,世界濒危鸟类有 13 种;国家一级保护鸟类 10 种,国家二级保护鸟类 44 种。列入《中国濒危动物红皮书》鸟类名录的有 15 种;属于《中日候鸟保护协定》的鸟类 153 种,占该协定中鸟类总数 227 种的 67.4%;属于《中澳候鸟保护协定》的鸟类 46 种,占该协定中鸟类总数81 种的 56.8%。

鄱阳湖最重要的一个作用就是作为冬候鸟的过冬场所和中转站。冬季鄱阳湖形成许多小湖和沼泽,盛产水生植物、鱼虾、水生昆虫幼虫和螺、蚬等软体动物,是候鸟的丰盛食物,因而使鄱阳湖成为世界著名的候鸟越冬地之一。珍稀濒危鸟类种类众多,被国内外广泛关注。每年冬天,冬候鸟中的鹤形目鸟类,包括白鹤、白枕鹤、白头鹤、灰鹤等,主要集中分布在瑞昌市赤湖、九江县赛城湖、星子县蚌湖、永修县梅溪湖、共青城市南湖、都昌县湖区、鄱阳县湖区和余干县湖区;鹳形目鸟类,包括东方白鹳、黑鹳和白琵鹭等,主要分布在赤湖、彭泽县、湖口县、余干县、南昌县以及鄱阳湖国家级自然保护区的沙湖、中湖池、常湖池、大湖池、象湖和朱市湖;而雁形目鸟类包括小天鹅、白额雁、鸿雁等在整个湖区都有分布。由于两个国家级自然保护区在保护冬候鸟方面投入了大量的人力、物力和财力,保护区内基本具备适合鸟类栖息的环境。冬候鸟在保护区的分布越集中,保护效果越明显。据江西省林业厅 1999~2010 年组织环鄱阳湖候鸟调查统计,分布在两个国家级自然保护区内的越冬候鸟,约占鄱阳湖越冬候鸟数量的 47.9%。

2. 鄱阳湖湿地水鸟分布

鄱阳湖面积广阔,冬夏水位变化大,流域内微生境多样。因此,水鸟在其内的活动不定,分布不定,主要分布在鄱阳湖国家级自然保护区及其周边地区,南矶山湿地国家级自然保护区及其周边地区,都昌候鸟省级自然保护区,汉池湖和大莲子汉湖区,入江水道和赛城湖,鄱阳湖南端的金溪湖、军山湖和青岚湖等。从地理分布来看,在鄱阳湖国家级自然保护区和邻近地区的水鸟分布相对稳定,保护区内的沙湖、大汉湖、蚌湖、大湖池,不仅单个子湖泊的鸟类数量高(单个子湖泊短时期超过万羽),尤其是沙湖分布着大量的鸿雁和白额雁和小天鹅,此外余干县的林充湖、小暑湖,南昌县西湖,湖口县鞋山湖也是水禽相对集中地。

中国科学院地理科学与资源研究所等"鄱阳湖水利枢纽对湿地与候鸟的影响及对策研究"(2011 年)表明,17 处水禽相对集中地(水禽总数达到或超过 1 万的子湖泊或水域)有 9 处在 2006 年的调查中总数量超过了国际重要湿地规定的 2 万的数量标准,至少有 1 个种的数量达到 1% 标准的地点有 48 处,而至少有 3 个种的数量达到 1% 标准的地点则有 11 处。

根据 1999~2010 年鄱阳湖环湖水鸟调查(李凤山等,2011),不同越冬期鄱阳湖保护区越冬水鸟的最高数量存在较大差异,其中 2005~2006 年越冬期鸟类数量最高,达 31.62 万只,其次是 2009~2010 年越冬期,30.68 万只,而数量最低的为 2007~2008 年 17.86 万只,最高数量与最低数量之间相差 13.76 万只。

3. 水鸟分布与环境的关系

在鄱阳湖区记录的 310 种鸟类中水鸟占 6 目 19 科 60 属 124 种。冬季水鸟群落中以雁形目数量最大,并以小天鹅、鸿雁和白额雁最为常见,其次是鸻形目。水位、水深、水面积比例、草洲植被盖度、食物资源丰富度(底栖动物密度、鱼虾类的丰富度等)等是影响水鸟的分布的主要的环境因子。鄱阳湖中子湖冬季平均水深在 20~60 cm,水质优良,有丰富的水生动植物,大片的湖滩、草洲、沼泽等湿地生态环境,正是由于鄱阳湖湿地冬季多样化的生境为各种越冬水禽提供了适宜的栖息条件,是水鸟理想的越冬场所。

鄱阳湖区是一个复杂的生态系统,总体来说在冬季形成以各子湖泊为中心,逐步向外随着海拔高度的增加,呈同心环状分布着三大类型植被。

1) 水体区：以沉水植物、浮水植物、漂浮植物和部分挺水植物为主，适于游禽中的鹏鹏、潜鸭、秋沙鸭、鸬鹚、鸥类等生活；

2) 浅水、泥滩、洲滩区：以湿地植物为主，水草丰茂，鱼虾螺蚌及昆虫丰富，是诸多越冬候鸟栖息之处，包括鹤类、鹳类、鹭类、鸻鹬类等涉禽和雁鸭类等游禽；

3) 湖滨农田、岗地地区：处于水体向陆地的过渡地带，鸟类分布以鸣禽为主，包括雀形目、隼形目、鸮形目、鸡形目、鸽形目的许多鸟类（江西省鄱阳湖鸟类考察队，1988）。

湖区典型的湿地鸟类（水禽）有 159 种，不同的鸟类占据不同的生态位。整个鄱阳湖地区越冬水禽主要分布在主湖的西岸、南岸、东岸和北岸的浅水滩和草洲中，在 13.5～17 m 地带为候鸟最适宜栖息地。白鹤、白头鹤、白枕鹤、灰鹤、东方白鹳以及鹭类和鹬类等涉禽，主要栖息在湖边、泥滩或浅水区域中。其中白头鹤、白枕鹤、灰鹤经常到水草茂密，鱼虾、昆虫及底栖动物丰富的湖水较浅的洲滩活动，灰鹤也经常到收割过的农田中栖息。

小天鹅、白额雁等雁鸭类游禽栖息于挺水植物、浮游植物以及鱼虾等饵料丰富而湖水相对深的水域。但赤麻鸭主要栖息在草滩或湖边的泥滩上。卷羽鹈鹕、雁类、普通秋沙鸭在湿地洲滩和浅水域湿地环境栖息。水深及湿地面积会严重影响鸟类活动，有关资料研究表明：白鹤喜在水深 10～20 cm 的浅水中觅食；白枕鹤等主要在水深 5～20 cm 处觅食，并习惯在靠近浅水的泥滩地段活动。它们以鄱阳湖中丰富的苦草、竹叶眼子菜、具槽秆荸荠、薹草属等的茎或块根为食。

4.4.2　鱼类资源

鄱阳湖鱼类和水生动物资源丰富，累计记录鱼类 132 种，隶属 25 科 78 属。主要经济鱼类有鲤、鲫、草、青、鲢、鳙等，珍贵鱼类有鳜鱼、银鱼、中华鲟等（表 4-8）。

1. 种类组成与生态类型

根据现场标本采集和对鄱阳湖多年的调查资料进行整理，确定鄱阳湖分布有鱼类 12 目 26 科 132 种，其中，鲤科鱼类 71 种，占总种类数的 53.9%；鲿科 12 种，占总种类数的 9.0%；鳅科 9 种，占总种类数的 6.0%。鄱阳湖鱼类按生态习性分为定居性鱼类、江湖洄游性鱼类、河海洄游性鱼类、河流性鱼类。其中，定居性鱼类 64 种，占总种类数的 48.5%；江湖洄游性鱼类 19 种，占总种类数的 14.4%；河海洄游性鱼类 9 种，占总种类数的 6.8%；河流性鱼类 42 种，占总种类数的 31.8%。

表 4-8　鄱阳湖鱼类名录

一、鲟科
1 中华鲟 *Acipenser sinensis*（Gray）河海洄游

匙吻鲟科
2 白鲟 *Psephurus gladius*（Martens）河流鱼类

二、鲱科
3 鲥 *Tenualosa reevesii*（Richardson）河海洄游

三、鳀科
4 刀鲚 *Coilia ectenes*（Jordan *et* Seale）河海洄游/定居性

四、银鱼科
5 大银鱼 *Protosalanx hyalocranius*（Abbott）河海洄游
6 陈氏短吻银鱼 *Salangichthys tangkahkeii*（Wu）定居性
7 短吻间银鱼 *Hemisalanx brachyrostralis*（Fang）河流鱼类

五、鳗鲡科
8 鳗鲡 *Anguilla japonica*（Temminck *et* Schlegel）河海洄游

胭脂鱼科
9 胭脂鱼 *Myxocyprinus asiaticus*（Bleeker）河流鱼类

六、鲤科
10 宽鳍鱲 *Zacco platypus*（Temminck *et* Schlegel）河流鱼类
11 马口鱼 *Opsariichthys bidens*（Günther）河流鱼类
12 尖头鳄 *Phoxinus oxycephalus*（Sauvage *et*Dabry）河流鱼类
13 青鱼 *Mylopharyngodon piceus*（Richardson）江湖洄游
14 草鱼 *Ctenopharyngodon idellus*（Cuvier *et* Valenciennes）江湖洄游
15 赤眼鳟 *Squaliobarbus curriculus*（Richardson）江湖洄游
16 鳡 *Ochetobius elongatus*（Kner）江湖洄游
17 鯮 *Luciobrama macrocephalus*（Lácepède）江湖洄游
18 鳡 *Elopichthys bambusa*（Richardson）江湖洄游
19 飘鱼 *Pseudolaubuca sinensis*（Bleeker）定居性
20 寡鳞飘鱼 *Pseudolaubuca engraulis*（Nichols）江湖洄游
21 似鳊 *Toxabramis swinhonis*（Günther）定居性
22 鳘 *Hemiculter leucisculus*（Basilewsky）定居性
23 贝氏鳘 *Hemiculter bleekeri*（Warpachowski）江湖洄游
24 红鳍原鲌 *Culterichthys erythropterus*（Basilewsky）定居性
25 翘嘴鲌 *Culter alburnus*（Basilewsky）定居性
26 蒙古鲌 *Culter mongolicus*（Basilewsky）定居性
27 尖头鲌 *Culter oxycephalus*（Bleeker）定居性
28 达氏鲌 *Culter dabryi*（Bleeker）定居性
29 拟尖头鲌 *Culter oxycephaloides*（Kreyenberg *et* Pappenheim）定居性
30 鳊 *Parabramis pekinensis*（Basilewsky）江湖洄游

31 鲂 *Megalobrama skolkovii* (Dybowsky)定居性

32 团头鲂 *Megalobrama amblycephala* (Yih)定居性

33 银鲴 *Xenocypris argentea* (Günther)江湖洄游

34 黄尾鲴 *Xenocypris davidi* (Bleeker)定居性

35 细鳞鲴 *Xenocypris microlepis* (Bleeker)定居性

36 湖北圆吻鲴 *Distoechodon hupeinensis* (Yih)定居性

37 似鳊 *Pseudobrama simoni* (Bleeker)江湖洄游

38 鳙 *Aristichthys nobilis* (Richardson)江湖洄游

39 鲢 *Hypophthalmichthys molitrix* (Cuvier *et* Valenciennes)江湖洄游

40 唇𩾃 *Hemibarbus labeo* (Pallas) 定居性

41 花𩾃 *Hemibarbus maculatus* (Bleeker)定居性

42 似刺鳊鮈 *Paracanthobrama guichenoti* (Bleeker)定居性

43 麦穗鱼 *Pseudorasbora parva* (Temminck *et* Schlegel)定居性

44 长麦穗鱼 *Pseudorasbora elongata* Wu 河流鱼类

45 华鳈 *Sarcocheilichthys sinensis* Bleeker 定居性 46 小鳈 *Sarcocheilichthys parvus* Nichols 定居性

47 江西鳈 *Sarcocheilichthys kiangsiensis* Nichols 定居性

48 黑鳍鳈 *Sarcocheilichthys nigripinnis* (Günther)定居性

49 短须颌须鮈 *Gnathopogon imberbis* (Sauvage *et* Dabry)定居性

50 银鮈 *Squalidus argentatus* (Sauvage *et* Dabry) 江湖洄游

51 亮银鮈 *Squalidus nitens* (Günther)定居性

52 点纹银鮈 *Squalidus wolterstorffi* (Regan)定居性

53 铜鱼 *Coreius heterodon* (Bleeker)江湖洄游

54 吻鮈 *Rhinogobio typus* (Bleeker)江湖洄游

55 圆筒吻鮈 *Rhinogobio cylindricus* (Günther)河流鱼类

56 棒花鱼 *Abbottina rivularis* (Basilewsky)定居性

57 洞庭小鳔鮈 *Microphysogobio tungtingensis* (Nichols)定居性

58 长蛇鮈 *Saurogobio dumerili* (Bleeker)江湖洄游

59 蛇鮈 *Saurogobio dabryi* (Bleeker)江湖洄游

60 光唇蛇鮈 *Saurogobio gymnocheilus* (Lo，Yao *et* Chen)河流鱼类

61 宜昌鳅鮈 *Gobiobotia filifer* (Garman)河流鱼类

62 无须鱊 *Acheilognathus gracilis* (Nichols)定居性

63 大鳍鱊 *Acheilognathus macropterus* (Bleeker)定居性

64 兴凯鱊 *Acheilognathus chankaensis* (Dybowski)定居性

65 越南鱊 *Acheilognathus tonkinensis* (Vaillant)定居性

66 短须鱊 *Acheilognathus babatulus* (Günther)定居性

67 寡鳞鱊 *Acheilognathus hypselonotus* (Bleeker)定居性

68 大口鱊 *Acheilognathus macromandibularis* (Doi，Arai *et* Liu)定居性

69 长身鱊 *Acheilognathus elongatus* (Regan)定居性

70 革条鱊 *Acheilognathus himantegus* (Günther)定居性

71 彩鱊 *Acheilognathus imberbis* (Günther)定居性

72 高体鳑鲏 *Rhodeus ocellatus* (Kner)定居性

73 中华鳑鲏 *Rhodeus sinensis* (Günther)定居性

74 方氏鳑鲏 *Rhodeus fangsi* (Miao)定居性

75 光倒刺鲃 *Spinibarbus hollandi* Oshima 河流鱼类

76 台湾光唇鱼 *Acrossocheilus formosanus* (Regan)河流鱼类

77 光唇鱼 *Acrossocheilus fasciatus* (Steindachner)河流鱼类

78 稀有白甲鱼 *Onychostoma rara* (Lin)河流鱼类

79 鲤 *Cyprinus carpio* (Linnaeus)定居性

80 鲫 *Carassius auratus* (Linnaeus)定居性

七、鳅科

81 花斑副沙鳅 *Parabotia fasciata* (Dabry)河流鱼类

82 武昌副沙鳅 *Parabotia banarescui* (Nalbant)江湖洄游

83 长薄鳅 *Leptobotia elongata* (Bleeker)河流鱼类

84 紫薄鳅 *Leptobotia taeniops* (Sauvage)河流鱼类

85 中华花鳅 *Cobitis sinensis* (Sauvage *et* Dabry)河流鱼类

86 大斑花鳅 *Cobitis macrostigma* (Dabry)河流鱼类

87 泥鳅 *Misgurnus anguillicaudatus* (Cantor)定居性

88 大鳞副泥鳅 *Paramisgurnus dabryanus* (Sauvage)定居性

平鳍鳅科

89 犁头鳅 *Lepturichthys fimbriata* (Günther)河流鱼类

八、鲿科

90 黄颡鱼 *Pelteobagrus fulvidraco* (Richardson)定居性

91 长须黄颡鱼 *Pelteobagrus eupogon* (Boulenger)河流鱼类

92 瓦氏黄颡鱼 *Pelteobagrus vachelli* (Richardson) 河流鱼类

93 光泽黄颡鱼 *Pelteobagrus nitidus* (Sauvage *et* Dabry)河流鱼类

94 长吻鮠 *Leiocassis longirostris* (Günther)河流鱼类

95 粗唇鮠 *Leiocassis crassilabris* (Günther)河流鱼类

96 圆尾拟鲿 *Pseudobagrus tenuis* (Günther) 河流鱼类

97 乌苏里拟鲿 *Pseudobagrus ussuriensis* (Dybowski) 河流鱼类

98 细体拟鲿 *Pseudobagrus pratti* (Günther) 河流鱼类

99 白边拟鲿 *Pseudobagrus albomarginatus* (Rendhal)河流鱼类

100 凹尾拟鲿 *Pseudobagrus emarginatus* (Regan)河流鱼类

101 大鳍鳠 *Mystus macropterus* (Bleeker)河流鱼类

九、鲇科

102 鲇 *Silurus asotus* (Linnaeus)定居性

103 南方鲇 *Silurus meridionalis* (Chen)河流鱼类

续表

十、钝头鮠科

104 黑尾鮠 *Liobagrus nigricauda* （Regan)河流鱼类

105 司氏鮠 *Liobagrus styani* （Regan)河流鱼类

106 鳗尾鮠 *Pdpliobagrus anguillicanuda* （Nichols)河流鱼类

107 白缘鮠 *Liobagrus marginatus* （Günther)河流鱼类

十一、鳅科

108 中华纹胸鳅 *Glyptothorax sinensis* （Regan)河流鱼类

十二、胡子鲇科

109 胡子鲇 *Clarias fuscus* （Lácepède)河流鱼类

十三、青鳉科

110 中华青鳉 *Oryzias latipes sinensis* （Chen，Uwa *et* Chu)定居性

十四、鱵科

111 间下鱵 *Hyporamphus intermedius* （Cantor)定居性

十五、合鳃鱼科

112 黄鳝 *Monopterus albus* （Zuiew)定居性

十六、鮨科

113 鳜 *Siniperca chuatsi* （Basilewsky)定居性

114 大眼鳜 *Siniperca kneri* （Garman)定居性

115 斑鳜 *Siniperca scherzeri* （Steindachner)河流鱼类

116 波纹鳜 *Siniperca undulata* （Fang *et* Chong)河流鱼类

117 长身鳜 *Coreosiniperca roulei* （Wu)河流鱼类

十七、塘鳢科

118 褐塘鳢 *Eleotris fusca* （Bloch *et* Schneider)定居性

119 河川沙塘鳢 *Odontobutis potamophila* （Günther）定居性

120 小黄鱼 *Micropercops swinhonis* （Günther)定居性

十八、虾虎鱼科

121 粘皮鲻虾虎鱼 *Mugilogobius myxodermus* （Herre)定居性

122 子陵吻虾虎鱼 *Rhinogobius giurinus* （Rutter）定居性

123 波氏吻虾虎鱼 *Rhinogobius cliffordpopei* （Nichols)定居性

十九、斗鱼科

124 圆尾斗鱼 *Macropodus chinensis* （Bloch)定居性

125 叉尾斗鱼 *Macropodus opercularis* （Linnaeus）定居性

二十、鳢科

126 乌鳢 *Channa argus* （Cantor)定居性

127 月鳢 *Channa asiatica* （Linnaeus)河流鱼类

二十一、刺鳅科

128 中华刺鳅 *Mastacembelus sinensis* （Bleeker）定居性

二十二、舌鳎科

129 窄体舌鳎 *Cynoglossus gracilis*（Günther）河海洄游

130 短吻舌鳎 *Cynoglossus abbreviatus*（Gray）河海洄游

二十三、鲀科

131 弓斑东方鲀 *Takifugu ocellatus*（Linnaeus）河海洄游

132 暗纹东方鲀 *Takifugu fasciatus*（McClelland）河海洄游

2. 鱼类群落结构特征

据中国科学院水生生物研究所的调查，2010 年 4 月、7 月、9 月和 11 月在鄱阳湖共采集到鱼类 7 目 14 科 48 属 74 种。鄱阳湖鱼类群落结构呈现季节性的变化：四大家鱼等江湖洄游鱼类比例在 7 月份较高；刀鲚在 11 月份占比例最高；鲤、鲫在 4 月份、7 月份和 9 月份占较大优势。

根据统计分析，各月出现的优势种类数在 2～5 种。其中 1 月和 7 月份出现优势种最多，各有 5 种；2～5 月份均有 4 种；6 月和 8 月份各有 3 种；9～12 月份分别都只有 2 种。光泽黄颡鱼共出现 8 次，多出现在春、夏和冬季，尤其在枯水期，比重较大；刀鲚出现 7 次，9 月和 10 月份的比重较大；贝氏鳘出现 6 次，多出现在春、夏涨水季节；似鳊 4 次，多出现在春季末、夏季初的涨水水季节；银鮈 3 次，多出现在秋季平水期；鲫、鲢、鳊和翘嘴鲌各出现 1 次，鲫出现在 1 月份枯水期，鲢、鳊和翘嘴鲌都出现在丰水期。全年优势种是光泽黄颡鱼（21.05%）、刀鲚（17.71%）、贝氏（11.99%）和银鮈（10.26%）（胡茂林等，2009）。

3. 渔获物

据江西省水产科学研究所 2006～2009 年的统计，鄱阳湖天然渔获总量为 2.35～3.33 万 t，年平均 2.9 万 t。其中湖泊定居性鱼类如鲤、鲫、鲇和黄颡鱼约占渔获物产量的 60% 以上。2006～2009 年四大家鱼占渔获物总量百分比分别为 3.17%、5.23%、6.34% 和 4.63%，主要渔获物年龄组成以 1～2 龄鱼为主，占渔获物的 67.3%～100%，3、4、5 龄鱼类所占比例较小。

4. 鱼类产卵场分布及其规模

鄱阳湖是许多定居性鱼类尤其是鲤、鲫、鲇等的重要产卵场所，并且鄱阳湖中产卵场面积巨大。据统计，鄱阳湖区现有鲤、鲫鱼产卵场 33 处，总面积超过 800 km²；陈氏短吻银鱼和短吻间银鱼产卵场 10 处，总面积为 118 km²。有刀鲚产卵场面积约为 40 km²。鄱阳湖的支流赣江有四大家鱼的产卵场。目前万安水库以下的 8 个产卵场中，峡江巴邱产卵场保存较好，但产卵规模大大缩小。但随着峡江水利枢纽的建设,赣江中游四大家鱼的产卵场遭受到了灭顶之灾。

长江干流和支流是一些重要的经济鱼类和保护鱼类产卵场,尤其是"四大家鱼",需要在流水环境中产卵,而湖泊是这些鱼类重要的育肥场所。长江对于湖泊渔业发展的贡献不可忽视。江、湖渔业资源的互补关系也是鱼类生态学和保护生物学关注的重要问题。

4.4.3 江豚概况

在鄱阳湖水域常可见到大型水生哺乳动物江豚,但由于种群数量急剧下降,已被列为濒危物种和国家二级重点保护动物。

1. 鄱阳湖水生动物种类组成与生态类型

鄱阳湖是长江水系中大型水生哺乳动物——长江江豚(*Neophocaenoides phocaenoides asiaeorientalis*,俗名江猪,鲸目)最重要的栖息地。长江江豚仅分布于长江中下游干流及与其相通的大型湖泊中,是中国水域三个江豚种群中最濒危的一个亚种,为我国二级保护动物。自1996年以后就一直被国际自然保护联盟物种生存委员会(IUCNSSC)列为濒危物种,《濒临绝种野生动植物国际贸易公约》列为最高保护等级的附录I物种,1998年《中国濒危动物红皮书·兽类》也将其列为濒危级,学术研究和文化价值极高,保护地位十分重要。

由于受人类活动等影响,在鄱阳湖栖息的长江江豚自然种群数量下降迅速。1991年前的考察结果估计当时的种群数量约为2700头,1997年农业部渔业局组织的全江段考察仅发现江豚1446头次,据2006年中国科学院水生生物研究所组织的长江豚类考察,当时长江江豚的种群数量可能仅为1800头左右,鄱阳湖的江豚种群数量约450头左右,占到整个长江江豚种群数量的四分之一,甚至到三分之一。2012年长江流域调查结果显示,长江有江豚380头,洞庭湖有江豚90头,鄱阳湖仍保持有450头,即长江江豚种群数量约920头。由于长江干流环境条件的改变,特别是江河鱼类资源严重衰竭,而湖泊内食物鱼的密度相对较大,鄱阳湖在江豚的物种保护方面将可能承担更重要的责任,已成为长江江豚最后的避难所。为了避免长江江豚像白鳍豚一样走向濒临灭绝的境地,江豚保护日益受到国内外学术界和我国政府的高度重视。鉴于其濒危现状和日益恶化的生存环境,2008年农业部已报请国务院将其从国家二级保护动物提升为国家一级保护动物。

2. 江豚的分布

(1) 鄱阳湖江豚的分布

江豚在鄱阳湖呈连续性分布,但是受到鄱阳湖水情变化及人类活动的显著影响。在丰水期,湖区水面宽阔,江豚分布比较分散,在适宜水深的区域(水深大于2 m)一般都有江豚的分布。相比较而言,湖口鞋山、老爷庙、都昌附近水域、鄱阳龙口附近水域和瓢山等水域是江豚分布比较多的水域(魏卓等,2002)。而在枯水期,由于水位降低、水面减小,江豚主要集中在湖区主航道中活动。同时,受人类活动的影响,江豚在主航道的分布也呈现被分隔的趋势。江豚分布比较集中的区域包括:鞋山,老爷庙-都昌水域,瓢山-龙口,以及瓢山-余干康山水道。由于人类活动(采砂、航运、渔业活动等)和自然环境因素(水深、鱼类分布等)的影响,不同群体间的交流可能会受到一定阻隔。

(2) 鄱阳湖毗邻江段江豚分布

武穴至三号洲江段(包含八里江江段)是整个长江干流中江豚密度最高的水域。

3. 江豚生活习性

鄱阳湖江豚在长江干流(八里江江段)和鄱阳湖及五个支流之间存在显著的季节迁移活动。相关研究观察表明,在 1996 年以前,江豚在鄱阳湖与八里江之间的日迁移规律非常明显:基本上是上午从鄱阳湖口出来,在八里江江段逗留 2~3 小时,然后继续向下迁移至马垱;另有一小部分群体(10~20 头)从湖口出来后向上迁移。直到下午 4 点左右,下行的江豚群体又逆流上行至八里江,陆续经湖口游入鄱阳湖,几乎同时上行的小部分群体也回归鄱阳湖。而在 1996 年后,在枯水季节白天肉眼再也很难观察到这种江豚在鄱阳湖与八里江之间的大规模迁移行为(杨健等,2000)。近些年来,水生所通过固定声学记录仪的长期昼夜监测,仍可观察到少量江豚在鄱阳湖大桥与铜九铁路桥之间活动(周文斌和万金保,2008)。

4.4.4　浮游生物

1. 浮游植物

(1) 鄱阳湖浮游植物概况

关于鄱阳湖浮游植物的研究总体较少,鄱阳湖浮游植物种类多,现已鉴定的浮游植物有 154 属,分隶 8 个门,54 个科(详见表 4-9)。其中绿藻门有 78 属,占总数的 51%,居首位;其次为硅藻门,31 属,占总数 20%;蓝藻门居第三,25 属,占总数的 16%;其他共占总数的 13%。硅藻、蓝藻及绿藻为鄱阳湖优势种。浮游植物作为鄱阳湖的初级生产者,种类多,据估算全湖浮游植物年鲜产量达 45 万 t(张本,1988)。

表 4-9　鄱阳湖浮游植物名录

一、蓝藻门 **Cyanophyta**

（一）色球藻科 Chroococcaceae

1. 微囊藻属 *Microcystis*

2. 隐球藻属 *Aphanocapsa*

3. 黏球藻属 *Gloeocapsa*

4. 星球藻属 *Asterocapsa*

5. 黏杆藻属 *Gloeothece*

6. 色球藻属 *Chroococcus*

7. 腔球藻属 *Goelosphaerium*

8. 平裂藻属 *Merismopedia*

9. 蓝纤维藻属 *Dactylococcopsis*

10. 管胞藻属 *Chamaesiphon*

（二）胶须藻科 Rivulariaceae

11. 须藻属 *Homoeothrix*

12. 眉藻属 *Calothrix*

13. 胶刺藻属 *Gloeotrichia*

14. 胶须藻属 *Rivularia*

15. 尖头藻属 *Raphidiopsis*

（三）微毛藻科 Microchaetaceae

16. 管链藻属 *Aulosira*

（四）念珠藻科 Nostocaceae

17. 项圈藻属 *Anabaenopsis*

18. 束丝藻属 *Aphanizomenon*

19. 念珠藻属 *Nostoc*

20. 鱼腥藻属 *Anabaena*

21. 节球藻属 *Nodularia*

（五）颤藻科 Oscillatoriaceae

22. 螺旋藻属 *Spirulina*

23. 颤藻属 *Oscillatoria*

24. 席藻属 *Phormidium*

25. 鞘丝藻属 *Lyngbya*

二、隐藻门 **Cryptophyta**

（六）隐鞭藻科 Cryptomonadaceae

26. 隐藻属 *Cryptomonas*

三、甲藻门 **Dinophyta**

（七）薄甲藻科 Glenodiniaceae

27. 薄甲藻属 *Glenodinium*

（八）多甲藻科 Peridiniaceae

28. 多甲藻属 *Peridinium*

（九）角甲藻科 Ceratiaceae

29. 角甲藻属 *Ceratium*

四、金藻门 **Chrysophyta**

（十）单鞭金藻科 Chromulinaceae

30. 单鞭金藻属 *Chromulina*

31. 金粒藻属 *Chrysococcus*

（十一）鱼鳞藻科 Mallomonadaceae

32. 鱼鳞藻属 *Mallomonas*

（十二）黄群藻科 Synuraceae

33. 黄群藻属 *Synura*

（十三）棕鞭藻科 Ochromonadaceae

34. 棕鞭藻属 *Ochromonas*

35. 锥囊藻属 *Dinobryon*

五、黄藻门 **Xanthophyta**

（十四）拟小椿藻科 Characiopsiaceae

36. 拟小椿藻属 *Characiopsis*

（十五）绿匣藻科 Chlorotheciaceae

37. 黄管藻属 *Ophiocytium*

38. 顶刺藻属 *Centritractus*

（十六）黄丝藻科 Tribonemataceae

39. 黄丝藻属 *Tribonema*

六、硅藻门 **Bacillariophyta**

（十七）圆筛藻科 Coscinodiscaceae

40. 直链藻属 *Melosira*

41. 小环藻属 *Cyclotella*

42. 冠盘藻属 *Stephanodiscus*

（十八）管形藻科 Solenicaceae

43. 根管藻属 *Rhizosolenia*

（十九）盒形藻科 Biddulphicaceae

44. 四棘藻属 *Attheya*

（二十）脆杆藻科 Fragilariaceae

45. 平板藻属 *Tabellaria*

46. 等片藻属 *Diatoma*

47. 扇形藻属 *Meridion*

48. 脆杆藻属 *Fragilaria*

49. 针杆藻属 *Synedra*

50. 星杆藻属 *Asterionella*

（二十一）短缝藻科 Eunotiaceae

51. 短缝藻属 *Eunotia*

（二十二）舟形藻科 Naviculaceae

52. 肋缝藻属 *Frustulia*

53. 布纹藻属 *Gyrosigma*

54. 美壁藻属 *Caloneis*

55. 辐节藻属 *Stauroneis*

56. 舟形藻属 *Navicula* 57. 羽纹藻属 *Pinnularia*

（二十三）桥弯藻科 Cymbellaceae

58. 桥弯藻属 *Cymbella*

（二十四）异极藻科 Gomphonemaceae

59. 异极藻属 *Gomphonema*

（二十五）曲壳藻科 Achnanthaceae

60. 卵形藻属 *Cocconeis*

61. 弯楔藻属 *Rhoicosphenia*

62. 曲壳藻属 *Achnanthes*

（二十六）窗纹藻科 Epithemiaceae

63. 细齿藻属 *Denticula*

64. 窗纹藻属 *Epithemia*

65. 棒杆藻属 *Rhopalodia*

（二十七）菱形藻科 Nitzschiaceae

66. 菱形藻属 *Nitzschia*

67. 菱板藻属 *Hantzschia*

68. 棍形藻属 *Bacillaria*

（二十八）双菱藻科 Surirellaceae

69. 波缘藻属 *Cymatopleura*

70. 双菱藻属 *Surirella*

七、裸藻门 Euglenophyta

（二十九）裸藻科 Euglenaceae

71. 裸藻属 *Euglena*

72. 扁裸藻属 *Phacus*

73. 囊裸藻属 *Trachelomonas*

74. 陀螺藻属 *Strombomonas*

（三十）柄裸藻科 Colaciaceae

75. 柄裸藻属 *Colacium*

（三十一）袋鞭藻科 Peranemaceae

76. 壶藻属 *Urceolus*

八、绿藻门 Chlorophyta

（三十二）衣藻科 Chlamydomonadaceae

77. 衣藻属 *Chlamydomonas*

78. 绿梭藻属 *Chlorogonium*

（三十三）团藻科 Volvocaceae

79. 盘藻属 *Gonium*

80. 实球藻属 *Pandorina*

81. 空球藻属 *Eudorina*

82. 杂球藻属 *Pleodorina*

83. 团藻属 *Volvox*

（三十四）四孢藻科 Tetrasporaceae

84. 四孢藻属 *Tetraspora*

85. 球囊藻属 *Sphaerocystis*

（三十五）四集藻科 Palmellaceae

86. 网膜藻属 *Tetrasporidium*

87. 绿星球藻属 *Asterococcus*

（三十六）胶球藻科 Coccomyxaceae

88. 纺锤藻属 *Elakatothrix*

（三十七）绿球藻科 Chlorococcaceae

89. 粗刺藻属 *Acanthosphaera*

90. 多芒藻属 *Golenkinia*

（三十八）小桩藻科 Characiaceae

91. 小桩藻属 *Characium*

92. 弓形藻属 *Schroederia*

（三十九）小球藻科 Chlorellaceae

93. 小球藻属 *Chlorella*

94. 被刺藻属 *Franceia*

95. 四角藻属 *Tetraedron*	124. 毛枝藻属 *Stigeoclonium*
96. 蹄形藻属 *Kirchneriella*	125. 胶毛藻属 *Chaetophora*
97. 月牙藻属 *Selenastrum*	126. 竹枝藻属 *Draparnaldia*
(四十)卵囊藻科 Oocystaceae	(四十九)鞘毛藻科 Coleochaetaceae
98. 拟新月藻属 *Closteriopsis*	127. 鞘毛藻属 *Coleochaete*
99. 四棘藻属 *Treubaria*	(五十)鞘藻科 Oedogoniaceae
100. 棘球藻属 *Echinosphaerella*	128. 鞘藻属 *Oedogonium*
101. 浮球藻属 *Planktosphaeria*	(五十一)刚毛藻科 Cladophoraceae
102. 纤维藻属 *Ankistrodesmus*	129. 刚毛藻属 *Cladophora*
103. 卵囊藻属 *Oocystis*	130. 根枝藻属 *Rhizoclonium*
104. 小箍藻属 *Trochiscia*	131. 基枝藻属 *Basicladia*
105. 并联藻属 *Quadrigula*	(五十二)双星藻科 Zygnemataceae
106. 芒球藻属 *Radiococcus*	132. 双星藻属 *Zygnema*
(四十一)葡萄藻科 Botryococcaceae	133. 转板藻属 *Mougeotia*
107. 葡萄藻属 *Botryococcus*	134. 水绵属 *Spirogyra*
(四十二)胶网藻科 Dictyosphaeriaceae	135. 链膝藻属 *Sirogonium*
108. 胶网藻属 *Dictyosphaerium*	(五十三)中带鼓藻科 Mesotaniaceae
(四十三)群星藻科 Sorastraceae	136. 棒形鼓藻属 *Gonatozygon*
109. 群星藻属 *Dictyosphaerium*	137. 梭形鼓藻属 *Netrium*
110. 集星藻属 *Actinastrum*	138. 中带鼓藻属 *Mesotaenium*
111. 四球藻属 *Tetrachlorella*	(五十四)鼓藻科 Desmidiaceae
(四十四)水网藻科 Hydrodictyaceae	139. 新月藻属 *Closterium*
112. 水网藻属 *Hydrodictyon*	140. 柱形鼓藻属 *Penium*
113. 盘星藻属 *Pediastrum*	141. 宽带鼓藻属 *Pleurotaenium*
(四十五)栅藻科 Scenedsmaceae	142. 角顶鼓藻属 *Triploceras*
114. 栅藻属 *Scenedesmus*	143. 裂顶鼓藻属 *Tetmemorus*
115. 四星藻属 *Tetrastrum*	144. 凹顶鼓藻属 *Euastrum*
116. 韦斯藻属 *Westella*	145. 微星鼓藻属 *Micrasterias*
117. 十字藻属 *Crucigenia*	146. 角星鼓藻属 *Staurastrum*
118. 双形藻属 *Dimorphococcus*	147. 鼓藻属 *Cosmarium*
119. 微芒藻属 *Micractinium*	148. 多棘鼓藻属 *Xanthidium*
120. 空心藻属 *Coelastrum*	149. 四棘鼓藻属 *Arthrodesmus*
(四十六)丝藻科	150. 棘接鼓藻属 *Onychonema*
121. 丝藻属 *Ulothrix*	151. 瘤接鼓藻属 *Sphaerozosma*
122. 尾丝藻属 *Uronema*	152. 顶接鼓藻属 *Spondylosium*
(四十七)微孢藻属 Microsporaceae	153. 圆丝鼓藻属 *Hyalotheca*
123. 微孢藻属 *Microspora*	154. 角丝鼓藻属 *Desmidium*
(四十八)胶毛藻科 Chaetophoraceae	

（2）鄱阳湖浮游植物优势种

2007～2008年调查表明,鄱阳湖浮游植物无论是分布频度还是种群数量,均以绿藻、硅藻和蓝藻占优势。绿藻门优势种群主要有纤维藻、盘星藻、栅藻、裂开圆丝鼓藻、螺带鼓藻、串珠丝藻、二形栅藻、月牙藻、小球藻、对栅藻、膨胀新月藻、四尾栅藻和小转板藻。硅藻门的优势种群主要有线形曲壳藻、舟形硅藻、脆杆硅藻、放射硅藻、颗粒直链藻、绿脆杆藻和巴豆叶脆杆藻。蓝藻门的优势种群主要有微囊藻、色球藻、束丝藻、鱼腥藻、悦目颤藻、针状蓝纤维藻和颤藻。优势种群还有隐藻门的卵形隐藻、马氏隐藻,盒藻门的花环锥囊藻,黄藻门的普通黄丝藻还有指示清洁水体的金藻和黄藻,鄱阳湖浮游植物密度及生物量特征见图4-10和图4-11。

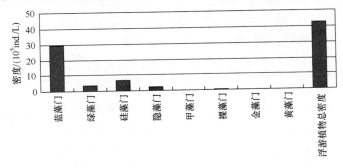

图4-10　鄱阳湖主要浮游植物密度特征

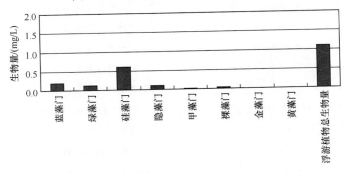

图4-11　鄱阳湖主要浮游植物生物量特征

（3）鄱阳湖浮游植物生物量

根据2007～2008年的现场调查结果,鄱阳湖全湖浮游植物密度到达10^6 ind/L,已接近水华发生水平。2007～2008年的现场调查还发现尽管蓝藻门在种类数上与历史基本相当,但其占到湖区浮游植物总密度的70%,已经成为鄱阳湖优势种类。从季节变化看,夏季温度高,浮游植物生物量明显大于其他季节;夏秋季蓝藻密度最大,秋末和冬季绿藻和甲藻数量增多,春季是硅藻的繁盛期。从空间分布上看,上游和大湖区的浮游植物生物量明显高于下游湖区,位于星子的生物量最高达到26.5 mg/m³。

2. 浮游动物

浮游动物是鄱阳湖浮游生物群落的重要组成部分,它和浮游植物一样,个体较小,运动能力较弱。浮游动物不仅是贝类和鱼类等的天然饵料,在水生态系统物质循环和能量流动中也起重要作用。据文献记载鄱阳湖区主要的浮游动物,包括轮虫类、枝角类和桡足类详细情况见表4-10。与渔业生产关系较密切的种类有轮虫、枝角类、桡足类和水母等漂浮动物。鄱阳湖浮游动物以轮虫物种最为丰富,占总种数的44.0%,且单位体积的数量亦呈明显优势,说明轮虫是湖区浮游动物的优势类群;其次为原生动物。早期调查中发现,出现频率较高的物种有前节晶囊轮虫、螺形龟甲轮虫、针簇多肢轮虫、独角聚花轮虫、花篋臂尾轮虫、月形单趾轮虫、短尾秀体溞、微型裸腹溞、象鼻溞和汤匙华哲水蚤等。

表 4-10　鄱阳湖浮游动物名录

一、轮虫类(Rotifera)

（一）旋轮科 Philodinidae

1. 转轮虫 *Rotaria rotatoria*

2. 长足轮虫 *R. neptunia*

（二）猪吻轮科 Dicranophoridae

3. 吕氏猪吻轮虫 *Dicranophorus lutkeni*

（三）臂尾轮科 Dranchionidae

4. 台杯鬼轮虫 *Trichotria pocillum*

5. 方块鬼轮虫 *T. teractis*

6. 角突臂尾轮虫 *Branchionus angularis*

7. 萼花臂尾轮虫 *B. calyciflorus*

8. 剪形臂尾轮虫 *B. forficula*

9. 花篋臂尾轮虫 *B. capsuliflorus*

10. 壶状臂尾轮虫 *B. urceus*

11. 矩形臂尾轮虫 *B. leydigi*

12. 镰状臂尾轮虫 *B. falcatus*

13. 裂足轮虫 *Schizocerca diversicornis*

14. 十指平甲轮虫 *Platyias militaris*

15. 细脊轮虫 *Lophocharis* sp.

16. 腹棘管轮虫 *Mytilina ventralis*

17. 台氏合甲轮虫 *Diplois daviesiae*

18. 三翼须足轮虫 *Euchlanis triquetra*

19. 细趾须足轮虫 *E. calpidia*

20. 螺形龟甲轮虫 *Keratella cochlearis*

21. 矩形龟甲轮虫 *K. quadrate*

22. 曲腿龟甲轮虫 *K. valga*

23. 椎尾水轮虫 *Epiphanes senta*

24. 月形腔轮虫 *Lecane luna*

25. 鞋形腔轮虫 *L. crepida*

26. 矛趾腔轮虫 *L. hastata*

27. 四齿单趾轮虫 *Monostyla quadridentata*

28. 月形单趾轮虫 *M. lunaris*

29. 囊形单趾轮虫 *M. bulla*

（五）晶囊轮科 Asplanchnidae

30. 前节晶囊轮虫 *Asplanchna priodanota*

31. 盖氏晶囊轮虫 *A. girodi*

32. 卜氏晶囊轮虫 *A. brightwelli*

33. 多突囊足轮虫 *Asplanchnopus multiceps*

（六）椎轮科 Notommatidae

34. 龙大椎轮虫 *Notommata copeus*

35. 耳叉椎轮虫 *N. aurita*

36. 凸背巨头轮虫 *Cephalodella gibba*

(七)腹尾轮科 Gastropodiae

37. 腹尾轮虫 *Gastropus* sp.

38. 没尾无柄轮虫 *Ascomorpha ecaudis*

(八)鼠轮科 Trichocercidae

39. 颈环同尾轮虫 *Diurella collaris*

40. 对棘同尾轮虫 *D. stylata*

41. 圆筒异尾轮虫 *Trichcerca cylindrica*

42. 盖刺异尾轮虫 *T. capucina*

43. 长刺异尾轮虫 *T. longiseta*

44. 二突异尾轮虫 *T. bicristata*

45. 鼠异尾轮虫 *T. rattus*

46. 纵长异尾轮虫 *T. elongata*

(九)疣毛轮科 Synchaetidae

47. 针簇多肢轮虫 *Pelyarthra trigla*

48. 颤动疣毛轮虫 *Synchaeta tremula*

49. 尖尾疣毛轮虫 *S. stylata*

50. 梳状疣毛轮虫 *S. pectinata*

51. 郝氏甲轮虫 *Ploesoma hudsoni*

(十)镜轮科 Testudinellidae

52. 盘镜轮虫 *Testudinella patina*

53. 奇异巨腕轮虫 *Pedalia mira*

54. 环顶巨腕轮虫 *P. fennica*

55. 迈氏三肢轮虫 *Filinia maior*

(十一)簇轮科 Flosculariidae

56. 金鱼藻沼轮虫 *Limnias ceratopnylli*

(十二)聚花轮科 Conochilidae

57. 团聚花轮虫 *Conochilus hippocrepis*

58. 独角聚花轮虫 *C. unicornis*

二、枝角类(Cladocera)

(一)薄皮溞科

1. 透明薄皮溞 *Leptodora kindti*

(二)仙达溞科 Sididae

2. 晶莹仙达溞 *Sida crystallina*

3. 短尾秀体溞 *Diaphanosoma brachyurum*

4. 长肢秀体溞 *D. leuchtenbergianum*

(三)溞科 Daphnidae

5. 隆线溞 *Daphnia carinata*

6. 蚤状溞 *D. pulex*

7. 透明溞 *D. hyalina*

8. 僧帽溞 *D. cucullata*

9. 平突船卵溞 *Scapholeberis mucronata*

10. 壳纹船卵溞 *S. kingi*

11. 老年低额溞 *Simocephalus vetulus*

12. 方形网纹溞 *Ceriodaphnia quadrangula*

13. 角突网纹溞 *C. cornuta*

(四)裸腹溞 Moinidae

14. 微型裸腹溞 *Moina micrura*

15. 双态拟裸腹溞 *Moinodaphnia macleayii*

(五)象鼻溞 Bosminidae

16. 长额象鼻溞 *Bosmina longirostris*

17. 简弧象鼻溞 *B. coregoni*

18. 脆弱象鼻溞 *B. fatalis*

19. 颈沟基合溞 *Bosminopsis deitersi*

(六)粗毛溞 Macrothricidae

20. 底栖泥溞 *Ilyocryptus sordidus*

21. 寡刺泥溞 *Ilyocryptus spinifer*

22. 粉红粗毛溞 *Macrothrix rosea*

23. 宽角粗毛溞 *M. laticornis*

(七)盘肠溞 Chydoridae

24. 直额湾尾溞 *Camptocercus rectirosris*

25. 龟状笔纹溞 *Graptoleberis testudinaria*

26. 隅齿尖额溞 *Alona karua*

27. 奇异尖额溞 *A. eximia*

28. 方形尖额溞 *A. quadrangularis*

29. 矩形尖额溞 A. rectangula

30. 点滴尖额溞 A. guttata

31. 肋形尖额溞 A. costata

32. 吻装异尖额溞 Disparalona roatrata

33. 瘦尾细额溞 Oxyurella tenuicaudis

34. 棘突靴尾溞 Dunhevedia crassa

35. 光滑平直溞 Pleuroxus laevis

36. 肋纹平直溞 P. striatus

37. 钩足平直溞 P. hamulatus

38. 圆形盘肠溞 Chydorus sphaericus

39. 卵形盘肠溞 C. ovalis

40. 球形伪盘肠溞 Pseudochydorus globosus

三、桡足类 (Copepoda)

(一)胸刺水蚤科 Centropagidae

1. 汤匙华哲水蚤 Sinocalanus dorrii

(二)伪镖水蚤科 Pseudodiaptomidae

2. 球形许水蚤 Schmackeria forbesi

(三)镖水蚤科 Diaptomidae

3. 特异荡镖水蚤 Neutrodiaptomus incongruens

4. 大型中镖水蚤 Sinodiaptomus sarsi

5. 右突新镖水蚤 Neodiaptomus schmackeri

6. 中华原镖水蚤 Endiaptomus sinensis

(四)短角猛水蚤科 Cletodidae

7. 鱼饵湖角猛水蚤 Limnocletodes behningi

(五)剑水蚤科 Cyclopidae

8. 白色大剑水蚤 Macrocyclops albidus

9. 锯缘真剑水蚤 Eucyclops serrulatus

10. 毛饰拟剑水蚤 Paracyclops fimbriatus

11. 英勇剑水蚤 Cyclops strenuus

12. 广布中剑水蚤 Mesocyclops leuckarti

13. 透明温剑水蚤 Thermocyclops hyalinus

　　根据 2009 年鄱阳湖浮游动物枝角类和桡足类调查数据显示,浮游动物生物量分布呈季节性变化。其中夏季(7 月)生物量最大达到 2826.41 g/L,冬季(1 月)最低为 89.36 g/ L,相差超过 30 倍。在空间分布上,抚河、饶河及昌江水域的浮游动物量明显高于其他湖区,其中抚河部分地区的浮游植物生物量最大为 152.23 g/L。主要枝角类种类包括象鼻溞属、裸腹溞属、低额溞属、秀体溞属、盘肠溞属、网纹溞属、尖额溞属、弯尾溞属、仙达溞属、泥溞属、溞属、薄皮溞属等;桡足类主要包括真剑水蚤属、剑水蚤属、许水蚤属、温剑水蚤属、中剑水蚤属、华哲水蚤属等。鄱阳湖主要浮游动物密度特征和生物量特征分别见图 4-12 和图 4-13。

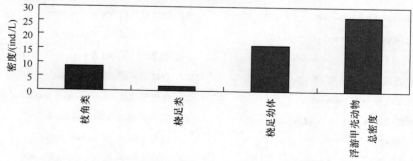

图 4-12　鄱阳湖主要浮游动物密度特征

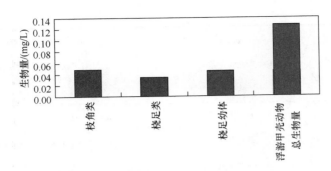

图 4-13　鄱阳湖主要浮游动物生物量特征

4.4.5　底栖动物

1. 鄱阳湖底栖动物概况

鄱阳湖底栖动物较为丰富,在湿地生态系统中占有重要地位,是鱼类和鸟类等的天然食物,也是水环境质量指示生物。鄱阳湖底栖动物共 8 门 13 类,底栖动物包括多孔动物门的淡水海绵,腔肠动物门的水螅,线形动物门的线虫和腹毛虫,环节动物门的寡毛类和蛭类,软体动物门的腹足类和瓣鳃类,节肢动物门的甲壳类、水螨和昆虫,苔藓动物门的羽苔虫等。

腹足类有 18 种,分隶 5 科。其中长角涵螺、纹沼螺和铜绣环棱螺是优势种,不但分布广,而且数量大,腹足类的分布密度 13 个/m²,生物量 55 g/m²。瓣鳃类有 32 种,分隶 3 科,其中的优势种有湖沼股蛤、洞穴丽蚌、三角帆蚌、短褶矛蚌、扭蚌、背角无齿蚌、河蚬等,瓣鳃类分布密度 1.3 个/m²,生物量 7 g/m²。据 1981～1992 年调查,鄱阳湖已知底栖动物 106 种,其中包括软体动物 87 种,水生昆虫 5 目 8 科 17 种,寡毛类 12 种。底栖动物的平均总生物量为 246.42 g/m²,平均密度为 721 个/m²。软体动物占平均总生物量的 99.34%,水生昆虫占 0.42%,寡毛类占 0.24%。水生昆虫以摇蚊幼虫为优势种群,寡毛类以水蚯蚓为优势种群。

2007～2008 年,中国科学院水生生物研究所对鄱阳湖底栖动物进行了现场调查(表 4-11)。与国内同类型湖泊相比较,鄱阳湖底栖动物不但种类丰富,且密度和生物量均较大。鄱阳湖底栖动物的组成中,软体动物占绝对优势,其密度和生物量分别占总量的 80% 以上(图 4-14 和图 4-15)。

表 4-11　现场调查底栖动物名录

软体动物	河蚬	*Corbicula fluminea*
	铜锈环棱螺	*Bellamya aeruginosa*
	方格短钩蜷	*Semisulcospira cancellata*

续表

软体动物	耳河螺	*Rivularia auriculata*
	淡水壳菜	*Limnoperna lacustris*
	丽蚌一种	*Lamprotula* sp.
寡毛类	水丝蚓一种	*Limnodrilus* sp.
	苏氏尾鳃蚓	*Branchiura sowerbyi*
	巨毛水丝蚓	*L. grandisetosus*
水生昆虫	大蜓科一种	*Cordulegastridae* sp.
	蜉蝣科一种	*Ephemeridae* sp.
	小摇蚊	*Microchironomus* sp.
	隐摇蚊	*Cryptochironomus* sp.
其他底栖动物	齿吻沙蚕	*Nephthys* sp.
	钩虾	*Gammatus* sp.

注：由于鄱阳湖水较深，水流急，底栖动物较难采集，且底质为砂质类型，有机质含量低，难以支持较多的底栖生物。在仅一次的调查中采集到的底栖动物种类较少，可能与实际情况差异较大

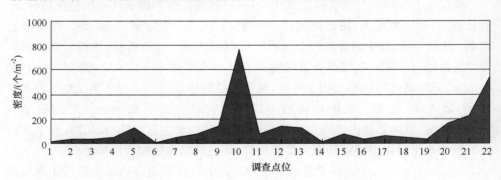

图 4-14　鄱阳湖软体动物密度特征

总的来看，鄱阳湖底栖动物生物量的季节性变化主要由软体动物变化所决定；鄱阳湖底栖动物数量的周年变动，密度多寡首先取决于软体动物，其次为寡毛类和水生昆虫。软体动物的变化也决定了鄱阳湖的底栖动物周年密度和生物量变化。

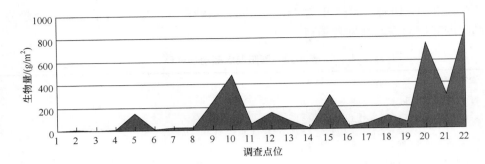

图 4-15　鄱阳湖软体动物生物量变化

2. 鄱阳湖软体动物

在鄱阳湖 87 种贝类中,腹足纲 8 科 16 属 40 种,双壳纲 4 科 17 属 47 种(其中 40 种为我国特有种)。腹足纲主要以中国圆田螺、铜锈环棱螺、方形环棱螺、长角涵螺、中华沼螺、大沼螺、方格短钩蜷、折叠萝卜螺等分布较广且数量较多。河圆田螺、包氏环棱螺、长河螺、色带短沟蜷、尖膀胱螺等数量稀少。全湖腹足纲分布密度和生物量的加权平均值分别为 15 个/m² 和 55 g/m²;蚌湖的分布密度和生物量最大,为 549.12 个/m² 和 150 g/m²。双壳纲的种类主要以湖沼股蛤、圆顶珠蚌、剑状矛蚌、背瘤丽蚌、三角帆蚌、扭蚌、背角无齿蚌、褶纹冠蚌和河蚬等分布较广且数量较多,为优势种。刻裂丽蚌、环带尖丽蚌、中国尖嵴蚌、卵形尖嵴蚌、三巨瘤丽蚌、多瘤丽蚌、龙骨蛏蚌、橄榄蛏蚌等种类较为稀少。龙骨蛏蚌分布于吴城修河,处濒危状态。近年随着滨湖地区珍珠核工业的发展,对丽蚌过度捕捞,造成种群数量急剧下降。双壳纲分布密度和生物量的加权平均值分别为 1.3 个/m² 和 7 g/m²;大汉湖的分布密度和生物量最大,为 89 个/m² 和 73 g/m²;瓢山附近最小,分别为 0.1 个/m² 和 0.4 g/m²。

鄱阳湖底栖动物的分布因水深、水流、底质和水生植物生态类型的种类和数量有显著的差异。在沉水植物区双壳类占绝对优势,其次是湖北钉螺(日本血吸虫的中间宿主)、中华沼螺和纹沼螺。在菰丛区则主要是腹足类的梨形环棱螺、中国圆田螺和中华圆田螺。在河口、河道中有大量的刻纹蚬、背角无齿蚌、方格短钩蜷、铜锈环棱螺、背瘤丽蚌等。底质有机质丰富的地带,方形环棱螺和中华圆田螺的数量较多。湖中的消落区软体动物贫乏。寡毛类和摇蚊幼虫分布全湖,但菰丛区比沉水植物区大,湖西北的密度比湖东南大。鄱阳湖底栖动物生物量为 2 464.26 kg/hm²,其中软体动物 2 448.03 kg/hm²,湖区按 31.8×10⁴ hm² 计算,全湖有底栖动物约 76.7×10⁴ t,其中软体动物 76.2×10⁴ t。

三角帆蚌、褶纹冠蚌是良好的淡水珍珠蚌,主要分布于通湖的进水河道。1970~1974 年鄱阳湖三角帆蚌、褶纹冠蚌的年生产量平均为 6 999 t,1975~1979

年为 5206 t，1980～1984 年为 4458 t，1985～1988 年为 2485 t，呈明显下降趋势。
鄱阳湖底栖动物名录见表 4-14。

表 4-12　鄱阳湖底栖动物名录

软体动物

1. 贻贝科 Mytilidae

淡水壳菜 *Limonoperna lacustris*

2. 蚌科 Umomdae

圆顶珠蚌 *Unio douglasiae*	球形无齿蚌 *Anodneta globosula*
中国尖脊蚌 *Acuticosta chinensis*	褶纹冠蚌 *Cristalia plicata*
卵形尖脊蚌 *Acuticost aouata*	三角尖嵴蚌 *Acuticosta trisulcata traingula*
勇士尖脊蚌 *Acuticosta retiaria*	金黄雕刻蚌 *Parreysia aurora*
矛形楔蚌 *Crneopsis celtiformis*	三型矛蚌 *Lanceolaria triformis*
扭蚌 *Arconaia lanceolata*	真柱矛蚌 *L. eucylindrica*
三角帆蚌 *Hyriopsis culingii*	圆头楔蚌 *Cuneopsis heudei*
短褶矛蚌 *Lanceolaria grayana*	巨首楔蚌 *C. capitata*
剑状矛蚌 *Lanceolaria gladiola*	鱼尾楔蚌 *C. pisciculus*
射线裂脊蚌 *Schistodea muslampreyanus*	微红楔蚌 *C. rufescens*
棘裂瘤蚌 *Schistodea spinosus*	橄榄蛏蚌 *Solenaia oleivora*
脊裂脊蚌 *Lamprotula leai*	背瘤丽蚌 *Lamprotula leai*
洞穴丽蚌 *Lamprotula careata*	薄壳丽蚌 *L. leleci*
猪耳丽蚌 *Lamprotula rochechouarti*	长丽蚌 *L. elongatea*
天津丽蚌 *Lamprotula tientsiensis*	椭圆丽蚌 *L. gottschei*
楔形丽蚌 *Lamprotula bazini*	三巨瘤丽蚌 *L. triclava*
绢丝丽蚌 *Lamprotula xibrosa*	巴氏丽蚌 *L. bazini*
刻裂丽蚌 *Lamprotula scriptu*	绢丝尖丽蚌 *Aculamprotula. fibrosa*
多瘤丽蚌 *Lamprotula polyctictu*	失衡尖丽蚌 *Aculam tortuousa*
角月丽蚌 *Lamprotula commun*	天津尖丽蚌 *A. tientsinensis*
背角无齿蚌 *Anodneta w. woodiana*	尖锄蚌 *Ptychorhychus pfisteri*
圆背角无齿蚌 *Anodneta w. paeifica*	太平洋无齿蚌 *Anodonta pacifica*
舟形无齿蚌 *Anodneta eascaphys*	具角无齿蚌 *A. angula*
蚶形无齿蚌 *Anodneta arcaeformis*	高顶鳞皮蚌 *Lepidodesma languilati*

3. 蚬科 Corbiculidae

河蚬 *Corbicula fluminea*	刻纹蚬 *Corbicula largillierti*
黄蚬 *Corbicula aurea*	

4. 球蚬科 Sphaeriidae

湖球蚬 *Sphaerium lacustre*

5. 田螺科 Viviparidae

中国圆田螺 *Cipangopaludina chinensis*　　　　厄氏环棱螺 *B. heudei*

中华圆田螺 *Cipangopaludina cathayensis*　　　角形环棱螺 *B. angularis*

方形环棱螺 *Bellamya guadnata*　　　　　　　耳河螺 *Rivularia auricularta*

梨形环棱螺 *Bellamya purificata*　　　　　　双龙骨河螺 *R. bicarinata*

铜锈环棱螺 *Bellamya aeruginosa*　　　　　　球河螺 *R. globosa*

多棱角螺 *Angulyagro polyzonata*　　　　　　长河螺 *R. elongatea*

河圆田螺 *C. fluminealis*　　　　　　　　　卵河螺 *R. ovum*

三带田螺 *C. viviparus tricictuss*　　　　　河湄公螺 *Mekongia rivularia*

绘环棱螺 *B. limnoophila*　　　　　　　　　德拉维螺 *Dalavaya rupicola*

包氏环棱螺 *B. bottgeri*

6. 盖螺科 Pomatiopsidae

大仿雕石螺 *Lithoglyphopsis grandis*　　　　肋蜷科 Pleuroseridae

钉螺指名亚种 *Oncomelania hupensis hupensis*　　方格短沟蜷 *Semisulcospira cancelata*

狭口螺科 Stenothyridae　　　　　　　　　放逸短沟蜷 *S. libertinea*

德氏狭口螺 *Stenothyra divalis*　　　　　　格氏短沟蜷 *S. gredleri*

光滑狭口螺 *S. glabra*　　　　　　　　　　珍珠短沟蜷 *S. baccata*

豆螺科 Bithyniidae　　　　　　　　　　　微肋短沟蜷 *S. diminute*

长角涵螺 *Alocinma longicornis*　　　　　　腊皮短沟蜷 *S. pleuroceroides*

槲豆螺 *Bithynia misella*

赤豆螺 *Bulimus thynia fuchsisana*

7. 盖螺科 Pomatiopsidae

钉螺指名亚种 *Oncomelania hupensis hupensis*　　纹沼螺 *Parafossarula siratulus*

钉螺丘陵亚种 *Oncomelania hupensis fausti*　　中华沼螺 *Parafossarula sinensis*

　　　　　　　　　　　　　　　　　　　大沼螺 *Parafossarula eximius*

8. 椎实螺科 Lymnaeidae

耳萝卜螺 *Pedix auricularia*　　　　　　　扁蜷螺科 Planordidae

小土蜗 *Galba penia*　　　　　　　　　　半球多脉扁螺 *Potypylis hcmisphaeeuia*

寡毛类

水蚯蚓属 *Limnodrinus*　　　　　　　　　尾鳃蚓属 *Branchiura*

颤蚓属 *Tubifex*　　　　　　　　　　　　单孔蚓属 *Monopylephorus*

仙女虫属 *Nais*	头鳃虫属 *Branchiodrilus*
盘丝蚓属 *Bothrioneurum*	毛腹虫属 *Chaetogaster*
泥蚓属 *Hyodritus*	管盘虫属 *Aulophorus*
管水蚓属 *Aulodrilus*	
水生昆虫	
摇蚊科 *Chironomidae*	角石蛾科 *Stenopsylidae*
蠓科 *Ceratopogonidae*	龙虱科 *Dytiscidae*
牤科 *Tabamdae*	步行科 *Caraboidae*
细蜉科 *Caenidae*	蝎蝽科 *Nepidae*

4.4.6　其他动物

除了以上重要生物类群外,鄱阳湖湿地虾、蟹类资源也较丰富。鄱阳湖滨湖地区中华绒螯蟹和青虾的养殖是湖区特色水产之一。

鄱阳湖有虾类 8 种,占江西已知虾类 10 种的 80%,其中秀丽白虾(*Palaemom modestus*)和日本沼虾(*Maerobrachium nipponenes*)为优势种。另外,还有中华小长臂虾(*Palaemonetes sinensis*)、粗糙沼虾(*Macrobrachium asperbum*)、细螯沼虾(*Macrobrachium superbum*)、中华新米虾(*Neocaridina denticulata*)、细足米虾(*Carioina nilitica*)和克氏螯虾(*Cambarus clarkii*)(外来物种)分布。近十年来克氏螯虾已逐渐上升为优势种,在虾产量中已占有相当的比重。

鄱阳湖有蟹类 4 种,占江西已知蟹类 14 种的 28.57%。中华绒螯蟹(河蟹)(*Eriocheir sinensis*)分布长江和鄱阳湖等地,20 世纪 50 年代以来,由于流域江河建闸筑坝,亲蟹降河洄游和幼蟹上溯通道受阻、捕捞强度增大等原因,中华绒螯蟹资源急剧衰退。鄱阳湖原有较大产量,现长江流域的中华绒螯蟹已形不成产量,代之而起的是沿湖各大中小湖泊、池塘、甚至稻田的人工养殖,已成为鄱阳湖区主要养殖品种所在地。

此外,鄱阳湖其他无脊椎动物门类特别丰富,包括多孔动物门的淡水海绵、腔肠动物门的水螅和桃花水母等。

鄱阳湖还分布有哺乳类、两栖类和爬行类等动物。其中哺乳类 52 种,隶属 8 目 19 科;爬行类 48 种,隶属 3 目 11 科;两栖类近 19 种。南矶山湿地国家级自然保护区记录哺乳动物 22 种,数量较多是华南兔、中华姬鼠、褐家鼠等,近年来河麂濒临灭绝。此外,鄱阳湖湿地及其周边地区,栖息着众多的陆生哺乳类动物。其中河麂是比较有代表性的 1 种,河麂是国家 II 级保护的大型哺乳动物,该种动物常在草洲觅食。

4.5　鄱阳湖湿地生物多样性保护

鄱阳湖湿地生物多样性资源十分丰富,是国家重要生态功能保护区,也是国际重要湿地名录的组成部分。长期以来,为保护鄱阳湖生物多样性资源,国家和地方各级政府相继建设了多个保护区,对推进湿地生物多样性保护,合理利用自然资源起到了积极的作用。

自 1983 年以来,鄱阳湖区陆续建立了各类保护区 39 处,总面积约占湖区总面积的 9.2%。其中,国家级自然保护区 2 处、省级自然保护区 8 处、县级自然保护区 29 处。以保护越冬候鸟、水生动物及栖息地为保护对象的保护区面积约占总保护面积的 65%。保护区类型涉及森林生态系统、野生动物和内陆湿地三种类型。鄱阳湖区建立的自然保护区的主管部门以林业部门为主,管理 30 个,此外,农业部门管理 4 个。其中位于永修吴城的鄱阳湖国家级自然保护区是列入《湿地公约》"国际重要湿地名录"的区域。

鄱阳湖区典型自然保护区分布见图 4-16 和图 4-17。

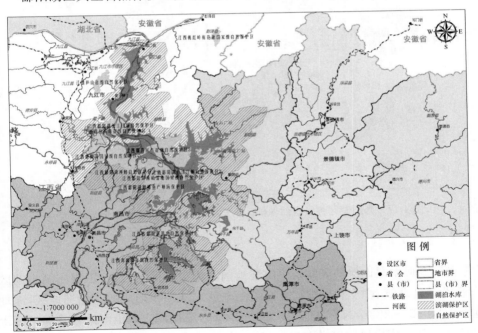

图 4-16　鄱阳湖区省级以上自然保护区分布图

图 4-17　鄱阳湖区各级自然保护区示意图(引自《江西省地图集》,2008)

1. 湿地保护区

　　鄱阳湖典型湿地保护区即南矶山湿地国家级自然保护区,位于鄱阳湖主湖区南部,为赣江北支、中支和南支汇入鄱阳湖开放水域冲积形成的三角洲地区,地理范围在 $28°52'\sim29°07'N$ 和 $116°10'\sim116°24'E$。鄱阳湖南矶山湿地自然保护区于 1997 年经江西省人民政府批准建立,2008 年晋升为国家级自然保护区,主要保护对象是赣江河口与鄱阳湖开放水域之间的水路过渡地带典型的湿地生态系统,及以白鹤、东方白鹳为主的珍稀水鸟与栖息地。南矶山湿地属于典型的湿地生态系统类型的自然保护区。

　　根据科考调查,南矶山湿地共有维管束植物 115 科 304 属 443 种,被子植物 99 科 283 属 420 种。植被区划上属于中亚热带常绿阔叶林北部亚地带,两湖平原,栽培植被、水生植被区。植被依据植物群落的性质、生境、结构、种类组成划分为 6 大植被类型,52 个群丛。区内野生动物种类繁多,目前已查明的陆生脊椎动物 32 目 86 科 319 种,其中哺乳动物 7 目 12 科 22 种,两栖类动物 1 目 5 科 11 种,爬行类 3 目 10 科 23 种,鸟类 15 目 45 科 205 种,鱼类 6 目 14 科 43 属 58 种。另外还有底栖动物 8 科 62 种,水生昆虫 11 目 40 科 168 种。鸟类资源中国家重点保护的物种有 28 种,其中国家一级保护的鸟类有白鹤、白头鹤、黑鹳和东方白鹳 4 种,国家二级保护的有 24 种。南矶山湿地是鄱阳湖重要的湿地类型保护区,被《亚太地区迁徙水鸟保护战略》、《中日候鸟保护协定》、《中澳候鸟保护协定》、《中国生物多样性保护行动计划》、《中国 21 世纪议程》、《中国湿地保护行动计划》列为优先保护对象。

　　2. 鸟类保护区

　　鸟类保护区的典型是江西鄱阳湖国家级自然保护区、南矶山湿地国家级自然保护区和都昌候鸟省级自然保护区。鄱阳湖保护区于 1983 年 6 月经江西省人民政府批准成立,原名为"江西鄱阳湖候鸟保护区",1988 年 5 月经国务院批准晋升为国家级自然保护区,更名为"江西鄱阳湖国家级自然保护区"。保护区位于长江中下游、江西省北部、中国第一大淡水湖——鄱阳湖的西北角,地理位置为 $115°55' \sim 116°03'$E,$29°05' \sim 29°15'$N,是生物多样性十分丰富的国际重要湿地、全球主要的白鹤和东方白鹳越冬地、亚洲最大的候鸟越冬地。保护区管辖有大湖池、沙湖、蚌湖、朱市湖、梅西湖、中湖池、大汊湖、象湖、常湖池等九个湖泊,地跨二市(南昌、九江)、三县(永修、星子、新建)、十六个乡(镇)场,总面积为 22 400 hm²。

　　"鄱湖鸟,知多少,飞时遮尽云和月,落时不见湖边草。"这是对鄱阳湖越冬候鸟壮观场面的描写。每年秋冬,西伯利亚及我国东北、内蒙古、新疆等地的大批候鸟,成群结队,历尽艰难险阻,不远万里,来鄱阳湖越冬。它们之中有白鹤、白头鹤、白枕鹤、灰鹤、东方白鹳、黑鹳、大鸨、天鹅、鸺鹠、雁、鸭、鹭等鸟类。来到鄱阳湖后,不分种类,和睦相处,数以万计群聚在一起。保护区的核心湖泊大湖池经常出现五六万各种鸟类欢聚一堂的壮观场面。鄱阳湖国家级自然保护区越冬候鸟的最大特点是珍稀、濒危鸟类的种类多,数量大。鄱阳湖国家级自然保护区是世界上最重要的白鹤、东方白鹳、鸿雁越冬地,每年到鄱阳湖国家级自然保护区越冬的白鹤最少近 1000 只,最多达 3100 只,近年来鄱阳湖国家级自然保护区越冬的东方白鹳也在 1000 只以上,最高达 1873 只,鸿雁上万只,最高达 4 万多只。鄱阳湖国家级自然保护区还是大鸨、黑鹳、小天鹅、白额雁、白琵鹭的重要越冬地。

　　江西都昌候鸟省级自然保护区位于都昌县南部的鄱阳湖区,地理坐标为 $116°2'24'' \sim 116°36'30''$E,$28°50'28'' \sim 29°10'20''$N,总面积 411 km²。由两个子保护区组成,其中泗山子保护区面积 354 km²,划定核心区 65 km²,实验区 289 km²。多宝子保护区 57 km²,划定核心区 17 km²,实验区 40 km²。区内有国家一、二级重点保护鸟类 45 种,省级重点保护鸟类 69 种,每年到该保护区内度夏和越冬的候鸟有近十万只。都昌县适宜候鸟生活的湖区湿地面积达 60 多万亩。经有关专家考证,生活在鄱阳湖区的候鸟有 310 种中都昌湖区就有 270 种。保护区设有矶山、新妙、大沙、泗山、棠荫建五个候鸟保护站。

3. 水生生物及渔业保护区

20 世纪 80 年代,为保护鄱阳湖渔业资源,包括渔业种质资源库和生境,江西省农业部门设置了鄱阳湖河蚌保护区、鲤鲫鱼产卵场保护区和鄱阳湖银鱼自然保护区,为保护江豚,又设立了省级江豚自然保护区。渔业保护区设置情况见表 4-13。

表 4-13　鄱阳湖区典型渔业保护区概况

序号	名称	地域	面积/hm²	保护对象	级别	建立时间
1	鄱阳湖鲤、鲫鱼产卵场保护区	永修县	30 600	鲤、鲫鱼产卵场	省级	1980 年
2	鄱阳湖河蚌保护区	新建县	15 533	三角河蚌、皱纹蚌	省级	1980 年
3	鄱阳湖银鱼保护区	鄱阳县、进贤县	2 000	银鱼	省级	1986 年
4	鄱阳湖长江江豚自然保护区	湖口县、星子县、鄱阳县、余干县	6 800	长江江豚	省级	2004 年 6 月

生活在长江中下游和鄱阳湖水域的长江江豚是一个独立的淡水亚种,被渔民称为"河神",是全世界唯一已知的江豚淡水种群。鄱阳湖水域作为我国最大的长江江豚栖息地,国家农业部 1997～1998 年连续三年的观测,长江流域大约 63% 的江豚集中在鄱阳湖和长江江西段水域活动。中国科学院水生生物研究所的调查表明,1996～2000 年间,长江江西段的八里江江段是长江干流江豚集群规模最大的区域之一,100 头左右江豚常年出没;鄱阳湖湖口至老爷庙一带是鄱阳湖江豚种群最为密集的繁殖栖息地,分布有 100～300 头江豚。由于小型鱼类资源丰富,江豚适口饵料充裕,环境优越,湖口至老爷庙水域已成为长江江豚摄食和抚幼基地。2004 年 6 月,江西省批准建立鄱阳湖长江江豚省级自然保护区。保护区位于鄱阳湖湖口至老爷庙水域,总面积 10.2 万亩,核心保护区 4.05 万亩,是目前已知长江江豚保护规模和保护面积最大的专门自然保护区。已建起保护规模与保护面积最大的长江江豚保护区,对我国长江江豚的物种及资源的保护发挥着最大作用。

近年来,江西省根据湖泊调查结果,又在龙口水域设立了江豚保护小区。2008年 2 月江西省级自然保护区评审委员会办公室在南昌召开鄱阳湖长江江豚省级自然保护区晋升国家级自然保护区和范围调整协调会,形成了会议纪要,同意鄱阳湖长江江豚省级自然保护区晋升国家级自然保护区和范围调整。

　　实践证明,建立自然保护区对保护鄱阳湖各类重要生态系统及其生境、拯救濒于灭绝的生物物种具有重要作用。在鄱阳湖的各类保护区中,无论从保护范围、管理水平,还是从保护效果来看,鄱阳湖国家级自然保护区和南矶山湿地国家级自然保护区作用最为突出。

4.6　本 章 小 结

　　鄱阳湖流域生态系统是由湿地生态系统、森林生态系统、农田生态系统、河湖生态系统及城市生态系统等组成的复合系统。鄱阳湖是长江生物多样性保护基地,也是长江江湖复合生态系统的重要组成部分,具有调蓄滞洪、水源涵养、湿地生物多样性保护、农副渔产品供给和污染物降解等多项重要生态功能。鄱阳湖是多类型湿地的复合体,既有不同水深的湖泊湿地和河流湿地,又有我国湖泊中特有的分布在高低水位消落区的大面积沼泽和草甸湿地,也有泥滩、沙滩的分布。从陆地至核心水域区,在地貌上具有陆地→草滩→泥滩→浅水区→深水区的结构特征;在植物上具有陆生植被→湿生植被→挺水植被→浮叶植被→沉水植被。

　　鄱阳湖是一个开放型的湿地生态系统,具有丰富的生物多样性,以湖泊湿地为主,水位不同湖泊形态相差极大。鄱阳湖湿地划分为天然湿地和人工湿地两大类,其中天然湿地又分为湖泊湿地、河流湿地、沼泽湿地、草甸湿地和泥沙滩五个湿地型。在湿地类型之下,按湿地的成因、积水状况及植被类型,又分为 9 个湿地组(体),分别为永久性深水湖泊湿地、永久性浅水湖泊湿地、季节性淹水湖泊湿地、永久性河流、芦苇＋荻蒿草丛沼泽湿地、薹草矮草丛沼泽湿地、杂类草甸湿地、泥滩和沙滩。鄱阳湖的草洲和泥沙滩面积为 3105.28 km²,占鄱阳湖自然水面最大集成面积(3134.5 km²)的 99.0%;高程 14 m 以下多为泥滩、14～16 m 多为草滩,沙滩面积较小,呈局部性分布特点。鄱阳湖湿地不同生境类型发育着不同湿地土壤和植物。草洲包括草甸湿地和沼泽湿地,主要分布于湖滨高滩地和低滩地,多为季节性积水。

　　鄱阳湖区湿地植物丰富,植被较完好,类型多样,群落结构完整,季相变化丰富,是亚热带难得的巨型湖沼湿地。湿地植物物种丰富,湿地种子植物区系地理成分复杂,分布区类型多样,湿地植被中的主要植物群落建群种多为世界广布种。湿地植物区系主要由草本植物组成,草本植物占总种数的 71%,居绝对优势地位。草本植物多生长在湖滩和沼泽环境中,以水生、沼生和湿生为主。鄱阳湖湿地具有稀有濒危植物和特有植物;鄱阳湖区有湿生(水生)最完整的生态系列。鄱阳湖水位季节性变化较大,高、低水位之间具有广阔的洲滩,湿地植物群落沿湖滩地势、水体不同深度呈现出明显环带状分布。由于滩地草洲上碟形洼地等局部微地形变化,形成了湿地植物群落分布的镶嵌性。

目前鄱阳湖湿地已记录的鸟类有 17 目 55 科 310 种,其中候鸟 108 种,水鸟物种 125 种,隶属于 6 目 19 科 60 属。属于 IUCN 极危鸟类有 1 种,国家一级保护鸟类 10 种,世界濒危鸟类有 13 种,列入《中国濒危动物红皮书》候鸟名录的有 15 种,属于《中日候鸟保护协定》的鸟类 153 种,占该协定中鸟类总数 227 种的 67.4%;属于《中澳候鸟保护协定》的鸟类 46 种,占该协定中鸟类总数 81 种的 56.8%。鄱阳湖是目前世界上最大的越冬白鹤群体所在地,有占全球种群数量 95% 以上的越冬种群,目前支持了世界上 98% 以上的濒危动物白鹤、80% 以上的东方白鹳、60%以上的白枕鹤、50% 以上的鸿雁种群。

鄱阳湖累计记录鱼类 132 种,隶属 25 科 78 属;近年来鄱阳湖渔获物约 3 万 t,其中湖泊定居性鱼类如鲤、鲫、鲇和黄颡鱼约占渔获物产量的 60% 以上;主要渔获物年龄组成以 1~2 龄鱼为主,占渔获物的 67.3% 以上;鄱阳湖是许多定居性鱼类尤其是鲤、鲫、鲇等的重要产卵场所。湖区现有鲤、鲫产卵场 33 处,主要分布在湖区东、南、西部,总面积超过 800 km²;陈氏短吻银鱼和乔氏短吻银鱼产卵场 10 处,总面积为 118 km²。

鄱阳湖是长江水系中大型水生哺乳动物——长江江豚最重要的栖息地,分布于长江中下游干流及与其相通的大型湖泊中,是中国水域三个江豚种群中最濒危的一个亚种,为我国二级保护动物,1998 年《中国濒危动物红皮书·兽类》也将其列为濒危级。由于受人类活动等影响,其鄱阳湖江豚自然种群数量下降迅速。1991 年前的考察结果估计,当时的种群数量约为 2700 头,1997 年农业部渔业局组织的全江段考察仅发现江豚 1446 头次,据 2006 年中国科学院水生生物研究所组织的长江豚类考察,当时长江江豚的种群数量可能仅为 1800 头左右,鄱阳湖的江豚种群数量约 450 头左右,占到整个长江江豚种群数量的四分之一,甚至到三分之一。由于长江干流环境条件的改变,特别是江河鱼类资源严重衰竭,而湖泊内江豚的食物的密度相对较大,鄱阳湖在江豚的物种保护方面将可能承担更重要的责任。

鄱阳湖浮游植物种类多,现已鉴定的浮游植物有 154 属,分隶 8 个门,54 个科,以绿藻、硅藻和蓝藻占优势。鄱阳湖全湖浮游植物密度可达到达 10⁶ ind./L;尽管蓝藻门在种类数上与历史基本相当,但其占到湖区浮游植物总密度的 70%,已成为鄱阳湖优势种类。夏季温度高,浮游植物生物量明显大于其他季节,秋末和冬季绿藻和甲藻数量增多,春季是硅藻的繁盛期。鄱阳湖底栖动物共 8 门 13 类,主要是软体动物门的腹足类(螺类)和瓣鳃类,腹足类 5 科 18 种,瓣鳃类 3 科 32 种。

鄱阳湖自然保护区建设总体较好,自 1983 年以来,鄱阳湖区相继建立了各类保护区 39 处,其中,国家级自然保护区 2 处、省级自然保护区 8 处、县级自然保护区 29 处,保护区总面积约占湖区总面积的 9.2%。以保护越冬候鸟、水生动物及其栖息地为保护重点的保护区面积约占总保护面积的 65%。

第5章 鄱阳湖水环境状况及其变化

5.1 鄱阳湖水环境功能分区及敏感水域

5.1.1 水环境功能分区

水环境功能区划是通过对水资源和水生态环境现状的分析,根据流域国民经济发展规划与江河流域综合规划的要求,将江河湖库划分为不同使用目标的水功能区,并提出水功能区的水质保护目标。在整体功能布局确定的前提下,对重点开发利用水域详细划分多种用途的水域界限,以便为科学合理开发利用和保护水资源提供依据。

水功能区划采用两级体系,即一级区划和二级区划。一级功能区分四类,即保护区、保留区、开发利用区和缓冲区;二级功能区划是在一级功能区中的开发利用区进行,分七类,包括饮用水源区、工业用水区、农业用水区、渔业用水区、景观娱乐用水区、过渡区和排污控制区。其中,饮用水源区执行《地表水环境质量标准》(GB 3838—2002)Ⅱ、Ⅲ类标准;工业用水区执行Ⅲ、Ⅳ类标准,或不低于现状水质类别;景观娱乐用水区是指以满足景观、疗养、度假和娱乐需要为目标的江河湖库等水域,执行Ⅲ类标准,或不低于现状水质类别;渔业用水区执行Ⅱ、Ⅲ类标准;农业用水区执行Ⅴ类标准,或不低于现状水质类别。

根据《江西省地表水(环境)功能区划(批复稿)》(赣府字〔2007〕35号文),不同区域执行《地表水环境质量标准》(GB 3838—2002)相应的功能区划(主要为Ⅱ、Ⅲ和Ⅳ类),鄱阳湖区水(环境)功能区划图如图5-1所示。

5.1.2 鄱阳湖敏感水域

鄱阳湖作为国际重要湿地、饮用水水源地以及长江流域重要的生物多样性保护基地,对维持区域生态安全和生态平衡等发挥着重要作用。鄱阳湖的敏感水域主要包括饮用水源地、自然保护区、水产种质资源保护区及鱼类"三场"等。

1. 重要饮用水源地

根据《江西省饮用水水源地环境保护规划》和《江西省集中式饮用水水源地保护区划分与核定报告》,鄱阳湖区内主要城镇集中式饮用水水源地5处(鄱阳湖天然水体相关的湖区12个县市区饮用水源地保护区),详细情况见表5-1。

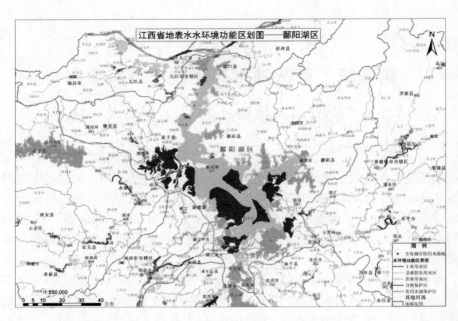

图 5-1　鄱阳湖区水(环境)功能区划

表 5-1　鄱阳湖区主要城镇集中式饮用水源地

序号	设区市	水源地名称	水源	类型	供水量/(万 t/d)			服务人口/万人
					设计量	现状量	建设时间	
1		星子县自来水公司取水口(鄱阳湖)水源地	鄱阳湖	湖库型	1	0.67	2000 年	3.6
2	九江市	都昌县自来水公司取水口(鄱阳湖)水源地	鄱阳湖	湖库型	1	0.63	2001 年	8.4
3		湖口县自来水公司取水口(鄱阳湖)水源地	鄱阳湖	湖库型	2	1.04	1994 年	5.6
4	上饶市	鄱阳县自来水公司取水口(昌江)水源地	昌江	河流型	5	1.64	1988 年 5 月	10
5		鄱阳县自来水公司白沙洲乡礼恭脑村取水点(规划中)内珠湖水源地	内珠湖	湖库型	10	0	2007 年 6 月	11

2. 自然保护区

鄱阳湖区内不同级别自然保护区共有 39 处,其中有国家级自然保护区 2 处、省级自然保护区 8 处、县级自然保护区 29 处,其中涉及鄱阳湖及流域水环境的保护区有 13 处,划定的保护区面积为 217 629 hm²(由于历史原因划定有重复),详见表 5-2。

表 5-2　鄱阳湖区自然保护区名录

序号	自然保护区名称	地点	面积/hm²	主要保护对象	级别	建立时间
1	鄱阳湖国家级自然保护区	永修县	22 400	白鹤等越冬珍禽及其栖息地	国家级	1988 年 5 月
2	鄱阳湖南矶山湿地国家级自然保护区	新建县	33 300	天鹅大雁等越冬珍禽和湿地生境	国家级	1997 年 1 月
3	鄱阳湖河蚌自然保护区	新建县	15 533	三角河蚌、皱纹蚌	省级	1980 年 1 月
4	鄱阳湖鲤、鲫鱼产卵场保护区	永修县	30 600	鲤、鲫鱼产卵场	省级	1980 年 1 月
5	都昌候鸟自然保护区	都昌县	41 100	越冬候鸟及其栖息地	省级	2003 年 1 月
6	青岚湖自然保护区	进贤县	1 000	白鹳、小天鹅等珍禽和湿地生态系统	省级	1997 年 1 月
7	鄱阳湖银鱼自然保护区	进贤县	2 000	银鱼	省级	1986 年 1 月
8	江西鄱阳湖长江江豚自然保护区	余干、都昌县	6 800	江豚及其湿地	省级	2004 年 4 月
9	荷溪湿地自然保护区	永修县	4 000	湿地生态系统及候鸟	县级	2006 年 1 月
10	南湖湿地自然保护区	共青城市	3 330	湿地生态系统及候鸟	县级	2000 年 1 月
11	蓼花池自然保护区	星子县	3 333	湿地生态系统	县级	2001 年 1 月
12	康山候鸟自然保护区	余干县	13 333	越冬候鸟和湿地生境	县级	2001 年 3 月
13	白沙洲自然保护区	鄱阳县	40 900	湿地生态系统	县级	2000 年 9 月

3. 水产种质资源保护区及鱼类"三场"

鄱阳湖是长江流域重要定居性鱼类(鲤、鲫鱼和长颌鲚)产卵场和索饵场。鄱阳湖内分布有 1 个国家级水产种质资源保护区鄱阳湖鳜鱼、翘嘴红鲌水产种质资源保护区(图5-2),其主要保护对象为鳜鱼、翘嘴红鲌、鲤、鲫、青、草、鲢、鳙等重要种质资源。保护区总面积59 520 hm²,其中核心区面积21 218 hm²,实验区面积38 302 hm²。保护区范围在28°42′10″～29°17′20″N,116°15′00″～116°38′30″E。核心区特别保护期为3月20日至6月20日。

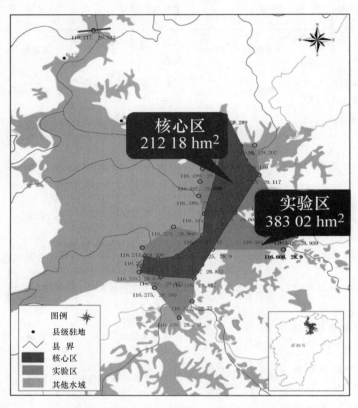

图5-2　鄱阳湖鳜鱼、翘嘴红鲌国家级水产种质资源保护区位置示意
江西省水产科学研究所提供

　　除水产种质资源保护区外,鄱阳湖区现有鲤、鲫产卵场33处,主要分布在湖区东、南、西部,总面积超过800 km²。东部产卵场主要有大莲子湖、云湖、汊池湖、西湖渡等;南部产卵场为陈家池、北口湾、三洲湖、东湖、上新湖、下新湖、大沙湖、林充湖、金溪湖等;西部产卵场较少,主要集中在蚌湖、大池湖等。鄱阳湖共有陈氏短吻银鱼和乔氏短吻银鱼产卵场10处,总面积为118 km²,主要分布在新妙湖堤外、矶山湖堤外、珠湖、西渡湖、青岚湖、大郁池、花庙湖、竹筒湖等。历史上鄱阳湖刀鲚产卵场主要分布在南部的程家池、草湾湖和东湖等处,分布面积为40 km²,产卵规模大,是长江流域一个较大的刀鲚产卵场。受人为活动干扰等因素影响,鄱阳湖刀鲚

产卵场已经受到破坏,目前已经不能形成鱼汛。

　　鄱阳湖还是长江四大家鱼的索饵场和越冬地。索饵场主要分布在中部和南部,青、草、鲢、鳙四大家鱼通常在湖泊和季节性洪泛区索饵育肥,发育成熟后进入干流繁殖。

5.2　鄱阳湖水环境

5.2.1　鄱阳湖水质状况

　　为了揭示和评价鄱阳湖区水环境状况,在湖区选择了 5 个有代表性的点位,分别为:蛤蟆石(北部湖区)、都昌(中北部湖区)、龙口(莲湖,东部及河口湖区)、康山(南部湖区)、蚌湖(西部及保护区水域)(详见图 5-3),分别于 2008 年至 2009 年 1

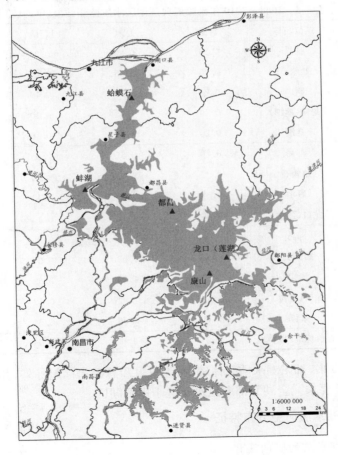

图 5-3　鄱阳湖水环境监测点位图

月间和 2010 年 3 月、4 月等多个时间段(2008 年 3 月、5 月、7 月、9 月、11 月,2009
年 1 月,2010 年 3 月、4 月),共 8 次现场采样和监测分析了鄱阳湖区水质状况,监
测评价项目为水温、pH、电导率、透明度、溶解氧、高锰酸盐指数、COD$_{Cr}$、BOD$_5$、氨
氮、石油类、总磷、总氮、挥发酚、叶绿素 a、汞、铜、铅、锌、镉、六价铬、水位。根据 8
次水质监测结果,鄱阳湖区水质超标项目主要有总氮、总磷、氨氮、石油类四项,其
他 16 个项目监测结果均符合《地表水环境质量标准》(GB 3838—2002)表 1 中Ⅲ
类标准要求。

　　鄱阳湖总氮和总磷浓度较高的点位主要集中在南部湖区的(康山)、西部湖区
(莲湖)以及蚌湖,对照《地表水环境质量标准》(GB 3838—2002)表 1 中Ⅲ类标准
值,以上点位均有不同程度超标,其中总氮超标最高达 1.9 倍,总磷超标最高达
6.6 倍(表 5-3)。

表 5-3　　2008~2010 年鄱阳湖典型湖区水质监测结果(平均值)单位:mg/L

年份	点位名称	氨氮	总氮	总磷	化学需氧量
2008	都昌	0.38	0.80	0.04	12.50
	蛤蟆石	0.20	0.85	0.04	10.75
	康山	0.25	1.26	0.10	10.47
	龙口(莲湖)	0.79	1.68	0.10	9.15
	蚌湖	0.20	1.28	0.20	13.98
2009	都昌	0.28	0.85	0.05	8.82
	蛤蟆石	0.27	0.88	0.05	8.95
	康山	0.52	1.05	0.15	12.17
	龙口(莲湖)	0.87	1.49	0.15	13.67
2010	都昌	0.26	0.95	0.05	11.00
	蛤蟆石	0.38	0.95	0.04	10.00
	康山	0.17	1.56	0.33	19.00
	龙口(莲湖)	0.23	1.92	0.12	8.00
	蚌湖	0.35	0.96	0.04	10.00
评价标准(Ⅲ类)		1.0	1.0	0.05	20

　　2008 年以来,鄱阳湖水质总体较好,除总氮和总磷指标超标外,其他指标均能
满足Ⅲ类水质要求。全湖北部湖区水质优于南部湖区。

5.2.2　鄱阳湖水质时空分布特征

1. 鄱阳湖水质的时间变化

　　"五河"入鄱阳湖水量主要集中于 4~6 月,致使湖泊水位上涨,即鄱阳湖流域

4 月份进入"五河"汛期。7～9 月,虽然"五河"来水有所减少,而此时长江进入主汛期,鄱阳湖水位主要受长江洪水顶托或倒灌影响壅高而进入长江汛期,这一时段鄱阳湖水位变化较缓慢,较长一段时间维持在较高水位,10 月以后才稳定下降。

　　对近 30 年的水质监测数据分析表明,鄱阳湖水质总体呈现波动下降趋势,丰、平、枯水期变化大体一致。具体来讲,受入湖水量、入湖污染负荷、出湖水量及湖体水环境容量等因素的共同影响,鄱阳湖水体典型污染物(COD、总氮、总磷等)的年内变化呈现一定的规律。图 5-4 至图 5-6 显示了鄱阳湖按丰、平、枯不同水期的多年水质变化状况。

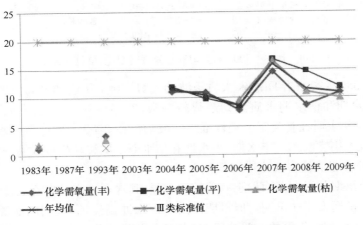

图 5-4　1983～2009 年间鄱阳湖化学需氧量变化(单位:mg/L)

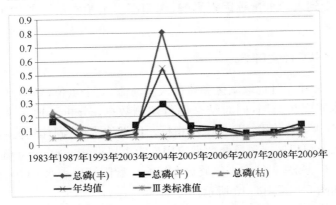

图 5-5　1983～2009 年鄱阳湖总磷浓度变化(单位:mg/L)

　　由图所示,在 2003～2009 年间化学需氧量年均值呈波动趋势,丰水期、平水期和枯水期水质波动趋势大体一致。2004～2006 年水质呈下降趋势,2006～2007 年水质呈上升趋势,2007～2009 年水质有下降趋势,但总体水质在Ⅱ类至Ⅲ类之间

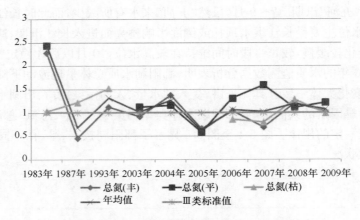

图 5-6　1983～2009 年鄱阳湖总氮浓度变化（单位：mg/L）

波动。在 1983～2009 年间总磷水质呈波动趋势，2004 年达到最高值，为劣Ⅴ类。丰水期、平水期和枯水期水质波动趋势较一致，2005～2007 年水质呈下降趋势，2007～2009 年水质在Ⅲ类至Ⅴ类标准之间波动。在 2003～2009 年间水质总氮浓度发生了较大幅度波动。丰水期、平水期和枯水期水质波动趋势大体一致，1993～2009 年水质在Ⅲ类至Ⅳ类标准之间波动。

由于非汛期和汛期湖面形态有着较大差异，其水环境容量也差别较大，汛期湖泊水环境容量远大于非汛期。但汛期内由于雨水冲刷侵蚀，入湖的面源总量也大大增加。因此，有些年份的一些时段，会出现丰水期水质比枯水期差的情况。但总体来说，由于受到入湖水量等因素影响，鄱阳湖丰水期水质一般优于枯水期和平水期。

2. 鄱阳湖水质的空间变化

2010 年 3 月和 4 月选取湖区和典型入湖河流 30 个点位（断面）（详见图 5-7），两次开展了水质现状监测，同时结合例行监测数据，分析了地表水 SS、COD、总氮、NH_4^+-N、NO_3^--N、总磷、SD 等七项指标。以湖泊水域（湖体）为主，兼顾五大入湖河流尾间区及河口区。对监测数据应用反距离权重（inverse distance weighted）插值的空间分析方法，表征全湖水质分布情况。鄱阳湖地表水 COD、总氮、总磷空间分布情况如图 5-8 至图 5-10 所示。

鄱阳湖水体 COD、总氮、总磷的空间分布特征总体上呈现南部湖区相对较高的特征，由于承载了"五河"流域大量污染负荷，加上南岸滨湖区相对密集的经济社会活动，使得南部湖区氮磷浓度相对较高。北部湖区由于湖体的稀释净化作用和污染源相对较少，水质好于南部湖区。COD 分布具有全湖特征，全湖水质 COD 浓度仅局部较小区域（南矶山、康山、梅溪嘴、三山、鞋山南）等为Ⅳ类，其余大部为Ⅱ～Ⅲ

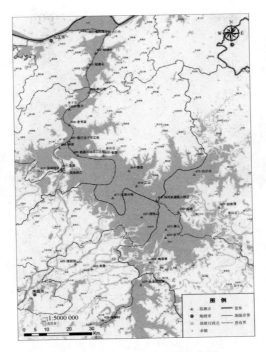

图 5-7　鄱阳湖水质监测布点图

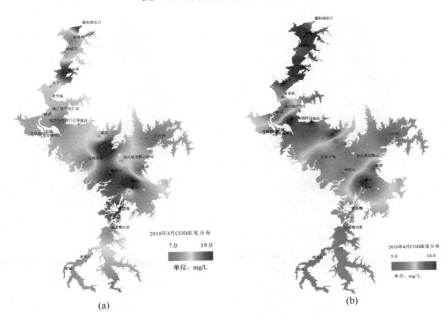

图 5-8　鄱阳湖水质 COD 浓度分布

(a) 2010 年 3 月；(b) 2010 年 4 月

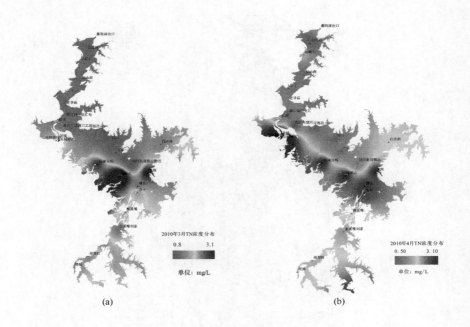

图 5-9 鄱阳湖水质 TN 浓度分布

(a) 2010 年 3 月；(b) 2010 年 4 月

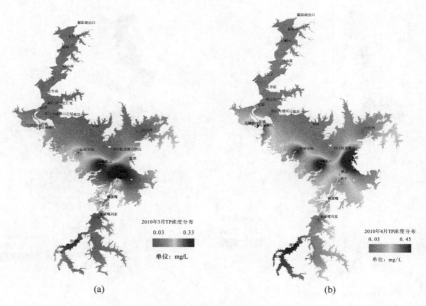

图 5-10 鄱阳湖水质 TP 浓度分布

(a) 2010 年 3 月；(b) 2010 年 4 月

类,高浓度区分布在赣江、抚河、信江尾闾及受工业污染影响的姑塘和湖口等水域。水体总氮和总磷的空间分布具有大体一致的特征,呈现南部湖区较高,并逐渐向湖口方向降低的特征。高浓度 TN 主要在赣江入湖口区域,TP 则在康山区域较高。TN 由于受到赣江南支和信江来水的影响,入湖口 3 月为 V 类水体,4 月变为 Ⅳ 类水体。鄱阳湖出湖口 TN 能稳定在 Ⅲ 类水平,水质由南向北逐步变好。总磷浓度分布情况与总氮类似,在五河入湖口处水质较差,出湖口稳定在 Ⅲ～Ⅳ 类水平,水质由南向北逐步变好。除此之外,在青岚湖、军山湖等区域总磷的浓度相对较高。

鄱阳湖水质空间分布与人类活动、“五河”来水及流域独特的生态水文过程密切相关。由图 5-8 可见,2010 年鄱阳湖 COD 在南矶山、康山、梅溪嘴、三山和鞋山南等湖区为 Ⅳ 类,其余湖区均为 Ⅱ～Ⅲ 类。TN 和 TP 均在“五河”尾闾区水域污染较重。由于受到赣江南支和信江来水的影响,TN 在入湖口为 V 类,修河、抚河及饶河尾闾区均为 Ⅳ 类。由于受到信江流域磷肥产业排污等影响,TP 在信江和抚河入湖口的康山区均为 V 类。“五河”输入是鄱阳湖入湖污染负荷的主要来源,占污染负荷总量的 80% 左右。

因此,源于“五河”来水的工农业污染是鄱阳湖水质南北分布差异的主要原因。另外,由于北部湖区直接输入入湖污染负荷较少,同时受独特的吞吐流、混合流场影响,湖泊对污染物的稀释作用及鄱阳湖湿地的自净功能,影响鄱阳湖水污染程度呈现出从南部入湖尾闾区(滞留区)向北部开阔湖区降低的趋势。

长期以来,鄱阳湖水质特点可以概况为:

1) 非汛期水质明显差于汛期,汛期 Ⅰ、Ⅱ 类水质多年平均所占比例比非汛期高 15%;

2) “五河”入湖口水质最差的是赣江南支,其次是饶河河口;

3) 2002 年之前,主要超标因子为氨氮、挥发性酚等,污染区域主要分布于入湖口水域。2002 年之后,主要超标因子为总磷、总氮和氨氮,污染区域分布由入湖口水域扩展至局部湖区。

5.2.3　鄱阳湖水质演变

1. 鄱阳湖水质类别演变

通过对近 30 年鄱阳湖区水质监测资料的综合分析(孙晓山,2009),鄱阳湖水质虽总体较好,但总体呈下降趋势。20 世纪 80 年代,鄱阳湖水质以 Ⅰ、Ⅱ 类为主,平均占 85%,Ⅲ 类占 15%,呈缓慢下降趋势;90 年代仍以 Ⅰ、Ⅱ 类为主,平均占 70%,Ⅲ 类水质占 30%,下降趋势加快;进入 21 世纪,特别是 2003 年以后,Ⅰ、Ⅱ 类水质仅占 50%,Ⅲ 类水质占 32%,劣于 Ⅲ 类的水质占 18%,水质下降趋势明显;2007～2010 年,劣于 Ⅲ 类水质断面比例达到了 90% 以上。

20 世纪 80 年代以来,鄱阳湖水质类别的演变趋势见图 5-11 至图 5-13。图 5-

14 表示了鄱阳湖水质与水位的年内变化关系。

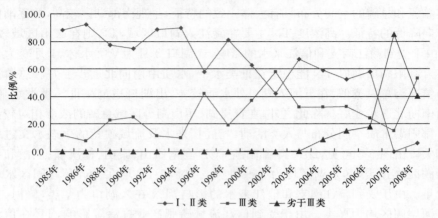

图 5-11　1985～2008 年鄱阳湖全年水质变化

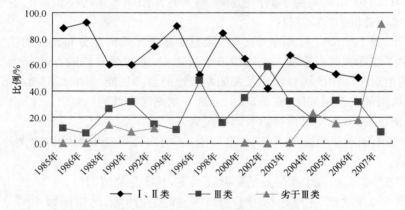

图 5-12　1985～2007 年鄱阳湖枯水期水质变化

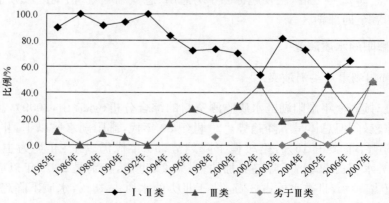

图 5-13　1985～2007 年鄱阳湖丰水期水质变化

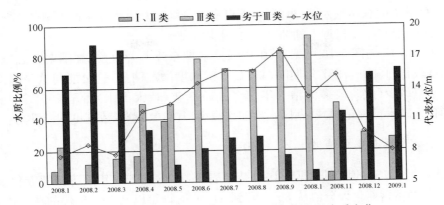

图 5-14 2008 年 1 月至 2009 年 1 月鄱阳湖各月水质变化

2. 鄱阳湖营养盐浓度变化

20 世纪 80 年代初,鄱阳湖总氮、总磷浓度较低,达到 Ⅱ 类水质标准;20 世纪 80 代中期,湖区总氮、总磷浓度增加明显,属于 V 类;至 2005 年,总氮、总磷污染状况有所缓解,但近几年水质又有下降趋势(详见图 5-15 和图 5-16)。近几年鄱阳湖

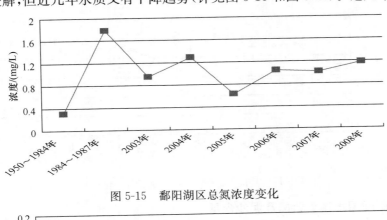

图 5-15 鄱阳湖区总氮浓度变化

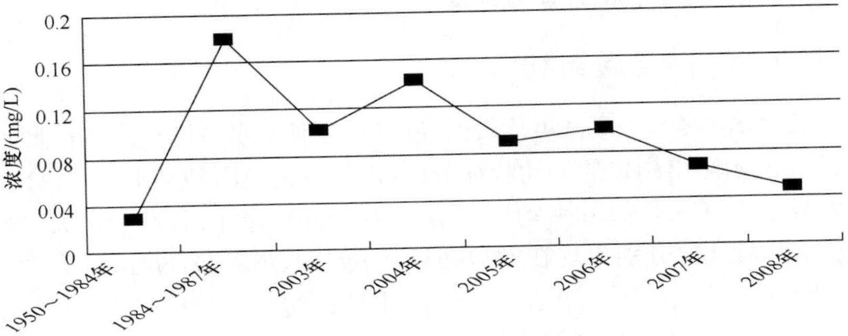

图 5-16 鄱阳湖区总磷浓度变化

总氮、总磷浓度总体较太湖、巢湖低,但已有部分湖区总氮浓度接近巢湖 2007 年的平均水平,总磷浓度接近太湖 2007 年的平均水平。

　　由图 5-15 与图 5-16 可见,新中国成立初期至改革开放前,鄱阳湖区总氮、总磷浓度较低;1984～1987 年期间,总氮、总磷浓度增加明显,这可能与这一时期鄱阳湖水量较少(此阶段多为枯水年)有关;1998 年(特大洪水)后至 2004 年,由于"五河"入湖水量逐年锐减,湖区水量随之减少,其总氮、总磷浓度也相应升高。

　　3. 富营养化变化特征

　　1985 年以来的监测数据及评价结果表明,1985～1995 年间为富营养化上升期,鄱阳湖富营养化评分值从 35 上升到 41,平均每年以 0.6 个单位的速度上升;1995～2005 年间富营养化快速上升期,鄱阳湖富营养化评分值从 41 上升到 49,平均每年以 0.8 个单位的速度上升;2005～2008 年间为波动期,富营养化评分值一直在较高位波动。即鄱阳湖虽未大面积发生富营养化,但营养水平呈现上升趋势,营养盐虽总体维持在中营养水平,且上升速度在加快,局部水域已经处于轻度富营养化(图 5-17)。

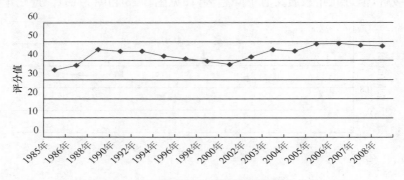

图 5-17　　1985～2008 年鄱阳湖富营养化变化

5.2.4　鄱阳湖水体重金属及泥沙含量

　　1. 鄱阳湖水体重金属含量

　　鄱阳湖水体主要重金属浓度均较低,满足国家Ⅲ类水质标准。结合水体流动方向,从入湖口-湖区-出湖口的流动特征分析,水体重金属因种类不同,其分布规律存在较大差异。Zn、Cu、Pb、Cd 平均含量分别为 17.61 $\mu g/L$、4.21 $\mu g/L$、1.99 $\mu g/L$、0.08 $\mu g/L$,其最高值分别出现在湖口(61.01 $\mu g/L$)、塔城(7.86 $\mu g/L$)、星子(4.10 $\mu g/L$)与瑞洪(0.17 $\mu g/L$)。相比之下,水体 Zn 含量最高,Cd 最小。Zn、Cu、Pb、Cd 平均含量与Ⅲ类水质标准的比值分别为 1.76%、0.42%、3.98%、1.6%。

2. 鄱阳湖水体泥沙

根据江西省水文局统计分析,1956～2000 年平均入湖水量(含区间)1436 亿 m³,其中五河占 87.0%,区间河流占 13.0%。五河入湖水量中,赣江、抚河、信江、饶河、修河分别占 54.1%、12.4%、14.3%、9.4%、9.8%。入湖水量最大为赣江水系,最小为饶河水系。各月径流量分配不均,其中 4～9 月占 72.9%,6 月份最大,占 19.2%。

统计分析表明,1956～2007 年鄱阳湖年平均入湖沙量 1703 万 t,其中赣江 894 万 t,抚河 207 万 t,信江 142 万 t,饶河流域昌江、乐安河分别为 41.0 万 t 和 55.0 万 t,修河流域潦河 36.0 万 t,湖区为 330 万 t。五大河流中赣江输沙量最大,占入湖沙量的 52.7%。

湖口站多年平均输沙量为 998 万 t,长江倒灌沙量年平均值为 157 万 t,主要集中在 7～9 月,占倒灌泥沙总量的 96.9%,年最大倒灌沙量为 699 万 t,出现在 1963 年,倒灌时间在 7～9 月。根据进、出湖沙量统计,平均年淤积量 705 万 t,泥沙淤积量占入湖总量的 41.4%,出湖沙量主要集中在 2～5 月,约占 74.9%,如没有枯季自然消落,淤积进一步加重。

鄱阳湖“五河”水体多年平均含沙量为 0.125 kg/m³,平均含沙量最大的河流为赣江,达 0.135 kg/m³,抚河次之,多年平均含沙量 0.120 kg/m³,饶河的乐安河最小,多年平均含沙量 0.080 kg/m³。1956～2007 年沙量监测资料表明,“五河”最大年平均含沙量为 0.187 kg/m³,出现在 1968 年,最小年平均含沙量为 0.038 kg/m³,出现在 2007 年。目前已观测到的含沙量极大值为 13.7 kg/m³,出现在修河流域噪口水杨树坪站,发生时间为 1975 年 6 月 10 日。

5.2.5　鄱阳湖沉积物氮磷及重金属含量

1. 鄱阳湖沉积物氮磷含量

鄱阳湖为长江流域典型吞吐型湖泊,湖泊水量及营养盐状况在枯水期、丰水期差别较为明显。鄱阳湖泥沙冲淤规律长期受“五河”、长江及区间水沙变化规律的影响,长江主汛期(7～9 月)鄱阳湖受顶托或长江水倒灌影响,入湖泥沙大部分淤于湖内,遇长江泥沙倒灌,泥沙淤积量加剧。鄱阳湖出湖沙量年内分布不均匀,其规律受长江、“五河”水沙规律及鄱阳湖湖盆特征的共同影响,湖口流量的大小、水位的高低是反映水流挟沙能力大小的主要因素,也是江、河、湖泊共同作用的结果。鄱阳湖独特的地理位置和冲淤规律,造成鄱阳湖沉积物营养盐含量全湖分布差异较大,丰水期与枯水期沉积物营养状况也存在差别。

中国环境科学研究院于 2007 年和 2008 年采集了鄱阳湖枯水期(秋季)和丰水期(夏季)沉积物,共采集沉积物表层样品 57 个(其中枯水期 24 个,丰水期 33 个,见图 5-18）。所有沉积物样品均以聚乙烯薄膜封装，于 −20℃ 下低温保存运输回实验室处理与分析。分析项目为重金属（包括 Cu、Zn、Pb、Cd、Cr、As）、总氮、总磷及有机质。考虑到鄱阳湖独特的河湖相变化特点，采样位点布设以湖区为主，兼顾"五河"尾闾区。

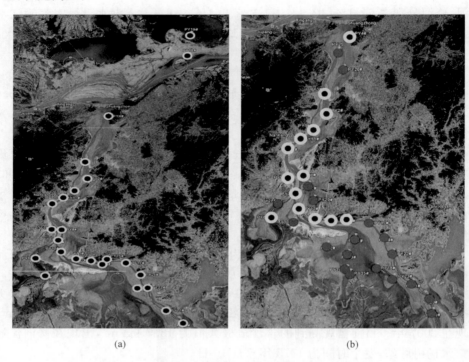

图 5-18　沉积物采样位点示意图

(a) 枯水期；(b) 丰水期

鄱阳湖污染物来源于两个方面，一是"五河"入湖河流携带污染物，二是湖区产生的污染物。其中以"五河"输入为主，湖区径流带入的污染物相对较少，其来源主要是城市生活污水、工业废水、农业面源与地表径流等。

（1）沉积物总磷分布

2007 年枯水期鄱阳湖沉积物总磷含量在 104～689 mg/kg 间变化，平均含量为 350 mg/kg，其中最大值出现在抚河、信江尾闾区共同影响的 PY07-20 位点；2008 年丰水期沉积物总磷含量为 129～949 mg/kg，均值为 506 mg/kg。受鄱阳湖区季节性径流变化和"五河"污染变化等影响，沉积物磷含量的时空分布特点明显。

"五河"尾闾区沉积物总磷含量高于湖体。2007 年枯水期、2008 年丰水期两季调查结果有相同规律，总磷含量有不同程度的增加（图 5-19）。2007 年"五河"尾闾区总磷平均含量为 429 mg/kg，而湖体总磷平均含量仅为 282 mg/kg；2008 年"五河"尾闾区为 536 mg/kg,湖体为 474 mg/kg。2008 年水质监测数据表明,Ⅲ类水质断面占 72.2%,Ⅳ类水质断面占 27.8%。信江东支口、瓢山、赣江南支口、蚌湖、赣江主支口为Ⅳ类,超标项目为总磷。这一规律与鄱阳湖沉积物磷含量的变化原因相一致。

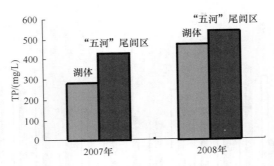

图 5-19　鄱阳湖不同湖区沉积物总磷均值

　　丰水期全湖沉积物总磷平均含量大于枯水期。由于丰水期入湖泥沙量大,污染物沉降显著,全湖沉积物总磷平均含量大于枯水期。两季设置的 14 个相同点位沉积物总磷含量显示,丰水期沉积物总磷较枯水期增加了约 44.5%(图 5-20)。根据 1956~2005 年泥沙资料统计,多年平均悬移质入湖沙量 1689 万 t,其中"五河"入湖沙量占 85.8%,大量污染物在丰水期随径流进入湖泊而累积于湖泊沉积物中。

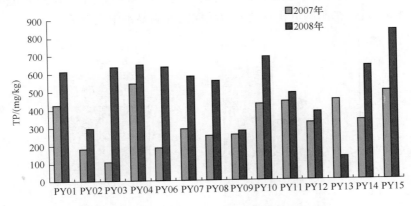

图 5-20　两采样季相同点位沉积物总磷含量

　(2) 沉积物总氮(TN)分布
　　与总磷分布趋势相近,鄱阳湖 2007 年枯水期沉积物 TN 含量最大值也出现在 PY07-20,全湖沉积物 TN 含量在 259.2~2170.8 mg/kg;2008 年丰水期鄱阳湖沉积物 TN 含量在 304~2228 mg/kg 变化,最大值(2228 mg/kg)点位 PY08-10 距

PY07-20 位置较近(图 5-21)。由此可见,上述位点分布的"五河"尾闾区,沉积物营养盐含量较高,已经呈现富营养化特征。这可能与鄱阳湖独特的地理位置和冲淤规律等有关,其主要受长江、五大水系水沙规律及鄱阳湖湖盆特征等的共同影响,泥沙携带的营养盐多沉积于"五河"尾闾区所致。

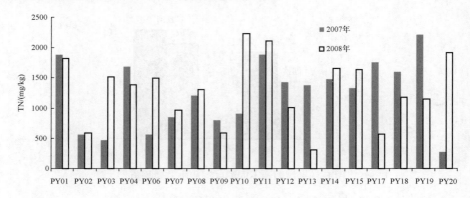

图 5-21 两采样季相同点位沉积物总氮含量

鄱阳湖沉积物总氮空间分布不均,2007 年枯水期"五河"尾闾区沉积物总氮含量的平均值高于湖体,其中"五河"尾闾区为 1565 mg/kg,湖体为 1076 mg/kg(图 5-22)。2007 年枯水期湖体沉积物总氮含量与 2008 年丰水期沉积物湖体均值相比变化并不明显;相反,"五河"尾闾区沉积物总氮含量受"五河"入湖水质的影响较为明显;同时,时间分布上鄱阳湖沉积物总氮含量丰水期略高于枯水期,这可能与枯水期水流过快,鄱阳湖沉积物营养盐随泥沙冲刷易被带走有关。

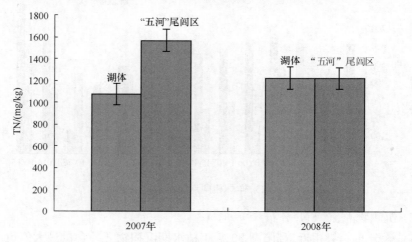

图 5-22 鄱阳湖不同湖区沉积物总氮含量

（3）沉积物有机质分布

鄱阳湖 2007 年枯水期沉积物有机质含量为 0.2%～2.8%，其中最小值出现在受"五河"影响较小的 PY07-3 点位；2008 年丰水期沉积物有机质含量为 0.482%～3.157%，不同时期，鄱阳湖沉积物营养盐分布有较大差异（图 5-23）。同时，2007 年枯水期，"五河"尾闾区与湖体均值差别较大，而 2008 年丰水期不存在明显差异。

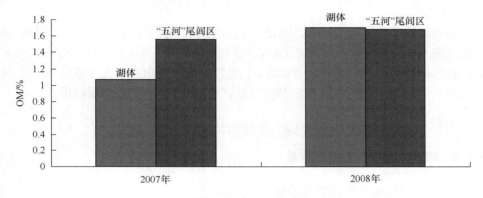

图 5-23　鄱阳湖不同湖区沉积物有机质含量

2. 鄱阳湖沉积物重金属含量

鄱阳湖沉积物重金属平均值高于其环境背景值。除部分湖区 Cd 低于背景值外，各湖区沉积物 Zn、Cu、Pb、Cr 的含量均超过背景值，其最大含量分别为背景值的 9.0 倍、33.8 倍、7.0 倍、5.9 倍，可见重金属在鄱阳湖沉积物中积累较严重，尤其以 Cu 污染最严重。湖口、星子、滁槎、永修和塔城区域沉积物 Cr 含量与背景值相近。同其他元素相比较，Cr 在鄱阳湖沉积物中积累量较低。鄱阳湖沉积物重金属分布较为一致，均为湖区＞入湖口＞出湖口。

鄱阳湖沉积物重金属沉积量较大的区域主要集中在信江入湖口、饶河入湖口、南湖区的三江口以及东湖区的柳树湾等区域。信江和饶河入湖口处的主要污染物为 Zn、Cu、Pb，其中 Cu 主要是由乐安河上、中游的德兴铜矿和信江中上游的永平铜矿开采产生的含重金属的酸性废水排放所致；Zn 和 Pb 为 Cu 的伴生矿，污染也相对严重；Pb 有一部分是受沿江城市排放的生活污水及工业废水等影响，如信江流经的贵溪市有大型的有色金属冶炼厂、乐安河流经银山铅锌矿、昌江流经瓷都景德镇等。南湖区三江口是三条主要河流——赣江、抚河和信江向鄱阳湖的汇流处，各项重金属污染均最严重，其原因与信江携带中上游永平铜矿废水、赣江南支贯穿南昌市后携带大量工业废水和生活污水以及土壤重金属流失等有关。

鄱阳湖沉积物中主要污染物为 Cu、Pb、Zn、Cd、Hg 和有机氯等。Cu、Pb、Zn 主要污染湖体东部，即鄱阳和信江三角洲的水下部分；Cd 主要污染赣江三角洲和湖口地堑水域；Hg 主要污染抚河、信江和赣江三角洲的水下部分；有机氯污染鄱阳和赣江三角洲；As 在全湖分布较均匀，背景值高；Cr 在沉积物中未发现明显污染区域（吕兰军，1994a,b）。简敏菲等（2003）的研究表明，生物体内 Cr、Pb、Cd 的含量比湖水中高很多，且随着食物链等级的提高而增高，如鱼体中 Pb 含量为 0.063 mg/kg，为水中含量的 3 倍，水生动物体内含量为 0.26 mg/kg，为水中含量的 12.38 倍。

饶河流域乐安河已被列入全国重金属污染重点防治流域。由于历史原因，该区域河流水体及沉积物重金属 Cu 和 Zn 含量相对较高。目前，流域上游德兴铜矿开采和污染防治水平已得到较大提高，中游的乐平市也出台了关于重金属污染防治的若干规定，如沿河 1 km 划定禁止排放区等，有效控制了重金属的排放。

5.3　鄱阳湖流域主要河湖水环境

5.3.1　鄱阳湖流域主要河湖水质

1. 鄱阳湖流域主要河流水质概况

根据 2010 年《江西省环境状况公报》，2010 年鄱阳湖五大水系及长江江西段水质较好，优于Ⅲ类断面水质比例为 80.5%。赣江、信江、修河、袁水水质较好；抚河和饶河水质为轻度污染。与上年相比，河流水质总体略有改善，断面达标率增加 0.2 个百分点。2010 年江西省河流主要污染物为氨氮、石油类和粪大肠菌群（见表 5-4）。

表 5-4　2010 年鄱阳湖流域主要河流水质状况

河流名称	2010 年								2009 年
	Ⅰ类/%	Ⅱ类/%	Ⅲ类/%	Ⅳ类/%	Ⅴ类/%	劣Ⅴ类/%	达标率/%	水质状况	达标率/%
长江九江段	0.0	28.6	71.4	0.0	0.0	0.0	100.0	优	100.0
赣江	0.0	18.3	63.3	15.0	3.3	0.0	81.7	良好	80.0
抚河	0.0	46.7	26.7	26.7	0.0	0.0	73.3	轻度污染	80.0
饶河	0.0	52.9	11.8	23.5	0.0	11.8	64.7	轻度污染	70.6
信江	0.0	66.7	20.8	12.5	0.0	0.0	87.5	良好	87.5
修河	0.0	40.0	40.0	20.0	0.0	0.0	80.0	良好	100.0
袁水	0.0	6.3	75.0	18.8	0.0	0.0	81.3	良好	75.0

2. 鄱阳湖流域主要湖泊水质概况

2010 年，鄱阳湖流域主要湖库监测断面水质达标率（Ⅰ～Ⅲ类水质）为 68.0%，其中柘林湖和仙女湖水质为优。鄱阳湖 17 个监测点位Ⅲ类及以上水质比例为 52.9%,属轻度污染,主要污染物为总磷和总氮。鄱阳湖富营养化程度为轻度富营养,柘林湖和仙女湖均为中营养。近年来,鄱阳湖水质保持着中度营养到轻度富营养水平。

5.3.2 敏感水域水质

1. 湖区饮用水源地水质

目前鄱阳湖内分布的集中式饮用水源地主要为都昌县和星子县等处。2008年 3 月至 2009 年 1 月期间,江西省环境监测部门共进行了 6 次采样监测,对 27 项常规指标进行监测分析,指标分别为:水温、pH、溶解氧、高锰酸盐指数、BOD_5、氨氮、总磷、总氮、铜、锌、氟化物、砷、汞、镉、六价铬、铅、氰化物、挥发酚、石油类、LAS、硫化物、粪大肠菌群、硫酸盐、氯化物、硝酸盐、铁、锰。其中在丰水期的 7 月份和 9 月份,还增加了特征指标苯系物、卤代烃、多环芳烃的监测。监测评价结果表明,鄱阳湖区两处集中式饮用水水源地水质 27 项指标总体满足《地表水环境质量标准》GB 3838—2002)表 1 的Ⅲ类水质标准和表 2 的特定项目限值。

2. 自然保护区水质

目前鄱阳湖共建立了涉及水环境的自然保护区有 13 个(详见表 5-2),其中包括鄱阳湖南矶山湿地国家级自然保护区和鄱阳湖国家级自然保护区。

2008 年和 2010 年,以蚌湖和南矶山为代表,监测分析了两大国家级自然保护区水质(表 5-5)。鄱阳湖自然保护区水质总体优于南矶山湿地自然保护区。鄱阳湖国家级自然保护区水质总体保持在Ⅲ类水平,而南矶山湿地国家级自然保护区水质则相对较差,TN、TP 和 NH_4^+-N 的浓度较高,接近或达到Ⅴ类水质。

表 5-5 两大国家级自然保护区水质指标

项目	鄱阳湖自然保护区*		南矶山湿地自然保护区	标准(Ⅲ类)
	2008	2010	2010	
氨氮/(mg/L)	—	0.284	1.960	1.0
COD_{Cr}/(mg/L)	13.98	10.50	15.60	20
总氮/(mg/L)	1.28	0.885	3.080	1.0
总磷/(mg/L)	0.10	0.035	0.182	0.05
硝酸盐氮/(mg/L)	—	0.384	3.020	
透明度/cm	—	47	25	—
SS/(mg/L)	—	33	54	—

* 2008 年为蚌湖数据,2010 年为蚌湖和吴城两采样点的数据均值。

从调查结果看,鄱阳湖自然保护区蚌湖周边只有少量养殖珍珠的状况,该水域水质清澈,周边湿地和水生植物茂盛。而鄱阳湖南矶山湿地自然保护区由于距离污染相对较重的赣江南支、抚河、信江西大河等较近,大量的污染物输入可能是导致其水质较差的主要原因,但这也成为南矶山湿地丰富的动植物资源的饵料,进而成为候鸟的天堂大量鸟类的存在也是该区域水质较差的原因之一。

3. 重要养殖水域水质

鄱阳湖周边的军山湖、青岚湖等是鄱阳湖区重要的养殖水域。养殖螃蟹、珍珠、各种鱼类水产等都是鄱阳湖发展的内湖经济产业(熊小英和胡细英,2002)。

监测了有代表性的青岚湖水质,在 21 个监测指标中,有总氮、总磷、石油等三个指标超出《地表水环境质量标准》(GB 3838—2002)表 1 中的Ⅲ类标准值要求(表 5-6)。总氮和总磷超标分别为 83.3% 和 100%,石油类变幅较大,从未检出到超标 4.4 倍。总氮、总磷指标的变化与养殖业发展密切相关。因此,湖区水质如何变化,与水位、水量、稀释能力以及入湖污染负荷等多方面原因有关,是综合作用的结果。总体来看,水产养殖可能给湖水带来较多的总氮、总磷。

表 5-6　青岚湖区水质指标

项目	2008.3	2008.5	2008.7	2008.9	2008.11	2009.1	标准(Ⅲ类)
TN/(mg/L)	1.40	1.30	1.45	0.75	1.01	1.02	1.0
TP/(mg/L)	0.12	0.08	0.07	0.06	0.08	0.09	0.05
石油类/(mg/L)	0.08	0.03	0.01_L	0.01_L	0.27	0.02	0.05

4. 出湖水质

以 2008 年至 2010 年水质监测数据为依据,对鄱阳湖出湖断面的水质进行了分析(表 5-7)。由表 5-7 可见,影响湖口出湖监测断面水质的污染因子也是 TN 和 TP,但其指标值均接近Ⅲ类水质标准,鄱阳湖出水水质总体较好。

表 5-7　鄱阳湖出湖水质指标

监测年份	水质指标/(mg/L)		主要污染因子	水质类别
	COD	13.5		
2008	TN	0.90		
(均值)	TP	0.05	TN、TP	Ⅲ
	NH_4^+-N	—		

续表

监测年份	水质指标/(mg/L)		主要污染因子	水质类别
	COD	16.0		
2010	TN	0.89	TN、TP	Ⅲ
	TP	0.05		
	NH_4^+-N	0.489		

5.4 鄱阳湖水环境问题

5.4.1 入湖污染负荷逐年增加

鄱阳湖流域和环湖周边区域是江西省社会经济发展的重要区域,也是江西省农业的基础区域(赵其国等,2007)。进入鄱阳湖的污染物约 80% 由"五河"输入,湖区径流带入的污染物相对较少。2000 年江西省废污水排放量约 9.59 亿 t,至 2008 年达 13.89 亿 t,该期间废污水排放量平均约以 0.48 亿 t/a 的速度递增,化学需氧量排放量平均约以 1.2 万 t/a 的速度递增,氨氮排放量平均约以 0.13 万 t/a 的速度递增(见表 5-8 及图 5-24 至图 5-26)。

表 5-8 2000~2008 年江西省废污水及主要污染物排放量

年份	废污水排放量/亿 t			化学需氧量排放量/万 t			氨氮排放量/万 t		
	工业	生活	合计	工业	生活	合计	工业	生活	合计
2000	4.19	5.40	9.59	8.60	30.39	38.99	0.432	2.23	2.662
2001	4.15	5.79	9.94	9.78	31.71	41.49	0.456	2.44	2.896
2002	4.61	5.95	10.56	6.78	32.31	39.09	0.378	2.5	2.878
2003	5.01	6.18	11.19	8.66	33.55	42.21	0.459	2.62	3.079
2004	5.49	6.51	12.00	9.99	35.38	45.37	0.503	2.78	3.283
2005	5.40	6.93	12.33	11.14	34.59	45.73	0.76	2.67	3.43
2006	6.41	7.04	13.45	11.58	35.85	47.43	0.795	2.73	3.525
2007	7.14	6.99	14.13	11.14	35.73	46.87	0.84	2.87	3.71
2008	6.87	7.02	13.89	10.03	34.50	44.53	0.626	2.81	3.436

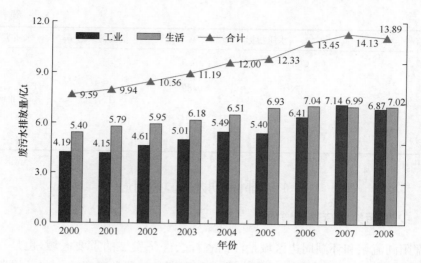

图 5-24　近年来江西省工业和生活废污水排放特征

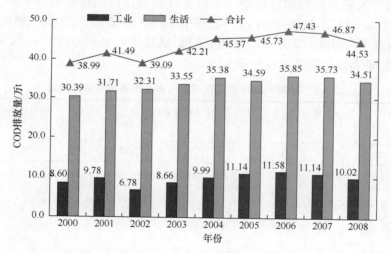

图 5-25　近年来江西省工业和生活 COD 排放特征

近年来,随着江西省经济社会的快速发展,鄱阳湖流域污染负荷呈现逐年增加趋势,尤其以滨湖区增加最为明显。据调查统计,入湖污染负荷来源主要有工业污染点源、城镇生活污染源、农业面源(包括田间化肥农药流失、畜禽养殖、水产养殖和农村生活污染源等)以及其他(大气沉降、候鸟携带、底泥释放等)。

农业面源污染负荷主要来源于畜禽养殖产生的粪便和废水、种植业化肥流失、水产养殖水域废水排放及农村生活污水和生活垃圾等方面(钟业喜等,2003)。鄱阳湖流域农业面源污染物产生量,总氮约为 10 万~12 万 t/a,总磷约为 5 万~6 万

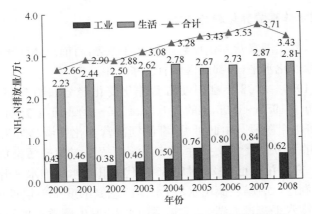

图 5-26　近年来江西省工业和生活氨氮排放特征

t/a。其中畜牧养殖业(主要为规模化养殖企业和养殖小区)约占 65%左右,种植业(田间尺度)约占 25%左右,水产养殖业约占 10%左右。

2007 年以后,节能减排行动和流域清洁生产等的实施初见成效,全流域污染物排放总量得到一定的控制。

5.4.2　鄱阳湖水质呈现下降趋势

根据环境保护部门公布的环境状况公报,2009~2012 年,鄱阳湖区Ⅲ类水质断面比例分别为 50%、52.9%、64.7%和 70.6%,Ⅰ、Ⅱ类水质已基本不存在,而Ⅲ类水质断面的比例则在增加。根据历史资料分析,长期以来鄱阳湖水质变化如图 5-27 所示,从 20 世纪 80 年代至今总体呈下降趋势,目前湖区Ⅰ~Ⅱ水质断面已由 20 世纪 80 年代的 80%以上趋近于消失,全湖Ⅲ类断面水质达标率明显下降,目前仅为 70%左右。

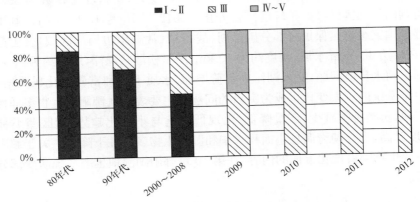

图 5-27　20 世纪 80 年代以来鄱阳湖水质变化趋势图

5.4.3　鄱阳湖水体富营养化趋势加重

近 30 年来,鄱阳湖富营养化指数呈现上升趋势,目前总体处于中营养水平,已经十分接近富营养化水平,局部湖区偶有水华发生。

具体来讲,1985~2008 年鄱阳湖富营养化变化趋势如图 5-28 所示。水体富营养化水平经历了 1985~1995 年的上升期、1995~2005 年上升期和 2000 年之后的高位波动期等三个阶段。由此可见,鄱阳湖富营养化发展趋势为呈逐年上升趋势,且上升速度在加快。受水文条件、水动力条件及入湖氮磷污染负荷等因素的影响,鄱阳湖总氮、总磷浓度已由 20 世纪 80 年代的 Ⅱ 类水标准水平升为现状总体Ⅳ类标准水,部分湖区(如莲湖、康山水域)水体的总氮浓度水平接近巢湖 2007 年平均水平,总磷浓度水平接近太湖 2007 年平均水平,发生藻类水华的风险较大。

图 5-28　鄱阳湖局部富营养化状况

近年来,鄱阳湖区发生了若干起水华事件,见图 5-28。2007 年 8 月中旬,鄱阳湖中心地带、国控断面-余干县康山乡袁家村附近湖区水域出现局部水华。调查发现,沿康山堤坝宽 200 m 左右,延伸约 1.5 km 地带(约 0.4 km²)呈现一片绿色水华带,持续时间约一周。2007 年 8 月 15 日补充监测数据,与 2007 年 8 月和 2006 年 8 月例行监测中康山断面数据相比,水质明显变差,富营养化指数为 55.7479,由此可判断该湖区已经处于轻度富营养化。2012 年 10 月 15 日、16 日,鄱阳湖南矶山湿地国家级自然保护区部分碟形湖(战备湖、常湖岸边局部区域)发生蓝藻水华,距离岸边 1~2 m 水域,长度约为 10 km,多呈松散状漂浮,厚度约为 0.5 cm。

鄱阳湖水环境问题,除入湖污染负荷增加、水质下降和富营养化风险增加外,其水生态系统的较大变化也成为突出的问题。主要表现在鄱阳湖生物多样性受到严重威胁,鱼类种类减少、产量降低、出现低龄化与小型化趋势、湖区藻类种类下降,密度升高,部分湖湾偶见小面积水华和湿地生物多样性下降等。关于鄱阳湖水生态主要生物类群变化方面的内容,在第 10 章鄱阳湖湿地生态系统演变部分将重点分析。

5.5.4　流域经济社会发展压力增加

1. 人口概况

鄱阳湖生态经济区面积占江西全省国土面积的 30.6%，但全区 2008 年末人口占到江西省总人口的 43.7%，人口比重较面积比重高出 13.1 个百分点；全区人口平均密度（包括鄱阳湖水域面积）达到 391.92 人/km²，是江西省平均人口密度 264 人/km² 的 1.48 倍，更是全国平均人口密度的 4 倍。在生态经济区的 38 个县市区中，除了浮梁县、德安县和永修县等五县人口密度低于江西省平均人口密度外，其他县市人口密度均超过江西省平均水平。根据预测，2007～2020 年间本区域常住人口增长率将保持在 0.66%～0.68%，2020 年达 2548.48 万；户籍人口将保持 1.175%～1.2% 的年增长率，充分显示了本区人口高度聚集的特征。

鄱阳湖区涉及滨湖 12 个县区，面积为 1.97 万 km²，占江西省国土面积的 11.68%，2008 年人口为 710.3 万人，占到江西省总人口的 16.14%，比面积比重高出 4.46 个百分点；全区人口平均密度（包括鄱阳湖水域湿地面积）达到 364.26 人/km²，比江西省平均人口密度多 100 人/km²。2008 年湖区总人口较 1953 年人口普查时的 264.6 万人（人口密度为 134 人/km²）净增 445.7 万人，人口密度增加了 230 人/km²。

2. 人口增长带来的压力

鄱阳湖周边区域是江西省人口密度最高的地区。其人口密度高于流域人口密度，人口剧增，给鄱阳湖生态系统带来巨大的压力。主要表现为以下几方面：

1）为了解决粮食生产问题，20 世纪 50 年代到 80 年代初，对鄱阳湖进行了大规模的围垦（围湖造田），围垦面积达 1210 km²，占 1950 年鄱阳湖面积 5050 km² 的 23.96%，使湖泊面积减少，容积缩小，大大降低了鄱阳湖调蓄洪水的功能。尽管 1998 年后，湖区实行了"退田还湖，移民建镇"，但围垦对鄱阳湖生态环境的影响仍未完全消除。

2）由于人口的增加，鄱阳湖区渔民的数量大大增加，捕捞船只数量猛增。1960 年全湖捕捞渔船仅八千余只，现在已超过 2 万只，5 万多名专业渔业人口（陆域无耕地），"僧多粥少"是鄱阳湖渔业生产面临的严峻现实。目前，鄱阳湖捕捞强度剧增，几乎达到了极限。尽管鄱阳湖实行了春季禁渔制度已 20 年，但至今鄱阳湖渔业资源仍难以恢复，渔业资源衰退的状况难以改观。

3）比较大的人口密度还加剧了湖区居民生活的贫困，也加剧了湖区居民对鄱阳湖资源的不合理索取，非法捕鱼、捕鸟等现象时有发生，致使湖区人与自然间的矛盾加深，形成了人口越增加、资源越减少与利用强度越大的恶性循环。

4）人口的增加，不仅对鄱阳湖资源造成了巨大压力，而且产生的生活污水和生活垃圾等污染物数量越来越大，进一步加大了入湖污染负荷。

3. 流域经济社会发展及其压力

2008 年江西省地区生产总值 6480.33 亿元,比上年增长 17.81%,连续六年实现 12% 以上增长。三次产业结构调整为 16.4：52.7：30.9。江西省确立了"以加快工业化为核心,以扩大开放为主战略"的发展思路,实施工业化战略。

2008 年鄱阳湖生态经济区生产总值达 3948.21 亿元,占江西省生产总值的 60.9%,三次产业结构比例为 10.1：55.9：34.0,人均生产总值为 16 135 元,为江西全省的 1.09 倍,也是江西省率先进入人均 1000 美元的区域。鄱阳湖生态经济区聚集了江西省的六大工业体系,其中以汽车、飞机制造、机械、电子、冶金、化工、医药、纺织为骨干的龙头企业,产品产量占江西省总产量 80% 以上。鄱阳湖生态经济区农业生产较发达,农产品量多质优,是我国重要的优质农产品生产供应基地,2008 年,粮食产量达到 92 亿 kg,占江西省总产量的 46.9%;人均粮食产量 502 kg,高出江西省平均水平 57 kg。鄱阳湖生态经济区是我国最大的环湖经济带,也是江西省城镇化发展最快地区,区域内城镇(县)密度为 108 个/万 km²,比江西省平均水平多 16.4 个/万 km²。区域社会经济发展及产业布局(包括区域工业化、城镇化和农业产业化)及进程加速将导致资源、环境与发展间的矛盾突出,生态环境保护压力加重。

(1) 对水土资源的需求明显增加

由于生态经济区处于工业化进程的初期,目前区内工业企业规模总体偏小,工业园区单位面积投资强度明显偏低,产业结构不合理,产业链短、关联度低。产品结构多为原料型、资源型,涉水型和高排放型产业比重偏大。

(2) 区域人口聚集加速

农村产业结构单一,人多地少,致富途径少,湖区农民收入偏低,快速致富心情迫切,过度依赖湖泊资源现象严重。

(3) 污染负荷增加,环境保护压力加大

湖区种植业比重偏大,化肥、农药施用水平较高,农业面源污染问题没有得到很好的解决。

5.5　本章小结

水环境安全是支撑鄱阳湖生态系统健康安全的重要因素。由流域、入湖河流、区间河流和湖盆及滨湖洲滩湿地等构成了完整的鄱阳湖生态系统。影响鄱阳湖水环境的因素众多,包括湖泊形态、河湖关系、江湖关系、入湖污染负荷、水文情势,以及湖区湿地生态系统的状况等。因此,保障生态系统的完整、健康和安全是保障鄱阳湖水环境安全的基础,也是保障鄱阳湖生态安全的核心内容。

鄱阳湖受水文、水动力条件及入湖氮磷污染负荷等因素的影响,其水质总体呈下降趋势。20 世纪 80 年代,鄱阳湖水质以Ⅰ、Ⅱ类水质为主,平均占 85%,Ⅲ类水占 15%,呈下降趋势;90 年代仍以Ⅰ、Ⅱ类水为主,平均占 70%,Ⅲ类水占 30%,下降趋势加快;进入 21 世纪,特别是 2003 年以后,Ⅰ、Ⅱ类水仅占 50%,Ⅲ类水占 32%,劣于Ⅲ类水占 18%,水质下降趋势明显。2009 年以来,Ⅰ、Ⅱ类水质已经不存在,Ⅲ类水质断面比例增加。近 30 年来,鄱阳湖富营养化指数总体呈上升趋势,目前总体处于中营养水平,已经十分接近富营养化水平,局部湖区偶有水华。

2010 年鄱阳湖五大水系及长江江西段水质状况良好,优于Ⅲ类水质断面比例为 80.5%。鄱阳湖流域湖库监测水质达标率(Ⅰ～Ⅲ类水质)为 68.0%,其中柘林湖和仙女湖水质为优,富营养化程度为中营养。

2010 年鄱阳湖流域"五河"源头保护区 10 个出水监测断面水质类别均为Ⅱ类,均达到水质目标。鄱阳湖区两处集中式饮用水源地水质 27 项指标总体基本满足《地表水环境质量标准》(GB 3838—2002)表 1 的Ⅲ类水质标准和表 2 的特定项目限值。

鄱阳湖自然保护区水质总体保持在Ⅲ类水平,而南矶山湿地自然保护区水质则相对较差,TN、TP 和 NH_4^+-N 的浓度,接近或达到Ⅴ类水质标准。鄱阳湖出水水质总体较好 TN 和 TP 指标值均接近Ⅲ类水质标准。

自 2003 年起,与鄱阳湖水质总体下降趋势相一致,来自农业面源、工业污染源和城镇生活的污染负荷逐年增加,尤其以滨湖地区增加最为明显,是导致鄱阳湖水质下降的主要原因,在平水期和枯水期表现尤为明显。流域经济社会发展压力增加,入湖污染负荷逐年增加,水质下降和水体富营养化趋势加重是目前鄱阳湖面临的主要水环境问题。

第6章 鄱阳湖水环境容量及入湖污染负荷

6.1 鄱阳湖及流域水环境容量

在给定水域范围和水文条件,既定排污方式和水质目标的前提下,单位时间内该水域最大允许负荷量,称作水环境容量。水环境容量的确定是水污染物实施总量控制的依据,是水环境管理的基础。

6.1.1 鄱阳湖水环境容量

以《全国重点湖泊水库生态安全保障方案编制技术指南》及《水域纳污能力计算规程》(GB/T 25173—2010)为依据,计算鄱阳湖水环境容量。

采用的水文分析及源强情况见表6-1和表6-2。选取化学需氧量(COD)、总磷(TP)、总氮(TN)三个指标估算,目标水质为《地表水环境质量标准》(GB 3838—2002)Ⅲ类水标准,化学需氧量环境容量计算公式选定湖库均匀混合模型,总磷、总氮环境容量计算公式选定湖库富营养化模型(狄龙模型)进行计算。

表 6-1 鄱阳湖区水文年及源强一览表

水文年(保证率)	典型年	源强因子(2007 年)	t/d
$P=20\%$	1992	COD	1688
$P=50\%$	1984	TN	320.5
$P=90\%$	1978	TP	18.8
现状年	2007		

资料来源:江西省水文局,等.江西五大水系对鄱阳湖生态影响研究.2008

表 6-2 鄱阳湖区各水文年水文条件

水文年	参数名称	全年	汛期	非汛期
20%保证率 (1992 年)	平均水位/m(星子水位)	13.34	16.07	10.61
	对应湖泊面积/km²	1520	2990	266
	对应容积/亿 m³	37.2	96.0	4.6
	入湖流量/(m³/s)	4900	6800	3000
	出湖流量/(m³/s)	5750	8660	2840

续表

水文年	参数名称	全年	汛期	非汛期
20%保证率 (1992 年)	综合衰减系数/s^{-1}	6.9×10^{-8}	6.9×10^{-8}	6.9×10^{-8}
	水质现状	COD 6.7 mg/L TP 0.036 mg/L TN 0.83 mg/L	COD 6.2 mg/L TP 0.028 mg/L TN 0.66 mg/L	COD 7.2 mg/L TP 0.064 mg/L TN 0.99 mg/L
50%保证率 (1984 年)	平均水位/m（星子水位）	13.53	16.30	10.76
	对应湖泊面积/km^2	1530	3050	350
	对应容积/亿 m^3	39.2	102.7	7.1
	入湖流量/(m^3/s)	3700	5920	1480
	出湖流量/(m^3/s)	4470	6820	2120
90%保证率 (1978 年)	平均水位/m（星子水位）	11.98	14.14	9.82
	对应湖泊面积/km^2	1000	2070	115
	对应容积/亿 m^3	16.2	49.2	3.0
	入湖流量/(m^3/s)	2760	4130	1410
	出湖流量/(m^3/s)	3020	4430	1610
2007 年	平均水位/m（星子水位）	11.83	14.28	9.38
	对应湖泊面积/km^2	807	2200	95
	对应容积/亿 m^3	14.1	57.9	2.1
	入湖流量/(m^3/s)	2576	3536	1616
	出湖流量/(m^3/s)	3210	3978	2442

资料来源:江西省水文局,等. 江西五大水系对鄱阳湖生态影响研究. 2008

1. 计算模型

COD 的环境容量计算模型:

$$M = \left[C_s - \frac{m + m_0}{K_h V} - \left(C_0 - \frac{m + m_0}{K_h V} \right) \exp(-K_h t) \right] Q$$

式中,M 为环境容量,g/s;$K_h = \dfrac{Q}{V} + K$ 为中间变量,s^{-1},K 为综合衰减系数,s^{-1};m 为排污口污染物入湖(库)速率,g/s;$m_0 = C_0 Q$ 为湖(库)现有污染物排放速率,g/s;V 为湖(库)容积,m^3;Q 为湖(库)出流量,m^3/s;t 为计算时段长,s;C_0 为水质现状浓度值,mg/L;C_s 为水质目标浓度值,mg/L。

湖(库)中氮、磷的环境容量计算模型:

$$M = L_s \cdot A$$

$$L_s = \frac{P_s h Q}{(1 - R_p) V}$$

式中,M 为氮、磷最大允许负荷量,mg/a;L_s 为单位湖(库)水面积氮、磷最大允许负荷量,mg/(m^2 · a);A 为湖(库)水面积,m^2;V 为湖(库)设计水量,m^3;P_s 为湖(库)中磷、氮的年平均控制浓度,mg/m^3;R_p 为湖(库)氮、磷滞留系数,a^{-1},$R_p =$ $1-\dfrac{W_出}{W_入}$;$W_出$ 为年出湖(库)氮、磷量,mg/a;$W_入$ 为年入湖(库)氮、磷量,mg/a;h 为平均水深,m;其余符号意义同前。

2. 计算结果

鄱阳湖典型水文年的水环境容量计算结果如表 6-3 和图 6-1 所示。可见,在典型年 1984 年(即 $P=50\%$ 保证率)现状水文条件下,以Ⅲ类水为控制目标,鄱阳湖全年和汛期对化学需氧量、总磷、总氮的环境容量均有一定盈余;非汛期鄱阳湖对化学需氧量的环境容量有一定盈余,总磷和总氮的现状入湖量分别超过水环境容量约 2774 t/和 43 508 t/a。

表 6-3　不同方案水环境容量分析成果

方案	水期	COD/(t/d)	TP/(t/d)	TN/(t/d)
水环境容量				
20%保证率 (1992 年)	全年	6293.1	30.3	545.9
	汛期	9014.1	45.6	822.2
	非汛期	3725.7	15.0	269.6
50%保证率 (1984 年)	全年	4769.5	23.5	424.4
	汛期	7874.9	35.9	647.5
	非汛期	1846.2	11.2	201.3
90%保证率 (1978 年)	全年	3536.7	15.9	286.7
	汛期	5461.2	23.3	420.6
	非汛期	1752.2	8.5	152.9
2007 年	全年	3300.9	16.9	305.1
	汛期	4675.8	21.0	378.1
	非汛期	2008.2	12.9	232.1
剩余环境容量				
20%保证率 (1992 年)	全年	4605.1	11.5	225.4
	汛期	7326.1	26.8	501.7
	非汛期	2037.7	−3.8	−50.9
50%保证率 (1984 年)	全年	3081.5	4.7	103.9
	汛期	6186.9	17.1	327
	非汛期	158.2	−7.6	−119.2

续表

方案	水期	COD/(t/d)	TP/(t/d)	TN/(t/d)
90%保证率 (1978年)	全年	1848.7	−2.9	−33.8
	汛期	3773.2	8.5	100.1
	非汛期	64.2	−10.3	−167.6
2007年	全年	1612.9	−1.9	−15.4
	汛期	2987.8	2.2	57.6
	非汛期	320.2	−5.9	−88.4

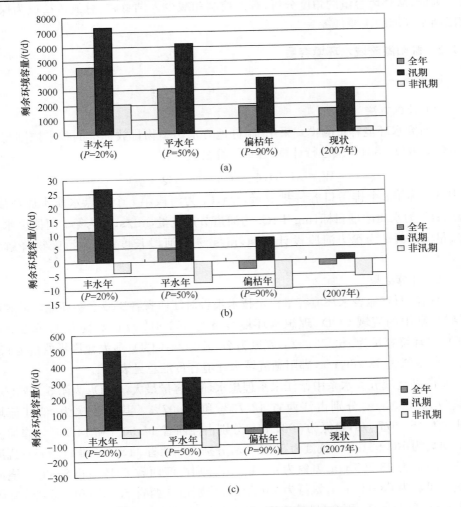

图 6-1　不同水文条件下鄱阳湖剩余环境容量

(a) COD；(b) TP；(c) TN

　　类似 2007 年的偏枯水文条件下,以Ⅲ类水为控制目标,汛期鄱阳湖化学需氧量、总磷、总氮环境容量均有一定盈余;全年鄱阳湖化学需氧量环境容量有一定盈余,总磷和总氮的现状入湖量分别超过其环境容量的 693.5 t/a 和 5621 t/a,也就是说在现状污染负荷情况下,总磷需削减 10%以上,总氮需削减 5%以上。

　　综上所述,鄱阳湖水环境容量丰水年大于平水年,平水年大于枯水年;汛期较大。丰、平、枯水年鄱阳湖化学需氧量的环境容量均有一定盈余;汛期鄱阳湖总磷、总氮的环境容量有一定盈余,非汛期时总磷、总氮的现状入湖量均超过其环境容量。因此,从环境容量的角度分析,有效控制和减少入湖总磷、总氮负荷成为保护鄱阳湖水环境的主要任务。

6.1.2　鄱阳湖流域水环境容量

　　1. 模式一

　　(1) 计算方法

　　本研究水环境容量测模式采用《制订地方水污染物排放标准的技术原则与方法》(GB 3839—83)模式进行计算,容量计算公式为:

$$W_i = 31.54(C_s - C_i e^{-\frac{Kx}{86.4u}})(Q_i + q_i)$$

式中,W_i 为第 i 个排污口容许排放量,t/a;C_i 为河段第 i 个节点水质本底浓度,mg/L;C_s 为水质浓度目标,mg/L;Q_i 为河道节点流量,m³/s;q_i 为第 i 河段废水入河流量 m³/s;u 为第 i 河段设计流速,m/s;x 为河段长度;K 为污染物降解系数,d⁻¹。

　　(2) 计算结果

　　根据江西省地表水环境容量核定技术报告对江西省各流域水系环境容量的计算结果,鄱阳湖流域 COD_Cr 理想水环境容量为 966 812 t/a,氨氮为 41 673 t/a;COD_Cr 水环境容量为 762 761 t/a,氨氮为 26 970 t/a;COD_Cr 最大允许排放量为 933 850 t/a,氨氮为 32 269 t/a,鄱阳湖流域水环境容量汇总见表 6-4。

　　鄱阳湖流域五大水系中赣江水系理想水环境容量最大,COD_Cr 为 495 767 t/a,氨氮为 22 060 t/a,分别占江西省 42.73%和 45.07%。其余依次为:信江流域 COD_Cr 为 165 977 t/a,氨氮为 7031 t/a,分别占江西省 14.30%和 14.36%;修河流域 COD_Cr 为 133 951 t/a,氨氮为 5385 t/a,分别占江西省 11.54%和 11.00%;抚河流域 COD_Cr 为 98 205 t/a,氨氮为 4354 t/a,分别占江西省 8.46%和 8.89%;饶河流域 COD_Cr 为 63 025 t/a,氨氮为 2467 t/a,分别占江西省 5.43%和 5.04%,鄱阳湖水系(区间自产流,不含过境)COD_Cr 为 9887 t/a,氨氮为 376 t/a,分别占江西省 0.85%和 0.77%。

表 6-4 鄱阳湖流域各水系容量汇总表

水系	理想水环境容量/(t/a)				水环境容量/(t/a)		最大允许排放量/(t/a)		多年平均径流量/亿 m³
	COD$_{Cr}$	占江西省比例/%	氨氮	占江西省比例/%	COD$_{Cr}$	氨氮	COD$_{Cr}$	氨氮	
赣江水系	495 767	42.73	22 060	45.07	421 418	16 278	524 417	19 644	637.9
抚河水系	98 205	8.46	4 354	8.89	78 967	3 293	84 508	3 658	139.5
信江流域	165 977	14.30	7 031	14.36	109 160	2 536	120 952	3 107	165.8
修河水系	133 951	11.54	5 385	11.00	103 129	3 481	137 530	4 224	108.5
饶河水系	63 025	5.43	2 467	5.04	41 590	1 086	56 518	1 297	107.6
鄱阳湖水系	9 887	0.85	376	0.77	8 497	296	9 925	339	234.0*
鄱阳湖流域汇总	966 812	83.31	41 673	85.13	762 761	26 970	933 850	32 269	1393.3

资料来源:江西省环境保护科学研究院.江西省地表水环境容量核定技术报告.2004

* 引自:水利部长江水利委员会.鄱阳湖区综合治理规划.2012

2. 模式二

(1)计算模型和参数

河流水环境容量采用一维水质模型计算。其计算示意图见图 6-2。

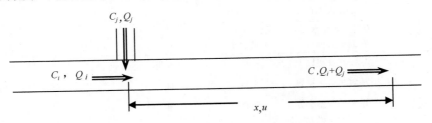

图 6-2 河流水环境容量计算的示意图

计算过程中,假定"五河"各河段满足以下条件:①均属于宽浅河段;②污染物排放口均设在各计算断面,且污染物在较短的时间内基本能均匀混合;③污染物浓度在断面横向方向变化不大,横向和垂向的污染物浓度梯度可以忽略。

其计算公式如下:

$$W = 86.4 C_j Q_j = 86.4(C_s e^{Kx/86.4u} - C_i)(Q_i + Q_j)$$

式中,W 为环境容量,kg/d;C_i,Q_i 分别为水环境功能区段入口浓度和流量,mg/L,m³/s;C_j,Q_j 分别为排污口污水浓度和流量,mg/L,m³/s;C_s,$Q_i + Q_j$ 分别为水功能区段出口浓度(达标浓度)和流量,mg/L,m³/s;x 为水功能区段长度,m;u 为水功能区段河流流速,m/s;K 为污染物降解系数,d^{-1}。

　　水功能区段长度数据直接从相关研究成果中获得,水功能区段河流流速根据《全国水环境容量核定技术指南》选定,污染物降解系数则参照了《赣江流域环境遥感与数字化环境管理》的研究成果选定,水量及污染物浓度来自于江西省水利部门和环保部门发布的数据,其中,浓度数据仅有 2000 年、2004 年及 2007 年三年数据,流量数据从 1955 年至 2008 年。断面水质目标根据《江西省地表水(环境)功能区划登记表》确定,见表 6-5。

表 6-5　河流各断面目标水质确定

河流	断面位置	断面名称	水功能区划要求	目标水质 C_s/(mg/L)	
				氨氮	COD$_{Mn}$
赣江	赣州市以上	瑞金大桥	Ⅲ	1	6
	赣州市与万安交界	新庙前	Ⅲ	1	6
	新干与樟树交界	新干大洋洲	Ⅲ	1	6
	丰城与南昌交界	丰城拖船埠	Ⅲ	1	6
	赣江入湖口	吴城赣江	Ⅱ	0.5	4
抚河	抚州市以上	广昌水厂	Ⅱ～Ⅲ	0.75	5
	抚州与进贤交界	李渡	Ⅲ	1	6
信江	上饶市以上	七一水库	Ⅱ～Ⅲ	0.75	5
	弋阳与贵溪交界	弋阳	Ⅲ	1	6
	余江与余干交界	双凤街	Ⅳ	1.5	10
	信江入湖口	梅港	Ⅳ	1.5	10
修河	潦河汇入修水界面	潦河河口	Ⅲ	1	6
	修河入湖口	吴城修水	Ⅱ	0.5	4
饶河	乐安江德兴以上	梅口	Ⅱ～Ⅲ	0.75	5
	德兴与乐平交界	戴村	Ⅲ	1	6
	乐平与波阳交界	镇桥	Ⅲ	1	6
	昌江汇入乐安江界面	鄱阳花园	Ⅲ	1	6
	饶河入湖口	赵家湾	Ⅳ	1.5	10

　资料来源:江西省水利厅,江西省环境保护局.江西省地表水(环境)功能区划.2006

　　(2) 计算结果

　　将水环境容量分为理想容量和实际容量两类,理想容量是指水体在满足功能要求前提下可容纳污染物的最大量,实际容量是指水体在满足功能要求前提下,扣除已容纳污染物的量后,还可容纳污染物的量。当水体中某一污染物超标,则该水体这种污染物的实际容量为零。在污染物未超标的情况下,理想容量为实际容量和已容纳污染物量的总和。根据上述的理论基础,计算出 2004 年(近年来最枯水文年)"五河"各河段的水环境容量值(表 6-6)。

表 6-6 2004 年平水期河流各河段水环境容量

河流	断面位置	断面名称	氨氮/(t/a)		COD_Mn/(t/a)	
			实际容量	理想容量	实际容量	理想容量
赣江	赣州市以上	瑞金大桥	12 148.7	14 012.3	31 471.5	82 055.0
	赣州市与万安交界	新庙前	0	18 872.0	65 821.1	111 430.0
	新干与樟树交界	新干大洋洲	28 591.3	42 443.9	156 025.5	240 037.4
	丰城与南昌交界	丰城拖船埠	36 033.5	41 245.8	153 818.5	245 135.0
	赣江入湖口	吴城赣江	20 550.2	27 198.3	46 807.7	210 725.8
抚河	抚州市以上	广昌水厂	191.2	893.7	4 973.6	5 910.4
	抚州与进贤交界	李渡	5 161.3	6 694.7	18 582.3	38 578.3
信江	上饶市以上	七一水库	402.9	413.8	1 108.9	2 740.8
	弋阳与贵溪交界	弋阳	1 586.4	5 291.5	23 698.3	30 968.6
	余江与余干交界	双凤街	13 056.9	13 634.6	73 660.0	89 328.1
	信江入湖口	梅港	13 992.4	15 074.9	70 652.7	99 949.8
修河	潦河汇入修水界面	潦河河口	453.3	2 480.1	2 047.3	12 283.4
	修河入湖口	吴城修水	11 855.1	12 340.9	68 852.9	98 001.3
饶河	乐安江德兴以上	梅口	2 749.2	5 318.6	1 748.3	35 116.3
	德兴与乐平交界	戴村	9 903.1	10 377.4	46 026.8	61 466.8
	乐平与波阳交界	镇桥	9 392.9	12 464.6	33 312.7	73 352.3
	昌江汇入乐安江界面	鄱阳花园	1 777.5	4 085.9	12 301.9	23 843.5
	饶河入湖口	赵家湾	20 487.6	24 058.3	115 040.5	159 278.7

从表 6-6 可见,赣江不同河段水环境容量存在差异,其中位于干流上游河段(赣州与万安交界以上)氨氮容量为零,表明该河段已受到较严重污染;下游入湖口以上河段氨氮、COD_Mn 容量也较小,该河段也受到了较严重污染;其他河段的实际容量与理想容量比较接近,表明该河段的污染负荷较小。抚河水系各河段实际容量与理想容量有一定差距,表明抚河水系受污染相对较轻。信江水系各河段的实际容量与理想容量也有一定差距,具有一定的容量,但是上游河段所剩量较小。饶河水系各河段的实际容量与理想容量也有一定空间,但是在入湖口以上河段氨氮的实际容量与理想容量相差较大,该河段已经受到一定程度氨氮污染。修河水系的支流潦河水环境容量相对较小,实际容量与理想容量有较大的空间,但是修河入湖口以上河段的理想容量与实际容量的差距较小,表明该河段入湖污染负荷较小,水质相对较好。

总体来看,鄱阳湖五大水系的实际容量与理想容量均有一定的空间(除赣江的赣州市与万安水库交界以上河段的氨氮容量为零)，表明鄱阳湖五大水系均具有一定的水环境容量，但是各条水系的水环境容量差异较大(图 6-3)。

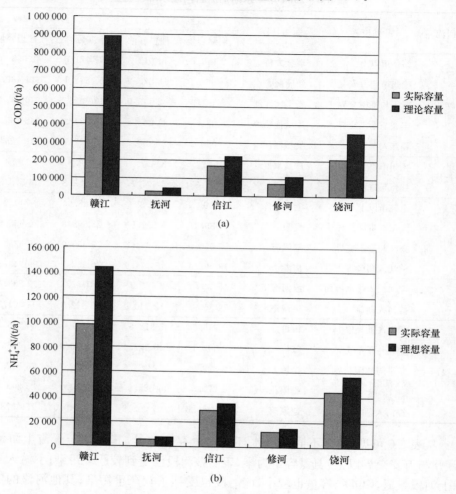

图 6-3　鄱阳湖流域"五河"水环境容量

(a) COD；(b) NH$_4^+$-N

　　由此可见，鄱阳湖流域各水系氨氮实际环境容量比重较 COD$_{Mn}$ 大，实际容量占理想容量的 70% 以上，而 COD 实际容量只是理想容量的 50% 左右。各水系实际容量与理想容量的比值以信江和修河最大，表明信江和修河水系具有更大的水环境容量，而赣江相对较小，表明赣江所承载的污染物负荷最大，受到污染程度最严重。

6.2　鄱阳湖流域入湖污染负荷特征

6.2.1　鄱阳湖流域污染物排放特征

鄱阳湖入湖污染负荷主要由"五河"输入,湖区径流带入的污染物相对较少。其主要来源是流域内城镇生活污水、厂矿企业工业废水、农业面源与地表径流以及湖区人类活动的直接排放。据统计,2000～2008 年间,鄱阳湖流域工业及城镇污水排放量平均每年约以 0.48 亿 t 的速度递增,COD_{Cr} 和 NH_3-N 排放量也在增加。2010 年鄱阳湖流域废污水排放为 16.06 亿 t,其中城镇生活污水排放量 8.81 亿 t,集中处理率 69.30%;工业废水排放量 7.25 亿 t,达标率 94.18%。

相关研究结合各流域水量、水质统计,结合污染物排放预测、污染物削减水平及河流自净能力,估算了 2004～2007 年"五河"及鄱阳湖区对鄱阳湖的典型污染物通量(表 6-7)。COD_{Cr} 输入赣江的贡献率最大,依次为信江、抚河、修河、饶河和鄱阳湖区,TN 输入为赣江＞鄱阳湖区＞饶河＞信江＞抚河＞修河(与前述的氨氮排序不一致,尤其是湖区贡献排序),TP 输入为赣江＞鄱阳湖区＞饶河＞修河＞信江＞抚河。

表 6-7　"五河"及鄱阳湖区对鄱阳湖主要污染物的输入均值

流域/区域		COD_{Cr}	TN	TP
饶河	入湖通量/t	42 994.7	5 886.0	1 863.7
	比例/%	4.80	4.32	9.76
修河	入湖通量/t	75 933.4	5 229.7	1 420.4
	比例/%	8.47	3.84	7.44
赣江	入湖通量/t	557 590.3	84 399.3	10 517.8
	比例/%	62.2	61.9	55.1
抚河	入湖通量/t	90 746.8	5 237.7	649.8
	比例/%	10.1	3.84	3.40
信江	入湖通量/t	121 056.8	5 265.8	1 288.9
	比例/%	13.5	3.86	6.75
鄱阳湖区	入湖通量/t	7 712.0	30 253.4	3 354.2
	比例/%	0.86	22.2	17.6
合计	入湖通量/t	896 034.0	136 271.9	19 094.8

资料来源:江西省环境保护科学研究院等,鄱阳湖控制工程水环境影响初步研究,2008

目前,随着城镇污水处理厂及其配套管网的建设和投运,以及工业园区污水处理厂的建设速度加快,鄱阳湖流域及湖区工业和城镇生活污水已得到有效治理。

根据污染源普查数据,受纳水体为鄱阳湖的工业企业产生的废水类型主要以建筑材料制品制造废水和食品加工制造业废水为主。与此同时,江西省推行积极的环境管理政策,实施鄱阳湖生态经济区功能分区,划定滨湖保护区,禁止新建污染源项目;推进污染物总量的工程减排、结构减排、管理减排等,在"十二五"期间,继续加大对 COD_{Cr} 和 NH_4^+-N 的总量控制;推进企业入园,积极引进和开发无废或少废,节水工业技术,减少污水排放量;加强工业园区污染监管水平等,通过以上措施,将大大改善"五河"、鄱阳湖区及鄱阳湖水环境状况,提高水资源的综合利用率,实现经济效益、社会效益和生态效益的统一。

农业面源污染也是输入鄱阳湖的主要污染源,主要来源于畜禽养殖产生的粪便和废水、种植业化肥农药流失、水产养殖水域废水排放及农村生活污水和生活垃圾等四个方面。据资料介绍,2008 年鄱阳湖区耕地平均施用化肥折纯量 478.7 kg/hm²,是世界平均施用量的 2.4 倍,与 1998 年比较,平均每年增长 2.5％。化肥利用率只有 30％~40％,其余 60％~70％进入环境。2009 年,江西省畜禽污染物 COD_{Cr} 产生量为 45.47 万 t,氨氮产生量为 0.46 万 t。由于污染治理设施的缺乏,导致大量的污染物进入周边环境,并最终进入鄱阳湖。

不同时段面源产生及分布情况:由于农业生产活动的季节性较强,施肥主要在春季和秋季,而湖区 9~10 月的晚稻灌溉需水约为总量的 30％以上,春秋两个重要的农业生产过程导致较大量的农田面源污染负荷入湖。因此,鄱阳湖汛前和枯水期水质与农田面源污染具有一定关系。

6.2.2　鄱阳湖区污染物排放特征

1. 鄱阳湖区工业污染源调查及评价

相关研究选择鄱阳湖环湖 11 个县(市、区)作为研究对象,对鄱阳湖区的污染源进行了调查,调查采用 2008 年江西省工业污染普查数据,2007 年鄱阳湖区工业废水排放量为 7199.77 万 t,工业废水排放达标率 93.89％;化学需氧量排放量约 1.035 万 t,氨氮排放量约 132.68 t,石油类排放量约 118.92 t,挥发酚排放量 4.85 t,氰化物排放量 20.46 t,鄱阳湖区个县区工业污染源排放情况见表 6-8。

表 6-8　2007 年鄱阳湖区各县(区)工业污染源排放状况一览表　　　　单位:t

县区	废水排放总量	COD_{Cr}	氨氮	石油类	挥发酚	BOD_5	总砷	总铬	铅	镉
南昌	7 786 975.7	3118.75	45.23	21.77	0.01	796.37	3.24	0	8.78	0.81
新建	650 151.72	313.02	5.44	12.09	0	63.63	0	5	8.25	0
进贤	1 963 867.5	866.15	12.03	23.31	0	82.22	0	0.14	2.83	0
永修	6 895 615	666.06	3.16	1.18	0.02	99.81	3.02	0	3.56	0.12

续表

县区	废水排放总量	COD$_{Cr}$	氨氮	石油类	挥发酚	BOD$_5$	总砷	总铬	铅	镉
德安	3 028 188	468.93	24.64	0.44	0	85.11	51.85	0	6.38	2.55
余干	142 870.04	369.83	3.3	0.02	0	7.49	0	0	3.9	0
星子	2 638 793.9	194.52	0	0.93	0	0	0	0	0	0
庐山	19 256 729	1 832.11	3.98	24.19	0.02	58.24	0	0	5	0.25
湖口	10 845 264	353.91	9.67	22.56	4.8	1.49	14.13	0	0	0
鄱阳	16 401 442	1 423.33	2.84	10.32	0	39.07	0.17	0	0.34	0.06
都昌	155 417	60.28	1.79	0.96	0	28.85	0	0	0	0

资料来源:2008 年江西省工业污染普查数据

2. 湖区面源调查及评价

面污染源可分为农田化肥农药污染源、禽畜养殖污染源、农村生活污染源和水产养殖污染源四个方面,分别进行统计和分析。

（1）化肥农药污染源

根据统计资料,鄱阳湖区各县（区）施用的氮肥以尿素、碳酸氢氨为主,磷肥以过磷酸钙为主,复合肥以磷酸二氢钾为主。

调查采用 2005 年农业基础数据作为基数,鄱阳湖湖区耕地化肥施用量为80.936 万 t,其中氮肥 27.197 万 t,占 33.6％,磷肥 20.191 万 t,占 25.0％,钾肥9.311 万 t,占 11.5％,复合肥 24.236 t,占 29.9％,见表 6-9。

表 6-9　鄱阳湖区化肥施用情况统计及施用 N、P 情况表

区域	施用量/万 t					N、P 含量/t	
	合计	氮肥	磷肥	钾肥	复合肥	含氮量	含磷量
合计	80.936	27.197	20.191	9.311	24.236	105 234.92	128 034.02

农药以有机磷类为主,其平均施用量为 35.7 kg/(hm^2 · a),总农药施用量为10 990 t。由于农药施用产生的氮磷污染负荷相对较小,本次统计暂不考虑。

根据已有的研究成果,考虑化肥含氮量、含磷量、流失率（根据相关研究测算排污系数取 0.3）以及各区县进入鄱阳湖水体的比例,计算出化肥施用进入鄱阳湖水体的 TN 为 10 032.9 万 t/a,TP 为 10 957.71 万 t/a。

（2）畜禽养殖污染源

畜禽粪便成为非点源污染主要通过以下几种途径:一是畜禽粪便作为肥料施用后,粪便中氮、磷从耕地淋失;二是由于畜禽生产中不恰当的粪便贮存,氮、磷养分的渗漏;三是不恰当的贮存和田间运用养分中散发到大气中的氮;四是没有进行充分的废水处理,污染物直接排放到农田。畜禽粪尿排泄系数见表6-10。另外,根据相关研究成果,本研究畜禽污染物进入水体量按照产生量10%进行估算。

表 6-10 畜禽粪尿污染物排泄系数

污染物	猪粪	猪尿	牛粪	牛尿	家禽
TN 当量数/[kg/(头·a)]	2.34	2.17	31.90	29.20	0.28
TP 当量数/[kg/(头·a)]	1.36	0.34	8.61	1.46	0.15

据统计,鄱阳湖湖区 11 区县 2005 年末约有牲猪存栏 219.81 万头,牛 35.996 万头,家禽 3508.55 万只,见表6-11。根据家畜、家禽数量以及排泄系数(表 6-10),计算畜禽粪尿中 TN、TP 数量,结果见表6-11。

表 6-11 鄱阳湖区域 11 区县畜禽粪尿污染物排泄量及流失量

区域	家畜/头		家禽/百只			污染物排放量/t	
	猪	牛	鸡	鸭	鹅	TN	TP
德安	80 738	4 556	18 373	1 163	53	1 191.00	476.97
都昌	125 316	15 620	3 470	361	0	1 626.83	427.80
湖口	65 144	5 934	4 032	339	25	779.45	236.44
进贤	350 600	67 686	34 301	14 011	1492	7 111.33	2 024.68
庐山区	35 705	2 443	3 235	0	0	400.88	133.82
南昌县	593 982	39 568	31 151	91 748	5 385	8 688.42	3 332.48
鄱阳	211 688	111 200	23 992	24 308	372	9 111.85	2 209.73
新建	394 626	64 219	24 034	13 496	1 160	6 786.86	1 897.90
星子	54 886	4 754	5 613	2 866	14	775.81	268.57
永修	72 619	15 522	4 599	4 357	39	1 527.77	414.68
余干	212 800	28 457	18 711	14 558	3 597	3 730.70	1 201.31
合计	2 198 104	359 959	171 511	167 207	12137	41 730.88	12 624.39

根据鄱阳湖区年畜禽污染物产生量,并结合各区县污染物进入鄱阳湖的流失系数(根据测算,取污染物产生量的 10%),鄱阳湖区各县区畜禽养殖进入鄱阳湖水体 TN、TP 数量见表 6-12。

表 6-12　环湖 11 区县畜禽养殖进入鄱阳湖水体 TN、TP 量

区域	TN/t	TP/t
德安	119.09	47.70
都昌	162.68	42.78
湖口	15.59	4.73
进贤	426.68	121.48
庐山区	34.07	11.38
南昌县	43.44	16.66
鄱阳	182.24	44.19
新建	135.74	37.96
星子	77.58	26.86
永修	7.64	2.07
余干	93.27	30.03
合计	1298.02	385.84

（3）农村生活污染源

生活污染源主要来源于区域内农村人口的生活污水和人粪尿等。根据相关研究确定生活污染物的排污系数及流失系数，见表 6-13。

表 6-13　农村生活污染物的排放系数及流失系数

项目	农村污水	人粪尿
TN/[kg/(人·a)]	0.58	3.06
TP/[kg/(人·a)]	0.15	0.52
流失率/%	65.00	20.00

2007 年鄱阳湖区域农业人口 575.2 万人，推算出农村生活污染物 N、P 产生量，根据生活污染物 TN、TP 的产生量、各区县进鄱阳湖水体比例以及流失率，计算生活污染物 TN 和 TP 进入鄱阳湖的数量，见表 6-14。

表 6-14　湖区生活污染物中 N、P 排放量以及入湖数量统计表

区域	人口/万人		排放量/t		进入鄱阳湖数量/t	
	全县人口	农业人口	TN	TP	TN	TP
合计	709.30	575.20	20 937.28	3 853.84	2 172.24	442.57

从表 6-14 可以看出，鄱阳湖区农业区域年均生活污染物进入水体的 TN、TP

总量分别为2172.24 t、442.57 t。

（4）水产养殖污染源

根据研究结果，内陆水产养殖，按 1 kg 杂食性鱼类向环境中排放氮、磷分别为 0.028 kg、0.0046 kg，2005 年鄱阳湖水产品养殖产量 49.45 万 t 计算，鄱阳湖区渔业养殖向环境中排放的 TN、TP 分别约 13845.9 t 和 2274.7 t。由于投饵行为一般只发生在精养鱼塘，鄱阳湖区内水域并未投饵，且湖区鱼类被捕捞后还带走部分氮磷。因此，实际入湖量按水产养殖排向环境中氮磷的 20% 比例计算（表 6-15）。

鄱阳湖区面源污染中进入鄱阳湖水体的 TN 为 18 440.51 t，TP 为 14 303.53 t。其中不合理的化肥使用和水产养殖是 TN、TP 的主要来源（详见表 6-16）。

表 6-15　水产养殖排放 N、P 以及进入鄱阳湖水体量

区域	水产养殖产量/t	排放量/t		进入鄱阳湖水体量/t	
		TN	TP	TN	TP
合计	494 497	13 845.92	2274.69	4855.2	797.6

表 6-16　鄱阳湖区域面源污染负荷汇总表

区域	TN					TP				
	小计	化肥污染源	畜禽养殖污染源	生活污染源	水产养殖污染源	小计	化肥污染源	畜禽养殖污染源	生活污染源	水产养殖污染源
合计/t	18358.3	10032.9	1298.02	2172	4855.17	12583.7	10957.7	385.84	442.6	797.63
比例/%	100.00	54.7	7.07	11.8	26.4	100.00	87.1	3.07	3.52	6.34

6.2.3　鄱阳湖流域入湖污染负荷及来源解析

1. 鄱阳湖流域入湖污染负荷

污染物进入鄱阳湖水体的方式多样，来源复杂，加之相关基础研究成果缺乏。因此，相关研究对鄱阳湖入湖污染负荷的确定采用概化水文单元分别计算的方法进行，即在湖区周边划定若干个污染控制单元，对各单元按照主要污染物浓度与入湖水量相乘的方法计算。

入湖水量分为河流控制断面水量和分区内降雨产生的径流量两部分。除分区外，本研究还综合考虑了湖区降雨带入的污染物负荷。选择总量控制指标 COD_{Cr} 和湖泊污染控制主要指标 TN 和 TP 作为鄱阳湖入湖污染负荷计算指标。

入湖污染负荷控制单元采用以下原则确定，有河流入湖的单元在河流入湖口设置入湖断面，无河流入湖的单元在典型污染影响湖泊水质点或典型环境保护监测点为归纳概化的入湖断面，对于一些产污和排污特征区分明显的单元，设置两个入湖断面，按一定面积比例分别估算入湖负荷。单元划分还考虑行政区划、地貌特征、土地利用方式、经济发展水平等因素,共确定 21 个入湖断面,其具体的点位、分区、控制面积等分区及概化点位示意图见图 6-4。

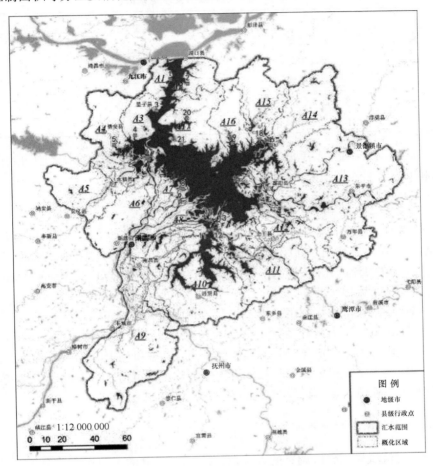

图 6-4　鄱阳湖虚拟入湖断面示意图

鄱阳湖"五河"及区间河流控制断面基流量采用"五河"控制站多年水量及区间河流产水量确定。2008 年采用当年江西省水资源公报数据确定,区间河流水量将湖区径流减去降雨径流后按产水量比例计算得出。

"五河"控制断面基础水量的年内分配按照"五河"流域多年逐月平均降水量的分配至各月,区间河流按照湖区多年逐月平均降水量分配。

由于赣江等大型河流进入尾闾地区分为多支,为更加准确估算入湖污染负荷及空间分布,在分区中将这些区域分成了若干区和若干虚拟点,为此,通过查阅文献和采用专家咨询的方法,确定了不同水期河流尾闾水量占河流水量的比例关系,主要是赣江和信江,如表 6-17 所示。根据鄱阳湖流域多年水情变化,将每年的 5～

8月作为丰水期,11月至次年2月为枯水期,3~4月、9~10月为平水期。

表 6-17　赣江、信江分支水量系数

水系	分支	丰水期	平水期	枯水期
赣江	赣江主支	0.60	0.65	0.70
	赣江中支	0.10	0.10	0.10
	赣江南支	0.30	0.25	0.20
信江	信江西支(西大河)	0.65	0.60	0.70
	信江西支(东大河)	0.35	0.40	0.30

在此基础上,结合多年平均径流深,依据典型代表断面多年水质监测数据,采用求和的方式对入湖污染负荷进行估算。

$$L = \sum_{i=1}^{12} \sum_{j=1}^{21} C_{ij}(q_{ij}\theta_{ij} + A_j R_{ij} \times 10^{-5}) + \sum_{i=1}^{12} S_i P_i A_W \times 10^{-5}$$

式中,C_{ij}为第j个虚拟控制点第i月份某种污染物平均浓度,mg/L;q_{ij}为第j个虚拟控制点所在河流控制断面第i月份的水量,亿 m³;θ_{ij}为第j个虚拟控制点第i月份水量占所在河流的比例,量纲一;A_j为第j个虚拟控制点的控制面积,km²;R_{ij}为第j个虚拟控制点控制区域第i个月份的平均径流深,mm;S_i为湖面第i月份降水中某种污染物的平均浓度,mg/L;P_i为湖面第i月份实际降水量,mm;A_W为湖面面积,km²;10^{-5}为换算系数。

研究估算表明,2008 年进入鄱阳湖的 COD、总氮和总磷负荷分别约为 147.36 万 t/a、17.24 万 t/a 和 2.22 万 t/a。由于受主要污染负荷来源不同及水情变化等因素影响,入湖 COD$_{Mn}$、总氮和总磷负荷的时空分布不一致。

2. 入湖污染负荷来源分析

通过对流域采用分区调查的方法,对入湖 TN、TP 的来源进行了分析,表明农业种植业是入湖 TN、TP 的主要来源,分别占到入湖总量的 29.2% 和 45.5%。鄱阳湖区农业生产化肥施用量强度较高,湖区 14 个县(市、区)化肥平均施用水平为 537.7 kg/hm²,高于江西省平均水平 481.6 kg/hm² 的 11.6%,也大大高于全国平均水平。估算湖区耕地 1050.78 万亩的化肥平均施用量在 37.6 万 t/a,TP 和 TN 的流失率按 30% 和 20% 计,流失的 TN 约为 6.77 万 t/a,TP 约为 3.08 万 t/a。湖区县区由于濒临鄱阳湖,在暴雨季节农田过量的化肥流失必将随径流直接进入鄱阳湖,其贡献率大大高于流域入湖氮磷负荷。因此,湖区农田化肥施用造成的面源负荷是区域水环境保护必须要解决的重要问题。

在其他来源方面,总氮和总磷呈现一定的差异。在总氮的来源中,除农业种植业流失之外,其次是畜禽养殖、工业废水、城市生活污水和湿沉降,均约占总来源的

14.6%～19.8%。在总磷的来源中,除农业种植业流失之外,畜禽养殖业也占了41.0%,是入湖总磷的第二大主要来源。鄱阳湖入湖总氮和总磷来源类型和来源区域如图6-5和图6-6所示。

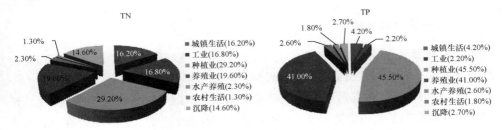

图 6-5　鄱阳湖入湖总氮、总磷来源及比例(按污染源)

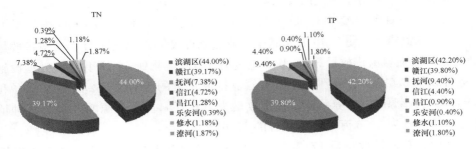

图 6-6　鄱阳湖入湖总氮、总磷来源及比例(按流域)

从图6-6可以看出,在所涉及的污染物来源区域中,滨湖区和赣江流域是TN、TP入湖污染负荷主要来源,其次是抚河流域和信江流域,TN和TP大体上呈现相同的趋势。在TN的来源中,滨湖区占44.0%,略高于TP的42.2%的水平;而赣江流域带来的TP则相对高于TN。抚河和信江流域带来的入湖TN、TP大体为7.4%～9.4%和4.4%～4.7%,差异不明显。

可见,在鄱阳湖区,由于工业点源和城镇污水处理与治理设施的建设运营,湖区主要水环境问题已逐渐转变为以农业面源污染防治为主,这也与江西省作为农业大省、粮食主产区的状况是分不开的。从流域尺度看,由于滨湖区有南昌市及诸多县区,总人口1200余万,约占江西省总人口的四分之一,该区也是江西省内经济社会较为发达的地区,其经济迅速的发展带来的大量水环境问题不可忽视,对鄱阳湖水质保护具有较大影响,成为保护鄱阳湖"一湖清水"所需要重点关注的区域。赣江流域由于流域面积广,包含人口众多,也是鄱阳湖入湖污染负荷的重要来源。

6.3　鄱阳湖流域污染物总量控制

6.3.1　鄱阳湖流域总量排放特征

1. 污染物排放总量及来源

由于鄱阳湖流域面积占江西省的 96.8%,结合流域范围内的产业布局和社会经济发展水平,确定以江西省污染源调查统计数据来反映鄱阳湖流域状况。

根据 2010 年江西省污染源调查动态更新数据,江西省 2010 年 COD 排放总量 77.71 万 t,其中工业污染源 COD 排放总量 12.36 万 t,生活 COD 排放量 39.59 万 t,垃圾场、医疗、废物处置厂等集中式处理设施 COD 排放量 1.09 万 t,农业 COD 排放量 24.67 万 t,分别占江西省总量的 15.9%、50.9%、1.4%和 31.7%。

农业源中畜禽养殖业 COD 排放量为 23.37 万 t,占农业源 COD 排放量的 94.7%。氨氮排放总量 9.45 万 t,其中工业氨氮排放量 1.22 万 t,生活氨氮排放量 4.96 万 t,农业氨氮排放量 3.17 万 t,垃圾场、医疗、废物处置厂等集中式处理设施氨氮排放量 0.09 万 t,分别占江西省氨氮排放总量的 12.9%、52.5%、33.6%和 0.94%。农业源中畜禽养殖业氨氮排放量为 2.6 万 t,占农业源的 81.87%,种植业氨氮排放量为 0.56 万 t,占农业源的 17.61%。

江西省总氮排放总量 17.7 万 t,主要来自生活源和农业源,其中生活总氮排放量 6.88 万 t,农业总氮排放量 10.81 万 t,分别占江西省总氮排放总量的 38.91%和 61.09%。农业源中畜禽养殖业总氮排放量为 6.5 万 t,占农业源总量的 60.08%,种植业总氮排放量为 4.15 万 t,占农业源总量的 38.4%。总磷排放总量 1.88 万 t,主要来自于生活源、农业源和垃圾场、医疗、废物处置厂等集中式处理设施,其中生活总磷排放量 0.45 万 t,农业总磷排放量 1.42 万 t,垃圾场、医疗、废物处置厂等集中式处理设施总磷排放量 0.0017 万 t,分别占江西省总磷排放总量的 24.2%、75.7%和 0.09%。农业源中畜禽养殖业总磷排放量为 0.97 万 t,占农业源总量的 68.6%;种植业总磷排放量为 0.42 万 t,占农业源总量的 29.28%。

2. 污染物排放总量演变

根据历年江西省环境状况公报,2000～2012 年间,流域废污水排放量平均每年约以 0.88 亿 t 的速度递增,化学需氧量排放量平均每年约以 2.99 万 t 的速度递增,氨氮排放量平均每年约以 0.54 万 t 的速度递增,详见表 6-18 和图 6-7。

表 6-18 2000～2012 年江西省废污水及主要污染物排放量

年份	废污水排放量 /亿 t	化学需氧量排放量 /万 t	氨氮排放量 /万 t
2000	9.59	38.99	2.66
2005	12.33	45.73	3.43
2010	19.38	77.71	9.45
2011	19.44	76.79	9.34
2012	20.12	74.83	9.10

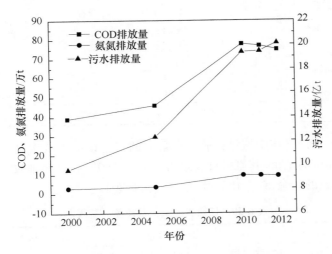

图 6-7 2000～2012 年江西省废污水及主要污染物排放量

由表 6-18 和图 6-7 可见，2000～2010 年废污水排放量和污染物排放量均快速增加，2010～2012 年废污水排放量缓慢增加，污染物排放量逐渐下降。造成这一现象的原因有两方面：一是人口增多和经济的发展导致江西省废水污水排放量逐年增加；二是随着环保地位日益提升，环境问题得到重视，流域环境保护基础设施的建设加快进行，加上主要污染物减排工程的实施。

因此，2010 年以来，虽然污水排放量仍呈增长趋势，但是污染物的排放量却呈下降趋势。随着"十二五"规划的实施，流域主要污染物排放水平还将继续下降。

3. 污染物排放总量的空间分布

江西省 11 个设区市中 COD_{Cr} 排放总量最大的三个设区市依次是赣江流域的赣州、宜春和南昌三市，其 COD_{Cr} 排放量占江西省的 45%，COD_{Cr} 排放量最小社区市为信江流域的鹰潭市，占比为 2.85%（见表 6-19）。

表 6-19　江西省 COD$_{Cr}$ 排放总量一览表

设区市	COD$_{Cr}$排放量/t	所占比例/%
南昌市	90 966.67	11.71
景德镇市	30 851.19	3.97
萍乡市	38 755.84	4.99
九江市	73 946.89	9.52
新余市	24 570.11	3.16
鹰潭市	22 145.56	2.85
赣州市	147 760.20	19.01
吉安市	73 953.55	9.52
宜春市	110 975.07	14.28
抚州市	79 258.22	10.20
上饶市	83 914.69	10.80
全　省	777 097.99	100.00

　　江西省 11 个设区市中氨氮排放总量最大的三个设区市依次是位于赣江流域的赣州、宜春和南昌三市,其氨氮排放量占比为 47.99%。氨氮排放量最小的是位于赣江袁河流域的新余市,占比为 2.9%(见表 6-20)。

表 6-20　江西省氨氮排放总量一览表

设区市	氨氮排放量/t	所占比例/%
南昌市	10 788.94	11.42
景德镇市	4 069.52	4.31
萍乡市	4 114.35	4.36
九江市	8 967.86	9.49
新余市	2 738.27	2.90
鹰潭市	2 943.36	3.12
赣州市	21 020.53	22.25
吉安市	8 292.86	8.78
宜春市	13 526.47	14.32
抚州市	7 452.17	7.89
上饶市	10 556.88	11.17
全　省	94 471.18	100.00

　　江西省 11 个设区市中总氮排放总量最大的三个设区市依次是位于赣江流域的赣州、宜春和南昌三市,其总氮排放量占比为 46.3%。总氮排放量最小的赣江

袁河流域的新余市,占比为 2.69%(见表 6-21)。

表 6-21　江西省总氮排放总量一览表

设区市	总氮排放量/t	所占比例/%
南昌市	23 582.43	13.33
景德镇市	5 099.39	2.88
萍乡市	6 928.04	3.91
九江市	16 884.78	9.54
新余市	4 756.71	2.69
鹰潭市	5 817.47	3.29
赣州市	31 391.10	17.74
吉安市	18 339.97	10.36
宜春市	26 956.81	15.23
抚州市	16 480.10	9.31
上饶市	20 730.66	11.71
全　省	176 967.47	100.00

　　江西省 11 个设区市中总磷排放总量最大的三个设区市依次是位于赣江流域赣州和宜春市,以及位于抚河流域的抚州市,其总磷排放量占比为 46.6%。总磷排放量最小的为位于赣江袁河流域的新余市,占比为 2.35%(表 6-22)。

表 6-22　江西省总磷排放总量一览表

设区市	总磷排放量/t	所占比例/%
南昌市	2 100.22	11.20
景德镇市	442.46	2.36
萍乡市	650.40	3.47
九江市	1 634.31	8.71
新余市	440.40	2.35
鹰潭市	663.50	3.54
赣州市	3 608.48	19.24
吉安市	2 031.44	10.83
宜春市	2 986.34	15.92
抚州市	2 146.86	11.45
上饶市	2 053.21	10.95
全　省	18 757.62	100.00

6.3.2 鄱阳湖流域总量控制

1. 总量控制目标

"十一五"期间,江西省全面落实国家关于污染物排放和总量控制的要求,大力推进污水处理设施建设和结构减排工程,不断加强环境监管能力建设,实现化学需氧量排放总量下降 5.73%,完成国家下达任务的 112%。

《国民经济和社会发展"十二五"规划》指出,落实减排目标责任制,强化污染物减排和治理,增加主要污染物总量控制种类,加快城镇污水、垃圾处理设施建设,加大重点流域水污染防治力度。到 2015 年,全国主要污染物排放总量显著减少,化学需氧量、氨氮排放分别减少 8% 和 10%。为此,江西省也制定了污染物总量排放减排目标,明确提出 COD、氨氮等排放总量较 2010 年分别下降 5.8%、9.8%,其中工业和生活排放量分别减少 7% 和 9.8%,并将减排的目标落实至各设区市,减排量分别控制在 6.8%~7.2% 和 10.8%~11%。

2. 污染物总量控制策略

（1）总量分解

按照水污染物总量控制要求,把总量控制指标分解落实到各个设区市,各市再将总量落实到各排污单位。及时制定年度污染物减排计划,把年度减排目标任务分解下达到有关市、县(区)、行业和企业,将削减量落实到具体污染减排项目上,并明确人员落实、资金落实、责任落实、监管落实等保障措施。

（2）持证排污

依法按水污染物总量控制要求发放排污许可证,把总量控制指标分解落实到排污许可单位,完成重点排污企业和投运污水处理厂排污许可证发放工作,重点排污单位实行持证排污。

（3）实施结构减排

严格执行《关于加强高能耗高排放项目准入管理的实施意见》(赣府厅发〔2008〕58 号文),从环评及技术准入等方面加强准入管理,优化发展方式,严格控制"两高一资"项目建设。严格执行《产业结构调整指导目录》、《部分工业行业淘汰落后生产工艺装备和产品指导目录》。加大钢铁、有色、建材、化工、电力、煤炭、造纸、印染等行业落后产能淘汰力度。

（4）完善制度体系建设

进一步加大污染减排投入,建设运行好污染减排"三大体系",推进市县减排机构人员能力建设,督促市县环保局成立正式的减排机构,确保污染减排工作有机构承担、有人员办事、有能力开展。同时建立完善污染减排"考核、统计、监测、核查、调度、备案、报告、督察、预警"九项制度,坚持责任落实,形成有利于污染减排的高压态势。研究建立环保参与综合决策机制,盘活环境容量资源。

(5) 加强环境监管和执法

认真落实环保第一审批权,提高环保准入门槛,支持节能减排与高新技术项目建设,对不符合总量控制要求的建设项目严格把关。继续加快重点污染监控企业在线监控设施建设;建立排污总量控制台账;加强监督性监测,各市、县环境监测部门每季度对辖区内重点污染监控企业监测一次,对重点减排项目加密监测。

严查违法排污、违法建设及严重污染环境和破坏生态的行为;对污染治理设施不能稳定达标或超总量排污的企业,坚决依法责令整改直至关闭。限制违反环保法律法规、污染严重企业上市和贷款,充分发挥排污收费经济杠杆的作用。

3. 鄱阳湖流域总量控制主要的区域和重点

(1) 加大重点行业水污染物减排力度

针对造纸、农副食品加工、纺织、饮料制造、化学原料及化学制品制造等重点化学需氧量排放行业,针对化工、有色金属冶炼及加工、石油加工、炼焦、饮料制造、农副食品加工等重点氨氮排放行业,开展工业水污染治理,提高行业污染治理技术水平,严格执行行业排放标准,降低污染物产生强度和排放强度,促进工业企业全面、稳定达标排放。开展流域重点区域水污染减排工程。

(2) 加强重点区域和江段水污染减排工程

赣江流域主要特征污染因子有挥发酚、BOD_5、六价铬、铅和汞。上述污染物均占据整个鄱阳湖流域的 60% 以上。其中排污量大的河段主要有赣江南昌段、袁河、赣江宜春段和赣江赣州段等。抚河流域主要特征污染因子有总铬,其占整个鄱阳湖流域的 80.63%。其中排污量大的河段主要有抚河抚州段、崇仁水和崇宜水(宜黄水)。信江流域主要特征污染因子有砷、铅、镉、汞。上述污染物均占据整个鄱阳湖流域的 27% 以上,其中排污量大的河段主要有信江鹰潭段。修河流域主要污染物为 COD_{Cr} 和氨氮。其中排污量大的河段有潦河(南潦河)永修段。饶河流域主要污染因子有氨氮、石油类、挥发酚和氰化物。其中氰化物占整个鄱阳湖流域的 58.15% 以上,其中排污量大的河段主要有昌江景德镇段和乐安河乐平段和上饶德兴段。鄱阳湖区主要污染因子有 COD_{Cr} 和氨氮,其中排污量大的河段主要有博阳河和潼津河。五河及鄱阳湖流域重点区域。

(3) 以规模化畜禽养殖场和养殖小区为重点,推动农业污染源减排

大力推行清洁养殖,按照综合利用优先,减量化、资源化和无害化的原则,坚持农牧结合、种养平衡,合理确定养殖规模,调整优化养殖场布局,适度集中、规模化发展,通过生物发酵床、垫草垫料养殖等改进养殖方式。鼓励养殖小区、养殖专业户和散养户污染物统一收集和治理,完善雨污分流污水收集系统,推广干清粪,实施规模化畜禽养殖场有机肥和沼气生产利用,力争江西省 80% 以上的规模化畜禽

养殖场和养殖小区配套完善固体废物和污水贮存处理设施,并正常运行。

6.4　本 章 小 结

　　鄱阳湖水环境容量丰水年大于平水年,平水年大于枯水年;汛期大于全年,全年大于非汛期。丰、平、枯水年鄱阳湖化学需氧量的环境容量均有一定盈余;汛期鄱阳湖总磷、总氮的环境容量有一定盈余,非汛期时总磷、总氮的现状入湖量均超过其环境容量。按照 2007 年数据计算,以Ⅲ类水为控制目标,全年鄱阳湖流域化学需氧量环境容量有一定盈余,总磷和总氮入湖量均已超过其环境容量。由于赣江是鄱阳湖入湖污染的主要输入途径,加大对赣江污染排放控制与环境整治是推进"五河"环境治理和鄱阳湖水质保护的重要内容。

　　研究估算表明,2008 年进入鄱阳湖的 COD_{Cr}、总氮和总磷负荷分别约为147.36 万 t/a、17.24 万 t/a 和 2.22 万 t/a。受入湖水系及滨湖区社会经济活动的影响,湖区水质在空间上也呈现出北部优于南部,入江水道水质优于大湖区的态势。

　　现状鄱阳湖流域污染物总量呈现出与负荷大体一致的特征,农业源特别是畜禽养殖对 TN、TP 的贡献较大;在地域分布上,COD_{Cr}、氨氮、总氮的分布以赣州、宜春和南昌最大,总磷的分布以赣州、宜春和抚州最大,排名前三的设区市占比在45%～48%。进入 21 世纪以来,鄱阳湖流域污染物排放总量总体呈现上升的趋势,但由于主要污染物减排工程的实施,2010 年以后,流域污染物排放总量呈现趋于稳定或下降趋势,预计未来主要污染物排放水平还将有进一步下降的可能。

　　根据相关规划,未来鄱阳湖流域的污染物总量控制将在"五河"重点江段和重点区域推进污染减排,促进工业企业升级和达标改造,同时重点实施规模化畜禽养殖场和养殖小区治理等农业源减排工程。

第 7 章 鄱阳湖水土资源概况及其演变

7.1 鄱阳湖水资源状况及其变化

7.1.1 鄱阳湖流域降水及变化

鄱阳湖流域内降水年际间变化差异较大,降水年内分配不均,从而增加了流域水资源开发利用的难度。流域多年平均降水量为 2704.96 亿 m³,最大值为 3573.9 亿 m³(1975 年),最小值为 1914.6 亿 m³(1963 年),极值比为 1.87,表明鄱阳湖流域降水的年际变化较大。不同系列鄱阳湖流域年降水量统计值见表 7-1。

表 7-1 鄱阳湖流域降水的特征值

时间	均值/亿 m³	最大值/亿 m³	最小值/亿 m³	极值比
1956～2000	2734.5	3573.9(1975 年)	1914.6(1963 年)	1.87
1956～2008	2704.9	3573.9	1914.6	1.87
2001～2008	2403.8	—	—	—

2001～2008 年,鄱阳湖流域的年平均降水量比 1956～2000 年的平均值(水资源综合规划多年平均值)减少了 330.7 亿 m³,减少幅度为 12%。

从表 7-2 可见,鄱阳湖流域降水期比较集中,4～6 月的降水约占全年的降水 45.9%,而每年降水最少的 10～12 月的降水量仅占全年降水的 10.81%,月降水的极值比为 5.8。流域各月降水的变化与不均匀性,更易引起洪涝和干旱等灾害。

表 7-2 鄱阳湖流域多年平均降水的年内分配

月份	1	2	3	4	5	6
降水/mm	67.9	102	166.4	214.4	249.2	265.4
占全年比例/%	4.23	6.42	10.55	13.52	15.73	16.64
月份	7	8	9	10	11	12
降水/mm	136	133	83.1	65.1	61.4	46.0
占全年比例/%	8.45	8.40	5.26	4.02	3.91	2.88

资料来源:中国水利水电科学研究院水资源所"鄱阳湖流域水文水资源演变特征及综合对策"课题研究成果

7.1.2 鄱阳湖流域径流状况

鄱阳湖水系的径流主要由降水补给形成,径流的时空分布与降水基本一致。

鄱阳湖流域多年平均天然径流量 1513 亿 m³,最大一年天然径流量为 2448 亿 m³
(1998 年),最小一年为 632 亿 m³(1963 年),极值比为 3.87,表明天然径流的年际
分布比降水更不均匀。特别是 2003~2008 年间,鄱阳湖出现连续枯水年,年平均
天然径流 1281 亿 m³,与多年平均相比偏少 232 亿 m³,减少幅度达 15%。

　　从图 7-1 中可以看,历史(1956~2010 年)上曾出现两段类似于 2003~2008 年
的连续枯水年,分别是 1962~1968 年(平均年天然径流量 1222 亿 m³)、1984~
1991 年(平均年天然径流量 1340 亿 m³),且 1962~1968 年系列比 2003~2008 年
系列更枯。2003~2008 年鄱阳湖连续枯水年属于长系列水文丰枯交替现象中的
枯水段,但鄱阳湖 9、10 月份水位出现更低的水位,除了本身处于枯水周期之外,长
江中上游水工程在此期间蓄水应是主要原因之一。

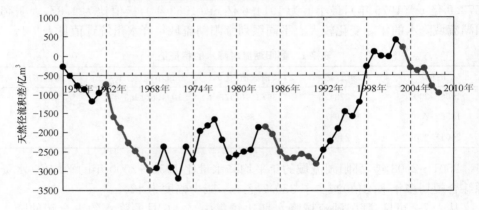

图 7-1　鄱阳湖流域天然径流差积曲线

7.1.3　环湖区水资源状况

　　鄱阳湖环湖区多年平均(1956~2000 年)降水量 311 亿 m³,折合成降水深为
1543 mm,最大一年(1954)降水量为 2452.8 mm,最小年降水量为 1082.6 mm,极
值比为 2.26;最大四个月(3~6 月)占全年降水量的 57.2%,降水年内年际变化较
大。环湖区多年平均水资源总量为 182.6 亿 m³,其中地表水资源量为 163.2 亿 m³,
地表与地下水不重复量为 19.4 亿 m⁸。

　　1. 用水现状

　　从 2003~2008 年环湖区年用水量来看,环湖区用水有一个明显增长趋势。
2003~2008 年平均用水量为 42.72 亿 m³,其中农业用水 29.8 亿 m³,占 69.9%,工
业用水 8.01 亿 m³,占 18.8%,生活用水 4.3 亿 m³,占 10.2%,生态用水 0.5 亿 m³,
占 1.2%(表 7-3 和图 7-2)。农业用水是环湖区的用水大户,直接影响着用水总量

变化。2003 年鄱阳湖流域干旱,湖泊水位较低,影响了农业取用水,导致该年环湖区用水量比 2004～2008 年减少了 6.5 亿～13.4 亿 m³。

表 7-3　环湖区 2003～2008 年用水量状况表　　　　　单位:亿 m³

年份	2003	2004	2005	2006	2007	2008
农业用水	23.16	28.56	31.69	31.04	34.02	30.62
生活用水	4.14	4.29	4.12	4.20	4.63	4.69
工业用水	7.06	7.87	7.73	8.34	8.47	8.59
生态用水	0.22	0.34	0.37	0.38	0.90	0.89
合计	34.58	41.06	43.91	43.96	48.02	44.79

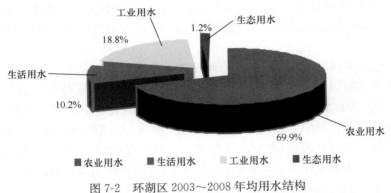

图 7-2　环湖区 2003～2008 年均用水结构

2. 供水现状

环湖区供水工程主要包括蓄、提、引等三部分。供水水源主要以地表水为主,以浅层地下水为辅。根据江西省 2006～2008 年《水资源公报》发布数据,2006～2008 年环湖区地表水供水约占总供水量的 95.2%,地下水供水约占 4.8%。地表水供水中,蓄水工程供水约占地表水供水量的 34%,引水工程约占 24%,提水工程约占 42%。

3. 水资源开发利用率

根据江西省水量分配方案成果,环湖区多年平均分水总量为 70.8 亿 m³,占环湖区多年平均地表水资源总量 158 亿 m³ 的 45%。2003～2008 年环湖区平均用量为 42.72 亿 m³,占环湖区分水量 60.3%,占环湖区水资源量的 27%。环湖区水资源开发利用率是鄱阳湖流域水资源利用率的 16% 的 1.7 倍(以上相关数据及资料引自：中国水利水电科学研究院水资源所"鄱阳湖流域水文水资源演变特征及综合对策"课题研究成果）。

7.1.4　环湖区水资源安全问题

从鄱阳湖流域水资源总量和水资源开发利用率来看，其环湖区并不缺水。但由于降水时空分布不均，湖区水位变幅较大，且受到供水设施建设滞后等影响，水资源调蓄能力不足，特别是受湖区"高水湖相、低水河相"特征的影响，使得环湖区存在季节性与区域性缺水。

（1）枯水期环湖区供需水矛盾紧张，均存在不同程度缺水

近年入湖径流减少，再加上鄱阳湖出口水道冲刷和长江来水偏枯、上游水工程蓄水等影响引起的出湖水量加大等原因，导致鄱阳湖低枯水位出现时间提前，枯水期延长。2006年湖区出现了65天的实测水位低于历史同期最低水位现象，造成湖区25万人饮水受限，258万亩农作物灌水受限，成灾近210万亩，绝收面积30万亩。

（2）近年来，湖区水位变幅大，影响滨湖区取水

滨湖区直接以鄱阳湖为水源，其面积小于环湖区。若水位较低，滨湖区的农业、工业和生活取水会受到影响（如遇低水位时，滨湖县城集中式供水必须依靠增加多级提水设施进行取水，即使是这样且这些设施每年都要重建）。此外，滨湖区农业灌溉保证率普遍较低，农田灌溉保证率一般只有50％～75％（水位低时，农业提水设施离湖内取水源较远，部分有几公里远，且都是泥沼地）；湖区水位变化还直接影响环湖区相关水利工程效益的正常发挥。

7.2　鄱阳湖区土地资源利用状况及其变化

7.2.1　鄱阳湖区土地资源开发利用

"土地"是由地质、地貌、气候、水文、植被等全部自然要素长期相互作用，以及人类活动影响所形成的综合体。鄱阳湖区山地丘陵岗地历史时期的天然植被多以森林为主。据南昌西山洗药坞泥炭的抱粉分析证明，在八千多年前即有栲属亚热带森林植被伴生蕨类和湿地植物。三国时期，东吴曾在本区大规模发展农业，兴修水利，北方先进农业技术相继传入，在湖区排水垦田。西晋末年的"永嘉之乱"引起我国历史上第一次大规模人口南移，由北方移入鄱阳湖区的人口逐渐增多，农业也较发达。南宋时号称"沃野恳辟"，富有鱼稻之饶的湖区，从公元5世纪起，大量粮食沿长江东运，成为南朝粮食主要产区。

以上记述也是鄱阳湖区土地开发利用情况的间接写照。宋代以后，在南方奖励垦殖。清代康熙南巡后，导致北方人口第二次大规模南移，鄱阳湖区地处南北水

运交通要道,人口增长较快。由于人口快速增长,为了扩大耕地面积,人们砍伐森林,开山辟田,导致森林面积减少,与此同时,生活在湖滨的人们,还与水争地,把湖边和江边的湖滩围垦为农田。

长期以来,湖区人口增加,人湖争地是湖区土地利用方式改变的主要驱动力,围垦造地是最为主要的方式。新中国成立后,湖区围垦大致经历了四个阶段:

第一阶段(20 世纪 50 年代):新中国成立初期,鄱阳湖区连续遭受 1949 年、1954 年两次大的洪水灾害,湖区大小圩堤大部分溃决,受灾严重。为了恢复生产,重建家园,以防治水患为重点,湖区群众致力于修堤堵口,加固堤防,联圩并垸,将一些分散零乱的小圩逐渐并成大圩,在建设联圩的过程中,将原诸多分布散乱的湖滩地扩并入联圩之内。同时,又建成乐丰、成新、饶丰、军山湖、南山等围控区,合计建圩面积达到 394.9 km²。

第二阶段(20 世纪 60 年代):在“以粮为纲”,向湖泊要粮思想的指导下,湖区掀起了“向湖滩地要粮”和“与水争地”的热潮。此阶段也是鄱阳湖围垦的高峰时期,其特征是围垦面积最大,建圩数量最多。如位于湖区东南部的康山圩系于 1966 年动员上万群众兴建,圩区面积达 343.1 km²,圩堤长 34 km。这一时期,湖区合计建圩面积达到 793.4 km²。

第三阶段(20 世纪 70 年代):继五六十年代的大规模围垦之后,湖区水情发生了显著变化,湖区洪涝灾害日益加剧,围垦带来危害和负面作用逐渐被认识。湖区围垦的速度明显下降,围垦面积和建圩数量减少。这一时期,湖区合计建圩面积 211.7 km²。

第四阶段(1980 年以后):20 世纪 80 年代,湖区大规模的围垦建圩活动基本得到控制,停止兴建新的圩区。这一时期,湖区通过联圩并垸,约增围垦面积 40 km²。

此外,20 世纪 90 年代,湖区在部分滩地实施了血防垦殖措施,合计面积 26.93 km²。据统计,新中国成立以来,鄱阳湖区围垦总面积约 1466.9 km²。

7.2.2　鄱阳湖区土地利用变化

根据全国土地利用调查资料,对 1986～2004 年近 20 年间的鄱阳湖区耕地、林地、建设用地与水域变化现状进行分析(赵其国等,2007)。其中前 15 年耕地的数量与结构变化不大,稳中有增。但是后期耕地面积逐年减少。1986 年鄱阳湖区耕地面积为 53.99 万 hm²,占土地面积的 27.6 %;2000 年为 54.54 万 hm²,占土地面积的 28.9 %;15 年来净增加耕地 5538.17 hm²,比 1986 年增加了 1.03 %;但自 2000 年开始,鄱阳湖区耕地面积有所减少,到 2004 年减少到 50.19 万 hm²,比 1986 年减少 3.80 万 hm²,减少了 7.03 %。

园地和林地面积 1986～2004 年的 19 年来平均有所增加。1986 年园地为

1.36 万 hm^2,占土地面积的 0.70 %;2004 年为 2.07 万 hm^2,占土地面积的 1.15 %;19 年来净增园地 7 119.56 hm^2,比 1986 年增加了 52.44 %。1986~2000 年全区林地面积变化,从 1986 年 44.24 万 hm^2 减少到 2000 年的 41.76 万 hm^2,减少了 2.48 万 hm^2,但从 2000 年开始,林地面积逐年增加,到 2004 年为止,增加到 53.65 万 hm^2,比 1986 年增加了 21.29 %。鄱阳湖区土地利用方式变化趋势见图 7-3。

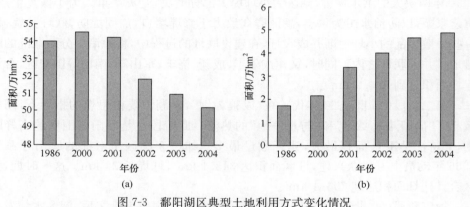

图 7-3　鄱阳湖区典型土地利用方式变化情况

(a) 耕地;(b) 建设用地

1986~2004 年的近 20 年间,随着区域社会经济的发展,交通、居民生活设施建设也随之得到迅猛发展,使得湖区建设用地快速增加。湖区建设用地面积从 1986 年 1.74 万 hm^2 增加到 2004 年的 4.89 万 hm^2,增加了 181 %。与此同时,大规模的退田还湖,使得鄱阳湖区水域面积扩大,从 1986 年 56.16 万 hm^2 扩大到 2004 年的 62.18 万 hm^2,扩大了约 6.02 万 hm^2,鄱阳湖蓄积洪水的功能得到有效加强。

7.2.3　鄱阳湖区景观格局变化

通过对 2002 年和 2008 年鄱阳湖区土地利用景观的变化情况分析(土地利用景观变化数据见表 7-4,2008 年鄱阳湖区土地利用景观分布见图 7-4 和图 7-5)可知,鄱阳湖区土地利用面积变化的总体趋势是耕地增加、林地减少、草地增加、水体减少,居民点与工矿用地大幅度增加,未利用地大幅度减少。就绝对数量而言,鄱阳湖区 2002~2008 年 6 年间,面积减少最多的是林地,年均减少 18 319.47 hm^2,其次为水体,年均减少 11 488.13 hm^2,未利用地虽然下降幅度大,但绝对量较小,平均每年减少 7711.86 hm^2。

表 7-4　2002～2008 年鄱阳湖区土地利用面积变化　　　　　单位：hm²

景观类型	2002 年		2008 年		相对变化/%	面积变化	
	面积/hm²	比例/%	面积/hm²	比例/%		绝对变化率/%	绝对变化/hm²
耕地	904 860	46	1 085 116	55	9	180 256	20
林地	495 002	25	385 085	19	−6	−109 917	−22
草地	69 559	4	86 639	4	1	17 080	25
水体	378 720	19	309 801	16	−3	−68 919	−18
居民点与工矿用地	50 627	3	78 397	4	1	27 770	55
未利用地	89 406	5	43 135	2	−2	−46 271	−52
合计	1 988 173		1 988 173				

图例
— 边界线
　耕地
　草地
　建筑
　林地
　水体
　其他

0　12.5　25　　50　　75
　　　　　　　　km

图 7-4　2008 年鄱阳湖湖区土地利用景观分类结果（CBRS02B）

　　2002～2008 年间，面积增加最多的土地利用类型是耕地，年均增加了 30 042.71 hm²，其次是居民点与工矿用地，年均增加了 4628.39 hm²，草地增加幅度最小，年均增加 2846.72 hm²。就面积变化的相对数量而言，增加最快的是居民点与工矿用地，在 2002～2008 年的 6 年间面积增加了 54.85%，相当于 1990～2002 年间 12 年的增加幅度，远远高出其他土地利用景观面积变化的速度。其次是未利用地的大幅度减少,6 年来下降幅度超过了一半,虽然耕地面积增加幅度最小,但其增加的绝对量最大,年均增加了 30 042.71 hm^2。

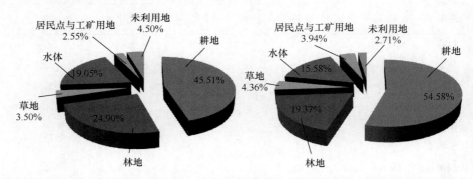

图 7-5　2002 年(a)和 2008 年(b)鄱阳湖区土地利用景观面积分布

利用所选的景观格局指数进行分析,结果如表 7-5 所示。从表 7-5 可知,2002～2008 年景观总体特征的变化趋势是:由于斑块数目的大幅度增加,多样性也显著增加,优势度增加、分维数(描述景观斑块或景观镶嵌体几何形状复杂程度的非整数维数值)减少、破碎度显著减小。斑块数变化十分明显,从 2002 年到 2008 年增加了 37.6 倍,它导致了斑块平均面积的大幅度下降,景观破碎度增加。景观的分维数 2008 年较 2002 年而言有所下降,斑块形状趋于简单化。

表 7-5　鄱阳湖区土地利用景观格局特征与变化

项目	斑块数/块	平均面积/hm²	平均周长/m	多样性	优势度	分维数	破碎度
2002 年	23 432	84.84	3 192.62	2.148 3	0.796 1	1.494 1	1.178 6
2008 年	904 596	2.21	347.89	12.126 7	1.588 6	1.040 9	0.166 7
变化率/%	3 760.52	−97.40	−89.10	464.48	99.55	−30.33	−85.86

总之,鄱阳湖区景观格局的总体特征是人类干扰不断加强的结果,特别是景观的破碎化与斑块形状的简单化。鄱阳湖区是一个生物多样性十分丰富的地区,因为在短短的 12 年间,自然条件变化比较微小,景观的破碎化、平均斑块面积和形状的简单化可能对那些要求生境连续或一定生境面积的物种有较大影响,应重视生物多样性保护。

7.3　鄱阳湖生态经济区土地利用

1. 土地资源空间格局

鄱阳湖生态经济区横跨扬子陆块、华夏陆块和钦-杭接合带三个一级大地构造单元,区域大地构造单元明显控制区域土壤分布。区内安义至乐平一线以北为棕红壤分布区,以南则为红壤分布区,两者界线十分清楚,与扬子陆块和钦-杭接合带以构造单元分界线基本一致,反映了土壤的区域分布与生态经济区南北地质构造的差异性演化存在明显的联系。区域北部的扬子陆块地质构造长期处于隆起状态,成土母质遭受强烈的风化剥蚀作用,成土母岩为海洋环境沉积的硅铝质浅变质岩。在成土过程中,由于气候温湿,土壤脱硅富铝、铁化作用较弱,铁的游离度低,盐基饱和度高,形成了广泛分布的棕红壤。

2. 土地利用现状

由于鄱阳湖长期的地质作用和地貌发育的结果,区域内各种地貌类型大体上呈环状分布形式,由外围的边缘山地至内环核心的鄱阳湖,呈逐级层层下降的地形。山、丘、平、湖每一环带各具生态特点,构成区域较完整的水陆生态系统。鄱阳湖生态经济区地貌类型有水域、平原、岗地、丘陵、山地等,详见表 7-6 及图 7-6。区域土壤资源丰富,类型繁多。主要土壤类型草甸土、黄棕壤、红壤、水稻土、旱地土壤等,为农、牧、副业的综合发展提供了极为有利的条件。区域土地利用类型主要为耕地、林地、园地、未利用土地等(表 7-7 及图 7-7)。

表 7-6　鄱阳湖生态经济区地貌类型

地貌类型	水域	平原	岗地	丘陵	山地
高程/m	<13	13~30	30~100	100~300	>300
地面坡度/(°)		<5	5~15	15~25	>25
面积/km²	3 841.51	10 535.87	12 896.90	18 983.04	4 942.69
比例/%	7.50	20.58	25.19	37.08	9.65

图 7-6　鄱阳湖生态经济区地貌类型分布图

表 7-7 鄱阳湖生态经济区土地利用现状一览表

土地类型	耕地	建筑用地	林地	牧草地	未利用地	园地	合计
面积/km²	22 750	952	22 020	7	5 291	180	51 200
比例/%	44.43	1.86	43.01	0.01	10.33	0.35	100

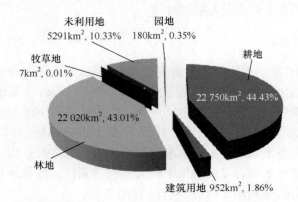

图 7-7 鄱阳湖生态经济区土地利用类型分布图

7.4 本章小结

　　根据鄱阳湖区及流域水资源总量和水资源开发利用程度,鄱阳湖区总体并不缺水;根据湖区水文情势和水资源供需平衡分析,鄱阳湖年内枯水期提前,枯水期延长的现象凸显。环湖地区存在着不同程度的区域性、季节性缺水,即工程性缺水,致使枯水季节湖区出现用水困难。

　　鄱阳湖流域土地利用变化的总体趋势是耕地增加、林地减少、草地增加、水体减少,居民点与工矿用地大幅度增加,未利用地大幅度减少。不断增强的人类活动导致鄱阳湖区景观的破碎化与斑块形状的简单化。而景观的破碎化、平均斑块面积和形状的简单化,可能对区域生态系统的多样性和稳定性产生影响,需引起重视并加强保护。

第8章 鄱阳湖水文情势及其变化

8.1 鄱阳湖基本水文情势

8.1.1 水文特征

长期以来,鄱阳湖水位变化受"五河"及长江来水的双重影响,湖区汛期长达半年之久(4~9月)。其中4~6月为鄱阳湖"五河"主汛期,7~8月为长江主汛期,此时湖区水位主要受长江洪水顶托或倒灌影响而壅高,使鄱阳湖维持高水位。因此,湖面年最高水位一般出现在7~8月。进入10月份,受长江稳定退水影响,鄱阳湖水位持续下降,湖区年最低水位一般出现在1~2月。在分析鄱阳湖水文情势时,考虑到水文资料系列长度的可靠性、连续性以及代表性等诸多因素,一般选用鄱阳湖星子水位站(吴淞高程)为代表。

1. 水位

在实测资料中,星子站历年最高水位为22.52m,出现在1998年8月2日;历年最低水位为7.11m,出现在2004年2月4日;星子站多年水位变幅达15.41m,多年平均水位13.39m;年最高水位多年平均值为19.14m;年最高水位一般出现在5~9月,出现在5月的占3.6%,出现在6~7月的占78.2%,以出现在7月的最多,占58.2%,出现在8月和9月的分别为10.9%和7.3%。年最低水位多年平均值8.04m,一般出现在12月至次年3月,以出现在12月至次年1月的最多,占70.9%(12月和1月分别为36.4%和34.5%);其次是2月,占23.6%;出现在3月的较少,只占5.5%(源自江西省水文局"鄱阳湖有关研究成果")。

星子站水位年过程线可以概化为单峰型和双峰型两种基本形式,单峰型年水位过程是在鄱阳湖"五河"洪水推迟,长江洪水提前,两者相遇。双峰型水位过程是在鄱阳湖"五河"洪水较早,长江洪水较迟,两者不相遇的情况下出现的,第1个峰是鄱阳湖"五河"洪水入湖造成的,一般出现在5~6月;第2个峰是长江洪水顶托和倒灌入湖造成的,一般出现在7~9月。鄱阳湖高水位受"五河"洪水与长江洪水的双重影响,因"五河"洪水出现时间一般较长江偏早45天左右,故当发生较大洪水时,鄱阳湖高水位持续时间较长。鄱阳湖区水位空间变化与高低相反,湖区周边各站同期最高水位差异远远小于最低水位差异。

高水位时湖面宽阔,湖盆的调蓄作用大,且受长江的顶托或倒灌作用,湖面平坦;枯水时湖水落槽,近似河流,水位依主槽坡降重力作用而变化,湖面落差增大。

鄱阳湖各水文站的多年水位变幅和年水位变幅均有自上(南)而下(北)逐渐加大的空间变化规律。

2. 径流

鄱阳湖水系径流主要由降雨补给,径流的地区分布基本上与降雨分布一致。多年平均入湖流量为 4690 m^3/s,鄱阳湖流域多年平均径流量 1436 亿 m^3。最大年径流量 2646 亿 m^3,出现在 1998 年,最小年径流量 566 亿 m^3,出现在 1963 年。径流量年际变化较大,最大与最小年径流量比值 4.7 倍。4~9 月径流量占全年的 69%,主要集中在 4~7 月,占全年径流总量的 53.8%。径流量由赣、抚、信、饶、修五河和区间(五河控制水文站以下至湖口之间的区域,含环湖区直接入湖河流)径流组成,各河径流量所占全流域比例与河流面积比例基本相应。“五河七口”多年平均径流量占全流域径流量的 88.4%,区间占 11.6%,详见表 8-1。抚河、信江、乐安河、昌江、修河、潦河年径流量所占的比例均大于其面积所占的比例,信江、乐安河所产径流量相对较多(源自江西省水利规划设计院“鄱阳湖有关研究成果”)。

表 8-1　鄱阳湖五河控制站集水面积及径流组成

水文控制站名	河流	面积		年径流量	
		面积/km^2	比例/%	年径流量/亿 m^3	比例/%
外洲站	赣江	80 948	49.9	675.6	47.05
李家渡	抚河	15 811	9.7	155.1	10.8
梅港	信江	15 535	9.6	178.2	12.41
石镇街	乐安河	8 367	5.2	90.8	6.32
渡峰坑	昌江	5 013	3.1	46.5	3.24
虬津	修河	9 914	6.1	87.7	6.11
万家埠	潦河	3 548	2.2	35.3	2.46
鄱阳湖区间	—	23 089	14.2	166.7	11.61
鄱阳湖流域面积		162 225	100.0	1 436	100

3. 泥沙

鄱阳湖多年平均入湖沙量 1689 万 t,其中“五河”入湖沙量 1450 万 t,占入湖沙量的 85.8%,区间 239 万 t,占 14.2%,主要集中在 3~7 月,占年输沙量 14.2%。

(1)“五河”入湖沙量

赣江多年平均年入湖沙量 916 万 t,占入湖沙量 54.2%,其中 3~7 月占全年的 83.4%,最大年入湖沙量 1860 万 t,出现在 1961 年,最小年入湖沙量 183 万 t,出现在 2004 年。

抚河多年平均入湖沙量 143 万 t,占入湖沙量 8.5％,其中 3～7 月占全年的 88.0％,最大年入湖沙量 352 万 t,出现在 1998 年,最小年入湖沙量 26.1 万 t,出现在 1963 年。

信江多年平均入湖沙量 212 万 t,占入湖沙量 12.5％,其中 3～7 月占全年的 88.9％,最大年入湖沙量 501 万 t,出现在 1973 年,最小年入湖沙量 26.3 万 t,出现在 2007 年。

饶河多年平均入湖沙量 99.0 万 t,其中昌江 41.7 万 t,占入湖沙量 2.5％,乐安河 57.3 万 t,占入湖沙量 3.4％,主要集中在 4～7 月,占饶河全年的 85.9％;昌江最大年入湖沙量 115 万 t,出现在 1998 年,最小年入湖沙量 3.73 万 t,出现在 2005 年;乐安河最大年入湖沙量 184 万 t,出现在 1995 年,最小年入湖沙量 4.32 万 t,出现在 2007 年。

修河多年平均入湖沙量 80.1 万 t,占入湖沙量 4.7％,4～7 月占全年的 75.3％,最大年入湖沙量 112 万 t,出现在 1973 年,年最小年入湖沙量 6.7 万 t,出现在 2007 年。

（2）出湖沙量

鄱阳湖多年平均年出湖沙量 976 万 t,泥沙年平均淤积量 713 万 t,泥沙淤积量占入湖总量的 42.2％。出湖沙量主要集中在 2～5 月,占 74.9％,最大年出湖沙量 2170 万 t(1969 年),最小年出湖沙量－372 万 t(1963 年)。

（3）长江倒灌沙量

在洪水期,当长江水倒灌入鄱阳湖时,长江泥沙随江水倒灌入湖,根据湖口站历年沙量资料分析,多年平均长江倒灌沙量 157 万 t,主要集中在 7～9 月,占倒灌泥沙总量的 96.9％,年最大倒灌沙量为 699 万 t(1963 年)(源自江西省水文局"鄱阳湖有关研究成果")。但随着各流域(尤其是赣江)水利工程的兴建,各水系输沙量将发生改变。

8.1.2　江湖河关系

根据"鄱阳湖江湖河湖洪水关系分析"(1986 年 12 月)研究成果可知,在长江干流水文情势接近天然状况下,鄱阳湖洪水位的高低主要受长江洪水的影响。鄱阳湖高水时(湖口水位 22 m)容积可达 300 亿 m³,其不仅对"五河"入江洪水有很大的削峰作用(多年平均削峰能力达 49％),且对长江八里江以上总入流的调节削峰作用也相当可观(其中以鄱阳湖为主平均削减总入流洪峰 20％)。在江洪、湖洪大而"五河"一般洪水时,对五河尾闾的顶托影响范围包括赣江至丰城石上,抚河至温家圳、信江至梅港、乐安河至石镇街、昌江至古县渡、修河至柘林坝下。一般标准洪水时,其顶托影响范围包括赣江至南昌,抚河至架桥、信江至大溪渡、乐安河至石镇街、昌江至古县渡、修河至永修县城。

鄱阳湖长江江湖关系可以概况为如下情景：

(1) 江、湖洪水遭遇

据汉口与"五河"历年最大洪峰出现时间和湖口水位超过 20 m 的 1954 年、1962 年、1968 年、1969 年、1973 年、1977 年、1980 年、1983 年、1995 年、1996 年、1998 年、1999 年等 12 年资料分析，除 1973 年外，"五河"洪峰与长江洪峰基本不相遇。

(2) 长江洪水倒灌入湖

据 1955～2005 年共 51 年资料统计，鄱阳湖有 42 年发生倒灌，长江倒灌入湖总水量为 1147 亿 m^3，平均每年为 26.4 亿 m^3，最大倒灌流量为 1991 年的 13 600 m^3/s，年最大倒灌水量为 113.9 亿 m^3，倒灌时间主要发生在 7 月、8 月、9 月三个月。

倒灌期间，湖口水位多在 19 m 以下，湖口水位高于 20 m 的有 3 年，为 1983 年、1996 年和 2002 年。而 1954 年、1998 年、1999 年等大水年均未发生倒灌。

(3) 江、湖洪水相互顶托

鄱阳湖出流对长江干流湖口以上河段有明显的回水顶托影响，同时长江干流来水对鄱阳湖出流也有很大的顶托作用。据有关研究结果，在湖口水位不变的情况下，长江武穴及九江下泄流量的增加量，基本相当于相应湖口出流减少量。

湖口出流不变情况下，当九江来量增加，湖口水位将被抬高。长江干流下泄与鄱阳湖出流相互顶托，对长江湖口以上河段洪水下泄及鄱阳湖出流影响均较显著。

(4) 鄱阳湖削峰(调蓄)作用

鄱阳湖与长江河槽对洪水洪峰值有一定的削减作用，其中鄱阳湖调蓄量占总调蓄量的 82.6%。鄱阳湖对长江的调蓄作用虽大，但调蓄作用主要发生在长江中、低水位时，在长江高水位时调蓄作用甚小(源自江西省水利规划设计院"鄱阳湖规划等研究成果")。

8.2　气候变化对湖区水文情势影响

8.2.1　鄱阳湖流域气候变化

1. 气温变化

1959～2008 年间鄱阳湖流域年平均气温为 17.9℃，呈波动上升趋势。50 年间上升了约 0.65℃。1951～2001 年中国年平均气温整体上升趋势非常明显，温度变化达 0.22℃/10 年，51 年间平均气温上升了约 1.1℃。增温主要从 20 世纪 80 年代开始，且有加快的趋势(气候变化国家评估报告 2007)。在这期间，1959～1975 年经历了一段明显的降温期，降温幅度约为－0.37℃/10 年；1976 年开始鄱阳湖流域年平均气温呈上升趋势，1976～1995 年流域升温率约为 0.14℃/10 年，趋势不明显;1996 年以来升温趋势更加明显,增长率达 0.58℃/10 年,1998～2008 年间流域气温明显偏高,历年均大于 50 年平均值,其中 2007 年鄱阳湖流域平均气温 19.0℃,为 50 年来最高,其次为 1998 年的 18.9℃。1959～2008 年间鄱阳湖流域各区域升温率在－0.06～0.30℃/10 年,增温率总体呈北高南低分布。西北部、东北部升温率略高,中西部、南部低,中西部、中东部部分地区甚至气温略低。

2. 降水变化

(1) 年降水量

1959～2008 年间鄱阳湖流域年降水量呈略增多趋势,但长期变化趋势不显著。流域多年平均降水量为 1632 mm,20 世纪 60 年代、80 年代、21 世纪降水量偏少,70 年代和 90 年代降水量相对偏多。60 年代至 70 年代中期前和 80 年代中期后至 90 年代两段时间流域降水量呈上升趋势。其中汛期降水量多年平均值约为 743 mm,约占全年降水量的 46%,总体呈略减少趋势,变化趋势不显著,变化趋势与年降水量不一致。年降水量呈周期性的波动变化,且年际变化较大。通过对 1959～2008 年间年降水量序列进行分析,可以看出周期波动,特别是 2000 年以来,流域降水量明显减少。

(2) 年降水强度

年降水强度为降水量与减少日数之比,单位为 mm/a,减少日数为全年除露、雾、霜等凝结产生的减少记录外,有大于或等于 0.1 mm 降水的日数(中国气象局 2003 年数据)。1959～2008 年鄱阳湖流域年平均降水日数变化总体趋势不明显,但 2002 年以来年平均减少日数明显减少,同期年降水暴雨日数呈略增加趋势,增幅约为 0.24 天/10 年。

区域性暴雨频次、特大暴雨频次均呈明显增加趋势,而小雨、中雨日数呈明显减小的变化趋势,这说明流域的降水集中度在增加。鄱阳湖流域年降水强度呈明显增强趋势,增幅约为 0.15 mm/10 年,历年平均值为 11.2 mm/10 年,最小值为 1963 年的 9.1 mm/10 年,最大值为 1998 年的 14.4 mm/10 年。

因此,区域降雨强度的增大,使鄱阳湖流域降水时间分布不均的特点更加明显,使流域旱涝等极端事件的发生更为频繁。

3. 极端天气气候事件

受全球气候变化的影响,近年来极端天气气候事件也呈增加趋势。鄱阳湖流域属于亚热带季风气候区,一年四季天气复杂多变且降水时空分布不均,干旱、暴雨、洪涝、台风、冰冻、高温等极端天气气候事件有增多趋势。

因此,引发的重大气象灾害所造成的损失有增加的趋势。鄱阳湖流域所处的江西省气象灾害发生的种类多、分布广、频率高,并可引发一些次生灾害和衍生灾害,干旱、暴雨洪涝是这个区域的主要自然灾害。从 1984~2007 年历年旱涝灾害损失来看,鄱阳湖流域经济损失和农作物受灾面积都呈增多趋势。经济损失最大的是 1998 年发生的特大洪涝灾害,农作物受害面积最多的是 2003 年的特大高温干旱灾害(殷剑敏 等,2011)。

8.2.2　气候变化对地表水资源影响

水资源基础评价中定义的水资源量,是以河川径流量为主要组成部分,或把河川径流量作为水资源量,其多年的平均值包括各年份的洪水径流和内涝水。

近 20 年来,中国地表水资源量和水资源总量变化不大,但南方地区水资源总量有所增加(张建云 等,2007)。选取有连续观测资料的水文控制站 1960~2003 年间逐日流量资料,进行非线性趋势分析的结果表明,鄱阳湖流域五河水系主要控制站年径流都呈现不同程度的上升趋势。其中,修水、饶河、信江水系的年径流上升趋势最为明显,达到 95％以上置信水平。赣江也达到 90％置信水平的显著增长,抚河径流则呈弱增长趋势。

1991~2003 年间修水的万家埠站、饶河的虎山站、信江的梅港等站年均径流比 1961~1990 年分别增加了 26.4％(8.8 亿 m³)、27.5％(18.5 亿 m³)、22.6％(38.5 亿 m³)。同期,赣江外洲站增加了 15.7％(104.1 亿 m³),抚河李家渡站增加了 8.2％(10.1 亿 m³)(表 8-2)(苏布达 等,2008)。另有研究选用 Db3 小波函数对鄱阳湖外洲站、李家渡站和梅港站标准化的月径流数据进行的低频重构序列显示,1955~2002 年鄱阳湖径流量在很长一段时间均呈现上升趋势,直至 1997 年后期和 1998 年,开始出现转折,呈现下降趋势。

表 8-2　鄱阳湖流域五河水系 1991~2003 年较 1961~1990 年径流系数变化情况

时段	指标	修水	饶河	信江	抚河	赣江
1961~1990 年	降水/mm	1744.61	2385.03	1862.91	1677.61	1659.42
均值	径流/亿 m³	33.41	67.24	170.59	123.44	662.49
1991~2003 年	降水/mm	204.83	252.16	243.55	139.66	114.15
比前 30 年增加	径流/亿 m³	8.81	18.52	38.53	10.04	104.14
1961~1990 年	径流系数	0.54	0.44	0.59	0.47	0.64
1991~2003 年	径流系数	0.61	0.51	0.63	0.46	0.69

鄱阳湖流域径流系数的增加,一是反映了流域下垫面条件的综合影响,如城市不透水地面的增加和水土流失现象的存在,导致降雨后汇流加快。流域覆被作为下垫面要素的重要组成部分也对径流的变化产生重要的影响。二是反映了降水,尤其是强降水事件的增多,以及中国南方(水面)蒸发普遍降低对径流产生的直接影响。二者相比,气候变化是影响径流的决定性因素,远远大于土地覆被变化的作

用,土地覆被变化对年平均径流的影响很小。在土地覆被极端情景(所有林地、耕地,划地全部变为裸地),就年平均流量变化而言,气候变化的贡献率大致占 97%,而土地覆被变化的影响仅为 3%左右。

观测资料显示,1960～2003 年间鄱阳湖五河水系修水、饶河、信江、抚河和赣江的降水与径流的相关系数分别为 0.89、0.88、0.94、0.88 和 0.92,均通过 99%的置信度检验;而温度与径流的相关系数分别只有 0.02、0.01、−0.06、0.01 和 0.02。但温度可通过影响蒸发量和降水量而间接影响河流径流。

同期,鄱阳湖流域潜在蒸发量呈现逐步下降趋势,在 1998 年发生突变后,下降速度变缓,明显低于前期下降速度。20 世纪 90 年代饶河水系、信江水系和赣江下游平均气温显著增加,平均降水量显著增多,暴雨频率增加,而蒸发量显著下降促进了其主要水文控制站年平均流量的明显增加。从大的水文周期性来分析,20 世纪 90 年代,鄱阳湖流域处于相对的丰水期,而进入 21 世纪,其水文周期则进入了一个相对的枯水期(杨桂山 等,2010)。

8.3　水工程开发利用对湖区水文情势影响

由于鄱阳湖区的水量和江西"五河"以及长江来水密不可分,所以鄱阳湖水位既受流域内水工程的影响,又受长江中上游水工程调度等影响,必须多方面综合考虑。

8.3.1　水工程开发

截至 2008 年,江西省建成水库共 9799 座,总库容 288.5 亿 m³,兴利库容 158.0 亿 m³;其中大型水库共 26 座(均坐落于鄱阳湖流域各水系),总库容 170 亿 m³,兴利库容 77.4 亿 m³。以位于修河中游的柘林水库最大,总库容为 79.2 亿 m³,万安水库其次,总库容为 22.2 亿 m³。此外,中型水库共 238 座,总库容 56.0 亿 m³,兴利库容 36.7 亿 m³。已建水库的开发任务主要为灌溉、发电、供水、航运等。在已建成的大型水库中,多数为纯灌溉水库(约占一半以上)。鄱阳湖"五河"干流具有一定调节能力的控制性枢纽工程主要有修河干流的柘林水库、赣江的万安水库、峡江水库(在建)以及抚河的廖坊水库等 4 座。柘林、万安、峡江水库均以发电、防洪为主要功能,这 4 座水库的径流调节作用对下游河道及鄱阳湖会产生一定的影响。根据长江流域综合规划,长江上游干支流库容大、有调节能力的控制性枢纽涉及金沙江、长江干流川江段和雅砻江、岷江(含大渡河)、嘉陵江(含白龙江)及乌江等河流上的梯级水库共 29 座,其中长江干流(含金沙江)13 座,雅砻江 3 座,岷江(含大渡河)3 座,嘉陵江(含白龙江)3 座,乌江 7 座(调节库容)。

随着长江三峡水库建成及上游干支流水库群的逐步建设,上游水库对径流的调蓄,势必对下游三峡水库蓄泄产生较大影响。三峡工程是长江干流有调节能力的最后一级枢纽,且具有较大防洪库容,可以调节控制三峡以上来水,控制水量下泄。

8.3.2　主要控制性水库径流调节对下游影响

根据江西省水文局对各水库调度运行规则和有关的分析计算,在鄱阳湖流域已建 4 座大型调节性水库中,柘林水库对径流的调节效果最明显。在供水期的 8 月至次年 2 月,柘林水库均可为下游增加调节流量,其中 12 月份最大,该月多年平均增加流量 163 m^3/s;9 月、10 月增加的流量分别为 111 m^3/s 和 151 m^3/s。万安水库在 9 月份以后对河道径流也有一定的增加。

廖坊与峡江水库对径流的调节效果不明显(由于该两座水库建库时间短,峡江还在建设中,资料系列不长,在分析资料上受到影响较大)。在枯水年份或者是枯季 4 座水库对鄱阳湖的水量有一定的增加作用。

各水库对径流的调节作用会影响下游水位的变化。例如,赣江的万安、峡江两水库对下游赣江外洲断面的水位影响值最大发生在 7 月份,水库蓄水将降低外洲水位约 0.31 m;最大补水作用的月份发生在 3 月份,月平均补水流量为 195 m^3/s,抬高外洲水位约 0.20 m;9、10 两月的月平均补水流量分别为 35.1 m^3/s 和 21.6 m^3/s,抬高外洲水位分别为 0.04 m 和 0.03 m。万安、峡江两水库的运用对赣江下游河段水位影响较小,修河柘林水库 6 月份蓄水可降低河道水位约 1.37 m(月平均值),供水期补水最大水位抬高月份为 10 月份,平均抬高约 0.61 m。而对鄱阳湖水位的影响有限。

8.3.3　长江中上游水库调度影响

三峡工程是长江干流有调节能力的最后一级枢纽,本节主要叙述 2003 年以来三峡水库对鄱阳湖的影响。三峡水库汛后蓄水阶段,出库流量与天然来水相比大幅减少,导致长江干流来水偏少,对鄱阳湖水资源利用造成明显的影响;汛前由于三峡水库为了满足防洪要求,将水位降到汛限水位,出库流量大于天然来水,而此时鄱阳湖已进入汛期,若三峡水库增泄流量阶段,与鄱阳湖流域洪水遭遇,将增加鄱阳湖的防洪压力。

根据三峡水库运行调度原则,单独运用条件下,蓄水期减小下泄流量对湖口水位的影响一般将持续到 12 月初,期间将降低湖口水位,出湖水量进一步增加,湖泊蓄水量减少。三峡水库蓄水改变了鄱阳湖的"江湖格局"。每年 9 月至 10 月是三峡水库蓄水期,正值长江水位下降,鄱阳湖五河进入枯水季节,鄱阳湖区开始退水,三峡减泄使鄱阳湖水位比同期有不同程度的下降(源自长江水利委员会长江勘测规划设计院"鄱阳湖规划、设计等研究成果")。

8.4　近期鄱阳湖水文情势变化

8.4.1　近期鄱阳湖水文情势总体情况

　　长期以来,人们关注较多的是鄱阳湖洪水时的水文情势,研究较多的也是鄱阳湖的洪水状况,这与当时的水利观念有关。随着社会经济的发展以及可持续发展理念的深入,水利观念也在发生转变。在关注洪水的同时,开始越来越多地关注湖泊枯水期带来的影响,以及对枯水期的水资源开发利用和管理。近些年鄱阳湖水文情势更多明显的变化表现在枯季及水资源利用与保护等方面。长江、鄱阳湖和"五河"是紧密相连的水体,存在相互联系、相互影响、相互制约的水文动态变化,水量动态平衡的规律。鄱阳湖区水位主要特点包括:

　　1) 受"五河"、长江来水的双重影响,高水位时间长(4~6 月,湖水位随"五河"洪水入湖而上涨,7~9 月因长江洪水顶托或倒灌而维持高水位;10 月后期才稳定退水),鄱阳湖洪水位年内变化可概括为单峰和双峰两种类型,年变幅大。

　　2) 湖口洪水位主要受长江洪水控制;出湖水和长江水既相互作用,又相互影响;任何时候鄱阳湖出湖水量都受长江水位高低的作用和影响。

　　3) 鄱阳湖涨水面水位主要受"五河"来水控制,退水面水位主要受长江洪水控制。

　　4) 鄱阳湖区各水位站之间高水位和低水位的差值变幅较大;在高水位时,不同的洪水类型,站与站的差值也不同。

　　5) 鄱阳湖洪水期高水位出现概率呈增大趋势。

　　6) 枯水期鄱阳湖低水位出现概率呈增大趋势,且枯水出现时间提前,维持时间增长。

　　鄱阳湖水情既受到"五河"来水影响,但受长江水情影响。湖口站多年月平均流量的年内变化与"五河"尾闾各站相同,湖口站的最高水位和流量过程有明显的滞后时间差(见图 8-1,湖口的水位过程和星子站的水位过程是相近的),同时也体现了长江来水对鄱阳湖的影响作用。湖口站的流量与长江干流九江、大通站有明显差异。江、湖、河汛期流量的这种差异,有利于鄱阳湖对长江与"五河"洪水进行有效调节;但江、湖、河枯期流量的这种差异(见图 8-2),却会对鄱阳湖枯水持续时间和枯水程度有较大影响。

8.4.2　鄱阳湖洪水期高水位出现概率呈增大趋势

　　随着流域城镇化进程的加快,以及城市的扩张与建设用地地面的硬化,将加快雨水的汇集及降雨时的瞬间径流量的形成,加大了对汛期河流的洪水影响。鄱阳湖"五河"流域形成的鄱阳湖洪水(由于鄱阳湖区洪水的涨水面主要是受"五

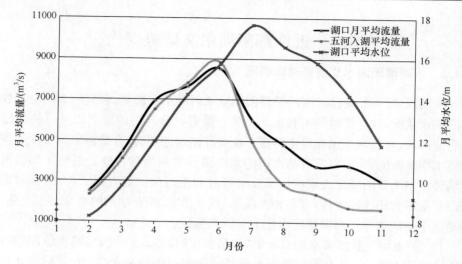

图 8-1　湖口站月平均水位与月平均流量

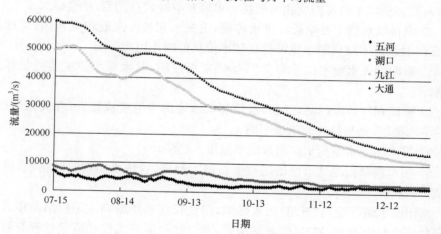

图 8-2　1991～2002 年各站日平均流量消落过程

河"洪水的影响),由于出现时间早于长江洪水,正好是三峡水库的预泄时期,有可能增加鄱阳湖区的防洪压力。例如,三峡水库运用后,1994 年、1996 年、2000年典型洪水情况下,三峡水库未进行削峰调度,螺山、九江、八里江和鄱阳湖口、星子、都昌、吴城、棠荫各站洪峰水位变化主要受河道地形冲淤变化和三峡水库汛前预泄影响。

　　在三峡水库运用情景下,受水库 6 月初降低库水位加大泄流量的影响,鄱阳湖区各站洪峰水位相比不运用情景均有不同程度的小幅抬升,抬升幅度小于 0.2 m;其中,1994 典型年各站洪峰水位抬升幅度较大,湖区各站水位抬升幅度在 0.1～0.2m;1996 年、2000 年典型年湖区各站水位抬升幅度在 0.1～0.15 m。

由长江洪水形成的鄱阳湖洪水,由于三峡水库的拦蓄和调节作用,对鄱阳湖洪水的高水位压力有一定削减作用。例如,1998 年长江洪水较大典型年进行调度,根据三峡水库防洪调度规则,对鄱阳湖区水位的影响主要体现在削峰调度时段,鄱阳湖各站水位下降 0.1~0.15 m;削峰调度前时段,受 6 月份三峡预泄影响,鄱阳湖各站水位略有上升,上升幅度在 0.2 m 左右;削峰调度后时段,鄱阳湖区各站水位下降 0.07~0.15 m。

12 月至次年 2 月为长江枯季,宜昌上游来流小于三峡水库发电保证出力所需流量,经三峡水库调节后下泄流量相比水库运用前增大 1000~3000 m^3/s,导致鄱阳湖各站水位有所抬升。三峡水库运用 30 年,湖区各站水位增幅差异明显,增幅最大的站为湖口站,增幅在 1 m 左右;增幅最小的为吴城站,水位基本没有变化(源自:江西省水利科学研究院,河海大学,南京水利科学研究院. 三峡工程运用后对鄱阳湖及江西"五河"的影响研究总报告.2010)。

8.4.3　鄱阳湖枯水期低水位出现概率呈增大趋势

受气候变化和水利工程的影响,必定引起流域水文情势的变化。由于气候变化的影响过程较为复杂,其影响变化较为缓慢,目前难以进行定量分析和预测。现重点分析水利工程影响带来的水文情势变化。三峡水库为长江中上游最后一级调节水库,特别是在其蓄水期间流量比三峡水库调度前流量减少5000~8000 m^3/s,相应下泄流量减小,水位下降。三峡水库汛末蓄水对鄱阳湖水位影响非常明显,湖区各站水位总体上普降 1~2 m,湖区各站水位降低的天数为 50~61 天。其中,1994 年典型年,湖区各站水位下降 1.2~1.8 m;1996 年典型年,湖区各站中除吴城站外其余站水位降幅均超过 1 m;1998 年典型年,湖区各站水位总体下降 1~2 m;2000 年典型年,湖区各站水位总体下降 1~1.5 m。

此外,从湖口出流变化的情况来看,由于湖口水位的下降,湖口出流流量加大,湖泊蓄水量将减少。按照三峡蓄水影响时段统计预测 10 年、20 年、30 年鄱阳湖年均多泄水量,分别为 45 亿 m^3、42 亿 m^3、40 亿 m^3(源自:江西省水利科学研究院,河海大学,南京水利科学研究院. 三峡工程运用后对鄱阳湖及江西"五河"的影响研究总报告.2010)。

以鄱阳湖湖口 9~10 月份平均水位 15.31 m,以及三峡水库单独运用条件下预测,鄱阳湖星子站、都昌、吴城站和康山站水位降低最大值的多年平均分别为 1.58 m、1.08 m、0.84 m 和 0.33 m,蓄水期水位降低平均值分别为 0.83 m、0.60 m、0.49 m 和 0.25 m;如三峡及上游水库联合调度运用条件下预测,鄱阳湖区的星子站、都昌站、吴城站和康山站水位降低最大值的多年平均分别为 2.04 m、1.43 m、1.14 m 和 0.49 m,蓄水期水位降低平均值分别为 1.10 m、0.78 m、0.63 m 和 0.30 m。三峡水库及上游水库调度运用蓄水阶段,对鄱阳湖入江水道的影响较大,距离湖口越远的湖区,受到的影响越小(长江水利委员会长江勘测规划设计院有关研究成果)。鄱阳湖区星子、都昌、棠荫、康山、吴城站2003～2009年8月中旬至次年3月下旬历年旬平均水位均低于1956～2002年旬平均水位,降低幅度最大达2.12 m(星子站10月下旬)。根据星子站1959～2002年和2003～2009年9月至次年3月不同时间点平均水位统计成果(表8-3和图8-3、图8-4)可以看出,2003年以来,受长江干流和鄱阳湖水系降水径流量、三峡水库蓄水、湖区采砂等因素影响,星子站9月份以后的各时间点水位均较2002年以前有较大幅度的降低,10月31日的平均水位降低了3.06m(引自江西省水文局有关"鄱阳湖研究成果")。

表8-3　星子站不同时期9月至次年3月不同时间点平均水位统计值　　　单位:m

时间	9月			10月			11月		
	1日	15日	30日	10日	20日	31日	10日	20日	30日
1959～2002	14.46	14.2	13.65	13.2	12.59	11.73	10.83	10.04	9.13
2003～2009	13.59	13.96	12.39	11.08	10.05	8.67	8.53	8.75	8.1
均值差	0.87	0.24	1.26	2.12	2.54	3.06	2.3	1.29	1.03

时间	12月		1月		2月		3月	
	1日	31日	1日	31日	1日	28日	1日	31日
1959～2002	9.03	7.35	7.2	7.35	7.39	8.52	8.57	10.31
2003～2009	7.99	6.21	6.82	6.95	6.94	8.09	8.24	9.39
均值差	1.04	1.14	0.38	0.4	0.45	0.43	0.33	0.92

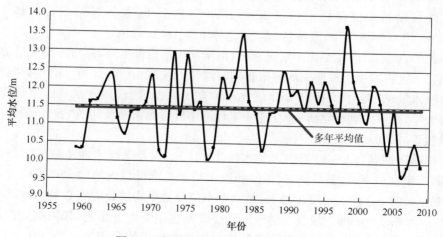

图8-3　鄱阳湖星子站年平均水位变化图

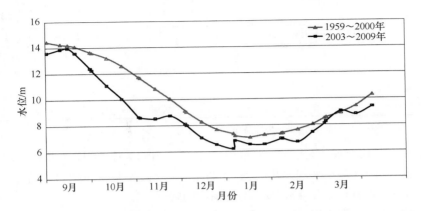

图 8-4　鄱阳湖星子站 9 月至次年 3 月平均水位变化

8.4.4　鄱阳湖枯水期低水位出现时间提前,维持时间呈增长趋势

近十年来,鄱阳湖区各水文站提前进入枯水期,其中星子站进入枯水期(水位在12 m 以下)时间在 1956～2002 年期间为 11 月中旬,而在 2003～2009 年期间枯水期提前至 10 月下旬,平均提前约 20 天;枯水期时段 1956～2002 年间为 11 月中旬至 3 月下旬、2003～2009 年为 10 月下旬至 3 月下旬,平均延长了约 20 天。

统计结果表明,鄱阳湖星子站枯水和严重枯水(水位 10 m 以下)出现时间提前、持续时间延长趋势尤为显著(表8-4),例如,12 m 水位以下和 10 m 水位以下持续时间,1951～2009 年平均为 130 天和 75 天,而 2000～2009 年平均达 157 天和90 天;出现时间 1951～2009 年间平均分别为 11 月 12 日和 12 月 8 日,而 2000～2009 年平均为 10 月 31 日和 11 月 26 日,为近 60 年中平均(10 年)出现时间最早时段,尤其是 2006 年 12 m 水位以下和 10 m 水位以下水位出现时间分别提前到 8 月 22 日和 9 月 28 日。

表 8-4　鄱阳湖星子站不同等级枯水位出现时间多年变化

年段	12 m 以下天数	11 m 以下天数	10 m 以下天数	12 m 以下初日	10 m 以下初日
1951～1959	125	101	73	11 月 15 日	12 月 16 日
1960～1969	134	110	80	11 月 18 日	12 月 11 日
1970～1979	139	112	83	11 月 7 日	12 月 6 日
1980～1989	108	93	64	11 月 24 日	12 月 10 日
1990～1999	116	88	63	11 月 10 日	12 月 12 日
2000～2009	157	129	90	10 月 31 日	11 月 26 日
多年平均	130	106	75	11 月 12 日	12 月 8 日

年段	12 m以下天数	11 m以下天数	10 m以下天数	12 m以下初日	10 m以下初日
最早或最多	281	—	169	8月22日	9月28日
发生年份	2006		2006	2006	2006
次早或次多	198		138	9月1日	10月12日
发生年份	1959		1959	1972	2009

注:本章节涉及水位的数据,均采用吴淞高程。

根据有关研究成果,按三峡水库从 9 月 15 日至 10 月 31 日蓄水分析,在水库运用初期,鄱阳湖多年平均多出水量约 23 亿 m³ 左右,大通和湖口水位平均降低约 1.0 m 左右,湖区各站水位都有不同幅度的降低。

三峡水库运用 30 年后,考虑河道冲刷,大通站和湖口站枯水位下降约 1 m 左右,汛后鄱阳湖蓄水量平均减少近 35 亿 m³。

三峡水库蓄水期,在河道冲刷和蓄水的共同作用下,大通水位下降约 2 m 左右,相当于在平水年把鄱阳湖的枯水季节提前了 1 个月左右,对鄱阳湖水位影响较大(引自中国水科院"三峡水库运用后下游河道冲淤与鄱阳湖江湖关系变化研究")。

8.5　本 章 小 结

长期以来,鄱阳湖水文情势变化受"五河"及长江来水的双重影响,湖区汛期(高水位)长达半年之久。其中 4~6 月为鄱阳湖"五河"主汛期,7~8 月为长江主汛期,此时湖区水位受长江洪水顶托或倒灌影响而壅高,水位长期维持高水位。湖区水位的空间变化与水位高低相反,湖区周边各站同期最高水位的差异远远小于最低水位的差异。

长江、鄱阳湖和"五河"是紧密相连的水体,存在相互联系、相互影响、相互制约的水文动态变化,以及水量动态平衡的规律。鄱阳湖涨水面水位主要受"五河"来水影响和控制,退水面水位主要受长江洪水控制。气候变化对鄱阳湖水文情势的影响体现在流域尺度的水文周期性变化。长江及鄱阳湖流域控制性水利工程运用对鄱阳湖水文情势将产生一定影响。

长江干流及其上游水工程对鄱阳湖枯季低水位影响较大,鄱阳湖流域水利工程对鄱阳湖水文情势变化影响所产生的作用较小。进入 21 世纪以来,鄱阳湖江湖关系逐渐发生了变化,洪水期鄱阳湖高水位出现概率呈增大趋势,枯水期鄱阳湖低水位出现概率呈增大趋势,主要表现为低水位提前,维持时间增长。水文情势的变化给鄱阳湖生态系统及生态安全也带来了新的变化和影响,应引起重视,认真应对,需开展长期观测。

第三篇　鄱阳湖生态安全评估

第9章 鄱阳湖流域经济社会发展
对水质与水量的需求

9.1 鄱阳湖流域经济社会发展规划

近年来,鄱阳湖流域经济社会快速发展,江西省出台了一系列的经济社会发展规划,以促进流域经济社会与资源环境的协调发展,促进富裕和谐秀美江西建设。围绕水资源和水环境保护的相关规划主要包括《江西省国民经济和社会发展"十二五"规划》、《江西省环境保护"十二五"规划》、《江西省水资源开发和利用规划》、《江西省水(环境)功能区划》、《鄱阳湖生态经济区规划》、《鄱阳湖"五河"流域治理规划》和《鄱阳湖区综合治理规划》等。

上述规划在促进流域水资源优化配置及保护流域水环境等方面起到了重要作用,为江西省及鄱阳湖流域经济社会的可持续发展提供了较好的规划保障。

9.1.1 流域规划

根据《江西省"十二五"规划编制工作方案》(赣府厅字[2010])要求,作为指导鄱阳湖流域水环境综合治理的重点专项规划,由江西省发改委牵头,组织编制了《鄱阳湖流域水环境综合治理规划》(以下简称"规划"),"规划"作为江西省重大专项规划之一纳入了江西省"十二五"规划体系。"规划"围绕鄱阳湖生态经济区建设,以保障鄱阳湖流域乃至长江中下游生产、生活、生态用水安全为出发点和落脚点,采取防控结合的治理方式,减少工业点源和农业面源污染;降低污染物排放总量;调整产业结构、优化产业部局,着力推进生态市县建设,提高生态环境质量;不断增强环保设施建设,提高污染物处理能力,不断加强体制机制建设,提高流域环境管理能力;不断加强流域生态保护与建设,提高生态系统自我修复能力。规划按照鄱阳湖流域水环境质量不断提高和生态状况持续改善的目标,提出了流域综合治理的水质控制指标、生态安全控制指标、总量控制目标、污染控制目标等四大类 16 项指标。确定了规划的主要任务和重点项目。规划的目标见表 9-1。

表 9-1 鄱阳湖流域综合治理规划主要指标

指标类型	指　　　标	2015 年	2020 年
水质控制指标	城镇集中式饮用水源地水质达标率	100%	100%
	主要水质监测断面Ⅰ~Ⅲ类水质比例	85%	≥85%
	省界、市界断面水质	Ⅲ类	Ⅲ类以上
	五河入鄱阳湖水质	Ⅲ类	Ⅲ类以上
	鄱阳湖出湖水质	Ⅲ类	Ⅲ类以上
	长江干流水质基本达到	Ⅱ~Ⅲ类	Ⅱ~Ⅲ类
	鄱阳湖水质	Ⅲ类	Ⅲ类以上
	重要河流湖库水功能区达标率	90%	95%
生态安全控制指标	森林覆盖率	63%	≥63%
	鄱阳湖天然湿地面积	3100 km²	3100 km²
总量控制指标	化学需氧量排放量削减	削减 5%	比 2015 年减少 5%
	氨氮排放量削减	削减 8%	比 2015 年减少 5%
污染控制指标	城镇污水集中处理率	85%	—
	城镇生活垃圾无害化处理率	80%	—
	废放射源收贮率(含返回原生产单位)	100%	100%
	鄱阳湖流域环境安全监控体系	建成	

"规划"的主要任务包括加强生态保护与生态修复、强化工业污染防治、统筹城乡污水和垃圾处理、防治农业面源污染、保障饮用水安全以及建设"五河一湖"源头保护区和湖体核心保护区等生态安全屏障、加强流域整治、调整产业结构与优化产业布局、节水减排和空中云水资源开发利用工程建设等。

9.1.2 区域水利规划

作为主要的区域水利规划，《鄱阳湖区综合治理规划》(2012)范围为湖口水文站防洪控制水位 22.50 m(吴淞高程)所影响区域，包括环鄱阳湖的南昌县、新建县、进贤县、永修县、德安县、共青城市、星子县、湖口县、都昌县、鄱阳县、余干县、万年县、乐平市、丰城市等 14 个县(市)及南昌市(东湖区、西湖区、青山湖区、青云谱区和湾里区)、九江市(浔阳区和庐山区)2 市区域，总面积为 26 284 km²，规划范围见图 9-1。

"规划"基准年为 2007 年，规划近期水平年为 2020 年，远期水平年为 2030 年，规划重点为 2020 年。规划的总体目标包括维护健康鄱阳湖，坚持"江湖两利"等，以及加强和完善鄱阳湖区工程和非工程措施建设，提高湖区防洪减灾能力，合理开发利用水资源，维系优良水生态流域环境，实现水利资源综合管理的现代化，保障

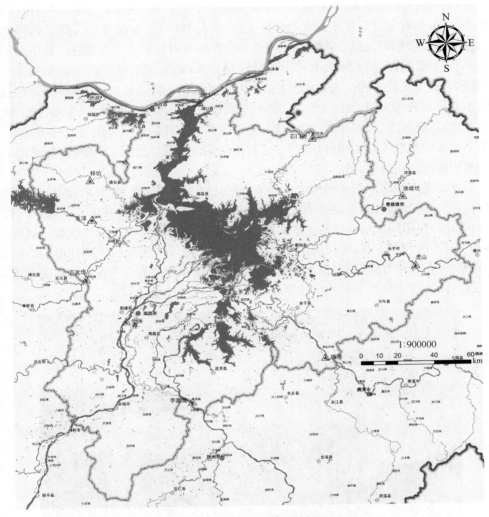

图 9-1　鄱阳湖区综合治理规划范围

防洪安全、饮用水源安全、粮食安全和生态安全,以水资源的可持续利用,支撑流域经济社会的可持续发展为根本出发点。

"规划"的具体目标为:到 2020 年,形成完善的综合防洪减灾体系,实现规划区水资源的合理开发利用,水资源开发利用率控制在 25％左右,湖区水功能区主要控制指标达标率达到 80％;入湖氮、磷污染负荷削减 20％以上,主要城市集中式饮用水水源地水质安全保障问题得到有效解决,2020 年达到血吸虫病传播阻断标准,初步实现湖区水资源综合管理现代化等。

规划围绕鄱阳湖区经济社会发展的总体布局,根据区域水利基础设施现状,建立完善的防洪减灾体系、水资源综合利用体系、水生态与环境保护体系及综合管理体系。同时,规划建设鄱阳湖水利枢纽工程,保持鄱阳湖"一湖清水",促进区域生态保护和经济协调发展。该"规划"包括4个专项规划和1个工程规划。其中鄱阳湖水利枢纽工程定位为恢复和科学调整江湖关系,提高鄱阳湖区的经济和生态承载能力,其主要任务为生态环境保护、灌溉、城乡供水、航运及血防等,同时具有三峡水库蓄水期为下游补水的潜力。鄱阳湖水利枢纽工程规划明确了"生态优先、统筹考虑、适度开发、确保底线"的设计与建设理念。工程的调度原则是调枯不控洪、基本恢复控制性工程运用前江湖关系、与控制性工程联合运用、工程综合影响最小与水资源统一调度等。

　　规划提出的鄱阳湖水利枢纽工程推荐闸址位于湖口水道星子站与湖口站之间的长岭—屏峰山断面,上距星子县城13 km,下距湖口水文站约27.9 km,轴线长约3 km。鄱阳湖水利枢纽的效果如图9-2所示。鄱阳湖水利枢纽工程拟采取"调枯不控洪"的调度方式,不同的枯期水位控制方案对各项任务的作用和影响不同。规划经过各方面分析研究,提出了相应的最低控制水位要求。考虑各方面的要求,"规划"认为枯水期星子站水位控制在11.0～12.0 m比较适宜。

图9-2　鄱阳湖水利枢纽效果图(江西省鄱阳湖水利枢纽建设办公室提供)

9.1.3　经济社会发展规划

1. 鄱阳湖生态经济区规划

　　为保护鄱阳湖"一湖清水",探索新的历史时期区域生态经济发展模式,江西省委、省政府于2008年做出了建设鄱阳湖生态经济区的重大战略决策,于2009年12月12日获得国务院批复上升为国家发展战略《鄱阳湖生态经济区规划》。

　　鄱阳湖生态经济区建设是探索流域经济与生态协调发展的新模式,是推进大江大湖区域综合开发的示范区。规划范围包括南昌、景德镇、鹰潭 3 市,以及九江、新余、抚州、宜春、上饶、吉安的部分县(市、区),共 38 个县(市、区),面积 5.12 万 km²,2008 年规划区实现地区生产总值 3948 亿元,年末总人口 2006.6 万人。

　　规划的发展定位是建成全国大湖流域综合开发示范区、长江中下游水生态安全保障区、加快中部崛起重要带动区和建设国际生态经济合作重要平台。围绕这一定位,规划着力构建安全可靠的生态环境保护体系、调配有效的水利保障体系、清洁安全的能源供应体系、高效便捷的综合交通运输体系;将重点建设区域性优质农产品生产基地,生态旅游基地,光电、新能源、生物及航空产业基地,改造提升铜、钢铁、化工、汽车等传统产业基地。

　　2015 年主要目标是鄱阳湖水质稳定在Ⅲ类以上、湿地保护面积持续稳定、湿地生态功能不断增强;生态产业体系初步形成;生态文明社会初步构建。具体建设指标见表 9-2。

表 9-2　鄱阳湖生态经济区主要指标

指标	2008 年	2015 年	2020 年
鄱阳湖天然湿地面积	3100 km²	3100 km²	3100 km²
鄱阳湖水质	Ⅲ类左右	Ⅲ类以上	Ⅲ类以上
"五河"省控断面Ⅲ类以上水质比重	78%	85%	90%
森林覆盖率	60.05%	63%	63%
单位地区生产总值能源消耗	—	降低 20%	比 2015 年下降 15%
单位工业增加值用水量	—	降低 25%	比 2015 年下降 15%
化学需氧量排放量	—	减少 10%	比 2015 年减少 5%
二氧化硫排放量	—	减少 10%	比 2015 年减少 5%
人均地区生产总值	19 810 元	45 000 元	80 000 元
城镇居民人均可支配收入	—	年均增长 8.5%	年均增长 8%
农村居民人均纯收入	—	年均增长 8%	年均增长 8%
居民期望寿命	72 岁	73.5 岁	75 岁
城镇化率	42.2%	50%	60%

　　规划建设范围为以鄱阳湖为核心,以环鄱阳湖城市圈为依托,强化三带,构建四区,构筑高层次的生态经济圈。规划最终确立了以"两区一带"为特征的功能分区,即湖体核心保护区、滨湖控制开发带和高效集约发展区见图 9-3。

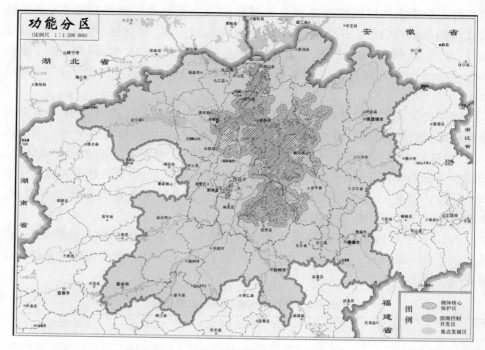

图 9-3　鄱阳湖生态经济区功能分区示意图

资料来源：鄱阳湖生态经济区规划，2009

湖体核心保护区：范围为鄱阳湖水体和湿地，以 1998 年 7 月 30 日鄱阳湖最高水位线（吴淞高程湖口水位 22.48 m）为界线，面积 5181 km²。区域功能是强化生态功能，禁止开发建设。

滨湖控制开发带：范围为沿湖岸线邻水区域，以最高水位线为界线，原则上向陆地延伸 3 km，核定面积 3746 km²。区域功能是构建生态屏障，严格控制开发。

高效集约发展区：范围为区域其他地区，面积 4.22 万 km²。区域功能是集聚经济人口，高效集约开发。稳定提高生态空间，集约整合生活空间，优化拓展生产空间。

规划主要内容包括生态建设和环境保护（湿地保护、污染防治、绿色屏障建设、血吸虫病防治）、环境友好型产业发展、重大基础设施建设、构建生态文明社会、促进区域协调发展、深化改革开放等。同时，规划重点提出了适时推进鄱阳湖水利枢纽工程建设。

2. 江西省国民经济和社会发展"十二五"规划

"规划"是指导江西省"十二五"期间经济社会可持续发展的纲要，规划重点对江西省经济发展、社会发展、生态文明、人居环境及核心竞争力等做出了规划和指导,主要目标见表 9-3。

表 9-3　江西省经济社会发展相关规划指标

类别	指标		2010 年	2015 年	年均增长/%	属性
经济发展	江西省生产总值		9 435 亿元	18 000 亿元	>11	预期性
	人均生产总值		3 133 美元	6 000 美元	10.5	预期性
	财政总收入		1 226 亿元	2 600 亿元	>16	预期性
	全社会固定资产投资		8 775 亿元	21 000 亿元	>20	预期性
经济结构	非农产业比重		87.2%	>90%	[>2.8]	预期性
	居民消费率		36%	38%	[2]	预期性
	城镇化率		44.8%	52.8%	[8]	预期性
社会民生	江西省总人口		4 467.6 万人	4 650 万人	0.78	约束性
	城镇居民人均可支配收入		15 481 元	26 000 元	11	预期性
	农民人均纯收入		5 789 元	10 000 元	11	预期性
	城镇登记失业率		3.31%	4.5%	[1.19]	预期性
资源环境	耕地保有量		4 300 万亩	4 300 万亩	持续稳定	约束性
	农业灌溉用水有效利用系数		0.45	>0.5	[>0.05]	预期性
	森林覆盖率		63.1%	>63%	持续稳定	约束性
	森林蓄积量		4.45 亿 m³	5 亿 m³	[0.55]	约束性
	江西省主要河流监测断面 I～Ⅲ 类水质比重		80.3%	82%	[1.7]	约束性
	单位工业增加值用水量降低		—	—	[30]	约束性
	主要污染物排放量累计下降[a]	化学需氧量	(77.7 万 t)	(73.2 万 t)	[5.8]	约束性
		二氧化硫	(59.4 万 t)	(54.9 万 t)	[7.5]	约束性
		氨氮	(9.4 万 t)	(8.5 万 t)	[9.8]	约束性
		氮氧化物	(58.2 万 t)	(54.2 万 t)	[6.9]	约束性
	城镇生活污水集中处理率		67.8%	>85%	[>17.2]	约束性
	城镇生活垃圾无害化处理率		51.6%	>80%	[>28.4]	约束性

　　资料来源:《江西省国民经济和社会发展"十二五"规划纲要》,有删节;[ ]内数据表示"十二五"期间累积增加水平

　　a. 引自:江西省环境保护"十二五"规划,( )内数据为排放量数值

　　"规划"明确了"十二五"地表水环境质量、水资源利用与污染物减排等目标。明确提出了造林绿化、源头保护等措施,着力构建江西省及鄱阳湖流域生态屏障。

9.2　鄱阳湖流域经济社会发展对水量的需求

9.2.1　流域水资源概况

1. 鄱阳湖流域水资源

江西省地处长江中下游南岸,属亚热带湿润季风气候区,水资源主要由降水补给。因此,鄱阳湖流域水资源较为丰富,但年际年内分配极为不均匀。伴随着经济社会的快速发展,对水资源的需求以及排(退)水明显增加,枯水季节许多地区都将面临水资源缺乏的问题。

根据《2011 年江西省水资源公报》,江西省多年平均水资源总量为 1565.0 亿 m^3,其中地表水资源量 1545.5 亿 m^3,地下水资源量 379.0 亿 m^3,地下水与地表水的重复计算量为 359.5 亿 m^3,江西省单位面积水资源总量 93.9 万 m^3/km^2。

鄱阳湖五大水系多年平均年降水 1655.9 mm,相应年降水量 $2196.5 \times 10^8 m^3$。最大值为信江水系,最小值为赣江水系,鄱阳湖区多年平均年降水量为 1583.4 mm。降水量季节分配不均,主要是集中在汛期(4~9 月),占年降水量的 60%~70%。鄱阳湖流域多年平均年径流量为 $1436 \times 10^8 m^3$,相应径流模数 $88.5 \times 10^4 m^3/$(km$^2 \cdot$ a),相应平均年径流深 885.1 mm,其中五大水系为 $1250.7 \times 10^8 m^3$,湖区为 $185.9 \times 10^8 m^3$,分别占 87% 和 13%。在五大水系中,赣江、抚河、信江、饶河、修河多年平均径流量分别为 $676.3 \times 10^8 m^3$、$155.1 \times 10^8 m^3$、$178.2 \times 10^8 m^3$、$118.0 \times 10^8 m^3$、$123.1 \times 10^8 m^3$,分别占五大水系径流量的 54.1%、12.4%、14.3%、9.4%、9.8%,径流模数最大为信江水系,最小为赣江水系。江西省五大水系基本情况如表 9-4 所示。

表 9-4　五大河流基本情况（1956~2000 年）

河流名称	控制水文站	水文站控制面积/km²	天然径流量/($10^8 m^3$)	径流深/mm
赣江	外洲	80 948	676.3	834.6
抚河	李家渡	15 811	155.1	981.0
信江	梅港	15 535	178.2	1146.9
饶河	虎山、渡峰坑	11 387	118.0	1036.2
修河	虬津、万家埠	13 462	123.1	914.2
湖区区间	—	25 082	185.9	741.3
合计	湖口	162 225	1435.9	885.1

资料来源:江西省水文局,等编.江西五大水系对鄱阳湖生态影响研究报告.2008

受"五河"和长江来水的双重影响,鄱阳湖水位具有明显的季节性变化规律。

汛期为 4~9 月。其中 4~6 月为"五河"主汛期,入湖年最大流量出现在全汛期,4、5、6 月份分别占 13.5%、18.4%、52.6%。期间,当"五河"出现大洪水时,长江上游尚未进入主汛期,鄱阳湖水位一般不高;7~9 月"五河"来水减少,但长江进入主汛期,湖区水位受长江洪水顶托或倒灌影响而壅高,水位缓慢上升,并维持高水位。

鄱阳湖年最高水位多出现在 7~9 月。进入 10 月,长江水位下降,湖口河段比降增大,出湖流量增大,湖区水位下降,湖区各站最低水位一般出现在 1~2 月份。

2. 鄱阳湖区水资源

鄱阳湖区多年平均水资源总量为 234 亿 m^3,其中地表水资源量 215.5 亿 m^3,不重复计算的地下水资源量约 18.5 亿 m^3。地表水资源量年内变化较大,集中在 4~7 月份,占年径流量的 62.8%。鄱阳湖区多年平均产水系数和产水模数分别为 0.56 万 m^3/km^2 和 89 万 m^3/km^2,人均水资源量 1922 m^3,属于江西省较少的区域。但是每年有 1187.8 亿 m^3 客水入境,为区域水资源的有效利用创造了良好条件。鄱阳湖区现状水资源开发利用率为 34.3%(不含客水),但水资源利用与供给平衡在季节间存在较大差异。

9.2.2　水量需求分析

1. 流域预测需水状况

据统计,2010 年江西省人均拥有水资源量 5104 m^3,人均用水量 538 m^3;万元 GDP 用水量 254 m^3。万元工业增加值用水量 132 m^3,农田灌溉亩均用水量 541 m^3,农田灌溉水有效利用系数 0.46,林果灌溉亩均用水量 170 m^3,鱼塘补水亩均用水量 385 m^3。城镇居民人均生活用水量每日 159 L,城镇生活人均用水量(包括城镇公共用水量)每日 215 L,农村居民人均生活用水量每日 93 L,地表水控制利用率 10.2%,水资源总量利用消耗率 4.5%。

2010 年鄱阳湖流域总用水量 219.54×10^8m^3,其中农田灌溉、工业与居民生活用水量分别为 140.74×10^8m^3、46.24×10^8m^3 与 18.15×10^8m^3,分别占用水总量的 64.1%、21.06% 与 8.27%。在流域各水系中,赣江流域用水量最大,达 106.07×10^8m^3,占全流域总量的 48.3%;其次是鄱阳湖区,用水量 50.79×10^8m^3,占全流域总量的 23.1%。2010 年全流域分区各种水资源利用方式构成详见表 9-5。江西省水文局等"江西五大水系对鄱阳湖生态影响研究报告"(2008 年)表明以 2030 年为参照年,鄱阳湖流域总需水量 403.3×10^8m^3,其中五河流域需水量 324.3×10^8m^3,湖区需水量为 78.9×10^8m^3;在五河流域中,赣江、抚河、信江、饶河、修河需水量分别为 161.4×10^8m^3、46.7×10^8m^3、59.7×10^8m^3、31.7×

10^8m^3、$24.8 \times 10^8 \text{m}^3$,分别占总需水量的 40%、11.6%、14.8%、7.9%、6.1%(图 9-4 和表 9-6)。未来 20 年,全流域需水量有较大增长,年均增长率 3.09%,随江西省城镇化进程加快,抚河、信江、饶河、修河流域用水增长比重较高。

表 9-5　2010 年江西省境内鄱阳湖流域用水量构成　　　单位:10^8m^3

水系	农田 灌溉	林牧 渔畜	工业	城镇 公共	居民 生活	生态 用水	总用 水量	水系 比重(%)
赣江	65.54	3.31	26.75	1.47	8.36	0.64	106.07	48.3
抚河	16.04	1.11	1.68	0.24	1.50	0.11	20.68	9.42
信江	10.96	0.78	3.56	0.36	2.02	0.16	17.84	8.13
饶河	7.53	0.53	3.99	0.21	1.27	0.16	13.69	6.24
修河	7.75	0.39	1.26	0.09	0.92	0.06	10.47	4.77
湖区	32.92	0.99	9.00	1.24	4.08	2.59	50.82	23.1
流域合计	140.74	7.11	46.24	3.61	18.15	3.72	219.54	100.0
流域比重(%)	64.1	3.24	21.1	1.64	8.27	1.69	100.0	—

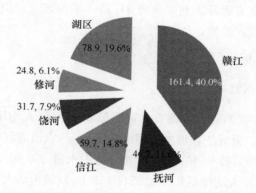

图 9-4　2030 年江西省境内鄱阳湖流域需水量预测(单位:10^8m^3)

表 9-6　江西省境内鄱阳湖流域用水量构成

	水系	赣江	抚河	信江	饶河	修河	湖区	总用水量
2010 年	用水量/(10^8m^3)	106.07	20.68	17.84	13.69	10.47	50.82	219.54
	比重/%	48.3	9.42	8.13	6.24	4.77	23.1	100.0
2030 年	用水量/(10^8m^3)	161.4	46.7	59.7	31.7	24.8	78.9	403.3
	比重/%	40.0	11.6	14.8	7.9	6.1	19.6	100.0
2030 年比 2010 年增长/%		52.2	125.8	234.6	131.6	136.9	55.3	83.7
年均增长/%		2.12	4.16	6.23	4.29	4.41	2.23	3.09

2. 按照典型用水类型预测需水状况

随着经济社会的发展,江西省水资源利用按类型的构成也会发生相应改变,预计到 2030 年,江西省城镇化率达到 60%,人口自然增长率约为 7‰,通过采取节水措施,各行业的用水定额均有所降低,城镇居民生活平均用水净定额取 140～160 L/(人·d),农村居民生活用水定额取 95～105 L/(人·d);工业综合用水定额取 83.7 m³/万元;第三产业用水定额采用 15.85 m³/万元,农业用水灌溉系数达到 0.6 以上。以此估算,总体上用于工业和农田灌溉的用水份额将会有所下降,而居民生活和生态用水将有可能进一步增加。鄱阳湖区综合治理规划对鄱阳湖区的水资源需求进行了预测,采用定额法从经济社会发展的人口、城镇化、产业、经济产值、农田灌溉、林牧渔业规模等指标进行预测,预测结果如表 9-7 所示。

表 9-7　鄱阳湖区 2020 年、2030 年需水量预测　　　　单位:亿 m³

需水来源		水平年			75%保证率需水比例		
		2007 年	2020 年	2030 年	2007 年	2020 年	2030 年
城镇生活		2.43	4.77	6.32	2.62	4.67	5.83
农村生活		2.53	1.87	1.69	2.73	1.83	1.56
第一产业	$P=50\%$	55.31	50.32	49.53	—	—	—
	$P=75\%$	62.45	58.17	57.50	67.4	57.0	53.0
	$P=90\%$	96.46	87.79	86.71	—	—	—
第二产业	工业	17.95	26.68	28.71	19.4	26.1	26.5
	建筑业	1.10	2.77	3.44	1.19	2.71	3.17
第三产业		3.64	5.94	9.14	3.93	5.82	8.42
生态需水		2.53	1.87	1.69	2.73	1.83	1.56
总需水	$P=50\%$	85.49	94.22	100.52	—	—	—
	$P=75\%$	92.63	102.07	108.49	100.0	100.0	100.0
	$P=90\%$	126.64	131.69	137.7	—	—	—

资料来源:水利部长江水利委员会编《鄱阳湖区综合治理规划》,2011。湖区包括南昌市辖区、南昌县、新建县、进贤县、九江市辖区、永修县、德安县、星子县、都昌县、湖口县、余干县、鄱阳县、万年县、丰城市

目前鄱阳湖区农业用水比重相对较高,达到 67.4%,主要用于农田灌溉,随着其他用水需求的增长及农业技术进步,到 2030 年,农业用水总量和比重将有明显的下降,但仍占据半数以上,即该区农业用水(特别是农田灌溉)仍然是主要水资源利用方式(表 9-7)。

3. 鄱阳湖区水资源时空分配需求

鄱阳湖区水资源时空分配不均,主要表现在:

（1）鄱阳湖区水资源量总体丰富，区域分布不均

鄱阳湖区多年平均水资源总量为 234 亿 m^3，约占江西全省水资源总量（1565 亿 m^3）的 15.0％，人均占有水资源量为 1922 m^3（2007 年水平），为江西省人均占有量的 53.7％。受地形的作用，鄱阳湖区水资源地区分布不均，在沿江、沿湖地区，由于过境水量丰富，水资源可利用量较大；而在流域中上游的高岗丘陵地区，水资源可利用量仅为当地径流量。

（2）鄱阳湖区径流量年际年内变幅较大

汛期（4～7 月）平均径流量约占全年平均径流量的 62.8％，枯水期（10 月至次年 2 月）平均径流量约占全年平均径流量的 23.3％，说明区域内大部分径流集中在汛期，且多以洪水形式出现。丰枯水年份径流量差异大，最大年径流量与最小年径量的比值达 3.55。

（3）来水与用水在时间上不匹配，来水与需水在地域上不协调

鄱阳湖流域除部分工业生产用水需求较平稳外，其他部门用水均随季节而变化。7～9 月是农业、环境、生活等用水高峰季节，这期间用水占全年总用水量的 60％～70％，而同期来水仅占全年来水量的 20％左右，来水与用水在时间分配上不相匹配。每逢干旱年份，河道需水大于来水。此时不仅水源枯竭，而且江河湖泊水位下降，造成取提水条件恶化，致使提水工程不能正常发挥效益。由于鄱阳湖区灌溉需水量较大，对该区域的灌溉过程线进行了分析，结果表明，灌溉对水资源的需求具有一定的时段性。9 月至次年 3 月，灌溉需水量约为总需水量的 40.8％，9～10 月期间湖区晚稻生长灌溉需水量约为总需水量的 33.9％。鄱阳湖区灌溉过程线如表 9-8 所示，图 9-5 列出了鄱阳湖区农田灌溉的分句过程线。

表 9-8　鄱阳湖区农田灌溉过程线

月	旬	多年平均			P＝90％水文年		
		综合亩需水定额/m^3	占比/％	累计百分比/％	综合亩需水定额/m^3	占比/％	累计百分比/％
1	上	3.3	0.40	0.40	6.6	0.43	0.43
	中	8.4	1.03	1.44	9.6	0.63	1.07
	下	2.3	0.28	1.72	3.1	0.20	1.27
2	上	0.3	0.04	1.75	0.3	0.02	1.29
	中	6.4	0.79	2.54	18.9	1.24	2.53
	下	0	0.00	2.54	0	0.00	2.53
3	上	1	0.12	2.66	0	0.00	2.53
	中	4	0.49	3.15	5.2	0.34	2.88
	下	0.9	0.11	3.26	0	0.00	2.88

续表

月	旬	多年平均			P＝90％水文年		
		综合亩需水定额/m³	占比/％	累计百分比/％	综合亩需水定额/m³	占比/％	累计百分比/％
4	上	5.5	0.67	3.94	6.4	0.42	3.30
	中	30.1	3.69	7.63	47.4	3.12	6.41
	下	14.1	1.73	9.36	46.5	3.06	9.47
5	上	13.1	1.61	10.97	6.4	0.42	9.90
	中	8	0.98	11.95	25.8	1.70	11.59
	下	16.3	2.00	13.95	38.8	2.55	14.15
6	上	50.4	6.18	20.13	76.8	5.05	19.20
	中	23.1	2.83	22.96	90.4	5.95	25.15
	下	27.8	3.41	26.37	5.2	0.34	25.49
7	上	38.6	4.74	31.11	72.3	4.76	30.25
	中	28.6	3.51	34.62	49.9	3.28	33.53
	下	78.5	9.63	44.25	132.1	8.69	42.22
8	上	41	5.03	49.28	119.2	7.84	50.06
	中	46	5.64	54.92	42.7	2.81	52.87
	下	61.6	7.56	62.48	68.9	4.53	57.41
9	上	51.1	6.27	68.74	59.5	3.91	61.32
	中	68.1	8.35	77.10	130.7	8.60	69.92
	下	50.6	6.21	83.30	120.9	7.95	77.87
10	上	38.8	4.76	88.06	110.7	7.28	85.16
	中	50.1	6.15	94.21	133.7	8.80	93.95
	下	17.5	2.15	96.36	38.9	2.56	96.51
11	上	2.4	0.29	96.65	5.2	0.34	96.86
	中	8.3	1.02	97.67	16.8	1.11	97.96
	下	4.1	0.50	98.17	7.1	0.47	98.43
12		14.9	1.83	100.00	23.9	1.57	100.00
合计		815.2	100.00	—	1519.9	100.00	—

资料来源：鄱阳湖区综合治理规划，2011

从表 9-8 和图 9-5 可见，鄱阳湖区水资源需求与其时间分布存在较大的差异，以鄱阳湖区多年平均降雨的年内分配为例，鄱阳湖区的降雨集中在 4～7 月，而灌溉需水的两个高峰分别在 7 月和 9 月（图 9-6），区域水资源需求和水资源时间分配矛盾较突出。

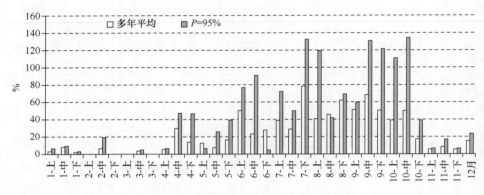

图 9-5　鄱阳湖区灌溉分旬过程线示意图

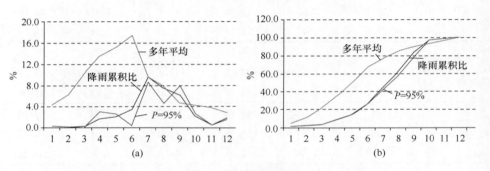

图 9-6　鄱阳湖区年内灌溉需水与降雨过程关系

(a) 月比重;(b) 月累积比重

9.3　鄱阳湖流域经济社会发展对水质的需求

9.3.1　流域水环境质量与污染源

1. 流域水环境质量

2010 年鄱阳湖五大水系水质状况总体良好,优于Ⅲ类水质断面比例为 80.5%。其中赣江、信江、修河、袁水和萍水河水质为良好;抚河和饶河水质为轻度污染;江西省劣于Ⅳ类水质断面比例为 19.5%。河流主要污染物为氨氮、石油类和粪大肠菌群。2010 年鄱阳湖流域主要河流水质状况如表 9-9 所示,流域内 13 个交界断面中,所有断面均达到或优于Ⅲ类水质标准。

表 9-9　2010 年鄱阳湖流域内主要河流水质状况

河流名称	Ⅰ类/%	Ⅱ类/%	Ⅲ类/%	Ⅳ类/%	Ⅴ类/%	劣Ⅴ类/%	达标率/%	水质状况
赣江	0.0	18.3	63.3	15.0	3.3	0.0	81.7	良好
抚河	0.0	46.7	26.7	26.7	0.0	0.0	73.3	轻度污染
饶河	0.0	52.9	11.8	23.5	0.0	11.8	64.7	轻度污染
信江	0.0	66.7	20.8	12.5	0.0	0.0	87.5	良好
修河	0.0	40.0	40.0	20.0	0.0	0.0	80.0	良好
袁水	0.0	6.3	75.0	18.8	0.0	0.0	81.3	良好

注:袁水是赣江重要支流,习惯上单独列出分析。

2010 年主要河流化学需氧量、氨氮年均值分别为 2.32 mg/L 和 0.279 mg/L。"十一五"期间主要河流氨氮浓度总体呈下降趋势(图 9-7)。2010 年鄱阳湖 17 个监测点位Ⅲ类及以上水质断面比例为 52.9%,属于轻度污染;2011 年Ⅲ类及以上水质断面比例为 64.7%,属于轻度污染,主要污染物为总氮和总磷。

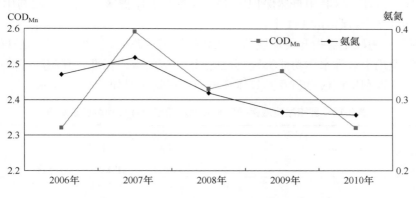

图 9-7　流域内主要河流主要污染指标平均浓度

2. 流域污染源排放

据统计,2010 年鄱阳湖流域废水排放量 16.06 亿 t,其中工业废水排放量 7.25 亿 t,工业废水排放达标率 93.75%;城镇生活污水排放量 8.81 亿 t,城镇生活污水集中处理率 69.30%。废水中化学需氧量排放量 43.11 万 t(其中工业 11.78 万 t,生活 31.33 万 t),氨氮排放量 3.46 万 t(其中工业 0.87 万 t,生活 2.59 万 t)。其他污染物中,石油类排放量为 430.09 t,挥发酚排放量为 18.26 t,氰化物排放量为 6.91 t。

受面源污染影响,鄱阳湖流域内主要超标污染物为总氮和总磷。江西省是产粮大省,农药化肥施用量大,地形起伏较大,土壤疏松,加上降雨集中,易造成大量氮磷等污染物随地表径流进入河流,其污染负荷贡献率大大高于流域其他来源入湖氮磷负荷,加剧了流域水污染。因此,湖区农田不合理化肥施用造成的面源负荷是区域水环境保护需要解决的主要问题。种植业是入湖总氮和总磷的主要污染来源,分别占入湖总量的 29.2% 和 45.5%(中国环境科学研究院等,2012),鄱阳湖区农业生产化肥施用量强度较高,据统计,鄱阳湖区化肥平均施用水平为 537.7 kg/hm²,湖区 1050.78 万亩耕地的化肥平均施用量在 37.6 万 t/a,总氮和总磷的流失率按 30% 和 20% 计,流失的总氮约为 6.77 万 t/a,总磷约为 3.08 万 t/a。

9.3.2　典型水体环境功能区划

2007 年,江西省水利厅、江西省环保局编制并发布了"江西省地表水(环境)功能区划",成为指导江西省水资源利用和水环境保护的重要依据,对江西省主要河流湖泊等地表水的水功能区类别、水环境功能标准等进行了规定。其中鄱阳湖流域共划分出一级功能区 309 个,区划河段长度 8591.5 km,湖库面积 3386.9 km²。其中,保护区 25 个(其中自然保护区 16 个,源头水保护区 9 个),开发利用区 118个,缓冲区 2 个,保留区 164 个。

开发利用区主要指开展环境功能区划的饮用水源区、工业用水区、景观娱乐用水区、渔业用水区等水体功能类别,分别执行相应的水质标准。鄱阳湖流域保护区(一级)、开发利用区(一级)及其具体环境功能区划状况如表 9-10 所示。

表 9-10　鄱阳湖流域保护区与开发利用区水环境功能区划简表

水功能区	保护区数目	开发利用区					
		总数	饮用水源区	工业用水区	景观娱乐用水区	渔业用水区	过渡区
赣江	8	59	49	44	5	0	1
抚河	3	11	11	9	1	0	0
信江	1	15	14	12	1	0	1
饶河	1	13	8	10	0	0	0
修水	5	10	8	8	2	0	2
博阳河	0	2	2	0	0	0	0
漳田河	0	0	0	0	0	0	0
潼津河	0	0	0	0	0	0	0
清丰山溪	0	0	0	0	0	0	0
鄱阳湖区	7	8	3	1	0	4	0
执行水质标准	Ⅰ~Ⅱ	—	Ⅱ~Ⅲ	Ⅲ~Ⅳ	Ⅲ	Ⅱ~Ⅲ	—

在鄱阳湖及环湖区,包括博阳河、潼津河、漳田河、清丰山溪、鄱阳湖、军山湖、

金溪湖、陈家湖、青岚湖等水体进行了区划,区划河段全长 392.0 km,湖泊面积 2778.5 km²。

9.3.3　经济社会发展对水质的需求

目前,鄱阳湖流域环境质量总体较好,总体环境质量在全国处于较好水平。2010 年,江西省主要河流监测断面Ⅰ～Ⅲ类水质比例为 80.5%,比 2005 年提高了 4 个百分点,江西省集中式饮用水源地水质达标率为 100%,鄱阳湖水质监测点位水质达标率为 52.9%。然而,“十二五”期间作为江西省推进工业化和城镇化加速发展的关键时期,经济社会发展带来的环境压力将继续加大,环境保护工作面临严峻的挑战。

1. 经济社会快速发展要求提供安全的饮用水源保障

江西城镇化发展对饮用水源保障提出了更高的要求。目前,南昌、抚州、赣州等都在推进区域城镇化格局,城市中心及其组团的人口规模均在 300 万人左右,要求有良好的饮用水源水质保障。根据《江西省国民经济和社会发展“十二五”规划纲要》,到 2015 年,江西省将新增供水生产能力 240 万 t/d(折合 8.76 亿 m³/a),约占江西省水资源总量的 0.57%,占江西省总供水量的 3.6%,比现状江西省城镇生活供水总量增加 75.1%。需要建设饮用水源保护区,其水质要求在Ⅱ～Ⅲ类。因此,对重要江河湖泊水质保护提出了较高要求。

2. 经济社会快速发展使流域水环境面临较大压力,并威胁生态系统安全

有色金属冶炼、钢铁、化工等江西省传统支柱产业发展将给鄱阳湖流域水环境带来较大压力。目前,鄱阳湖生态经济区经济社会发展势头强劲,但由于区内企业规模偏小,技术含量不高,结构不尽合理,产业链短,产品结构多为原料型、资源型。涉水型和高排放型产业,导致资源、环境与发展的矛盾突出,生态环境保护压力加重。

此外,鄱阳湖区农村产业结构较单一,人多地少,农民致富途径少,湖区农民收入偏低,过度依赖湖泊资源;湖区种植业比重偏大,农业面源污染问题(尤其是畜禽养殖业污染)没有很好的解决,已对鄱阳湖生态环境(尤其是水环境)构成威胁。

根据江西省环境保护“十二五”规划,2015 年江西省经济社会发展主要指标如下:

2010 年,江西省 GDP 为 9435 亿元,采用“十一五”期间江西省 GDP 实际年均增长率 13.16% 计算,预计 2015 年江西省 GDP 实现 18 000 亿元。

根据江西省国民经济和社会发展“十二五”规划基本思路,预期国民经济三大产业结构比例由 2010 年的 17.9：47.3：34.8 调整为 10：55：35,工业增加值由占 GDP 比重的 42.9% 调整到 47%,预计 2015 年江西省工业增加值为 6564 亿元。

"十二五"期间,江西省城镇化率将由 2010 年的 44.8% 提高到 52.8%,按照"十一五"期间总人口年均增长 6.94‰ 计算,"十二五"城镇常住人口年均增长率将达到 4.06%,预计到 2015 年江西省城镇人口为 2379.3 万人。2010 年,江西省 COD 排放总量 77.73 万 t,氨氮排放总量 9.44 万 t。利用上述经济社会发展基数,采用单位 GDP 排放强度法、产污系数法与分行业单位工业增加值排放强度法等预测,到 2015 年江西省 COD 和氨氮排放总量将分别增加 71.72 万 t 和 2.45 万 t。

江西省 2010 年和 2015 年主要水污染物排放现状及预测见表 9-11。

表 9-11　2010 年和 2015 年江西省主要水污染物排放现状及预测表　　　　单位：万 t

来源	COD			氨氮		
	2010 年	2015 年 预计增量	增量 比重/%	2010 年	2015 年 预计增量	增量 比重/%
工业	12.36	5.22	42.2	1.22	0.38	31.1
城镇生活	39.59	10.4	26.3	4.96	1.11	22.4
农业	24.69	56.1	227.2	3.17	0.96	30.3
集中式	1.09	—	—	0.09	—	—
合计	77.73	71.72	92.3	9.44	2.45	26.0

依照江西省经济社会发展水平测算(表 9-11),到 2015 年,江西省主要水污染物排放量将分别增加 92.3%(COD)和 26.0%(氨氮),其中以农业污染源排放增量最为显著。导致经济社会发展对水环境的压力将十分巨大,严重威胁水环境安全和生态安全。经济社会的快速发展也需要良好的水质保障,需要大力推进实施水环境保护,推进污染物减排。

3. 生态文明建设对生态用水量不断增加

近 30 年的水环境监测资料的综合评价表明(孙晓山,2009),鄱阳湖水质总体呈下降趋势。与此同时,鄱阳湖一系列的生态问题随着经济社会的发展逐渐显现出来,如水体营养程度增加、渔业资源退化、藻类种类减少密度增高与湿地生物多样性下降等问题。以上问题与水体水质的下降不无关系。同时,生态用水量也随经济社会发展相应增加,也要求良好的水质。

根据《鄱阳湖区综合治理规划》(2011),采用频率典型年法对鄱阳湖区生态用水的供需进行了研究,预测鄱阳湖区生态用水状况如表 9-12 所示。

表 9-12　鄱阳湖区生态用水量预测

预测方法		2007 年	2020 年	2030 年
频率典型年法	生态用水量/(亿 m³/a)	3.66	4.07	4.34
	增量/%	—	11.2	6.63
经济社会发展定额法	生态用水量/(亿 m³/a)	2.53	1.87	1.69
	增量/%	—	26.1	9.62

与采用经济社会发展定额预测的结果（表 9-12）存在一定差异，表明经济社会发展将会进一步减少生态需水的供给。事实上，随着生态文明建设的推进，江河源头保护区、自然保护区、重要生态功能区、重要湿地保护区、渔业保护区等区域生态功能的发挥，生态用水的比重会逐步增加，其对水质的要求也将进一步提高。

9.4　本 章 小 结

近年来，为推动流域经济社会发展和生态环境有效保护，江西省出台了一系列规划，包括国民经济社会发展类综合规划、鄱阳湖区综合治理类区域规划，以及环境保护、水利发展等专项规划，对全流域经济社会发展进行统筹规划，针对经济社会发展对水资源利用和水环境保护提出了措施和对策。规划的实施在促进流域水资源优化配置，以及流域水环境保护等方面发挥较好的作用，将极大地促进全流域经济社会与资源环境的和谐发展。

未来鄱阳湖流域经济社会发展对水资源的需求将显著增加。预测到 2030 年，鄱阳湖全流域总需水量将达到 $403.3 \times 10^8 m^3$，比 2010 年增长 83.7%，其中抚河、信江、饶河与修河流域需水量增加较快；未来工业需水和农田灌溉需水比重将有所下降，鄱阳湖区农业需水下降明显，但仍是主要水资源利用方式。鄱阳湖流域水资源年内分配与需求不匹配，降雨集中在 4～7 月，而农业灌溉需水高峰在 7～9 月，区域水资源利用和水资源配置矛盾较突出。

经济社会的快速发展也要求有更多优质的水资源。未来鄱阳湖流域城镇饮用水供给需求快速增加，需要更多清洁饮用水。利用经济社会发展基数系数估算，2015 年，江西省主要水污染物 COD、氨氮的排放量将分别增加 92.3% 和 26.0%，经济社会发展给水环境保护带来较大的压力。与此同时，经济社会发展进一步减少生态用水的供给，与推进生态文明建设要求增加生态用水的矛盾进一步加剧，对流域水污染防治和水环境保护提出了新的要求。

第10章 鄱阳湖湿地生态系统演变

10.1 鄱阳湖湖盆及主要生物类群演变

鄱阳湖湿地生态系统,即鄱阳湖湿地,是指鄱阳湖在天然、人工、常久、暂时之沼泽地、湿原、泥炭地或水域地带,能够保持静止、流动、淡水、半咸水、咸水、低潮时水深不超过 6 m 的水域。鄱阳湖湿地生态系统特征主要表现在三个方面:

其一是鄱阳湖作为多类型湿地组成的自然-经济-社会复合体,在空间上表现出跨地带性、间断性和随机性,造成鄱阳湖湿地生态系统的复杂性。鄱阳湖湿地总体上属于天然淡水湖泊湿地,可分为淡水湿地与人工湿地两大类 16 种类型。

其二是鄱阳湖湿地是一个动态变化的统一体,其易变性是鄱阳湖湿地生态系统脆弱性表现的特殊形式之一。由于鄱阳湖水位和水域面积年内和年际间的巨大变化,造成鄱阳湖各湿地类型的动态变化,高水位时以湖泊为主体,水位低时以沼泽、草洲、蝶形湖和水道为主体,呈现水陆交替出现的生态景观,即当水量减少水位下降以至干涸时,该湿地生态系统演潜为陆地生态系统,当水量增加时,该系统又演化为湿地生态系统,从而形成所谓的"洪水一片水连天,枯水一线滩无边"的特殊景象。因此,水文变化决定了鄱阳湖湿地生态系统状态。

其三是鄱阳湖湿地生态系统是一个开放性的系统。鄱阳湖、"五河"及区间来水,经调蓄由湖口入长江,由此构成了一个完整的水系单元。"五河"来水、区间河流来水、长江倒灌来水等不仅给鄱阳湖带来了营养物和丰富的生物资源,也带来了污染物和泥沙。

近年来,伴随人为活动干扰活动加强和枯水期的延长,导致鄱阳湖湿地类型和湿地植被结构发生了较大的变化,且湿地生态系统受到了一定程度的威胁。因此,鄱阳湖湿地生态系统演变和水文条件的改变与流域和区域人为活动关系密切。而鄱阳湖水文条件的改变和湖盆演变也有一定关系。

所以,分析鄱阳湖湖盆的演变趋势,关注鄱阳湖湿地类型和湿地结构变化对进一步分析掌握鄱阳湖湿地生态系统演变具有重要作用。

10.1.1 鄱阳湖湖盆演变

鄱阳湖盆地,是中生代形成的构造盆地。但鄱阳湖盆地自形成以来的漫长时期内并未积水成湖,而是一个流水盆地。从古代的《水经注·赣水》及《汉书·地理志》上赣江和"五河"入长江前没有相关大水面湖泊的描述也证明了这一点。此外,根据目前地势也可以看出,鄱阳湖是一个南高北低的吞吐型湖泊,南北水位高差达到 11 m,如果没有长江水位顶托和湖口梅家洲阻挡,湖水将会全部泻出,不可能形成如此大面积的湖泊。因此,鄱阳湖的存在主要是长江和"五河"来水量相互作用的结果,且主要取决于湖口段长江水位的高低。所以,形成目前鄱阳湖湖盆中有如此大面积水面的主要原因是长江主泓道的南迁,使得长江来水犹如一道水墙阻碍了以赣江为首的"五河"泄水。如果遇到长江汛期,来水水位更高,长江水还会倒灌进入鄱阳湖,造成湖水迅速向南扩展形成大面积湖泊(姜加虎等,2009)。

由于江、湖作用所形成的三角洲也在不断延伸发展,在一定程度上进一步阻碍了"五河"来水的下泄。正是湖盆演变造就了鄱阳湖"高水是湖,低水似河"的独特水文景观。

1. 围湖造田

鄱阳湖滩地经历了几个不同开发利用阶段。1964~1988 年,由于掠夺式的利用和围垦,湿地实际分布面积有所缩小。据实地调查和测算,该阶段鄱阳湖湿地年平均减少 7.23 km²。最主要的原因则是大面积的草洲被围垦,从新中国成立初期至 20 世纪 70 年代末,湖区建圩 331 座,围垦面积达 1213.3 km²,平均每年围垦洲滩面积在 40 km² 以上。

一直以来,鄱阳湖洲滩植被基本上处于一种无序利用状态,利用方式粗放、原始,只利用不保护,使湖泊面积减少,容积缩小,使洲滩植被的产量和质量下降,大大降低了资源的利用价值。大大减弱了鄱阳湖调蓄洪水等生态功能(图 10-1)。

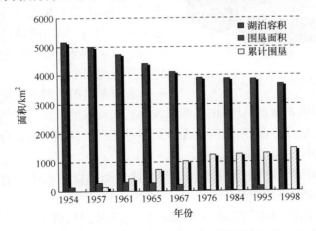

图 10-1　鄱阳湖不同时期围垦面积

鄱阳湖区围垦活动直至 20 世纪 80 年代后期才基本结束。20 世纪 80 年代末至 1998 年间,湖区围垦等大范围的人为扰动基本停止,丰水期面积维持在 3950

km²左右。据统计,1954~1995年间,围垦使鄱阳湖水域面积缩小了1300 km²,容积减少80亿 m³,致使湖盆对洪水的调蓄能力削弱近20%。湖岸线也由2049 km减至1200 km(图10-2)。

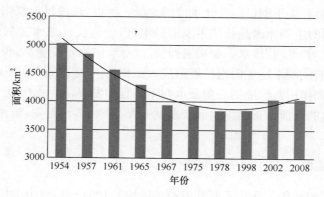

图10-2　不同时期鄱阳湖面积

2. 退田还湖

1998年以来,江西省人民政府分四期进行了湖区平垸行洪、退田还湖与移民建镇工作。到2000年,鄱阳湖区工作已实施退田还湖圩堤234座,增加蓄洪面积1.130 km²、容积59亿 m³,移民安置46万人,各阶段退田还湖比例详见图10-3。通过退田还湖,使鄱阳湖调蓄洪能力基本恢复到解放初期水平,以维护长江中下游地区生态环境安全。

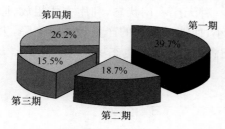

图10-3　不同时期鄱阳湖退田还湖面积

鄱阳湖退田还湖的主要措施包括:

1) 建立鄱阳湖调蓄洪区,恢复鄱阳湖在长江流域的天然蓄滞洪能力。

2) 减少围垦,治理鄱阳湖河道泥沙淤积;加强生态功能区的环境保护与监管,防止湖泊进一步萎缩。

3) 把鄱阳湖调蓄洪生态功能保护与湖区生态建设纳入江西省和鄱阳湖滨湖地区经济社会发展规划。

4) 建立鄱阳湖调蓄洪生态功能保护区生态保护监管体系;严格控制"双退区"内的渔业养殖规模,采取低水养殖,高水还湖的策略,严格控制双退区内的人类活动强度。

1998年后,由于国家在湖区实行"退田还湖",湖区面积增加了1000 km²以上,湿地退化、功能下降的状况有所改变,湿地植被及生态系统有所恢复。湿地植被在洲滩上的分布得到扩展,植被面积增大;遭破坏的植物种群和洲滩植物已经出现恢复性的生长繁殖。

10.1.2 鄱阳湖湿地植被演替

湿地植被演替是鄱阳湖湿地演变的重要表现。鄱阳湖湿地植被演替是指在湖区同一地段,一种植被类型被另一种不同类型的群落所更替的自然过程。以鄱阳湖水生植被为例,由于鄱阳湖季节性的水位变化而引起湖滩洲地的周年水陆交替现象,枯水期出现以薹草为主的湿地植物群落,而洪水期又形成以眼子菜和苦草为主的沉水植物群落。因而,鄱阳湖呈现出周年性的植被群落演替现象。结合近年来水文情势的变化,鄱阳湖年际湿地植被演替可以概况为主要建群种的变化,植株矮化,生物量下降;沉水植物大量消失,群落组成趋于简单,多样性下降;湿(旱生)、沼生植物开始向湖区入侵,湿地植被向湖心推移。

具体来讲,由于湿地水文条件发生变化,淹水时间缩短,湿地主要建群种由2000 年的薹草群落演替为 2009 年的芦苇与南荻。由于水位下降而引起的湖区裸露区面积增加,在高程 11~12.5 m 范围内,原主要的沉水植物种类苦草、竹叶眼子菜等的地上部分枯死,而部分根系埋深较浅的物种大量死亡,使沉水植物群落进一步向湖内推进(进入了高程更低的湖区),其组成趋于简单,多样性下降;由于水淹时间缩短,一些湿(旱生)、沼生植物开始向湖区入侵,湿地植被向湖心推移,而一些季节,也有一定面积的部分半湿生或其至陆生植被在鄱阳湖区分布。

南矶山自然保护区作为鄱阳湖两个国家级自然保护区之一,其主要保护对象是赣江(北支、中支和南支)河口与鄱阳湖开放水域之间的水陆过渡地带典型的湿地生态系统,及其伴随的水文、生物和湿地演替等湿地生态过程。且南矶山自然保护区内的赣江中支尾闾,是陆地增长最为活跃的地区。据调查,1976~1999 年间年均新增陆地 211.22 hm²。根据研究,赣江中支尾闾的前缘地带处于不断的抬高并向前延伸发育过程之中,具备新生湿地生态系统的特征,三角洲后缘地带较稳定,具有完整的湿生植被演替系列。因此,在南矶山自然保护区可以比较明显的观测到湿地植被演替过程(刘信中等,2002)。

《江西南矶山湿地自然保护区综合科学考察》报告,南矶山湿地类型主要有水域、泥沙滩地、湖草滩地、芦苇(南荻)滩地、湖滩岗地等。随着泥沙的不断淤积,浅水湖泊的湖底逐渐增高,在水位较稳定的地段,逐渐开始生长水生生物。有一些区段,泥沙淤积较快,难以生长水生生物,发育成泥沙滩地。随着泥沙继续淤积,湖区地势进一步抬高,薹草等草本植物逐渐侵入,湖区水面也将逐渐演变成湖区草滩。如泥沙继续淤积,加上湖草残体的堆积,地势可能继续增高,荻草、芦苇、萎蒿等也将入侵。随着洲滩进一步淤高,南荻会完全占据整个滩地,由于湖区居民通常把南荻也叫做"芦苇",所以荻滩地也被认为是"芦苇滩地"。如果此趋势进一步发展,洲滩继续抬高,鄱阳湖湿地将可能演替成森林湿地。

近几十年来,由于受到放牧、采砂等人为活动的强烈干预,鄱阳湖区总体处于资源过度开发状态,生态系统得不到有效的恢复和调整,湿地植被退化严重。利用遥感分类技术,对鄱阳湖自 2000 年以来的湿地面积和植被演替进行了研究,结果表明鄱阳湖全年敞开水面面积近期呈逐年减小趋势,而湖滩草洲湿地面积则呈明显增加趋势(图 10-4)。

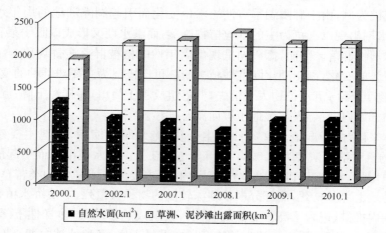

图 10-4　典型年份枯水期湖区水面及草洲面积变化

资料来源:中国科学院地理科学与资源研究所,等．鄱阳湖水利枢纽工程对湿地
与候鸟的影响及对策研究．2010

与此同时,湿地植被生物量也出现了明显下降。以湿地植被保存较好的蚌湖典型洲滩植被为例,其洲滩薹草群落冬季(11~12 月)生物量,1965 年为 2500 g/m²,1989 年为 2416 g/m²,1993~1994 年调查为 1716.7 g/m²,2007 年调查为 1600 g/m²,40 年时间洲滩薹草群落冬季生物量下降了约 900 g/m²(图 10-5)。

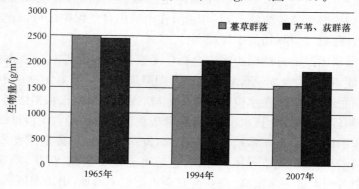

图 10-5　蚌湖不同年份湿地植被生物量变化

此外,鄱阳湖湿地类型及面积变化与气候变化及上游来水减少等也有密切关系。一般来说,如果鄱阳湖流域降水偏少,"五河"、区间河流和长江上游来水偏少,都会引起鄱阳湖全年敞开水面萎缩,湖滨消落带向湖心推进,后方的湖滩草洲湿地也同步推进。鄱阳湖湿地植被演替规律极其复杂,演替过程多样,影响演替的因素来自多个方面。泥沙淤积是造成湖泊沼泽化的一个主要因素,促使洲滩湿地不断发育,泥沙不均匀淤积也必然引起洲滩湿地发育与演替的不同步现象,而造成不同地段的水平分异。与此同时我们也看到,鄱阳湖水资源量的改变、水位的变化,也给湿地演替带来一定的影响(如近几年连续枯水);水质状况在一定程度上也会对一些植物群落产生影响,尤其是水体污染问题,促使降低环境敏感物种种群数量,甚至彻底消失,如芡实群落、水车前群落、茨藻群落等。

人为活动对湿地植被动态变化产生的影响也不容忽视。从植被图可见,人为活动频繁区域与人为活动较少的区域有明显的差异,人为活动少的区域,植被更为均质,较之人为活动频繁的区域演替速度慢。在鄱阳湖区典型区域,如南矶山自然保护区,当地居民有火烧南荻的习惯。经相关研究机构一年的半定位观察发现,火烧有利于南荻和蒌蒿的生长。火烧能加速湿地的物质循环和植物群落更替。在探讨湿地植被演替时,另一个因素也值得关注:三峡等工程的建设及运行使长江中下游泥沙含量减少,势必影响江水倒灌的水文情势及水沙条件,使得鄱阳湖泥沙更多地排入长江,南矶山湿地沼泽化的进程将会减缓。

10.1.3　鄱阳湖湿地浮游生物演替

1. 浮游植物演替

鄱阳湖浮游植物种类繁多,现已鉴定的浮游植物分隶 8 门,54 科,154 属。鄱阳湖藻类门属数由 20 世纪 80 年代中期的 154 属已经降低到 2007~2008 年的 88 属,物种多样性有所降低。藻类具体变化情况见图 10-6 和图 10-7。鄱阳湖主湖面浮游植物自 20 世纪 80 年代起以绿藻门种类居多,绿藻门种类达 67 种;硅藻门种类其次,有 31 种;蓝藻门种类有 17 种,裸藻门种类有 10 种,其他门类的种类仍较少。但硅藻占浮游植物总生物量 41.2%,是鄱阳湖主湖区浮游植物生物量的主要贡献者;隐藻门其次,占总生物量的 28.9%;裸藻和绿藻都占总生物量的 10% 左右。目前造成湖区局部"水华"的主要是鱼腥藻、微囊藻和束丝藻等几种,生物量都不高。不同湖区的浮游植物呈现较强的空间异质性,即生物量由高至低分别是:中部大湖区>南部上游区>西部湿地区>北部通江区。北部通江区由于水流急、水体浑浊而抑制了浮游植物的生长。各湖区浮游植物的优势种类组成各不相同,总体上仍是硅藻生物量最高,但南部上游区水华蓝藻比例已经较高,主要与水体透明度较高和营养盐浓度也较高等因素有关。

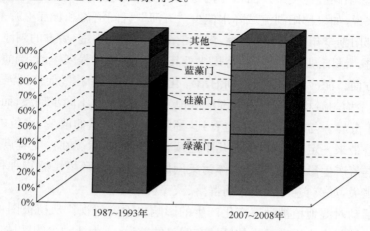

图 10-6　鄱阳湖不同时期藻类各门属构成

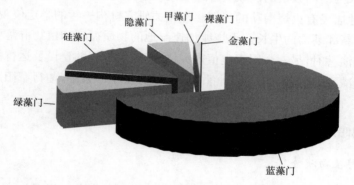

图 10-7　鄱阳湖 2007~2008 年藻类主要各门属数量比例

　　鄱阳湖藻类密度在 1980 年至 20 世纪 90 年代初期平均在 10^5 ind. /L 左右,总体处于较低的含量;根据 1999 年和 2007~2008 年的现场调查,2000 年以后藻类密度呈现较为明显的增加趋势,达到 10^6 ind. /L,即鄱阳湖浮游植物密度自 1980 年以来,虽然总体呈现增加趋势,主要是 2000 年以后增加较为明显。就总体密度而言,与我国主要湖泊相比较低,太湖、巢湖和滇池的藻类密度(在 $10^7 \sim 10^8$ ind. /L)处于较低的含量水平,但是究其绝对密度来讲,鄱阳湖藻类密度(10^6 ind. /L)已经接近水华发生水平(图 10-8)。2007~2008 年的现场调查也发现,尽管蓝藻门在种类数上与历史相比基本相当,但是占到湖区浮游植物总密度的 70%,在一些时段(夏季、秋季)已经成为鄱阳湖浮游植物的优势种类。

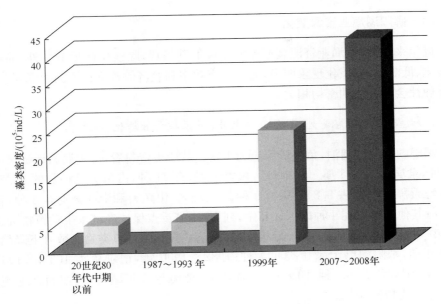

图 10-8　鄱阳湖藻类密度历史变化

2. 底栖动物演替

从 1980～2008 年的近 30 年间,鄱阳湖大型底栖动物的密度在逐渐减少,特别是软体动物的密度大幅度下降。而鄱阳湖大型底栖动物生物量变化不大,主要因为底栖动物群落结构发生变化,一些个体较小的种类如中华沼螺、长角涵螺等数量减少,而个体较大的种类如铜锈环棱螺等受环境影响较小,数量变化不大。变化预示着鄱阳湖的环境改变影响了其底栖动物群落结构。

2009 年鄱阳湖底栖总生物量并不比以前低,时间分布上差异不大,从空间分布上看,湖口和都昌与饶河口之间,底栖动物量相对其他湖区要高,赣江主支口、饶河、昌江及信江东支生物量很低,底栖动物种类稀少(表 10-1)。

表 10-1　鄱阳湖底栖生物量(密度)的变化　　　单位:g/m²(ind. /m²)

年份	软体动物	环节动物	节肢动物	合计
1992	248.70(578.00)	0.58(56.00)	0.96(90.00)	250.24(724.00)
1998	149.55(342.15)	0.40(93.54)	1.15(105.85)	151.10(541.54)
2008	244.39(171.70)	0.30(38.43)	1.26(11.81)	245.95(221.94)

资料来源:欧阳珊 等,2009

10.1.4　鄱阳湖渔业资源变化

近年来,鄱阳湖渔业资源衰退程度呈现加剧趋势,除捕捞产量减少外,渔获物小型化、低龄化、低质化现象明显,捕捞生产效率和经济效益都在不断下降,与人类不合理社会经济活动密切相关。

1. 大型经济鱼类减少,小型鱼类上升,个体趋向低龄化、小型化

鄱阳湖为通江湖泊,鱼类资源极为丰富。从历史资料看,鄱阳湖累计记录鱼类136 种,隶属 25 科 78 属。其中鲤科鱼类最多,有 71 种,占鱼类总种数的 52.2%;其次是鳅科,12 种,占 8.8%;鳅科 9 种,占 6.6%;银鱼科和鲇科分别有 5 种,各占3.7%;其他各科均在 4 种以下。其中,列入《国家重点保护经济水生动植物资源名录(第一批)》的鱼类有 30 种。近年来的调查表明,鄱阳湖鱼类物种数有下降趋势。1980 年前,鄱阳湖已记录鱼类 117 种;1982～1990 年,记录鱼类 103 种;1997～2000 年,记录鱼类 101 种;四大家鱼、赤眼鳟、鳗鲡等逐年减少,甚至面临绝迹;鲥鱼成为濒危物种(图 10-9)。

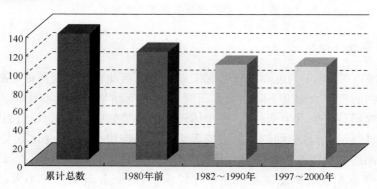

图 10-9　鄱阳湖鱼类种类数的历史变化情况

不仅种类数下降,近年来鄱阳湖等水域的渔业水产种质资源也严重衰退,珍稀特有鱼类种类数量显著下降,濒危物种增多,已有 19 种被收录在《中国动物红皮书名录》中。主要经济鱼类种类数减少,个体小型化。渔获物群体结构变化主要表现为洄游性和半洄游性的鱼类,如青鱼、草鱼、鲢、鳙等在渔获物中所占的比例越来越少。此外,我国特有的名贵经济鱼类鲥鱼,也已有 20 年没有见到。个体大小变化主要表现在最近几年一些常见的鱼类如(鲢、黄颡鱼等),前几年常见的数十公斤重的大鱼现已非常罕见。鄱阳湖渔获物总产量 20 世纪 90 年代达到历史最高,2000年以后呈下降趋势。目前鄱阳湖天然渔获物总产量大约 3 万 t/a,主要由青、草、鲢、鳙、鳊、鲴、鳊、鲂、鲌、鲤、鲫、鲇、黄颡鱼等组成;多以 1 龄鱼较多,出现较明显的

低龄化和小型化趋势,湖区渔业资源明显衰退
(图 10-10 至图 10-12)。

　鄱阳湖湖区的渔具、渔法主要包括迷魂阵、
斩秋湖、电捕鱼、虾笼、丝网和定置网等。冬季水
位较低时,以上渔具、渔法的高强度捕捞,破坏了
湖区凶猛性鱼类和其他大、中型鱼类的生活史及
其平衡关系,导致种群数量不断减少。

　2. 过度捕捞、竭泽而渔导致渔业资源衰退

　过度捕捞、竭泽而渔等不合理人类活动和几
年来剧烈的水位变化等直接导致鱼类资源衰退,
同时对鱼类产卵场(洲草)和越冬场遭破坏等也

图 10-10　鄱阳湖渔获物(小型化)

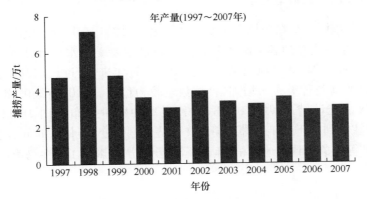

图 10-11　鄱阳湖渔获物总产量的历史变化

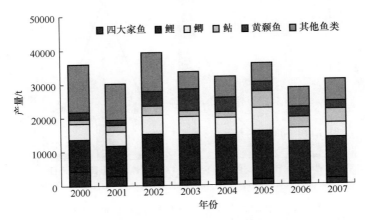

图 10-12　2000~2007 年鄱阳湖渔获物组成

间接加重了鱼类资源衰退。此外,由于人们对湿地资源的需求越来越多,湖区过度开发、过度放牧现象时有发生,对湿地的生态平衡造成威胁,湖区湿地生物多样性下降趋势明显。鄱阳湖湿地较常见的水生、湿生和沼生植物,正在消失或严重退化。例如原盛产于鄱阳湖的红花子莲和白花子莲等(赵其国等,2007)基本绝灭,湖中现存的野生菱角也很少见。一些湿生和沼生经济植物,如荸荠、慈菇、芋、芡实等资源也遭到了破坏。在植物种类减少的同时,各类动物也相应减少。

随着人类经济活动的加剧,尤其是竭泽而渔的"堑秋湖"、采掘河砂及排污、围堰拦河、新围堰造湖等致使鄱阳湖水域整体生态系统呈现破碎化,一些关键生态过渡带、节点和生态通道不断被破坏,水生生物栖息地被大量侵占,最终结果不仅导致渔业资源退化,大型经济鱼类减少个体趋向低龄化、小型化,也使湖区物种濒危,种质退化,基因劣变,生物多样性程度下降。

10.1.5 鄱阳湖候鸟数量变化

鄱阳湖是国际迁徙鸟类栖息主要越冬地之一,每年10月中旬至次年3月下旬间,数十万只越冬候鸟到鄱阳湖越冬。候鸟数量主要受湖水位和浅水洼地水深、水生生物(渔业资源)和湖滩植被的综合影响。近年来,通过长期调查和观测,在鄱阳湖栖息的鸟类种类有所增加,种群数量较为稳定。2006~2007年越冬候鸟的种类和数量统计结果见图10-13,各种候鸟的数量分布见图10-14。与此同时,也应该注意到由于近年来鄱阳湖水文情势的剧烈变化,枯水时间延长,以及人为"堑秋湖"等现象导致湿地干枯、鱼类资源退化,严重影响了越冬鸟类的觅食及其栖息环境。

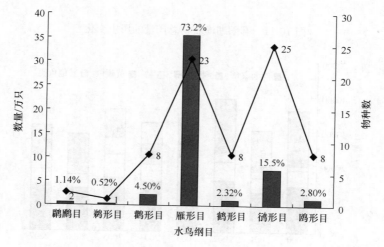

图 10-13　鄱阳湖水鸟各目种类和数量(2006~2007 年)

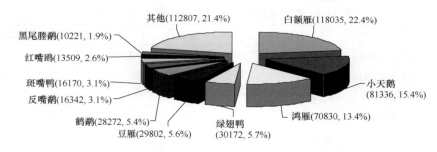

图 10-14　鄱阳湖主要水鸟数量分布(2006～2007 年)

　　鄱阳湖越冬候鸟种类之多、数量之大,世属罕见。鄱阳湖湿地最重要的一个作用就是作为候鸟的过冬场所和中转站。冬季鄱阳湖退水后形成许多小湖和沼泽,盛产草根、鱼虾、水生昆虫幼虫和螺、蚬等软体动物,为候鸟提供了的丰盛食物,因而使鄱阳湖成为世界著名的候鸟越冬地之一。

　　珍稀濒危鸟类种类众多,被国内外广泛关注。鄱阳湖是目前世界上最大的越冬白鹤群体所在地,白鹤种群数量占全球的 95％ 以上;也是迄今发现的世界上最大的鸿雁越冬群体所在地,数量达60 000只以上。

　　近年来,鄱阳湖主要珍稀濒危鸟类如白鹤、白头鹤、白枕鹤、灰鹤、东方白鹳和黑鹳种群数量虽有小幅波动,但种群还是相对较为稳定。受枯水期水位变化的影响,游禽类的雁鸭类数量波动较大,如小天鹅种群数量年际变化在 14 400～81 800只间,鸿雁为 29 400～70 800 只,豆雁为 5200～29 800,白额雁为 12 600～118 000只,绿翅鸭为 8800～30 200 只(详见图 10-14、图 10-15 及表 10-2)。

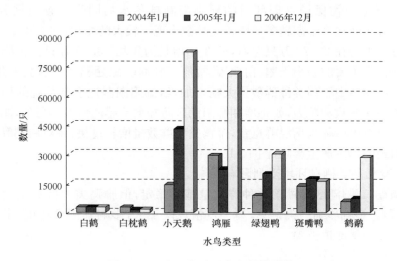

图 10-15　鄱阳湖重要水鸟数量比较

表 10-2　鄱阳湖受胁鸟种(IUCN)(2006~2007 年)

种名	数量	濒危程度或保护级别
白鹤 Grus leucogeranus	2715	CR，I
东方白鹳 Ciconia boyciana	3120	EN，I
鸿雁 Anser cygnoides	70830	EN
小白额雁 Anser erythropus	98	VU
花脸鸭 Anas formosa	1	VU
青头潜鸭 Aythya baeri	9	VU
白头鹤 Grus monacha	359	VU，I
白枕鹤 Grus vipio	1757	VU，II
遗鸥 Larus relictus	2	VU，I
黑嘴鸥 Larus saundersi	1	VU

注:CR 为极危种,EN 为濒危种,VU 为易危种;I、II 分别为国家一级、二级重点保护物种

近年来鄱阳湖候鸟数量变化规律可以概况为:

(1) 栖息鸟类分布范围较广,种群数量总体较稳定

鄱阳湖主要珍稀濒危鸟类——涉禽类的白鹤、白头鹤、白枕鹤、灰鹤、东方白鹳和黑鹳种群数量虽有小幅波动,但种群相对稳定。受枯水期水位变化影响,游禽类雁鸭类数量波动较大。此外,鄱阳湖越冬野生鸬鹚种群数量约 2000~3000 只,对湖区渔业资源有一定影响。

(2) 越冬候鸟种群发生变化,需引起关注

依据野生动物保护管理部门的环鄱阳湖越冬水鸟同步调查数据分析,自 1998~2007年间在鄱阳湖越冬的雁鸭类总数出现了较大的变化,前 6 年 26 种雁鸭类年均总数维持在 20.70 万只左右,后 3 年增长为年均 35.70 万只。种群数量增长较快的种类主要的为小天鹅、白额雁、豆雁、斑嘴鸭、绿翅鸭、针尾鸭、赤颈鸭等。鄱阳湖越冬候鸟中雁鸭类种群数量大幅增加,给鄱阳湖湿地生态系统的稳定与安全增添了一些变数和压力,如将增加鄱阳湖区防控禽流感的压力。另外,鸿雁等鸟类常常与白鹤等珍稀水鸟混群觅食,雁鸭类种群数量增长过快,将对白鹤等珍稀水鸟在鄱阳湖的越冬产生影响(图 10-16)。

(3) 珍稀鸟类栖息环境受到影响

据调查,鄱阳湖区珍稀鸟类种群数量基本稳定,但雁鸭类种群数量增加较快(图 10-17)。影响珍稀鸟类栖息、鸟类疫情风险加大,影响其栖息环境,也影响滨湖渔业生产和湿地植被等。

图 10-16　鄱阳湖湿地白鹤、鸿雁与白额雁(江西省环境保护厅提供)

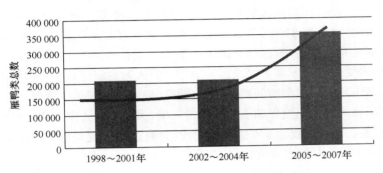

图 10-17　鄱阳湖区不同年份雁鸭类数量变化状况

10.2　鄱阳湖湿地生态功能变化及其面临的主要生态环境问题

10.2.1　鄱阳湖湿地生态功能变化

近年来,由于受水文情势和不合理人为活动等的干扰和影响,鄱阳湖生态功能正在发生着一些变化。除调蓄滞洪功能受影响较小外,其生物多样性保护、水源涵养、农副渔产品供给及污染降解等主要生态功能正在逐步衰减、退化。特别是生物多样性保护功能和水源涵养等功能发生了较大变化。

鄱阳湖生态功能变化,其主要表现在以下几个方面:

1. 蓄滞洪功能得到明显加强

鄱阳湖丰水期多年平均水域面积为 3900 km², 容积约 290 亿 m³, 多年最高水位 16.69 m, 最低水位 10.34 m。鄱阳湖巨大的湖容量,可通过江水倒灌的形式调节和分蓄长江大量的洪水,有效缓解长江中下游地区的防洪压力。鄱阳湖洪、枯水期的湖泊面积、容积相差极大,湖口水文站水位为 22.59 m(吴淞高程)时,面积

4500 km²,容积 340 亿 m³;湖口水文站水位为 5.9 m 时,面积 146 km²,容积 4.5
亿 m³。

鄱阳湖面积最大与最小相差 31 倍,湖体容积最大与最小相差 76 倍。洪水
季节,鄱阳湖水位每升高 1 m,平均可容纳长江倒灌洪水 45 亿 m³ 以上。国家分
别在湖区的余干县、鄱阳县、南昌县、新建县设立了康山、珠湖、黄湖、方洲斜塘
等四个国家蓄滞洪区,总集水面积 794.63 km²,蓄洪面积 549.55 km²,有效蓄洪
容积 26.24 亿 m³。此外,还建设了貊皮岭分洪道、泉港分洪区、清丰山溪滞洪区、
箭江口分洪工程等蓄滞洪工程。

1998 年以后,江西省在鄱阳湖区实施了"平垸行洪、退田还湖、移民建镇"工
程,鄱阳湖及"五河"尾闾地区共平退圩堤 340 座,其中双退圩堤 148 座、单退圩堤
192 座,退出耕地面积 81.6 万亩,加上堤外滩地及蓄滞洪区搬迁移民,湖区 20 m
高程以下居民全部搬出,湖区调蓄滞洪功能明显增强(图 10-18)。但同时,也应注
意到,近年来受三峡水库蓄水以及鄱阳湖"五河"入湖径流量减少等多种因素影响,
导致鄱阳湖出现了枯水期时间提前、水位偏低、持续时间延长等现象。加之"五河"
上游及鄱阳湖周边水土流失和土地沙化等影响,大量泥沙入湖淤积,使河床湖底不
断抬高,可能在一定程度上影响鄱阳湖泄洪和航道的畅通,在局部地区可能出现
"小流量、高水位,小洪水、大灾情"的现象。

图 10-18　鄱阳湖湿地调蓄洪区示意图

2. 湿地生物多样性保护功能下降较为明显

鄱阳湖生物多样性保护功能与地位十分重要,受到了国际高度关注和重视。

目前,鄱阳湖已建立国家级自然保护区两个,保护面积达 555 km²,另外还有三个省级自然保护区和十余个县级保护区,保护区面积占鄱阳湖面积的 40％以上。但由于受多年来水文情势的剧烈变化影响,再加上人为盲目围垦和无序利用,鄱阳湖湿地面积减小,湿地较常见的水生、湿生和沼生植物,正在消失或严重退化。特别是自 2003 年以来,长江流域进入连续枯水期,加上上游水利工程运行,水库运行经验不足,汛后蓄水过急、过猛,长江中下游干流和洞庭湖、鄱阳湖枯水期水位连创新低,低水位持续时间延长,湖区全年敞开水面面积近期呈逐年减小趋势。

由于鄱阳湖水位过低,洲滩提前显露,显露天数延长,导致土壤干燥、板结或开裂,湖滩草洲的优势种群薹草群丛被耐干旱的南荻和水蓼群丛所替代;大型机械进入湖底违法施工,不少湖汊和草洲被非法围堰或筑堤;有些草洲还栽种植外来物种杨树(图 10-19),湿地生物多样性受到威胁。根据有关鄱阳湖生物资源的调查研究结果得知,在 20 世纪 60 年代湖区有湿地植物 119 种,20 世纪 80 年代只有 101种,20 多年时间减少了 18 种,物种消失的速度令人震惊。在植物种类减少的同时,各类动物也相应减少。如随着人类经济活动的加剧,鄱阳湖湿地面积的大量缩减和泥沙淤积及河道变浅,鱼类资源迅速减少。同时也导致白鳍豚在鄱阳湖濒临灭绝和长江江豚种群数量急剧减少。

图 10-19　鄱阳湖湖区种植杨树

赵其国等(2007)的研究表明,在水生底栖动物中刻裂丽蚌、环带尖丽蚌、中国尖嵴蚌、卵形嵴蚌、三巨瘤丽蚌、多瘤丽蚌、龙骨蛏蚌、橄榄蛏蚌等种类由于过度捕捞和环境污染等的影响已变得较为稀少。其中分布于吴城修河的龙骨蛏蚌,目前处于濒危状态;而丽蚌则随着近年滨湖地区珍珠工业的发展而衰退,过度捕捞造成种群急剧下降。分布在通湖进水河道的三角帆蚌、褶纹冠蚌由于利用过度,产量呈逐年下降趋势,且下降速度越来越快。同时,由于水生生物的减少,间接威胁到白鹤等珍稀濒危鸟类越冬栖息环境,上述这些都严重影响鄱阳湖湿地生物多样性保护功能的正常发挥。

3. 水源涵养功能有所降低

鄱阳湖水系径流主要由流域降雨补给,入湖多年平均流量为 4690 m³/s,流域平均径流深 912.3 mm。由湖口多年平均注入长江的水量为 1436 亿 m³,约占长江干流多年平均径流量的 15.6%,其水量超过黄、淮、海三河入海水量的总和。因此,鄱阳湖水源涵养功能主要体现在对长江中下游的水资源补充和下游生态环境的改善方面。根据调查得知,天然情况下,鄱阳湖对长江干流下游的补水作用基本发生在 10 月份,而在 12 月至次年 2 月长江特枯时段,由于鄱阳湖的水位已经很低、湖容小,对下游补水作用变得很小。

三峡等水库运行改变了江湖关系,增加了蓄水期鄱阳湖出流,湖区水位在 9～10 月份下降较大,枯水期提前,枯水期对下游补水作用进一步减小。加之鄱阳湖流域干流及上游河道水库工程建设致使"五河"入湖径流量发生变化,部分区域春秋季干旱现象有所加剧,造成湿地裸露、退化,并一定程度上带来水质恶化、土地沙化和水土流失影响,双重影响导致鄱阳湖在枯水季节对下游的补水能力减弱,可能对湖区周边和下游工农业及生活用水需求产生影响。

4. 农副渔产品供给功能受枯水和人为活动影响较大

鄱阳湖区是长江中下游五大平原之一。农业生产水平较高,发展潜力大,是江西省主要粮、油、棉、鱼生产基地,也是我国重要商品粮生产基地之一。这一地位不会动摇。但近年来,鄱阳湖水文情势的变化,尤其是枯水期提前,水位偏低,持续时间延长,加剧了湖区生产生活取水的困难,造成湖区农业出现不同程度的干旱,大量农田达不到灌溉保证率要求。并且由于枯水期延长及人为过度捕捞,致使湖区渔业资源衰退(图 10-20)。上述这些都严重影响了鄱阳湖的农副渔产品供给功能的正常发挥。

5. 污染物降解功能逐步减退

鄱阳湖湖泊湿地生态系统对入湖污染物具有明显的降解作用。但多年来水文情势的剧烈变化及盲目围垦和无序利用导致鄱阳湖湿地面积减小,加之湖区周边工农业生产的发展、乡镇企业的崛起,农药、化肥施用量增加,湖区地表径流和"五河"携带的面源污染物、工业废弃物排入湖体,造成湖泊水质呈现逐年恶化趋势,湖区水生生态系统结构遭到破坏,湿地生态系统的污染物降解功能未能很好发挥,并逐步减退。

图 10-20　湖区斩秋湖

10.2.2　鄱阳湖湿地面临的主要生态环境问题

鄱阳湖作为国际知名湿地,是我国公布的首批国家重点湿地之一。其独特的地理、水文和气候条件孕育了丰富多样的生物资源,是我国内陆湖泊生物多样性最为丰富的地区。湖区湿地生境多样,具有生态系统,物种及遗传物质的多样性。因此,关于鄱阳湖湿地主要生态环境问题重点从湿地生物多样性变化的角度分析,主要包括湿地植被演替、鸟类和渔业资源变化等方面。

1. 人类活动对湖泊湖盆及洲滩湿地的影响

(1) 高密度、单一品种的水产养殖过度,造成湖泊退化,水质恶化

湖区许多闸控湖泊(如军山湖等),大规模地水产养殖,使湖泊生态系统退化,草型湖泊向藻型湖泊转化;养殖水域大量投放饲料,也是使湖泊产生富营养化的一个重要因素。

(2) 无序的牛、羊等放养,造成草洲植被退化

湿地草洲作为水陆交界过渡地带自然生态系统,是许多珍稀动植物资源栖息地,蕴藏着丰富的生物资源和生物生产力。作为自然环境系统中重要而特殊组成部分,湿地又有着巨大的环境效应。一方面,湖区草洲利用粗放,资源价值未得到充分发挥;另一方面,放牧、刈割、火烧是湖区草洲最常见的行为。草洲蓄、养、种与承载力间的矛盾加剧,脆弱的湿地系统不堪负重。近年来,湖区血吸虫病再度泛滥与此利用方式有关,草洲无序放牧如图 10-21 所示。

(3) 无序采砂致使草洲大面积坍塌

当前无序采砂给鄱阳湖带来的生态破坏是"爆发性"的,严重威胁着鄱阳湖生态环境。采砂已导致河道两岸大片草洲崩塌滑入水中,采砂作业区周边水体一片

图 10-21　草洲的无序放牧

浑浊,直接影响鱼类的栖息环境,以及草洲生态系统的稳定。

2. 鄱阳湖湿地植被结构相对稳定,但已受到威胁

　　鄱阳湖湿地面积、植被群落组成主要受水情和滩地发育控制,天然湿地生态系统特征尚未发生显著变化,群落结构相对稳定,总体上仍然保持着原生态状态。由于鄱阳湖具有季节性水位涨落变化大的水情特点,在所形成洲滩植被上维管束植被以其特殊的生理结构,适应了水位起落的滩地环境,构成了鄱阳湖洲滩植被群落的主体。目前鄱阳湖区已识别水生维管束植物 101 种,包括湿生植物、挺水植物、沉水植物和浮叶植物。优势种分别为竹叶眼子菜、苦草、黑藻、芦苇、荻、荇菜、小茨藻、薹草、菱、金鱼藻、菰、水蓼和大茨藻等。但与此同时,鄱阳湖湿地植被也面临一定的威胁。如由于近年来鄱阳湖区趋于常态化的低枯水位现象,草洲出露时间较长,无序的牛、羊等放养,造成草洲植被退化。人为将许多小型碟形湖泊湖水放干,竭泽而渔的“堑秋湖”行为破坏了鄱阳湖湿地植被结构。加之近年来湖区部分区域春秋季干旱现象有所加剧,一定程度上带来土地的沙化,影响到湿生植被的生长发育、生物多样性等;此外,人为在湖区 16 m 高程以上区域种植杨树(为外来物种)等,使得部分湿地变林地,破坏了原有湿地维管束物种的生存环境,给湿地结构和功能带来重大改变和影响。以上活动等都将影响鄱阳湖现有湿地植被的结构组成。

3. 鄱阳湖湿地植被群落近年来也发生了较大变化，由此引起的生态问题不容忽视

鄱阳湖湿地具有重要的社会、经济和生态效益，是鄱阳湖可持续开发利用中要综合考虑的重要问题。总的来看，鄱阳湖湿地面积、植被群落组成受水情和滩地发育控制，天然湿地面积近几年变化不是很大，植被群落结构相对稳定，但也存在一些值得重视的问题，主要包括：

湖区部分区域春秋季干旱现象有所加剧，在一定程度上带来土地的沙化，影响湿生植被的生长发育和生物多样性等。鄱阳湖区一些低洼地带（蝶形湖），被承包用于养殖，每到冬季都有竭泽而渔的习惯，导致湖面干涸，湿地面积减少，破坏了原属于迁徙鸟类的栖息地，给前来过冬的候鸟带来威胁。湖区开始种植杨树，湿地变林地。杨树代替了原有湿地维管束物种，给湿地结构和功能带来重大改变，而且杨树在生长过程中，会将破坏土壤团聚体结构，导致湿地沙化、硬化，湿地维管束等植物将难以生长，从而影响鸟类、底栖动物生存。在湖区泥沙淤积，受水情及气候变化等影响，尤其是日益加剧的经济活动影响。因此，有效保护湿地植被群落结构稳定性，是综合发展鄱阳湖需要重点考虑的问题。

4. 过度捕捞、竭泽而渔导致渔业资源衰退

影响鄱阳湖渔业资源衰退的因素虽然众多，但主要原因是过度捕捞、竭泽而渔的"堑秋湖"、非法渔具的使用（图 10-22）、采砂、鱼类"三场"的破坏，以及其他因素影响，如新围堰造湖、草洲无序种植杨树、候鸟数量大等，对水域环境也构成一定程度的威胁，致使鄱阳湖水域整体生态系统破碎化，一些关键生态过渡带、关键节点和生态通道不断被破坏，水生生物栖息地被大量侵占，最终的结果是不仅导致渔业资源退化，也使湖区物种濒危，种质资源退化，基因劣变，生物多样性减少，生态系统的稳定性下降。

图 10-22　鄱阳湖湖区非法渔具

（1）过度捕捞是渔业资源受损的主要原因

20 世纪 60 年代初至 80 年代初，鄱阳湖捕捞渔船从 8000 艘增至约 20 000 余艘，导致捕捞强度增加；20 世纪 80 年代初以后，虽然湖区捕捞渔船数量有所控制，但却逐步向机动化、大型化发展，到 90 年代末，湖区的捕捞渔船绝大部分已被载重 3 t 左右的机动渔船替代，挂机功率也由初期的 2 kW 发展到 7 kW 以上，有的渔船甚至双挂机。根据粗略估算，2008 年鄱阳湖区共有 2 万余艘渔船，5 万多名专业渔业人口，"僧多粥少"是鄱阳湖渔业生产面临的严峻现实，过度捕捞是渔业资源衰退的直接原因。

（2）新"围湖造堰"增加了竭泽而渔的"堑秋湖"范围

近些年来，迫于严格的休渔制度和打击非法捕捞的态势，使用非法渔具的现象有所收敛，但在一些水域，非法围湖造堰又有所加剧，部分区域甚至形成了一股恶潮。非法捕鱼者利用旱季湖底裸露的时机，在特定水域的湖底筑起 1～5 m 高的围堰，围堵圈占河湖水域，枯水期待湖水退却时围堰者便可"坐收渔利"，形成新的"堑秋湖"。大规模的围堰可长达 20 多千米，圈占了近 333.4 hm^2 水域。南部湖区这种现象尤为突出。非法围堰不仅严重影响湖面行洪，而且严重阻断野生鱼类的正常洄游繁衍，并毁灭性地破坏湖泊湿地生物多样性，进而影响湿地生态功能。由于鄱阳湖资源权属存在矛盾与冲突，一些湖区群众将有承包权湖泊的湖水放干、竭泽而渔，使得来鄱阳湖湿地越冬的候鸟缺少食料，无法栖息。

鄱阳湖自 2002 年开始的实行全湖春季禁渔制度，但却不能控制和约束渔民在捕鱼期补偿性的大强度捕捞。鄱阳湖的鱼类捕捞行为上演了"公地悲剧"，最终导致鄱阳湖总体渔业资源的急剧减少。由此可见，即使周期性的禁渔制度也无法解决鱼类枯竭的问题，这是无序产权之下的必然结果，需要从机制和制度上解决。

（3）非法渔具的滥用破坏渔业资源再生能力

鄱阳湖渔业资源衰竭，非法使用有害渔具难以管理。渔民为了短暂收益，提高捕捞强度，改进捕捞方式，定置网、竭泽而渔是鄱阳湖区两种比较传统的捕鱼方式，非法渔具的滥用，不仅仅影响渔获物产量，更为重要的是破坏渔业资源再生能力。虽然这两种捕鱼方式均系非法捕捞，早已被列入依法取缔的范畴，但目前在鄱阳湖区还普遍存在。同时，使用改制或新增的机动底拖网和密眼布网，定置网、迷魂阵、拦河网、装春壕、堑春湖等有害渔具渔法，甚至在"休渔期"仍在偷捕作业，于是出现了"越捕越少，越少越捕"的恶性循环。有资料显示，1978 年，全鄱阳湖只有定置网 27 副，1981 年底发展到 809 副，而 1983 年初就猛增到了 2400 副。而仍在使用传统渔具的渔民已寥寥无几。

5. 鄱阳湖湿地类型近期变化明显

近几十年来,受利益驱使,鄱阳湖区一直处于资源过度开发状态,生态系统得不到恢复和调整,出现严重衰退。利用遥感数据采用分类方法,对鄱阳湖自 2000年以来的湿地面积和植被变化进行了分析后可以看出,湖区全年敞开水面面积近期呈逐年减小趋势,而湖滩草洲湿地增加趋势明显。例如在 2004 年,全年敞开水面最小,只有 927.63 km²,而湖滩草洲面积达到 1188.94 km²。鄱阳湖湿地类型及其面积变化不仅与鄱阳湖流域降水量密切相关,与长江干流来流也有一定的关系。一般来说,如果鄱阳湖流域降水和长江上游来水均偏少,会引起鄱阳湖全年敞开水面萎缩,湖滨消落带向湖心推进,后方的湖滩草洲湿地也同向湖内步推进。

6. 藻类种类下降,密度升高,部分水域偶见小面积水华

鄱阳湖浮游植物种类较多,现已鉴定的浮游植物计有 154 属,分隶 8 个门,54个科。藻类密度在 1980 年以前至 90 年代初期平均在 10^5 L^{-1} 的水平波动。1999年和 2007~2008 年的现场调查发现鄱阳湖藻类密度可达 10^6 L^{-1},与巢湖的10^7 L^{-1} 和太湖的 10^8 L^{-1} 相比较,鄱阳湖藻类密度虽然不是很高,但是已经接近水华发生的水平。

2007~2008 年的现场调查还发现,鄱阳湖藻类种类由 20 世纪 80 年代中期的153 种降低到 2007~2008 年的 88 种。尽管蓝藻门在种类数上与历史数据基本相当,但是已经占到湖区浮游植物总密度的 70%,成为鄱阳湖优势种类。

10.3　水情变化对鄱阳湖湿地的可能影响

10.3.1　鄱阳湖近年来的水情变化

鄱阳湖水位变化主要受"五河"及区间来水增减以及长江顶托等作用影响。2003 年以来,受流域降水偏少及长江上游来水减少等因素的综合影响,鄱阳湖水文情势发生了较大变化。年最高水位、年最低水位,还是年平均水位等均较常年偏低。进入 21 世纪以来,特别是 2003~2008 年,鄱阳湖均出现了连续枯水年,平均年径流量为 1281 亿 m³,较多年平均径流量偏少 232 亿 m³,减少幅度达 15%。可概述为枯水期提前且延长,枯水位降低,枯水季节湖区缺水现象突出(长江勘测规划设计研究有限责任公司,江西省水利规划设计院.鄱阳湖水利枢纽工程建议必要性专题研究报告.2011)。

1. 近期湖区各站和"五河"控制站年平均水位呈下降趋势

根据湖区各站和"五河"控制站建站以来至 2009 年实测水文资料统计分析,

各站 2003～2009 年平均水位与 1956～2002 年平均水位相比多为下降趋势(见表 10-3),下降幅度为 0.61～1.86 m。昌江渡峰坑水文站因受下游 1988 年建成的水利工程影响,平均水位出现增加现象,乐安河虎山水位站水位增加的原因是受下游淘金取沙等影响,造成下游河道严重堵塞所致。近 60 年来,星子站年平均水位虽然总体呈下降趋势,但单向变化幅度并不大,而最近十几年单向变化幅度有增大趋势。

表 10-3　湖区及"五河"控制站水位特征值统计(吴淞高程)　　　单位:m

站名	1956～2002 年					2003～2009 年					均值与 1956～2002 年数据比较
	平均	最高	年份	最低	年份	平均	最高	年份	最低	年份	
九江	19.7	23.03	1998	6.83	1963	18.48	20.01	2003	7.7	2004	−1.22
大通	8.64	16.3	1998	3.3	1960	8.2	14.11	2003	3.92	2004	−0.44
湖口	12.85	22.59	1998	5.9	1963	12.04	19.35	2003	6.63	2004	−0.81
星子	13.42	22.52	1998	7.15	1963	12.35	19.4	2003	7.11	2004	−1.07
都昌	13.86	22.43	1998	8.62	1979	12.74	19.17	2003	7.99	2009	−1.12
吴城	14.98	22.96	1998	10.71	1987	13.75	19.77	2003	9.45	2007	−1.23
棠荫	14.67	22.57	1998	10.97	1987	13.81	19.23	2003	9.64	2007	−0.86
康山	15.19	22.43	1998	12.09	1978	14.58	19.21	2003	11.97	2004	−0.61
滁槎	17.34	23.16	1998	15.49	1999	16.46	20.71	2006	13.54	2009	−0.88
外洲	18.44	25.6	1982	16.01	1998	22.32	2003	12.93	2009	−1.86
李家渡	26	33.08	1998	24.02	1991	24.58	30.44	2006	23.1	2007	−1.42
梅港	19.32	29.84	1998	17.47	1997	18.65	26.76	2006	17	2007	−0.67
渡峰坑	22.53	34.27	1998	20.83	1958	23.8	30.51	2008	21.68	2005	1.27
虎山	20.69	30.73	1967	19.53	1978	21.43	28.44	2008	20.09	2005	0.74
虬津	18.27	25.24	1993	16.39	1987	17.36	22.24	2005	15.8	2008	−0.91
万家埠	22.89	28.38	1977	21.73	2002	21.81	29.07	2005	20.4	2009	−1.08

　　2. 近期湖区各站和"五河"控制站枯水期水位降低,每年 8 月至次年 3 月平均水位下降幅度较大

　　鄱阳湖区各站 2003～2009 年 8 月至次年 3 月平均水位与 1956～2002 年同期平均水位相比多为下降趋势,下降幅度多为 1～2 m。其中鄱阳湖星子站下降了 2 m、赣江外洲站下降了 1.95 m、下降幅度最小的信江梅港站也有 0.54 m(见表 10-4)。

表 10-4　湖区及五河控制站 8 月中旬至次年 3 月水位特征值(吴淞高程)　　单位:m

站名	1956~2002 年					2003~2009 年					均值与 1956~2002 年数据比较
	平均	最高	年份	最低	年份	平均	最高	年份	最低	年份	
湖口	11.51	22.24	1998	5.91	1963	10.88	18.98	2005	6.63	2004	−0.63
星子	13.21	22.14	1998	7.15	1963	11.21	19.05	2005	7.11	2004	−2.00
都昌	12.92	22.04	1998	8.62	1979	11.72	18.83	2005	7.99	2009	−1.20
吴城	13.94	22.6	1998	10.71	1987	12.7	19.4	2005	9.45	2007	−1.24
棠荫	13.86	22.13	1998	10.97	1987	13.04	19	2005	9.64	2007	−0.82
康山	14.62	22.04	1998	12.09	1978	13.99	18.91	2005	11.97	2004	−0.63
滁槎	16.95	22.76	1998	15.49	1999	15.87	19.82	2005	13.54	2009	−1.08
外洲	17.8	24.59	1992	16.01	1999	15.85	20.11	2007	12.93	2009	−1.95
李家渡	25.67	30.82	1998	24.02	1991	24.3	28.01	2005	23.1	2007	−1.37
梅港	18.77	27.25	1953	17.5	1997	18.23	24.18	2005	17.04	2007	−0.54
渡峰坑	22.2	27.56	1965	20.84	1958	23.66	25.9	2003	21.75	2005	1.46
虎山	20.37	26.25	1999	19.53	1978	21.12	25.03	2005	20.09	2005	0.75
虬津	18.01	22.52	1999	16.39	1987	17.32	22.24	2005	15.8	2008	−0.69
万家埠	22.7	28.25	1975	21.74	2001	21.64	29.07	2005	20.4	2009	−1.06

注:虬津站资料年限为 1986~2009 年

　　据统计,近 60 年来星子站 8 月至次年 3 月平均水位下降速度最快的是近 17 年(1993~2009 年),平均下降速度达每年 0.15 m。

　　3. 近十年来,鄱阳湖枯水期水位降低,枯水期提前,持续时间延长

　　据统计,鄱阳湖区星子、都昌、棠荫、康山、吴城水文站 2003~2009 年 8 月中旬至次年 3 月下旬,历年旬平均水位均低于 1956~2002 年旬平均水位,降低幅度最大达 2.12 m(星子站 10 月下旬)。其中星子站进入枯水期(水位在 12 m 以下)的时间在 1956~2002 年期间为 11 月中旬,而在 2003~2009 年期间为 10 月下旬,平均提前了 20 天;枯水期时段 1956~2002 年为 11 月中旬至 3 月下旬、2003~2009 年为 10 月下旬至 3 月下旬,平均延长了 20 天(表 10-5)。

表 10-5 鄱阳湖星子站不同等级枯水位出现时间多年变化

年段	12 m 以下天数	11 m 以下天数	10 m 以下天数	9 m 以下天数	8 m 以下天数	7 m 以下天数	6 m 以下天数	10 m 以下初日	8 m 以下初日
1951～1959	190	159	125	101	73	42	17	11 月 15 日	12 月 16 日
1960～1969	196	163	134	110	80	59	28	11 月 18 日	12 月 11 日
1970～1979	212	181	139	112	83	45	12	11 月 7 日	12 月 6 日
1980～1989	186	148	108	93	64	41	7	11 月 24 日	12 月 10 日
1990～1999	193	150	116	88	63	30	1	11 月 10 日	12 月 12 日
2000～2009	224	199	157	129	90	58	23	10 月 31 日	11 月 26 日
多年平均	200	167	130	106	76	46	15	11 月 12 日	12 月 8 日
最早或最多			281		169			8 月 22 日	9 月 28 日
发生年份			2006		2006			2006	2006
次早或次多			198		138			9 月 1 日	10 月 12 日
发生年份			1959		1959			1972	2009

为能更准确地了解鄱阳湖枯水特征,以 7 月至次年 6 月特殊水文年为一个年度,统计星子站各级枯水位出现时间和持续天数。星子站枯水(水位 12 m 以下)和严重枯水(水位 10 m 以下)出现时间提前、持续时间加长趋势尤为显著,如 12 m 水位以下和 10 m 水位以下持续时间,1950～2009 年平均为 130 天和 75 天,而 2000～2009 年平均达 157 天和 90 天,列近 60 年中每个 10 年平均值之首位;12 m 水位以下和 10 m 水位以下水位出现时间 1950～2009 年平均为 11 月 12 日和 12 月 8 日,而 2000～2009 年平均为 10 月 31 日和 11 月 26 日,为近 60 年中每个 10 年平均出现时间最早的时段。

"五河"控制站除饶河外其余各站 2000～2009 年 8 月中旬至次年 3 月下旬历年旬平均水位均低于 1956～2000 年旬平均水位,降低幅度多数站在 0.5～1 m,最大达 1.77 m(外洲站 10 月中旬)。9 月上旬至 10 月中旬是鄱阳湖区江河湖泊稳定退水期,期间水位下降幅度因年而异。但近年来,赣江外洲站水位下降幅度显著加快,如 1956～2000 年 9 月上旬至 10 月中旬水位平均下降幅度为 0.87m,2000～2009 年 9 月上旬至 10 月中旬水位平均下降幅度为 2 m,水位降幅增加了 1.13 m。

4. 鄱阳湖呈现历史最低水位与年最低水位逐年下降的趋势

鄱阳湖部分水文站先后出现新的历史最低水位,如 2004 年,星子、康山站出现历史最低水位 7.11 m、11.97 m。2005 年,都昌站出现历史最低水位 7.99 m。

星子站 2003～2008 年年平均水位比多年平均水位(13.39 m)低约 1 m,2006 年日平均水位低于多年平均水位的天数为 262 天,位列历年之首。

近年来,鄱阳湖"五河"控制站除饶河外均出现历史最低水位。2007 年,抚河李家渡站、温家圳站、信江梅港站分别出现历史最低水位 23.10 m、18.49 m、17.00 m。2009 年,修河万家埠站、赣江南昌站分别出现历史最低水位 20.49 m、13.27 m;2004 年,永修站出现历史最低水位 13.74 m;2007 年,昌邑、吴城、滁槎站出现历史最低水位 11.51 m、9.45 m、14.82 m。湖区各站和赣、抚、信、修四河控制站历年最低水位在 2000 年后均呈下降趋势。其中,赣江外洲站年最低水位 2000 年为 16.25 m,2009 年为 12.93 m,下降幅度为 3.32 m;星子站年最低水位 2000 年为 8.56 m,2009 年为 7.49 m,下降幅度为 1.07 m。

5. 湖区水位空间变化各异

鄱阳湖各站水位之间的差值,是随着湖面所表现出来的"河湖属相"的改变而变化的(表 10-6 和表 10-7)。鄱阳湖湖面处于"湖相"时(一般为 6～9 月),湖面各站水位较为接近,相差不大;湖面处于"河—湖相"转换时期时(一般为 5 月和 10～11 月),各站水位差异明显,以都昌站与湖口站和吴城站与湖口站之间的水位为例,分别在 0.17～0.46 m 和 0.62～1.22 m 范围内;湖区处于"河相"时(一般为 1～4 月和 12 月),湖面各站水位差异较大,湖面呈极为复杂的折面形状,湖面落差较大,如都昌站与湖口站和吴城站与湖口站之间的水位差分别达到 1.14～2.24 m 和 2.33～3.56 m,尤其当都昌站水位在 10 m 以下时,河道特点非常明显,湖面落差较大,即使长江上游水库加大对下游补水对湖口站水位有一定抬高,但对康山、棠荫站和都昌站水位几乎没有影响,对星子站水位的影响也很小。

表 10-6　鄱阳湖及入湖五河控制站水位特征值比较(吴淞高程) 　　　　单位:m

站名	距离湖口/km	多年平均水位/m	年最高平均水位/m	年最低平均水位/m
湖口	0	12.74	19	7.07
星子	40	13.42	19.09	8
都昌	80	13.83	18.95	9.39
棠荫	111	14.56	19.21	11.39
康山	131	15.19	19.03	12.67
吴城	74	14.75	19.72	11.06
虬津	133	18.05	21.14	16.63
外洲	135	18.31	22.96	16.36
李家渡	228	25.87	30.1	24.63
万家埠	140	22.78	25.86	22.19
梅港	211	19.28	26.09	17.9
渡峰坑	250	22.69	28.09	21.6
虎山	238	20.79	26.08	19.96

表 10-7　鄱阳湖湖口以上各站与湖口站多年平均水位落差(吴淞高程)　单位:m

站名	星子	吴城	都昌	棠荫	康山
1 月	0.68	3.45	1.90	3.61	4.90
2 月	0.91	3.56	2.24	3.80	5.09
3 月	0.88	3.27	1.95	3.17	4.29
4 月	0.65	2.33	1.22	2.05	2.84
5 月	0.29	0.88	0.42	0.78	1.24
6 月	0.21	0.66	0.23	0.33	0.65
7 月	0.06	0.62	−0.05	0.13	0.02
8 月	0.14	0.81	0.03	0.17	0.18
9 月	0.19	0.91	0.13	0.28	0.41
10 月	0.23	0.65	0.17	0.51	0.77
11 月	0.30	1.22	0.46	1.17	1.99
12 月	0.40	2.50	1.14	2.62	3.81
年平均	0.41	1.74	0.82	1.55	2.18
年最高	0.91	3.56	2.24	3.8	5.09
年最低	0.06	0.62	−0.05	0.13	0.02

6. 典型年份低水位分析

根据实测资料统计,2006 年星子站 10 m 以下水位出现时间较正常年份提前 75 天,有 65 天实测水位低于历史同期最低水位。2005 年、2006 年、2007 年星子站低于 12 m 水位的天数分别为 220 天、260 天、270 天。在 2006 年 8 月 22 日至 2007 年 5 月 2 日更是出现了连续 254 天星子水位低于 12 m 的罕见低水位现象。与全流域特大干旱年的 1963 年与 1978 年相比较,2005 年来水基本属平水年,但该年星子站出现低于 9 m 枯水位的持续天数比 1963 年还长;同样 2006 年来水属偏枯年份,但该年出现低于 10 m 枯水位的持续时间长达 94 天,比 1963 年、1978 年相应 10 m 枯水位持续的时间延长数倍(详见表 10-8)。

表 10-8　鄱阳湖枯水年入湖水量分析表

年份	1963	1978	2003	2004	2005	2006	2007	多年均值
流域平均降水量/mm	1143	1227	1308.8	1436.3	1656.7	1633	1257	1645
年降水量占多年平均值比例/%	69.5	74.6	79.6	87.3	100.7	99.3	76.4	100
年入湖水量/亿 m³	519	877.8	1301	890.7	1390	1214.1	792	1436
年入湖水量占多年均值比例/%	36.1	61.1	90.6	62.0	96.8	84.5	55.2	100
8~12 月入湖水量/亿 m³	104.9	93.5	176.9	274.9	349.9	291.2	261.21	303.25
8~12 月入湖水量占多年平均值比例/%	34.6	30.8	58.3	90.6	115.4	96	86.1	100

1) 1963 年鄱阳湖流域平均降水量 1143 mm,为有记录以来最少。自 7 月至次年 3 月江西"五河"进入鄱阳湖的径流量严重偏少,湖水位持续下降。1978 年的降水量虽然较 1963 年稍多,但冬季降水少于 1963 年,致使湖水下降速度快、水位更低。

2) 2006 年鄱阳湖流域年降水量 1633 mm,入湖年径流量 1214.1 亿 m³,属平水年。该年 10 月和 12 月降水量少,较多年同期平均值偏少 45% 和 42%。致使 10~12 月径流量偏少 15%;由于 6 月以来长江来水偏少,其中 8~11 月径流量偏少 40% 以上,受其共同影响,自 7 月中旬至 11 月下旬星子站水位较常年偏低 2 m 以上,10 月上中旬偏低 6 m 以上。

3) 2007 年鄱阳湖流域年平均降水量 1257 mm,较正常年份偏少 23%,入湖年径流量 792 亿 m³,较正常年份偏少 36%,属偏枯年。期间 7 月偏少 68%、10 月偏少 91%、11 月偏少 96%。10 月、11 月、12 月星子站平均水位分别较正常年份偏低 2.38 m、3.11 m、2.30 m,都昌站在 12 月 26 日、次年 1 月 12 日、18 日 3 次分别出现 8.60 m、8.15 m、8.05 m 的历史最低水位。1963 年、1978 年、2006 年、2007 年逐日平均水位过程线如图 10-23。

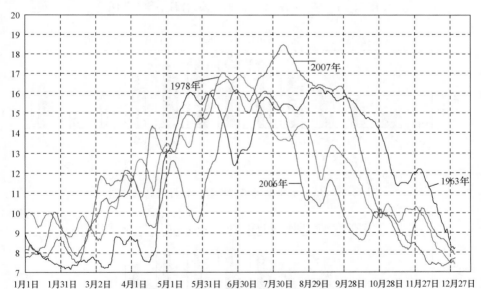

图 10-23　1963 年、1978 年、2006 年、2007 年逐日平均水位过程线图

4) 2009 年 9 月以来,鄱阳湖流域基本无有效降水,湖区及流域旱情加剧。同时,三峡水库正在进行 175 m 试验性蓄水,长江上游来水明显减少,使得鄱阳湖水位一路下跌。据水文部门监测,8 月 15 日~10 月 13 日期间,鄱阳湖水位累计跌幅 7.53 m,平均每日下降 0.13 m。10 月 13 日 8 时,星子水位站水位为 9.65 m,比去年同期低 4.02 m,比历年同期平均水位低了 5 m 多,枯水期较正常年份提前约 40 天。

7. 不同时间段水位变化趋势分析

通过对 1951～2007 年、1951～2002 年及 2003～2007 年三组时间段星子水位站各月平均水位、最高水位和最低水位统计分析，2003～2007 年期间平均水位、最高水位和最低水位均较历史同期偏低。其中平均水位偏低 2.21～0.11 m，最高水位偏低 2.69～0.53 m，最低水位偏低 1.85～0.04 m（图 10-24 至图 10-26）。

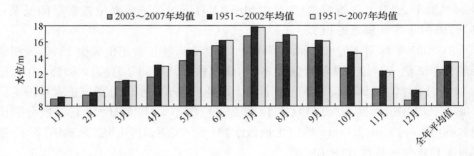

图 10-24　星子水文站历年（时间段）各月平均水位图

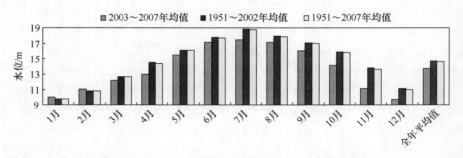

图 10-25　星子水文站历年（时间段）各月最高水位图

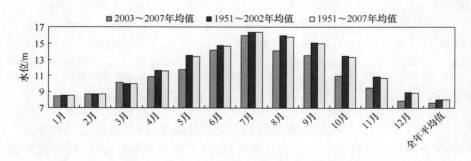

图 10-26　星子水文站历年（时间段）各月最低水位图

综上，通过对星子站 1953～2007 年 55 年间的水位变化分析，可以初步揭示鄱阳湖水情演变规律。星子站年最高水位在近 55 年中总的变化趋势为上升,平均升高速度为每 10 年 0.12 m;年最高水位呈周期性变化,周期长度为 48 年,前半个周期为年最高水位的低值期,低谷位于 20 世纪 60 年代前期;后半个周期为年最高水位的高值期,高峰位于 20 世纪 90 年代中后期,目前星子站年最高水位正处于下降期。

进入 21 世纪以来均呈下降趋势,相对于 55 年的总体(直线)趋势而言,以年最高水位的下降最剧烈,其次是年最低水位,年平均水位的下降相对较为平缓。可以认为,鄱阳湖水位近年来的降低变化,是气候周期性变化的反映,人类的影响主要通过气候变化得以体现。主要表现为:丰水期水位较低、枯水期最低水位频繁出现与枯水期明显提前(20~75 天),低水位持续时间延长。

10.3.2　水情变化对鄱阳湖湿地植被的影响

植被群落对水位变化的适应性主要体现在分布高程和淹没天数的不同。根据 1993 和 1994 年蚌湖植被调查数据,挺水植被群落显露天数在 270 天以上,薹草群落在 170~270 天左右,而沉水植被群落淹没时间可达 265~365 天。同时其生物量上也有明显差异,水位波动对生物量影响最大的是以薹草为主的湿生植被。

湖区不同位置除整体上遵循一定的水位波动趋势外,也受地形和来水等影响。同一时期,不同位置水位也有明显差异,尤其 12 月至翌年 4 月。从所选的几个测站来看,枯水期间,自康山到湖口由南向北,水位呈现出明显的下降梯度。

星子和康山直线距离 110 km,高水位时最大落差仅 0.33 m,而枯水位时,最大落差达 5.45 m,而湖口与其他各测站水位之差更可达数米。在经历最高水位退水初期,湖口至星子一带出现一段不十分明显的北高南低的梯度变化。水位起落带来了地带性的洲滩淹没周期变化。在季节性水位起落作用下,湖区内水道、洲滩、岛屿、内湖交替出现。湖区湿地在不同水文条件控制下,表现出十分显著的差异,比较典型的是受淹水和干旱影响。

湖泊出现持续较长时间的干涸后,会导致湿地植被面积锐减和生态功能退化。有些季节除距水体较近范围内的湖滩依然保持湿地特征外,大片湖滩表面迅速变硬,基本丧失湿地生态功能。地表呈干涸,出现裂缝,草皮植被死亡,动植物种群、群落受到影响。湿地整体功能退化,进而直接影响冬季候鸟栖息、觅食、繁殖。每年 6~10 月间受五河与长江来水共同影响,湖区水位上升,使湖区大片滩地被淹没。湖区 9~21 m 高程段在丰水期被淹没,枯水期显露,对于洲滩维管束植被分布相对集中的西、南湖区,淹没波动范围一般在 14.0~19.0 m。滩地变化结构按地面高程由高至低可分为草滩、泥滩与积水洼地三个组成部分。

1. 不同水位下鄱阳湖湿地植被分布格局

鄱阳湖作为一个过水性吞吐型湖泊,其独特的自然地理及湖盆形态特征导致湖区水面面积在洪、枯季节变化差异极大,呈现出"高水是湖、低水似河"、"洪水一片、枯水一线"的景观。在春夏季洪水期入湖水量多,湖水漫滩,湖水面积多在2500 km² 以上,秋冬季枯水期降水稀少,水位下降,洲滩裸露,水流归槽,仅剩蜿蜒的航道和蝶形湖泊,湖水面积在 1000 km² 左右。夏水冬陆的水陆交替变化,以及分布在不同高程上的蝶形湖,直接促进了鄱阳湖以湖泊湿地为主体的多类型湿地发育。其不同湖区水位和水深变化条件下,鄱阳湖各种湿地植被生境呈现出不同的分布格局。从全湖尺度来看,鄱阳湖湿地植被生境类型按高程从低到高分别为水域、泥沙滩、低滩沼泽及高滩草洲等,鄱阳湖主要植被各生境条件下分布详见表 10-9。

表 10-9　鄱阳湖主要植物群落各生境条件下分布情况

生境类型 (吴淞高程)	空间分布	生境意义	常见主要 群落类型
动水水域 (−7～9.5 m)	河道鱼类活动场所,一些深水港湾是鱼类越冬场所,鸥类水鸟的活动场所	无植被	
缓流水域 (9～13 m)	主湖区及撮箕湖等大的湖湾、湖汊	沉水植被发育,局部水域丝状藻类发达,鱼类的主要索饵场,育肥场,也是部分候鸟的觅食场所	苦草群落、眼子菜群落、菹草群落
静水水域 (13～15 m)	洲滩碟形洼地,如吴城、南矶山三湖、白沙湖等处	枯水季节与鄱阳湖主湖分离,水深在 1 m 以下,水生植被发育,是冬候鸟的主要栖息地,约有 80% 的候鸟在此生境中活动,也是鱼类的主要索饵场	苦草群落、眼子菜群落、细果野菱群落
零碎水域 (不定)	洲滩上小面积积水洼地,面积在 200 m² 以下	水生植被发育,挺水植物较多,为多种小型水鸟栖息场所	菰群落、水蓼群落、聚草群落、黑藻群落、茨藻群落、莎草群落、灯芯草群落
沙洲 (10～12 m 为主,局部 18 m)	松门山以北河道两侧、赣江中支三角洲前沿少有分布	土壤含沙量较高,表层常可见 3～5 cm 的沉积,从水体出露后表层沉积失水出现裂纹,植被稀疏,偶见小型鸟类活动	球柱草群落、狗牙根群落、牛鞭草群落、柳叶白前群落、单叶蔓荆群落

续表

生境类型 （吴淞高程）	空间分布	生境意义	常见主要 群落类型
泥滩地 （10～14.5 m）	枯水季节三角洲前沿，河道两侧平缓地段，碟形洼地近水的狭长地段	出露时间较短，北部泥滩无植被，南部见有大量沉水植物，丝状藻类和底栖动物残体，丰水期大量沉水植物在此生长，常见雁类在此休憩	蓼子草群落，广州焊菜群落、皱叶酸模群落、眼子菜群落、苦草群落、稻槎菜群落
沼泽地 （13.5～16 m）	主要出现于三角洲碟形洼地内	常年积水，土壤水分饱和、水生植物和沼生植物混生、鱼类、底栖动物丰富，年内经多次反复干湿交替，汛期为沉水植物的发掘地，是多种鸟类的主要觅食场所	具槽秆荸荠群落、水田碎米荠群落、菜群落、水蓼群落、牛毛毡群落、看麦娘群落
稀疏草洲 （13.5～16 m）	泥滩与茂密洲之间，主要分布于三角洲前缘和北部低滩地上，环带状出现于碟形湖周边	出露时间界于泥滩与茂密草洲之间，枯水季节地下水埋深 0.1～0.25 m，群落盖度在 30%～60%，高度 30～40 cm，鸟类的觅食场所，也是钉螺滋生地	单性薹草群落、草群落、弯喙薹草群落、具槽秆荸荠群落、芜萍菊群落
茂密草洲 （13.5～16 m）	分布面积较大，南部三角洲最为集中	地势平缓，面积大，洲滩出露时间 271～165 天，地下水埋落 0.3～0.5 m，植被盖度大，是多种鸟类的夜栖地，汛期是产黏性卵的鲤、鲫等鱼类的竿要产卵场，是钉螺分布的高密度区	灰化薹草群落、糙叶薹草群落、阿齐薹草群落、莎草群落、蚕茧蓼群落
高草草洲 （14.5～17 m）	分布于南部堤坝周围，碟形湖周高滩地上，常见与薹草镶嵌分布	地势比茂密草洲高些，山露天数为 305～271 天，地下水埋深 1.5～1.7 m，植被高度大，在 120～250 cm，为鸟类活动提供隐蔽性场所，也是部分生性隐蔽的鸟类的栖息地	芦苇群落、南荻群落、蒌蒿、红足蒿群落
中生性草甸 （14.5～18 m）	主要分布于防洪堤下，河道两侧的高滩地上	植被盖度大，高度一般在 25 cm 以下，见有一些留鸟活动	狗牙根群落、牛鞭草群落、作壁上观俭草群落、紫云英群落、野古草群落、益母草群落、还亮草群落、茵陈蒿群落

资料来源：胡振鹏等，2010

水域高程一般在 13 m 以内,其中枯水季节水深大于 50 cm 为深水区,主要分布在河道和一些深水湖泊以及大湖的某些水域。该区域河道水流速较大,泥沙含量较大,光照和氧气条件不充足,导致水生植物群落难以发育,其主要湿地植被类型为沉水植物分布,以苦草、眼子菜、茨藻、金鱼藻等为代表;枯水季节水深小于 50 cm 为浅水区,一般位于各子湖水陆过度区的边缘地表较平缓,光照和氧气较充足,浮游生物、底栖动物、鱼类资源丰富,为浮(叶)水植物和沉水植物的主要分布区,以苦草、眼子菜、菱、芡实、荇菜、狸藻等为代表。泥沙滩高程约 12～14 m,受水位涨落的影响,出露时间短,土壤为沼泽土,植被稀疏,在河流三角洲前沿可见小面积的泥沙质裸地。湖滨低滩地高程约 13～16 m,在北部的都昌等地,低滩地高程仅 12～13 m。地势平缓,而面积大,出露时间相对高滩地短,土壤为草甸沼泽土,为以苦草为主的湿地植物群落主要分布区。

湖滨高滩地高程约 16～18 m,为高漫滩地,将大湖与各子湖相分离,出露时间早,时间延长,土壤为草甸土和沼泽土,是杂类草草甸和挺水植物(芦苇-荻群落)主要分布地段。

2. 水位变化对鄱阳湖湿地植被影响

鄱阳湖年内和年际间周期性的水位涨落导致鄱阳湖洲滩周期性水淹,湖区湿地植被的发育也因此在这种长期的水文节律周期性变化中形成了特定的生态需水要求。在洲滩初露时间较长,水淹时间较短的地区植被生长发育较好,而在初露时间短,水淹时间较长的区域洲滩湿地植被发育将受到一定影响。但长时间持续低枯水位将导致湿地植被生态环境遭到破坏,进而影响湿地植被生长发育。

(1)持续低枯水位的影响

持续低水位(一般指水位长期保持在 10 m 以下)表现为枯水期时间延长,水位提前下降,许多地势较高的洲滩将过早出露,部分区域由于土壤含水量低,将不能满足湿地植物的生态需水,湿地植物群落出现矮化、种群数量及生物量下降、群落生物量锐减等变化,薹草急剧减少,群落中仅保留有少量矮化的薹草等典型湿生植物,大部分被南荻、芦苇或丛枝蓼、蚕茧蓼等耐干旱植物所取代。植被将由湿地类型向中生性草甸演替,常见的群落类型有狗牙根群落、牛鞭草群落、假俭草群落、野古草群落、糠稷群落、白茅群落等。

鄱阳湖持续低枯水位同时也将影响主湖区内的沉水植物的生长发育。由于低水位使一些洲滩内湖干涸,大量沉水植物因长时间出露而死亡,而湿生草本植物由于大多以根茎繁殖,尚未能占据该地段,呈现出裸露泥滩地的景观,也使得鄱阳湖水生植被面积减少,群落物种多样性下降,对鱼类生长和鸟类栖息带来不利影响。另外,持续低水位也可能导致人类活动强度加大,进一步影响着湿地植被的生长与发育。如人们围垦蚕食裸露的湿地,在湖区内违法采砂、在碟形湖四周修筑新的围堰进行水产养殖等,均对水生及陆生植被破坏较大。

（2）高水位的影响

根据调查得知,鄱阳湖国家级自然保护区大汉湖的"草洲"平均高程为 13 m；南矶山湿地国家级自然保护区"草洲"亦分布于 13～16 m 高程区；而鄱阳湖东北岸都昌县境内"草洲"高程仅 12～13 m。当湖区水位从 14 m 上升到 16 m 时,鄱阳湖两个国家级自然保护区内的湿地植被和候鸟越冬的生境受到影响。由于湖水面的扩大,洲滩上浅碟形内湖将被淹没,沼泽面积减少 246 km^2,草洲面积急剧减少,仅留下地势较高的高滩地,植被以南荻＋芦苇、芦苇＋萎蒿、南荻＋芦苇＋灰化薹草为主,湖区湿地生物多样性将大大弱化。

当水位继续上升到 18 m 时,湖盆基本上都是水体,面积约 3117 km^2,仅圩堤外坡脚保存一些狗牙根群落等。一些低滩地上薹草植物群系全部被淹没,并且短时期难以恢复,并且持续淹没将导致薹草植物带和杂类草带退化和消亡。高水位对沉水植物和浮叶植物影响也较大,大部分沉水、浮叶植物将由于水体过深而死亡。

（3）湿地适宜水位分析

当星子站水位从 10 m 上涨到 14 m 时,水面增加 358 km^2,主要以泥滩和沙地淹没得最多,共计约淹没 201 km^2,占水面增加面积的 56.2%；其次为草洲,约 135 km^2,占水面增加面积的 37.7%；而鄱阳湖生物多样性最丰富的洲滩上浅碟形内湖周边的沼泽面积变化并不大。因此,在一般情况下,10 月中下旬星子站水位消落到吴淞高程 14 m 后,草洲全部出露,洲滩中浅碟型内湖与主湖区水体脱离。水位为 10～14 m,草洲面积约 735～870 km^2、泥滩 157～320 km^2、沼泽 245～287 km^2。因此,当水位在 10～14 m 范围内变化时,鄱阳湖湿地植物生态系统格局基本保持稳定,这一水位也与鄱阳多年水位变化规律相一致,也是鄱阳湖湿地植物生态系统较适宜的水位变化范围。

10.3.3　水情变化对水生动物和陆生动物的影响

1. 豚类

2006 年年底,中外科学家历时 38 天对曾经在长江九江段和鄱阳湖湖口水域栖息的世界最珍贵淡水鲸类之一的白鳍豚开展"寻找白鳍豚之旅"活动,调查后遗憾地宣布,来回 3336 km 的考察未发现一头白鳍豚。即白鳍豚种群状况极度濒危,可能成为世界上第一个被人类消灭的鲸类动物。白鳍豚处于长江和鄱阳湖水生生物食物链的顶端,其所面临的所有威胁都来自人类活动的干扰和栖息地破坏。

江豚（*Neophocaena phocaenoides asiaeorientalis*）是仅分布于长江及附属湖泊中的唯一而且相对独立的江豚淡水亚种,也是中国水域三个江豚种群中最濒危的一个亚种,1998 年《中国濒危动物红皮书·兽类》也将其列为濒危级。由于受人类活动直接和间接影响,其自然种群数量下降迅速。据1991年前的考察结果估计,当时种群数量约为2700头,其后的考察结果表明其种群数量在明显下降。1997年农业部渔业局组织的全江段考察仅发现江豚1446头次。鉴于其濒危状况和日益恶化的生存环境,特别是在白鳍豚近于灭绝以后,2008年农业部已报请国务院将其从国家二级重点保护动物列为国家一级重点保护动物。

水文情势变化主要是指长江及鄱阳湖低枯水位出现时间提前、持续时间延长,对水生态的影响为生物多样性呈降低趋势以及食物网功能减弱。枯水期提前和低水位持续时间过长,不仅降低了湖区鱼类和豚类的生活空间,造成渔业资源不断衰退,使豚类的食物来源大大减少,摄食强度大大增加,造成营养不足、体弱多病、繁殖率降低;而且低枯水位也使得人类活动对湖区的干扰加剧,如非法渔具的大量使用,以及船舶机械对江豚造成的伤害。

据中国科学院水生生物研究所2005~2007年进行的鄱阳湖江豚考察的结果,鄱阳湖江豚种群数量大约在450头左右,不同的季节存在较大变动(316~657头)。"2006长江淡水豚类考察"认为,当时整个长江江豚种群数量为1800头左右,鄱阳湖江豚数量估计占到整个长江江豚种群数量的四分之一甚至到三分之一,并且江豚以每年5%的年速率衰退,呈现出快速的种群衰退趋势。

2. 河麂

河麂冬季栖息于低山丘陵地带,夏季迁至多苇草的湿地。性情温和,感觉灵敏,善于潜伏在草丛中,会游水,独居或成对活动,以各种青草、树皮、树叶为食。鄱阳湖湿地及其周边地区有不少丘陵山地,栖息着众多陆生哺乳类动物,其中河麂是较有代表性的1种,它是国家二级保护的大型哺乳动物,常在草洲觅食,目前在鄱阳湖已经较少发现。

10.3.4　水情变化对鱼类和候鸟的影响

1. 鱼类

水文情势变化降低了湖区鱼类生活空间及鱼类"三场"生境,造成渔业资源不断衰退。对鱼类的影响表现在:

(1) 物种多样性降低

近年来的持续枯水使得鲤、鲫定居性鱼类产卵量低,产卵场面积和索饵场面积呈现下降趋势,渔业资源衰退严重。由于生态环境变化等原因,特别是有害渔具如电捕鱼和定置网的使用以及违法采砂活动,导致湖区鱼群的种类和规模显著减小,洄游性鱼类在衰退,长江鲟鱼、鲥鱼、银鱼等珍贵鱼类濒临灭绝。鄱阳湖较少见到中华鲟出现;鄱阳湖区已基本见不到白鲟和鲥鱼;偶有胭脂鱼出现,但数量已明显减少。

（2）食物网功能减弱

受水文情势变化、采砂及涉水工程建设等人为活动干扰，鄱阳湖湿地较常见的水生、湿生和沼生植物正在发生演替以及底栖动物数量、种类减少使得鱼类的索饵变得困难，鱼类资源也随之减少。而作为江豚等动物的饵料，鱼的减少也必然使得豚类的数量和分布也受到影响；鄱阳湖丰富的水生维管束植物是主要植物资源，是鱼类、畜类等主要的食物来源，水生维管束植物不能健康发展，进一步威胁水体环境，进而对整个湖区水生动物健康存在潜在威胁，表现为鱼类资源量下降。

据中国科学院调查，鄱阳湖年渔获量总体呈下降趋势，渔业资源呈衰退状。鄱阳湖区鱼类资源量较 20 世纪 80 年代以前剧减 70% 以上。酷渔滥捕导致湖区鱼汛的种类和规模显著减小，洄游性鱼类资源在衰退，多种珍贵鱼类濒临灭绝。根据《长江三峡工程生态与环境监测公报》（1997～2008 年），湖区经济鱼类种类组成变化明显，主要经济鱼类的捕捞个体已明显趋于小型化和低龄化。除 1998 年受洪水影响，其他年份捕捞产量逐年减少。渔获物中，鲤、鲇、黄颡鱼、鲫、鳊等定居性鱼类和"四大家鱼"占抽样渔获物总量的 75.9%，是鄱阳湖的主要经济鱼类。四大家鱼在渔获物中的比例呈下降趋势。

（3）人为扰动对湖区渔业资源影响不断加剧

过度捕捞、非法渔具的使用，在冬季水位过低的基础上，这种捕捞强度破坏了渔业资源结构。2010 年 2 月，仅在鄱阳湖都昌和永修水域进行江豚种群科考中，共发现定置网十余组，其中的两组定置网中各捕获小江豚一只。而在对当地渔民调查采访中，据介绍在禁渔期结束后该水域定置网最多可达到几千组，鄱阳湖枯水期估计超过 50% 水域被定置网覆盖。

2. 候鸟

水文情势变化引起鄱阳湖枯水位提前出现导致每年 9～10 月间草洲较历史同期出露面积平均增加约 120～220 km²。鄱阳湖区洲滩提前出露，将对鄱阳湖湿地的结构产生一定影响，主要是洲滩出露面积和时间发生变化，进而对鄱阳湖湿地功能产生影响，因鄱阳湖枯水位提前和枯水历时延长也将对栖息于鄱阳湖的越冬候鸟产生影响，可能对越冬候鸟产生不利影响主要表现在以下几个方面：

（1）水鸟食物减少

珍稀候鸟 10 月下旬迁来时，这一片地区部分水生植物已干枯，不适合珍稀候鸟食用，珍稀候鸟只能在该高程以下的区域觅食，而这一带的水生植物较少。因此，单位面积上可食用的食物量会有所下降。

（2）候鸟主要栖息洼地水面有所减少

10 月中下旬鄱阳湖区沼泽地带水位提前下降，洼地水面将有所缩小，珍稀候鸟取食的水生植物蓄存量将减少。在这种情况下,水生植物有可能被过度取食,影响水生植物生长。

(3)湿地植被结构可能发生改变

鄱阳湖水面积和容积减小,水生生物量和单位面积可食量有所减小。珍稀候鸟主要食物,如以竹叶眼子菜和苦草等为主的沉水植物群落可能被苦菜、聚草等群丛取代,引起珍稀候鸟食物结构的变化,能使珍稀候鸟在其越冬后期,使可供其食物来源减少,影响其越冬。

(4)人类对候鸟栖息地干扰加剧

枯水提前出现导致部分洲滩提前显露和连续显露天数增加,长此以往将使该区域土壤理化性状将发生改变,植物光能利用率提高,湿地提前变干。

此外,还会导致人类对洲滩植被和土地资源利用强度的增加,以及捕捞鱼、虾、螺、蚌等生产活动加剧,对鄱阳湖鸟类、珍稀候鸟等的干扰增加。

10.4　鄱阳湖草滩湿地植物群落对水位变化的响应

10.4.1　丰水期鄱阳湖湿地植被对水位增高的响应

丰水期浅水湖沼中沉水和浮叶植物占据湖泊高水位时的优势地位,优势种为竹叶眼子菜、微齿眼子菜、苦草、黑藻、金鱼藻和荇菜,生物量为305～12 133 g(鲜重)/m²(表10-10)。以冠层型优势种竹叶眼子菜为例,主要分布于鄱阳湖浅水湖沼中,以中心湖区、东北部湖区分布为主,分布高程约12～15 m,单位面积生物量约2517 g(鲜重)/m²(表10-10)。竹叶眼子菜一般对水深适应性很强,在长江中下游湖泊中随水深增加,其茎长会相应增加(崔心红 等,1999);竹叶眼子菜茎高度木质化、中空且抗拉应力及抗拉强度等较大,伸长速度常较快,较能适应水位快速变化(Zhu et al.,2012)。除竹叶眼子菜外,金鱼藻和穗状狐尾藻典型冠层型沉水植物也常通过快速产生和分枝出更多枝条延伸到水面。因而能在枝条不断裂和连根拔起的情况下获得更多光照,最终适应高水位和洪水条件(Zhu et al.,2012;Middelboe and Markager,1997;Yang et al.,2004)。黑藻作为一种直立型沉水植物,比许多植物能适应更低光照强度,在鄱阳湖黑藻分布面积大,适应性强,生物量大,均值高达12 133 g(鲜重)/m²,在丰水期,局部湖区常能形成单优势类群,成为沉水和浮叶类群中生物量最大的种类(表10-10),黑藻在水下形成致密直立型网状结构,水位增加时累积生物量(Zhu et al.,2012),并随水位增加延伸茎干上浮到水面。微齿眼子菜作为一种具小型线性叶的底栖型沉水植物,分布高程为8～15 m的鄱阳湖东部沿岸湖区,苦草、黑藻和竹叶眼子菜为伴生或共优势种。通过生物量增加,茎干延伸的方式来适应水位上涨(Zhu et al.,2012)。

表 10-10 2009 年丰水期鄱阳湖湿地水生植物优势类群生物量及其分布

序号	优势种群丛	生物量/(g FW/m²)	分布高程/m
1	微齿眼子菜群丛 Ass. *P. maackianus*	3 492	8～15
2	竹叶眼子菜群丛 Ass. *P. malaianus*	2 517	12～15
3	苦草群丛 Ass. *V. natans*	305	8～15
4	黑藻群丛 Ass. *H. verticillata*	12 133	9～14
5	金鱼藻群丛 Ass. *C. demersum*	2 022	9～15
6	黑藻＋苦草群丛 Ass. *H. verticillata*＋*V. natans*	2 744	12
7	竹叶眼子菜＋穗状狐尾藻群丛 Ass. *P. malaianus*＋ *M. spicatum*	1 592	10～15
8	黑藻＋金鱼藻群丛 Ass. *H. verticillata*＋ *C. demersum*	2 660	9～14
9	微齿眼子菜＋黑藻＋苦草群丛 Ass. *P. maackianus*＋*H. verticillata*＋*V. natans*	1 575	11～15
10	金鱼藻＋苦草群丛 Ass. *C. demersum*＋*V. natans*	2 000	11～13
11	荇菜＋黑藻＋苦草群丛 Ass. *N. peltatum*＋*H. verticillata*＋*V. natans*	2 669	13～14
12	菱群丛 Ass. *Trapa* spp.	2 200	9～15
13	小茨藻＋金鱼藻＋轮藻＋苦草群丛 Ass. *Najas minor*＋*C. demersum* ＋*Chara* spp.＋ *V. natans*	917	12～14
14	芦苇群丛 Ass. *P. australis*	85 625	15～18
15	芦苇＋南荻群丛 Ass. *P. australis* ＋*T. lutaririparia*	70 250	15～16
16	南荻＋蒌蒿＋小飞蓬群丛 Ass. *T. lutaririparia*＋ *A. selengensis*＋*E. canadensis*	48 063	14～16
17	虉草＋水蓼群丛 Ass. *P. arundinacea*＋*P. hydropiper*	2 967	12～15
18	水蓼＋牛毛毡等群丛 Ass. *P. hydropiper*＋*H. yokoscensis*	2 892	12～16

但水位过高会对沉水植物构成胁迫,使植物生物量和枝条所占空间降低,甚至导致沉水植被丧失(Sousa et al.,2010)。鄱阳湖受 1998 年长江流域特大洪水影响,沉水植物优势种竹叶眼子菜和苦草等大面积死亡,影响水生植物更新与恢复,导致来年湖泊初级生产力降低。可能原因是长时间持续性高水位,同时湖水浊度高,透明度低;沉水植物接受的光辐射远低于正常年份甚至光补偿点,光合作用不能有效进行;加上水流等水动力造成的机械损伤(断裂或连根拔起)、病害及牧食压

力等原因,沉水植物地上部分最终大量死亡,仅存少量有活力的地下无性繁殖体,且在沉水植物地上部分死亡前,还没到有性生殖(花果期)阶段,使种子库补充不够(Vretare et al.,2001;Zhu et al.,2012;Sousa et al.,2010),而使其所存活下来的无性繁殖体还面临枯水期鄱阳湖食块茎类候鸟等巨大的牧食压力(夏少霞,2010)。

该时期草滩湿生植被完全被淹没,湿生植物在高水位期主要受淹水胁迫,多采取休眠和耐受生存策略渡过不利时期。此时,湿地中完全被淹没的湿生植物,其地上部生物量仅 25~1050 g(鲜重)/m²,未完全被淹湿生植物生物量在 3000 g(鲜重)/m² 以内,受胁迫未死亡的物种主要是薹草(*Carex* spp.)、水蓼和蘋草等。高大挺水植物芦苇和南荻往往茎干长,处于浸水-半淹没状态,生物量可高达 85 625 g(鲜重)/m²(表 10-10)。

10.4.2　枯水期鄱阳湖湿地植被对水位降低的响应

2009 年鄱阳湖低枯水位创历史新低,且低枯水位提前近一个月发生。大片洲滩出露,湖面最宽处仅 598 m,湖洲滩地湿生植被也提前近一个月萌芽,洲滩湿生植被覆盖度高达 90% 以上,如蒌蒿、蘋草和薹草在光照和气温适宜的条件下生物量迅速累积,形成高约 35~150 cm 的洲滩草甸。该湖洲草滩是以蘋草、灰化薹草、蒌蒿、水蓼、千金子和蓼子草占优势,其中灰化薹草、蒌蒿、蘋草和蓼子草分布面积最大,前三种植物在不同调查样地的总盖度达 50% 以上,主要湿地植物群丛 17类,湿生植物生物量为 1237~6400 g(鲜重)/m²(表 10-11)。四种分布面积最大的湿生植物物种 11 月中旬时的生物量分别高达 1840 g(鲜重)/m²、5600 g(鲜重)/m²、1916 g(鲜重)/m² 和 1510 g(鲜重)/m²。其分布区域为湖底高程 12~20 m(黄海高程)的广域范围(图 10-27),而中央湖区和主要草型内湖提前大面积干涸,水生植物大面积死亡,提前进入休眠期。

表 10-11　2009 年枯水期鄱阳湖湿地水生植物优势类群的生物量、分布高程及区域分布

序号	优势种群丛	生物量/(g FW/m²)	分布高程/m
1	苦草+黑藻群丛 Ass. *V. natans*+*H. verticillata*	1 720	8~12
2	具槽秆荸荠群丛 Ass. *H. valleculosa*	3 038	8~16
3	具槽秆荸荠+水蓼+穗状狐尾藻群丛 Ass. *H. valleculosa*+*P. hydropiper*+*M. spicatum*	5 750	8~15
4	灰化薹草群丛 Ass. *C. cinerascens*	1 237	10~17
5	灰化薹草+蘋草群丛 Ass. *C. cinerascens*+*P. arundinacea*	1 489	10~15
6	灰化薹草+双穗雀稗群丛 Ass. *C. cinerascens*+*P. paspaloides*	2 200	16~17
7	芦苇+灰化薹草群丛 Ass. *P. australis*+*C. cinerascens*	3 775	13~14
8	蒌蒿群丛 Ass. *A. selengensis*	2 837	13~17
9	灰化薹草+水蓼群丛 Ass. *C. cinerascens*+*P. hydropiper*	1 500	10~13

续表

序号	优势种群丛	生物量/(g FW/m²)	分布高程/m
10	水蓼群丛 Ass. *P. hydropiper*	6 400	11～14
11	南荻＋灰化薹草群丛 Ass. *T. lutarioriparia*＋*C. cinerascens*	1 400	13～17
12	藤草群丛 Ass. *P. arundinacea*	2 077	10～15
13	南荻群丛 Ass. *T. lutarioriparia*	3 027	13～17
14	糙叶薹草＋藤草群丛 Ass. *C. scabrifolia*＋*P. arundinacea*	2 240	13～15
15	蓼子草＋千金子群丛 Ass. *P. criopolitanum*＋*L. chinensis*	1 303	17～20
16	喜旱莲子草群丛 Ass. *A. philoxeroides*	1 420	14～17
17	艾＋野菊群丛 Ass. *A. argyi*＋*D. indicum*	1 600	≥17

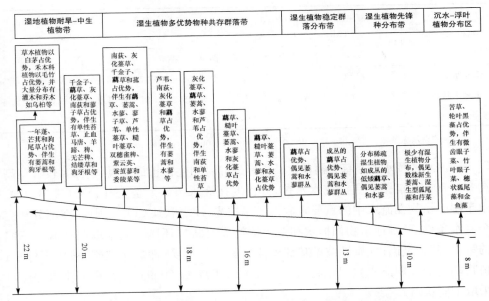

图 10-27　鄱阳湖低枯水位期不同湖底高程断面湿地植被群落分布特征

可以预见,随着鄱阳湖枯水期低水位的提前到来和枯水水位的持续偏低,中低高程的洲滩提前出露,中高湖底高程的洲滩干涸时间延长,干涸程度加重,将为适宜湿生环境的湿生或挺水植物提供大面积的出露裸地,使得湿生植物如薹草、蒌蒿、蓼子草、藤草、水蓼等大面积向低高程的沉水植物分布区扩张,持续出露的较高高程的湖区将适宜中生环境的千金子、狗牙根、牛鞭草等类群大面积生长,湖区植被中生化和旱生化现象将加剧,将给鄱阳湖区生态系统带来深层次影响,相关长期观测研究需要进一步开展。

10.4.3　平水期鄱阳湖湿地植被对水位变化的响应

2010 年 3 月（平水期）平水位鄱阳湖洲滩部分被淹没,形成较明显水位梯度。调查表明洲滩优势湿生植物薹草（主要有灰化薹草、阿齐薹草、单性薹草和糙叶薹草）和藨草地上部分在水位梯度上呈显著的生物量分布特征,完全淹水下薹草生物量＜半淹水状态＜未淹水状态,且前两者与后者相比,均呈极显著差异（$P<0.001$,表 10-12）;藨草在半淹水态生物量＜未淹水状态（$P<0.01$,表 10-12）。

表 10-12　2010 年 3 月下旬（平水期）鄱阳湖湖洲草滩淹水
10～15 天后湿地优势植物群落结构的淹水梯度变化

水位梯度	样方内物种数	类群生物量/(kg FW/m²)(Mean±SD)		类群分盖度		最大株高/cm(Mean±SD)		最小株高/cm(Mean±SD)	
		薹草	藨草	薹草	藨草	薹草	藨草	薹草	藨草
未淹水状态	24	1.81±0.46	2.62±0.51	85%	15%	51.9±20.3	78.9±19.1	19.5±9.3	36.3±16.5
半淹水状态	19	1.17±0.44***	1.68±0.43**	75%	25%	48.6±13.5	75.3±21.2	16.0±6.3	41.7±20.8
完全淹水状态	5	1.10±0.07***	—	100%	0				

注:"—"表示无数据;* $P<0.05$,** $P<0.01$,*** $P<0.001$

未淹水或浸水的薹草和藨草生长指标（株高）和生物量最高,藨草株高较薹草高约 20～30 cm,能耐受更深淹水水位,分盖度在淹水条件下呈上升趋势（表 10-12）。由于湿生植物在淹水中的重要限制因子是缺光、缺氧和缺 CO_2。因此,在部分和完全淹水条件下,湿地植物如挺水和湿生植物应对胁迫环境一般采取两种截然不同的策略,其一是逃避（淹没枝条基部延伸）,其二是耐受（即静止状态,枝条不伸长;植物能耐受长期淹水）（Manzur et al.,2009;于凌飞,2009）,往往根据淹水程度可采取不同策略。

薹草和藨草是鄱阳湖优势湿生或挺水植被物种,应对通江湖泊剧烈水位波动,具有相似的应对策略。鄱阳湖地区广布并形成优势种的薹草属主要有灰化薹草、阿齐薹草和单性薹草,在一年内存在两个高速生长期（4 月和 10 月）和两个休眠期（洪水期和深冬）,这是对鄱阳湖水文节律适应的结果。此外,气候因素和高程也影响其生长期长短与长势。崔心红等（1999）调查表明薹草在 1998 年 12 月才出现第二个高速生长期,比一般年份推迟两个月,认为是受 1998 年特大洪水等水文、气候的影响。在平水期,鄱阳湖薹草在不同淹水条件中生物量差异显著（表 10-12）,这可能采取不同适应策略。

例如水深较深时,芦苇根状茎会伸出底泥表层,同时芦苇靠表型可塑在茎秆上分配更多资源,并以较高而少茎秆来适应和耐受深水,此特征将利于在通气和地下组织间保持积极碳平衡和有效气体交换。因此,对淹水水深的耐受直接关系到植物分布范围。在鄱阳湖,平水期薹草能耐受一定时间约 0.5～0.7 m 的水淹深度,主要分布于中位湖滨带和湖洲草滩。目前,鄱阳湖薹草在淹水下主要生存策略与淹水深度和时间关系密切。在不淹水或水浸条件下,能促进薹草生长(Coops et al.,2003);在短期半淹水条件下,薹草采取一定的逃避策略来应对水位升高;在间歇性淹水或深水淹没的条件下,薹草常采取休眠或耐受策略并保存储备物质,通过休眠其储存器官来渡过不利环境,增大存活率,同时可通过地上植株暂时死亡予以响应(Coops et al.,2003)。

其可能适应机制是淹水深度或水位波动(如波动振幅)能诱导其气腔解剖结构和通气势能的适应性改变(Sorrell and Tanner,2000;White and Tanner,2007),以此来应对淹水胁迫下气体交换与供氧等。研究表明在淹水条件下,薹草叶片的气孔导度、叶绿素含量和光合作用速率降低,并且淹水条件下互花米草(*Spartina alterniflora*)出现了相似响应(肖强等,2005)。在完全淹水下薹草短期内采取静止策略,薹草存储器官中能量储备物含量恒定不但利于植株存活,且还可使植株在退水以后迅速恢复生长。

在鄱阳湖水位降低后,薹草等湿生植物常能快速形成大片草甸并累积大量生物量。但在高水位长期淹水条件下,湖滨带湿生植物常会逐渐死亡,暂由耐受洪水淹没沉水和浮叶植物取代。研究表明优势种香蒲(*Typha sp.*)及在巴西卡比乌纳斯(Cabiúnas)潟湖所观测的荸荠属优势种中间型荸荠(*Eleocharis intersita*)存在相似现象(Coops et al.,2003;Santos and Esteves,2004)。

10.5　本 章 小 结

鄱阳湖生态系统是一个开放型系统,作为一个多类型湿地组成的自然-经济-社会的复合体,其表现为跨地带性、间断性和随机性的空间特征。鄱阳湖湿地是一个动态变化的统一体,其生态系统脆弱性主要表现在其易变性。鄱阳湖湖盆是中生代形成的构造盆地,但鄱阳湖盆地自形成以后的漫长时期内并未积水成湖,而是一个流水盆地;正是由于湖盆演变造就了鄱阳湖“洪水一片,枯水一线,高水是湖,低水似河”的独特水文景观。

近年来,受流域降水偏少及长江上游来水减少等因素的影响,鄱阳湖水文情势发生了较大变化,主要表现为鄱阳湖枯水位连创新低,枯水期提前且不断延长。通过对 1951～2007 年、1951～2002 年及 2003～2007 年三组时间段星子水位站各月平均水位、最高水位和最低水位分析,2003～2007 年期间平均水位、最高水位和最低水位均较历史同期偏低。其中平均水位偏低 2.21～0.11 m,最高水位偏低

2.69～0.53 m,最低水位偏低 1.85～0.04 m。

由于鄱阳湖季节性水位变化而引起湖滩洲地的周年水陆交替现象,枯水期出现以薹草为主的湿地植物群落,而洪水期又形成以眼子菜、苦草为主的沉水植物群落。鄱阳湖年际湿地植被演替可以概况为主要建群种发生变化,植株矮化,生物量下降;沉水植物大量消失,群落组成趋于简单,多样性下降;湿(旱生)、沼生植物开始向湖区入侵,向湖心推移。

在一般情况下,10 月中下旬星子站水位消落到吴淞高程 14 m 后,草洲全部出露,洲滩中浅碟型内湖与主湖区水体脱离。水位为 10～14 m,草洲面积约 735～870 km²、泥滩 157～320 km²、沼泽 245～287 km²。当水位在 10～14 m 范围内变化时,鄱阳湖湿地植物生态系统格局基本保持稳定,10～14 m 是鄱阳湖湿地植物生态系统较为适宜的水位变化范围。

鄱阳湖浮游植物种类数已经由 20 世纪 80 年代中期的 153 种降低到 2007～2008 年的 88 种,多样性有所降低。鄱阳湖主湖面浮游植物自 80 年代起以绿藻门种类居多,目前水华蓝藻主要是鱼腥藻、微囊藻和束丝藻等几种,生物量并不高。不同湖区的浮游植物呈现较强的空间异质性,即生物量由高至低分别是:中部大湖区＞南部上游区＞西部湿地区＞北部通江区。鄱阳湖浮游植物密度自 1980 年以来,总体呈增加趋势,主要是 2000 年以后增加明显,就总体密度而言含量较低;尽管蓝藻门在种类数上与历史相比基本相当,但是占到湖区浮游植物总密度的70%,在一些时段(夏季、秋季)已经成为鄱阳湖浮游植物的优势种类。

鄱阳湖渔业资源衰退程度呈现加剧趋势,除捕捞产量减少外,渔获物小型化、低龄化、低质化现象明显,捕捞生产效率和经济效益都在不断下降,过度捕捞、竭泽而渔等不合理人类活动导致渔业资源衰退。在鄱阳湖栖息的鸟类种类有所增加,种群数量较为稳定。鄱阳湖主要珍稀濒危鸟类——涉禽类的白鹤、白头鹤、白枕鹤、灰鹤、东方白鹳和黑鹳种群数量虽有小幅波动,但种群总体相对稳定。鄱阳湖湿地面临人类活动对湖泊湖盆及洲滩湿地的影响、湿地植被退化严重、水质下降、水华风险增加等主要生态环境问题。近年来水情的较大变化对鄱阳湖湿地植被的种类组成和分布格局均造成了较大的影响。沉水植被消失严重,湿生、旱生等植被类型向湖内推移,湿地植被多样性和稳定性下降。

丰水期鄱阳湖高水位导致草滩湿地植被完全淹没,潜水型湿生植物受高水位胁迫,多采取休眠或耐受的生存策略来渡过不利时期;此时期沉水和浮叶植物在湖泊占优,优势种为竹叶眼子菜、微齿眼子菜、苦草、黑藻、金鱼藻和荇菜。

枯水期鄱阳湖低水位创历史新低且提前近一个月到来,湖洲滩地湿生植被也提前近一个月萌发,中央湖区和主要草型内湖提前大面积干涸部分水生植物提前进入休眠期;湖洲草滩灰化薹草、蒌蒿、藤草和蓼子草分布面积最大,主要分布在湖底高程 12～20 m(黄海高程)的广域范围;敞水区到沿岸湖滨带湿地植被呈明显的群落梯度分布特征：湖心有水区的沉水-浮叶型→挺水型→喜湿生草本型→中生-耐旱草本型→湖岸带喜旱生草本-灌木-乔木型；低枯水位的 2009 年鄱阳湖中高水位洲滩以耐中生-湿生植物类群占优势。

平水期鄱阳湖洲滩部分被淹没，形成较明显水位梯度。洲滩优势湿生植物薹草属植物和藜蒿的地上部分生物量在水位增加的梯度上呈显著下降趋势，在淹水状况下其生长状态、耐受能力与淹水深度和时间等关系密切。

第11章　鄱阳湖生态安全评估

11.1　湖泊生态安全等级划分

湖库生态安全是指在人类活动影响下维持湖库生态系统的完整性和生态健康,可为人类稳定提供生态服务功能和免于生态灾变的持续状态(中国环境科学研究院等,2012)。由此可见,湖泊生态安全可从四个方面理解:其一是指安全的基础是湖库生态系统是否健康和完整;其二是安全变化的原因是人类活动影响;其三是安全变化的结果是生态服务功能的削弱、中断以致发生生态灾变;其四是生态安全是一个动态概念,应从动态和历史演变的角度评价。

湖库生态系统中,湖库是主体,其水生态健康状况是系统安全的基础,围绕这一基础,有三个相互关联的过程揭示了其生态安全变化,主要是指灾变风险下的健康变化过程、灾变风险下的人类活动对健康的胁迫过程和灾变风险下的健康变化造成的服务损益过程。生态安全评估是基于"驱动力-压力-状态-影响-响应"(DPSIR)模型,通过以上三个过程的分析对湖库生态安全做出定量评估。评估是基于水生态健康评估、人类活动影响评估、湖库生态系统服务功能评估和灾变评估等研究成果,选取以上评估的共性内容,对各组分之间动态联系和循环反馈的全过程进行评估,即良性循环的过程安全,恶性循环的过程则不安全。

基于此,提出了我国重点湖库生态安全评估的框架体系,分别是水生态健康评估、生态服务功能评估、人类活动影响评估及灾变调查评估,通过指标优选,建立一套较完备的湖库生态安全综合评价指标体系,形成湖泊生态安全的综合评估结论,构成"4+1"的综合评估技术方法,并形成了一整套湖库生态安全评估方法(金相灿等,2012)。在此基础上,对湖库生态安全状况进行系统诊断和定性定量评估,可为保障湖库生态安全提供理论依据。

以生态安全指数(ESI)和标准生态安全指数(SESI)表征湖泊生态安全综合评估结果,其中生态安全指数 ESI 反映了湖泊相对标准值的偏离程度,标准值主要来源于我国 20 世纪 80 年代鄱阳湖综合调查数据。"标准"反映的状态存在差异,80 年代时我国很多湖泊已经受到不同程度的人类活动影响,且水污染程度在逐渐加剧,故用修正系数和 ESI 计算标准生态安全指数 SESI。SESI 指数越大越好,SESI=100 表示湖泊生态安全水平相当于无人类活动干扰下的湖泊生态安全水平。以 SESI 作为最终结果进行分级,能够明确 SESI 数值所对应湖泊所处的安全水平,湖泊生态安全级别定义详见表 11-1(中国环境科学研究院等,2012)。

表 11-1 湖库生态安全级别定义

SESI 值	安全评级	分级定义		
		营养状况	饮用水安全	水华风险
>100	很安全	贫营养 TSI<30	饮用水源地水质完全达标	基本无水华发生
75~100	安全	贫-中营养 30<TSI<40	饮用水源地水质达标率90%	水华天数 30~60 天,最大面积为湖泊面积的 10%~20%
55~75	一般	中营养 40<TSI<50	饮用水源地水质达标率80%	水华天数 60~90 天,最大面积为湖泊面积的 20%~30%
40~55	不安全	中-富营养 50<TSI<60	饮用水源地水质达标率70%	水华天数 90~120 天,最大面积为湖泊面积的 30%~40%
<40	很不安全	富营养 TSI>60	饮用水源地水质达标率60%	水华天数 120 天以上,最大面积超过湖泊面积的 40%

11.2 鄱阳湖生态系统服务功能评估

按照湖泊生态系统服务功能评估方法(中国环境科学研究院等,2012),结合鄱阳湖区实际情况(崔丽娟,2004a,b),对鄱阳湖的生态系统服务功能进行了分析和确定,主要包括产品生产功能、调节功能(调蓄洪水、水资源蓄积、地下水补给、水质净化、调节气候)、文化功能及生命支持功能等。

11.2.1 服务功能类型

1. 产品生产功能

鄱阳湖区自古以来就是我国重要的稻米产区和淡水鱼类生产基地。稻米和鱼类是其主要的物质产品。同时,芦苇等是优良的造纸原料,还有大面积的草滩,为牧业提供了饲草。以上产品可以直接进入市场,创造价值,即鄱阳湖具有较好的产品生产功能。

2. 调节功能

调节功能是指从生态系统过程的调节作用中获取的服务功能和利益。鄱阳湖的调节作用主要包括调蓄洪水(防止洪涝灾害)、水资源蓄积、地下水补给、水质净化以及调节气候等。

(1)调蓄洪水,防止洪涝灾害

湖泊和河流能够储存一定的水量,特别是可以通过调节河流径流量、削减洪峰、调蓄洪水以及均化洪水等作用,直接减少洪水对下游的影响。湿地生产力较高,其重要功能之一的水文功能也主要表现在防洪调蓄方面,包括调蓄洪水、削减洪峰、滞留和减少侵蚀等。

（2）水资源蓄积

鄱阳湖盆蓄水量约 300 亿 m^3,对长江中下游地区有着重要的蓄洪和调洪等作用。鄱阳湖大多数水质指标可达到Ⅱ类水质标准（总氮、总磷除外）,处于中营养-富营养化状态,全年平均值达到中营养水平,基本上可以满足水环境功能的要求。

（3）地下水补给

湖泊与地下水交流是陆地水循环系统的关键环节,也是地下水补给的主要来源。

（4）水质净化

湿地被誉为"自然之肾",是地球上具有多种功能的独特生态系统,而且在污染物降解方面也发挥着重要作用。湿地生态系统的自净能力较强,其利用生态系统的物理、化学与生物等的协同作用,主要通过过滤、吸附、沉淀、植物吸收、微生物降解等过程来实现对污染物的高效分解与净化。另外,系统中基质的定期更换以及水生植物的收割管理,也有助于将污染物从系统中移除。

湖区对大量的浮游藻类、颗粒悬浮固体、总氮、化学好氧量和总磷等都有显著的去除净化效果,该净化作用主要来自鄱阳湖大量的过水带走以及植物和动物等带走。

（5）调节小气候

湖泊水生态系统对稳定区域气候和调节局部气候有显著作用,能够提高湿度,诱发降雨,对温度、降水和气流等产生影响,可以缓冲极端气候对人类的不利影响。由于鄱阳湖水体面积较大,使湖区及邻近区域的气温变化趋于缓和,具有一定的小气候调节功能。

3. 文化功能

鄱阳湖湿地景观和各种地貌,山、水、洞、鸟、寺、城相映生辉,为发展湖区旅游业奠定了基础。由于湿地受人类活动干扰程度较轻,可更好地发挥鄱阳湖的文化景观、自然景观和湿地生态系统等旅游文化价值。因此,鄱阳湖具有一定的文化功能。此外,鄱阳湖还吸引了大量的科研资源,针对鄱阳湖湿地开展了相关的科学研究,鄱阳湖具有较大的科研价值。

4. 生命支持功能

鄱阳湖是我国最大的淡水湖泊,是我国首批进入国际重要湿地名录的七个国际重要湿地之一。鄱阳湖独特的吞吐型过水性的水情动态和湿地生态系统特征,孕育了极其丰富的自然资源(如淡水、湖滩草洲资源)和生物资源,是世界珍禽的重要越冬栖息地,对生物多样性保护、长江洪水的调蓄和长江水资源补给等都具有十分重要的意义,其生命支持功能较大。

11.2.2　服务功能评估指标体系

1. 湖库生态系统服务功能评估指标

依据鄱阳湖的特点及我国湖库的实际情况,考虑到人类活动是影响湖库生态安全状况主要因素这一基本认识,在湖库生态服务功能中,重点选取了调蓄洪水、水源地、水产品供给、鱼类栖息地和休闲娱乐这五项服务功能进行评估。

(1) 调蓄洪水服务功能评估指标

调节功能是指河流、湖泊、水库、塘坝及河湖蓄滞洪区蓄洪、泄洪和削减洪峰以避免或减少洪灾损失湖库的服务功能。鄱阳湖对长江中下游具有重要的蓄洪和调洪作用。

调蓄洪水是鄱阳湖的重要生态功能之一,为对调蓄洪水功能进行评估,统计了1997～2007 年间鄱阳湖年度水位和入湖径流量间的关系,提出了单位湖体容纳水量指数 $K=V_{当年径流量}/V_{当年湖容水量}$。其中 K 为纲量一的数值,反映了单位湖体容积对于洪水容纳调节的能力。实际计算中,本研究将鄱阳湖近似等效成为长方体湖泊。

具体计算如下:

$$V_{当年湖容水量}＝S_{水面}\times H_{水位}$$

式中,K 可以通公式获得,$K=V_{当年径流}/(S_{水面}\times H_{水位})$;$S_{水面}$ 为鄱阳湖面积;$H_{水位}$ 为鄱阳湖年度水位。

由于鄱阳湖湖盆先天结构影响,在十年评价计算过程中,水域面积变化较小,且相对水位变化对 K 的影响较小。因此,K 值与 $V_{当年径流量}/H_{水位}$ 呈正相关。在后续评价中,用指数 $K_i=V_{当年径流量}/H_{水位}$ 代替当年单位湖体容纳水量指数 K 来计算调节洪水服务功能。

基于此,本研究提出了调蓄洪水功能评价指数 K_t:

$$K_t＝(K_i/K_{i,\max})$$

式中,$K_{i,\max}$ 为评价阶段中历年 K_i 中的最大值,同时作为基准值。K_t 值越大,调节洪水的能力越强。

(2) 水源地服务功能评估指标

鄱阳湖水源地功能主要为饮用水源、工业取水、农业灌溉和部分农村生活用水。结合鄱阳湖作为水源地的主要服务对象,选取 8 个主要水质指标进行鄱阳湖水源地服务功能评估,指标包括溶解氧、高锰酸盐指数、五日生化需氧量、氨氮、总氮、总磷、汞、铅等。

（3）水产品供给服务功能评估指标

在湖库水产品供给服务功能评估中，水产品数量和质量是重要指标。将鄱阳湖鱼产量变化作为水产品数量的一项指标。另一方面，水产品质量评估比较复杂，其中由于湖库污染及部分水体富营养化导致水产品质量下降也是在服务功能指标体系建立中一个重要的方面。鱼体中污染物含量是反映水产品质量的一个指标，也是湖库水产品供给服务功能的一个指标。

所以，评估选取水产品质量（色、香、味）及藻毒素作为衡量水产品质量方面的指标。鄱阳湖水产品供给服务功能评估指标包括鱼产量变化（占 20 世纪 90 年代前期年平均的比例）、藻毒素、水产品质量（色、香、味）和水产品诱惑力等。

（4）鱼类栖息地服务功能评估指标

鱼类栖息地服务功能是鄱阳湖的一项重要服务功能。服务功能的优劣主要从鱼的健康程度、大小、种类、数量及等方面得到体现。由于受污染水体中的鱼类，常常呈现病理学状态，鱼类健康直接反映了鱼类栖息地环境质量。确定鱼获物种类数变化和水产品尺寸为主要的评估指标。鄱阳湖鱼类栖息地服务功能的评估指标体系包括鱼类种类数（占 20 世纪 80 年代前的比例）和水产品尺寸（个体重量）变化等。

（5）湖滨带净化服务功能评估指标

湖滨带是水陆生态交错带（aquatic-terrestrial ecotone）的简称，是湖泊水生生态系统与湖泊流域陆地生态系统间重要的生态过渡带。湖滨带具有污染物拦截和水质净化等功能，是湖泊生态系统的重要组成部分和屏障。因此，湖滨湿地可发挥很好的水质保护和改善功能。同时，湖滨湿地又是鱼类、底栖类、候鸟以及其他生物生存与繁殖的重要场所。

利用湖滨带主要植物群落的面积，每种植物群落单位面积的净化率，根据其的乘积并求和可以获得湖滨湿地对面源污染物的截留与净化作用。选取下述三项指标进行湖滨带净化能力的评估，包括近 30 年湖滨带对面源污染物的截流与净化量的损失率、湖滨带最优植被损失率和自然湖滨带受破坏情况。

2. 湖库生态系统服务功能经济价值损失评估指标

为保证指标体系严格的内部逻辑统一性，结合现有的统计指标和数据资料，综合考虑经济、社会、生态环境等方面，按照"目的树"方法设置了鄱阳湖生态系统服务功能经济价值评估指标体系。该经济价值损失评估指标体系包括 3 个层次（目标层、控制层、变量层）、7 个子模块（湿地资源生产力价值、科考旅游价值、供水与蓄水价值、调蓄洪水价值、生物多样性价值、调节气候价值与净化水质价值）及 15 个指标。目标层通过横向、纵向比较，可反映湖库生态系统服务功能经济价值，其计量来源于控制层的 6 个子模块，是通过测算得到最终结果。控制层的经济效益指数,反映了湖库生态系统服务功能经济价值中的直接与间接价值,取决于变量层中的每个单项指标(表 11-2)。

表 11-2　湖库生态系统服务功能经济价值评估指标

	物质生产服务功能	水产品年产量及水产在现期的市场价格
		植物年产量及在现期的市场价格
	栖息地服务功能	栖息地面积
		单位面积的年经济价值
湖库生态系统服务功能经济价值评估综合指标	调节服务功能	调蓄洪水:当年调水总量及修建 1 m³ 水库库容的平均价格
		大气调节:固定 CO_2 总量、释放 O_2 总量及各自单位产量价值
		截流与净化服务功能:滞留污染物量及处理单价

3. 湖库生态系统服务功能评估方法

湿地是人类最重要的环境资本之一,也是自然界富有生物多样性和较高生产力的生态系统,其不仅具有巨大的环境调节功能和生态效益,同时具有较高经济效益和社会效益。湖库的功能是湿地生态过程与生态结构之间发生相互作用的结果。

(1)湖库生态系统服务功能状态评估标准

调蓄洪水服务功能评估指标的评分标准见表 11-3。

表 11-3　调蓄洪水服务功能评估指标及评分标准

指标	评分标准				
	5	4	3	2	1
K_t	0.9~1	0.8~0.9	0.7~0.8	0.6~0.7	<0.6

饮用水源地服务功能各项评估指标的评分标准见表 11-4。

表 11-4　饮用水源地服务功能各项评估指标评分标准　　　　单位:mg/L

指标	评分标准				
	5	4	3	2	1
溶解氧	>7.5	6~7.5	5~6	3~5	≤3
高锰酸盐指数	≤3	3~4	4~5	5~6	>6
五日生化需氧量	≤3	3~4	4~5	5~6	>6

续表

指标	评分标准				
	5	4	3	2	1
氨氮	≤0.5	0.5～1.0	1.0～1.5	1.5～2.0	>2.0
总氮(以 N 计)	≤0.5	0.5～1.0	1.0～1.5	1.5～2.0	>2.0
总磷(以 P 计)	≤0.025	0.025～0.05	0.05～0.1	0.1～0.2	>0.2
汞	≤0.00005	0.00005～0.0001	0.0001～0.0005	0.0005～0.001	>0.001
铅	≤0.01	0.01～0.02	0.02～0.04	0.04～0.05	>0.05
挥发酚(以苯酚计)	≤0.002	0.002～0.003	0.003～0.004	0.004～0.005	>0.005

水产品供给服务功能各项评估指标的评分标准见表 11-5。

表 11-5　鄱阳湖水产品供给服务功能各项评估指标评分标准

指标	评分标准				
	5	4	3	2	1
鱼产量变化	>100	80～100	60～80	40～60	<40
异味物质	未检出		检出但低于 WHO 标准		高于 WHO 标准
藻毒素	未检出		检出但低于 WHO 标准		高于 WHO 标准
水产品质量(色、香、味)	好多了	明显变好	差不多	明显变差	差多了

注:20 世纪 80 年代为比较基准,根据受调查人员评分值和人数,统计计算该评估指标的得分值

鱼类栖息地服务功能各项评估指标的评分标准见表 11-6。

表 11-6　鄱阳湖鱼类栖息地服务功能各项评估指标评分标准

指标	评分标准				
	5	4	3	2	1
鱼类种类数(占 20 世纪 80 年代前的比例,%)	>80		60～80		<60
水产品尺寸(个体重量)变化	大多了	明显变大	差不多	明显变小	小多了

注:20 世纪 80 年代为比较基准,根据受调查人员评分值和人数,统计计算该评估指标的得分值

湖滨带对面源污染物截流与净化服务功能各项评估指标的评分标准见表 11-7。

表 11-7　湖滨带对污染物的截流与净化服务功能评估指标及评分标准

指标	评分标准				
	5	4	3	2	1
30 年来湖滨带对面源污染物的截流与净化量的损失率	<10%		10%~20%		>20%
湖滨带最优植被损失率	<20%		20%~40%		>40%
自然湖滨带受破坏情况	几乎未受破坏	受到一些破坏	受到较大破坏	受到很大破坏	受到严重破坏

（2）鄱阳湖生态服务功能状态指数的计算方法与模型

根据调蓄洪水服务功能指数值 K_t，按下列标准对其调蓄洪水服务功能进行评估：

$K_t > 4$	优良
$3 < K_t \leqslant 4$	较好
$2 < K_t \leqslant 3$	不太好
$1 < K_t \leqslant 2$	不好
$K_t \leqslant 1$	很不好

饮用水源地服务功能状态指数按下式计算：

$$DS_{indx} = \frac{\sum_1^n DS_i}{n}$$

式中，DS_{indx} 为饮用水源地服务功能状态指数；DS_i 为评估区域第 i 个饮用水源地服务评估指标得分值；n 为评估区域饮用水源地服务功能评估指标总个数。

根据饮用水源地服务功能状态指数，按下列标准对饮用水源地服务功能进行评估：

$DS_{indx} \geqslant 4$	好
$3 \leqslant DS_{indx} < 4$	较好
$2 \leqslant DS_{indx} < 3$	不太好
$1 \leqslant DS_{indx} < 2$	不好
$DS_{indx} < 1$	很不好

水产品供给服务功能状态指数下式计算：

$$FS_{indx} = \frac{\sum_1^n FS_i}{n}$$

式中，FS_{indx} 为水产品供给服务功能状态指数；FS_i 为评估区域第 i 个水产品供给服务评估指标得分值;n 为评估区域水产品供给服务功能评估指标总个数。

　　根据水产品供给服务功能状态指数,按下列标准对水产品供给服务功能进行评估:

$FS_{indx} \geqslant 4$　　　　好

$3 \leqslant FS_{indx} < 4$　　较好

$2 \leqslant FS_{indx} < 3$　　不太好

$1x \leqslant FS_{indx} < 2$　不好

$FS_{indx} < 1$　　　　很不好

鱼类栖息地服务功能状态指数下式计算:

$$HS_{indx} = \frac{\sum_1^n HS_i}{n}$$

式中,HS_{indx} 为鱼类栖息地服务功能状态指数;HS_i 为评估区域第 i 个鱼类栖息地服务评估指标得分值;n 为评估区域鱼类栖息地服务功能评估指标总个数。

　　根据鱼类栖息地服务功能状态指数,按下列标准对鱼类栖息地服务功能进行评估:

$HS_{indx} \geqslant 4$　　　　好

$3 \leqslant HS_{indx} < 4$　　较好

$2 \leqslant HS_{indx} < 3$　　不太好

$1 \leqslant HS_{indx} < 2$　　不好

$HS_{indx} < 1$　　　　很不好

湖滨带对面源污染物的截留与净化服务功能的评估指数根据下式计算:

$$LS_{indx} = \frac{\sum_1^n LS_i}{n}$$

式中,LS_{indx} 为湖滨带对面源污染物的截留与净化服务功能评估指数;LS_i 为评估区域第 i 个湖滨带净化服务功能评估指标得分值;n 为评估区域湖滨带净化服务功能评估指标总个数。

　　根据得到的湖滨带服务功能指数,按下列标准对湖滨带服务功能进行评估:

$LS_{indx} \geqslant 4$　　　　很好

$3 \leqslant LS_{indx} < 4$　　好

$2 \leqslant LS_{indx} < 3$　　不太好

$1 \leqslant LS_{indx} < 2$　　不好

$LS_{indx} < 1$　　　　很不好

　　在湖库各项生态服务功能评估完成的基础上,最后对湖库生态服务功能进行总体评估,以了解湖库生态服务功能的总体状态。由于各个湖库具有不同的特点(湖深、湖盆大小、底质状况、营养状况、化学性质、地理位置、气候特征等),其提供的生态服务功能也不尽相同,也就是说不同的服务功能在不同的湖库具有不同的相对重要性。这就要求我们在湖库生态服务功能进行总体评估时,必须确定不同服务功能的权重。在权重确定后,可按下述湖库服务功能总体评估模型计算湖库生态服务功能综合状态指数:

$$\text{DLES}_{indx} = \left(\sum_1^n \text{DES}_i Q_i \right)/4$$

式中:DLES_{indx} 为湖库服务功能综合状态指数;DES_i 为第 i 个服务功能的状态指数;Q_i 为第 i 个服务功能评估指标权重。

　　湖库服务功能总体评估标准如下:

$\text{DLES}_{indx} \geqslant 90$　　　　好

$70 \leqslant \text{DLES}_{indx} < 90$　　较好

$55 \leqslant \text{DLES}_{indx} < 70$　　不太好

$40 \leqslant \text{DLES}_{indx} < 55$　　不好

$\text{DLES}_{indx} < 40$　　　　很不好

4. 湖库生态服务功能经济价值损失评估方法及模型

　　根据生态经济学、环境经济学和资源经济学的研究成果,生态系统服务功能的经济价值评估方法可分为两类:一是替代市场技术,它以"影子价格"和消费者剩余来表达生态服务功能的经济价值,评价方法多种多样,其中有费用支出法、市场价值法、机会成本法、旅行费用法和享乐价格法;二是模拟市场技术,以支付意愿和净支付意愿来表达生态服务功能经济价值,其评价方法为条件价值法。

　　鄱阳湖湿地生态系统的服务功能主要有以下几方面:物质生产功能、文化旅游休闲功能、气体调节功能、水质净化功能、调蓄洪水功能、重要物种栖息地功能、文化科研功能及供水蓄水功能。湿地生态服务功能效益不同,其评估技术方法也不一样,某种湿地效益可用不同的评估方法,而同一评估方法也可对多个湿地效益适用,对于湿地效益的选取,应选择效益最突出的类型,而对于评估方法的选取,应视其可行性和可操作性而确定。基于以上原则,鄱阳湖湿地资源退化经济损益的评估方法见表 11-8。

表 11-8　鄱阳湖库生态系统服务功能价值评价方法

价值类型	服务功能	评价方法
	动植物产品价值	市场价值法
直接利用价值	供水与蓄水	资产价值法
	科考旅游	旅行费用法
	气候调节	市场价值法
间接利用价值	调蓄洪价值	影子工程法
	净化水质	影子工程法
非利用价值	生物多样性	生态价值法
	生物栖息地	条件价值法

上述各种方法,无论哪一种方法都只对一种或几种生态系统服务功能适用,不能解决全部问题,因此对不同的功能价值计算就必须选择不同的方法。

11.2.3　服务功能及价值损失评估

1. 调蓄洪水服务功能状态评估

根据鄱阳湖近几年洪水监测数据,得到 2008 年的调蓄洪功能评价指数 K_t(表11-9),$K_t = K_{2008}/K_{i,\max} = 0.723$。调蓄洪水功能评估指标的评分标准打分为 3 分。

表 11-9　鄱阳湖调蓄洪水服务功能各项指标实测值和评分值

指标	实测值	评分值
K_t	0.723	2.23

根据湖库调蓄洪水服务功能评估标准:$2 < K_t \leqslant 3$ 为不太好,得到鄱阳湖调蓄洪水服务功能状态为不太好,主要是由于该功能得到充分发挥和被利用。

2. 水源地服务功能状态评估

根据监测站提供的 2008 年鄱阳湖监测数据,得到主要监测断面的各指标监测数据的平均值。根据饮用水源地服务功能各项评估指标的评分标准,得到表 11-10 饮用水源地服务功能各项评估指标的评分值。

表 11-10　鄱阳湖水源地服务功能各项指标实测值和评分值

指标	实测值	评分值
溶解氧	8.519286	5
高锰酸盐指数	3.000000	5
五日生化需氧量	1.552857	5

指标	实测值	评分值
氨氮	0.472929	5
总氮	1.247857	3
总磷	0.067143	3
汞	0.000010	5
铅	0.001000	5
挥发酚	0.001000	5

按下式计算饮用水源地服务功能状态指数：

$$DS_{indx} = \frac{\sum_1^n DS_i}{n} = 41/9 = 4.56$$

按照湖库饮用水源地服务功能评估标准：$DS_{indx} \geqslant 4$ 为"好"，得到鄱阳湖作为水源地的服务功能状态为"好"。但是由各项指标也可以看出，鄱阳湖水面临的主要污染问题来自于氮、磷含量的超标。总氮和总磷两项指标已经达到不太好状态。

3. 水产品供给服务功能评估

水产品服务功能评估方法中包含了四项评估指标，其中鱼产量数据已经获得，2000 年捕鱼年均量为 32 687.5 万 t，20 世纪 90 年代平均捕鱼量为 42 584 万 t。水产品质量的评分主要是通过调查消费者对水产品的色香味的满意程度来进行。由于鄱阳湖受富营养化影响较小，藻毒素及异味物质含量非常低，相关部门对此方面未进行检测，鄱阳湖水产品服务功能的初步评估现采单位鱼产量和水产品质量进行。

根据 2000 年鄱阳湖鱼产量及统计结果得到实测值如表 11-11 所示。

表 11-11　鄱阳湖水产品服务功能各项指标实测值和评分值

序号	指标	实测值	评分值
1	鱼产量变化	76.76%	3
2	水产品质量(色、香、味)	差不多	3

按下式计算水产品服务功能状态指数：

$$FS_{indx} = \frac{\sum_1^n FS_i}{n} = 6/2 = 3$$

按照湖库水产品服务功能评估标准：$2 \leqslant FS_{indx} < 3$ 不太好，得出鄱阳湖水产

品服务功能为"不太好",主要原因是渔获物个体较小。

4. 鱼类栖息地服务功能评估

湖库鱼类栖息地服务功能评估体系中有四项指标,鱼类种类数(占 20 世纪 80 年代前的比例)、水产品尺寸(个体重量)变化、候鸟的种群数量变化、候鸟的种类变化。其中根据中科院动物研究提供的数据,近几年在鄱阳湖共检测到 101 种鱼类,对比 80 年代前鄱阳湖区鱼类种数为 117 种得到鱼类种类数指标。通过专家打分和居民调查得到了水产品尺寸变化(表 11-12)。

表 11-12　鱼类栖息地服务功能各项指标实测值和评分值

指标	实测值	评分值
鱼类种类数(占 20 世纪 80 年代前的比例)	86%	5
水产品尺寸(个体重量)变化	明显变小	2

按下式计算鱼类栖息地服务功能状态指数:

$$HS_{indx} = \frac{\sum_1^n HS_i}{n} = 7/2 = 3.5$$

根据湖库鱼类栖息地服务功能评估标准"$3 \leqslant FS_{indx} < 4$ 为较好状态",得到鄱阳湖鱼类栖息地服务功能状态为"较好"。

5. 湖库服务功能总体评估

通过对鄱阳湖主要生态服务功能的评估,得到了各种服务功能的状态指数。基于鄱阳湖的特点和主要的服务功能,结合历年生态服务功能经济价值的评估结果,得到鄱阳湖各项服务功能的权重及其评估结果,见表 11-13。

表 11-13　鄱阳湖各项服务功能的权重与状态指数

指标	调蓄洪水	水源地	水产品	鱼类栖息地
权重/%	40	15	22.5	22.5
评估指数值	2.23	4.56	3	3.5

按下式得到鄱阳湖总体服务功能。

$$DLES_{indx} = \frac{\sum_1^n DES_i Q_i}{n} = 75.96$$

根据湖库服务功能总体评估标准:$70 \leqslant DLES_{indx} < 90$ 较好,最终得到鄱阳湖总体生态服务功能的状态为"较好"。表 11-14 为鄱阳湖生态服务功能状态卡。其中

深色代表"好",浅色代表"不太好",无色代表"较好"。由表可见,水源地服务功能中总氮、总磷指标为"不太好",水产品供给服务功能中水产品质量为"不太好",鱼类栖息地功能中水产品尺寸为"不太好"。

表 11-14　鄱阳湖生态服务功能状态卡

功能类型	功能指标状态						功能状态			
水源地功能	溶解氧	高锰酸盐指数	生化需氧量	氨氮	总氮	总磷	汞	铝	挥发酚	好
调蓄洪水功能	调蓄洪功能评价指数 K_1									不太好
水产品供给功能	单位鱼产量			水产品质量(色、香、味)						不太好
鱼类栖息地功能	鱼类种类数			水产品尺寸(个体重量)变化						较好
综合功能										较好

1) 鄱阳湖总体生态服务功能的状态良好,但水产品供给功能状态不太好。2008 年单位库容进水量(K_{2008})与统计年最大值 K_{max} 相比较小;2008 年单位水体鱼产量与水产品质量有所下降。鱼产量为 20 世纪 90 年代前期平均水平的 76.76%。

2) 鄱阳湖生态服务功能价值构成是以环境调节为主。鄱阳湖生态服务功能价值主要由物质生产、环境调节、鱼类及鸟类栖息地服务功能价值三部分构成,评价结果显示其中以环境调节比重最大。已往人类多注重物质生产功能,对环境调节功能的重视程度不足。

3) 物质生产功能水产品有下降趋势,湿地植被有上升趋势。物质产品是生态系统提供的最直接服务功能。鄱阳湖湿地生态系统提供物质产品较多,本研究仅选取了其最主要的产品,包括浮游植物、浮游动物、底栖动物、水生维管束植物和鱼类及湿地植被等。在物质生产功能中,经济价值共 25.65 亿元,其中,水稻生产占绝对优势,其次为草地和草洲,随着保护区的扩大和退耕还湖工作的加强,水稻优势地位势必被草地、草洲取代。

4) 鄱阳湖鱼类、鸟类栖息地服务功能有所回升。鄱阳湖区鱼类、鸟类栖息地服务价值为 11.37 亿元,仅按照当时单位面积年经济值,估计值可能偏低。可以预测,今后这一服务功能经济价值将会随着鸟类或鱼类的增多,动物多样性的增加而大大提高。鄱阳湖鱼类、鸟类栖息地服务功能经济损失 4.36 亿元,即近年来湿地此项功能价值较 20 世纪 80 年代有所提高,表明 1998 年退耕还湖等湿地保护措施使湿地面积有较大幅度回升。

5) 环境调节功能中调蓄洪水价值比重较大。鄱阳湖的环境调节功能体现在三个方面:调蓄洪水功能、大气调节功能和面源污染物的截留与净化服务功能。调蓄洪水功能占鄱阳湖调节功能的比重较大,主要原因是鄱阳湖水域面积变化大,较小的水位变化都会有水量的巨大变化,从而实现较大的水量调节功能。对洪水调节和支撑湖周居民正常生活发挥了巨大的作用。

6) 调蓄洪水能力增加。鄱阳湖的调蓄能力总体有所提高,特别是近年来鄱阳湖大面积退田还湖等措施的实施,更大大提高了鄱阳湖的调蓄能力。但由于近年来水量相对平稳,加上三峡等工程的建设,对提高长江中上游防洪能力发挥了巨大作用。所以鄱阳湖的调蓄能力价值在近年没有机会完全体现,而计算出近年鄱阳湖调蓄洪水功能价值有一定程度的降低。

7) 气候调节功能价值上升。气候调节功能作用的发挥主要来源于湿地植被,2000 年鄱阳湖湿地的气候调节功能价值约为 32.9 亿元。占环境调节功能的21%。与基准年(20 世纪 80 年代)相比,鄱阳湖气候调节功能的经济价值损失值为−12.82 亿元,主要是因为湿地面积增加,草地草洲面积的生物量大大增加,体现了近年来湿地保护工作的成效。

8) 面源污染物的截留与净化服务功能价值上升。因鄱阳湖为过水型湖泊,换水周期短,因此该湿地对污染物的贮留净化率比一般蓄水型湖泊湿地低,湿地对面源污染物的截留与净化服务功能价值为 1.48 亿元。

与基准年(20 世纪 80 年代)相比,鄱阳湖面源污染物的截留与净化服务功能经济损失值为−1.1427 亿元。表明 80 年代对面源污染物的净化量大于当前净化量。分析原因是 80 年代鄱阳湖区排污企业较少,工业污染物排放量少,主要入湖污染物为农业和生活产生的废水。经过 20 多年的发展,湖区及流域工业污染物排放量有所增加,加上人口、播种面积及施肥量等因素结合导致污染物排放量增加,鄱阳湖的净化作用得以充分发挥。

11.3　流域社会经济活动对鄱阳湖生态安全影响评估

鄱阳湖生态安全调查结果表明,近 20 年来,鄱阳湖生态环境已发生了较大变化。变化原因之一就是不合理的人类经济社会活动(如人口的快速增长、城镇化快速推进、农药化肥施用量偏大、湖区及流域工业化进程过快等)导致入湖污染负荷增加。人类社会经济活动对湖泊生态系统的压力导致湖泊生态系统退化,进而使湖泊的生态健康和安全受到一定影响。

因此,评估充分考虑鄱阳湖实际情况,通过筛选与流域社会经济活动相关的三大类共 16 项指标,建立指标体系(见表 11-15),采用模糊综合评价方法,得出自 20 世纪 80 年代至今鄱阳湖流域社会经济活动对鄱阳湖生态影响的变化趋势(图 11-1)。

表 11-15 鄱阳湖流域社会经济活动评估指标体系结构

指标类别	关键评价指数	评价指标
社会经济压力	人均 GDP	人均 GDP
	人口密度	人口密度
	土地利用	城镇用地比重
		耕地比重
		水面比重
水体污染负荷	面源污染负荷	单位面积面源 TN 负荷量
		单位面积面源 TP 负荷量
	点源污染负荷	单位面积点源 COD 负荷
		单位面积点源 NH$_4^+$ 负荷
水体环境状态	入湖河流水环境	主要入湖河流 COD 浓度
		主要入湖河流 TN 浓度
		主要入湖河流 TP 浓度
		单位入湖河流水量
	流域水域环境质量	流域水体 COD 浓度
		流域水体 TN 浓度
		流域水体 TP 浓度

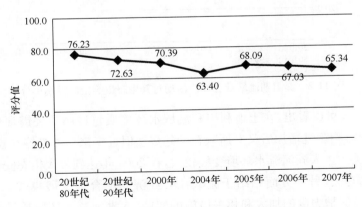

图 11-1 流域社会经济活动对鄱阳湖生态安全影响评分值

从图 11-1 可见,自 20 世纪 80 年代以来,鄱阳湖流域社会经济活动对其生态影响评分值保持在 60~80 分之间,结合评估影响等级说明,属于二级较轻状态。表明存在一定的社会经济发展压力,鄱阳湖生态系统尚健康,湖泊水质多数指标处于Ⅲ类,这与当时鄱阳湖区域社会经济发展水平及水质监测结果较为一致。

近 20 年以来,鄱阳湖流域社会经济活动对其生态安全影响评分值总体上呈现缓慢下降的趋势。近几年下降速率更快,表明随着社会经济发展的加速推进,人类社会经济活动对鄱阳湖的影响有加重的趋势。在指标类别上,流域社会经济活动对鄱阳湖生态安全的影响主要表现在社会经济发展压力和水体环境状态两方面。

由图 11-2 可见,随着经济社会的快速发展,流域社会经济对生态环境的压力逐渐增大。2004 年以后,已经接近阈值,生态退化现象明显,如污染负荷居高不下、湿地萎缩、水面减少、水域出现局部水华等。总体上说,对水体环境的影响还较轻,但呈现逐渐加重趋势。由于 2004 年是枯水年,而排入鄱阳湖的大量污染物由于水体稀释自净能力减弱,对水环境指标有较大影响。相对较大的水量是鄱阳湖水体污染负荷呈现轻微影响的重要原因。

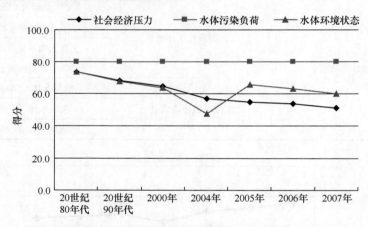

图 11-2　鄱阳湖流域社会经济活动对其生态影响指标类别得分

从图 11-3 可以看出,在土地利用和流域水环境质量这两项关键评价指数上,大体上呈现影响缓慢增加后又有所减轻的趋势。但近年来一直维持在较大压力水平,需更加关注。入湖河流水环境变幅较大,在 2004 年达到最大生态安全影响,一方面与枯水有关,另一方面归结于流域社会经济的不合理发展模式。2005 年以后,随着环境保护力度的加大和相关措施的实施,入湖河流水环境质量有所改善,对鄱阳湖的影响有所减轻,但影响大体上仍有缓慢增加的趋势。湖区点源、面源污染负荷对湖泊水质具有轻微影响。

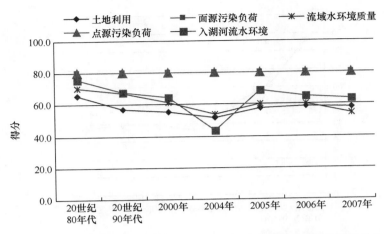

图 11-3　鄱阳湖流域社会经济活动对其生态安全影响关键评价指数得分

11.4　鄱阳湖水生态健康与生态灾变评估

11.4.1　水生态健康评估

　　根据评估方法,结合鄱阳湖现有数据积累,选择透明度、溶解氧、五日生化需氧量、化学需氧量、氨氮、总磷、粪大肠菌群、叶绿素 a 和总氮等水生态指标,收集了自 20 世纪 80 年代以来的典型数据开展评估。自 20 世纪 80 年代以来,鄱阳湖水生态健康综合指数数值呈逐年下降趋势,其中 2004 年之前下降幅度较大,但水生态健康状况保持在中等以上水平。2004 年之后,鄱阳湖水生态健康状况有所好转,2004~2007 年间,水生态健康综合指数数值在 35~40 之间波动,健康状态基本保持在"较差"水平(见表 11-16 和图 11-4)。

表 11-16　鄱阳湖水生态健康评估结果

时间	20 世纪 80 年代	20 世纪 90 年代	2003 年	2004 年	2005 年	2006 年	2007 年
EHI	86.38	61.24	50.39	36.26	39.13	39.91	36.9
健康状态	很好	好	中等	较差	较差	较差	较差

11.4.2　生态灾变评估

　　鄱阳湖作为长江流域最大的通江湖泊,是国际重要湿地,每年为长江下游提供大量优质的水资源成为促进其经济社会发展的重要保障。分析评估表明,1980~

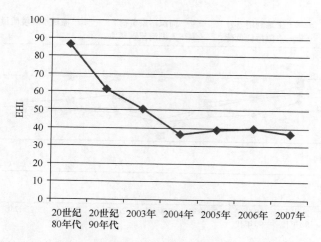

图 11-4　鄱阳湖水生态健康综合指数(EHI)变化趋势

2008 年间鄱阳湖均无灾变现象发生($M=0.563$),评估结果为无灾,见图 11-5。

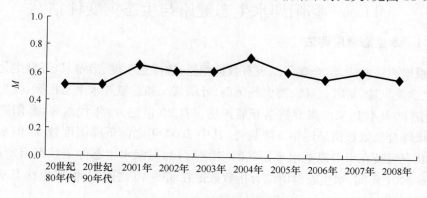

图 11-5　鄱阳湖灾变评估结果

M 为生态灾变综合评级分值

　　从评估模型来看,湖区水质等级对鄱阳湖灾变起决定作用。根据短期(2001～2008 年)评估结果,以 2004 年灾变风险最大,评估基本上未对生态系统产生明显的负面影响,但 2007 年 8 月发生在康山的局部小范围的蓝藻水华,主要受湖区水文情势及气候条件的影响,引起局部富营养化。综上所述,鄱阳湖生态环境存在一定的灾变风险。

11.5　鄱阳湖生态安全综合评估

　　基于"驱动力-压力-状态-影响-响应"(DPSIR)模型,对鄱阳湖自 20 世纪 80 年代以来的生态安全总体状况进行了评估。结果表明,鄱阳湖生态安全状况总体为安全水平,已接近一般安全水平,见图 11-6。

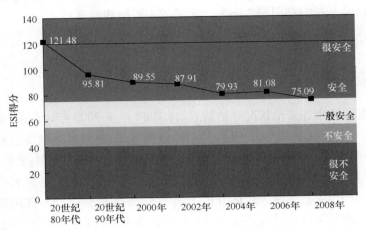

图 11-6　鄱阳湖生态安全指数 ESI 变化趋势

2008 年,鄱阳湖生态安全评估报告卡如下所示:

社会经济	生态健康	服务功能	生态灾变	综合评估

鄱阳湖生态安全现状综合评估雷达图如图 11-7 所示。

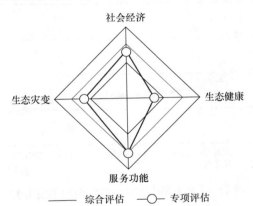

图 11-7　鄱阳湖生态安全现状评估雷达图

评估结果显示,自 1980 年以来,鄱阳湖生态安全总体呈下降趋势,其生态安全水平变化分为三个阶段,即 1980～1990 年、1990～2002 年和 2002～2008 年。其中 1980～1990 年间下降幅度最大,2002～2008 年间下降幅度最小。2008 年,鄱阳湖生态安全水平仅相当于 20 世纪 80 年代的 61.8%,2004～2008 年鄱阳湖生态安全水平平均较 20 世纪 90 年代降低了 14～21 个百分点。水生态健康状态和流域社会经济活动是影响鄱阳湖生态安全水平的主要制约要素。

11.6　鄱阳湖生态安全演变特征

11.6.1　鄱阳湖生态安全演变总体趋势分析

　　根据鄱阳湖生态安全状况评估结果,自 1980 年至 2008 年,鄱阳湖标准生态安全指数 SESI 值变化如图 11-8 所示。由图 11-8 可见,虽然鄱阳湖生态安全状况总体处于"安全"以上水平,但下降趋势明显,已接近"一般安全"水平;尤其 2002 年之后,其下降幅度增大,至 2008 年已降为"一般安全"水平,生态安全水平仅相当于 20 世纪 80 年代的 61.8%。总体分析 1980～2008 年的 28 年间,鄱阳湖生态安全状况总体呈现下降趋势,但是不同时期,其下降幅度不同,可以大致分为三个阶段,其中 1980～1990 年代可称为快速下降期,下降速度较快;1990～2002 年间为缓慢下降期,这一时段虽然鄱阳湖生态安全水平的下降趋势没有得到改变,但是其下降幅度有所下降;2003～2008 年,可以称为反弹下滑期,这一时段,鄱阳湖生态安全水平总体依然呈现下降趋势,尽管在 2004～2006 年间出现了轻微的反弹,但之后迅速下滑,造成该阶段为下降速度最快的一个时段。

图 11-8　鄱阳湖生态安全指数 SESI 变化趋势

11.6.2　鄱阳湖生态安全演变的阶段性特征

　　鄱阳湖生态安全状况水平经历了三个发展阶段,各阶段特征详见表 11-17。

表 11-17　鄱阳湖生态安全演变阶段

时间段	快速下降期（1980～1989 年）	缓慢下降期（1990～2002 年）	恢复下降期（2003～2008 年）
安全状况	很安全	安全	一般安全
主要特征	水生态健康状态"很好"，处于一级水平；流域社会经济活动对湖泊水生态系统造成的压力较小，处于二级较轻压力状态；湖泊生态服务功能稳定且自然生态价值完整，水质全部达到饮用水源地水质标准；湖区处于贫-中营养水平，无水华灾变发生	湖库生态系统基本健康，处于"中等"三级健康水平；流域社会经济活动对湖泊生态安全状态造成的压力较前一阶段加大，但未超过流域生态承载力，仍处于二级"轻微"影响水平；生态服务功能稳定。除个别年份枯水期外，水质均达到饮用水源地水质标准；湖区处于中营养水平，无水华灾变发生	生态系统健康状态已经转变为四级"较差"水平，生态系统结构出现不合理；流域社会经济影响对流域生态系统干扰进一步加剧，但仍未超出二级"轻微"影响水平；生态服务功能受到一定的削弱，饮用水水源受到极大威胁；营养水平维持在中营养水平，已经十分接近富营养化水平，湖区水域出现局部水华

1. 快速下降期（1980～1989 年）

该阶段鄱阳湖生态安全状况虽然总体处于"安全水平"，但十年间其生态安全水平下降了一个等级，从"很安全"水平下降为"安全"水平，即该时段鄱阳湖生态安全水平下降幅度较大，其标准生态安全指数 SESI 值累计下降幅度达 21.1%，年均下降率为 2.11%。如把 20 世纪 80 年代定义为湖泊生态安全状况的标准年代（这一时期我们湖泊生态安全状况总体较好，且数据较为完整），这一时期鄱阳湖的生态安全状况总体处于"很安全水平"，SESI 值大于 100，高达 121.48（与太湖、巢湖和滇池等我国其他大型湖泊相比较）。

该阶段，鄱阳湖水生态系统健康状态"很好"，处于一级水平。流域社会经济活动对湖泊水生态系统造成的压力较小，处于二级较轻压力状态。湖泊生态服务功能稳定且自然生态价值完整，水质达标，其中全年 Ⅰ、Ⅱ 类水质所占比例达 90% 左右。鄱阳湖处于贫-中营养水平，尚无水华灾变发生。这一阶段，鄱阳湖生态安全状况快速下降，主要是由于从 20 世纪 50 年代至 80 年代，湖区实施了较大规模的围垦。据统计，这一阶段围湖面积达 1355 km²，因围垦而损失湖泊容积约 80 亿m³ 以上，相当于目前鄱阳湖容积的 53%。伴随着湖区围垦，湖区人口剧增也成为一个标志，据统计 1982 年湖区人口较 1949 年增加了约 292.06 万。

本阶段湖区经济以农业为主，工业基础较为薄弱。但湖区渔业捕捞能力成倍增长，使得这一阶段鄱阳湖生态安全状况急剧下降，其中湖泊水生态健康状态下降迅速。至 20 世纪 90 年代，鄱阳湖水生态健康状态由"很好"降为"中等"水平，生态安全状态总体降为"安全水平"。

2. 缓慢下降期(1990～2002 年)

该阶段鄱阳湖生态安全状况总体处于"安全"水平,虽然其下降趋势并没有改变,但是下降趋势有所减弱,十二年间累计下降幅度达 8.25%,年均下降率 0.69%。该阶段鄱阳湖水生态系统基本健康,由前一阶段的"好"降为"中等"的三级健康水平。流域社会经济活动对湖泊生态安全压力影响较前一阶段加大,但未超过流域承载力,仍处于二级"轻微"影响水平。生态服务功能较稳定,除个别年份枯水期外,水质均能达标,其中全年湖泊Ⅰ、Ⅱ类水质所占比例由前一阶段的 90% 下降到 70%～80%左右;湖泊为中营养,无水华灾变。

该阶段湖区及流域经济社会活动进一步加强,特别是工业化和城镇化得到了快速的发展,入湖污染负荷持续增加,湖泊水质下降致使湖泊水生态健康评估指标有所下降。该阶段湖区围垦活动基本停止,而转为对重点圩堤的除险加固,以提高圩堤的防洪标准。1998 年后湖区实施"退田还湖,平垸行洪"成为该阶段鄱阳湖生态安全状况下降幅度变缓慢的重要因素。

3. 反弹下滑期(2003～2008 年)

该阶段鄱阳湖生态安全状况依然延续下降趋势,已接近"一般安全"水平,生态安全水平仅相当于 20 世纪 80 年代的 61.8%。其中 2004～2006 年间经历了一个恢复阶段,这一结果主要是受到流域来水量较大等影响,湖泊水质总体较好;而之后其生态安全状况又出现明显的下降趋势,至 2008 年,鄱阳湖生态安全状况已降为"一般安全"水平;这一结果主要是与流域水文情势的较大变化有关,特别是江湖关系的变化导致鄱阳湖持续的低水位,引起湿地及水生态系统发生了较为明显的退化,生物多样性下降。

该阶段是鄱阳湖生态安全水平下降最快的一个阶段,六年间生态安全水平累计下降幅度为 14.6%,年均下降率 2.43%,下降速率甚至略高于 1980～1989 年的快速下降期。2003～2008 年,鄱阳湖水生态系统健康状态已经转变为四级"较差"水平,生态系统结构出现不合理。流域社会经济影响对流域生态系统干扰进一步加剧,但仍未超出二级"轻微"影响水平。服务功能受到一定程度的削弱,湖泊水质下降明显,2004 年后劣Ⅲ类水所占比例明显增加,2004 年劣Ⅲ类水占 8.9%,2005 年增加为 14.9%,2006 年增至 17.9%,至 2007 年,全湖全年无Ⅰ、Ⅱ类水,Ⅲ类水占 15%,劣Ⅲ类水高达 85%。

湖泊营养水平维持在中营养水平,但上升速度在加快,已经十分接近富营养化水平,2007～2008 年间鄱阳湖中心地带、省监测国控断面——余干县康山乡袁家村附近湖区水域出现局部水华,2008 年局部富营养化指数达 55.7。

11.6.3　流域社会经济活动驱动鄱阳湖生态安全状况演变

1. 流域经济社会不合理发展是鄱阳湖生态安全状况下降的直接原因

鄱阳湖沿湖区域开发强度及规模不断增加,导致湖泊资源及环境压力日益增大,对湖泊生态系统造成干扰,进而威胁湖泊生态安全,驱动湖泊生态安全状况下降。据统计,1978～2008 年期间,鄱阳湖流域国内生产总值 GDP 的年平均增长率达 15.62%,人均 GDP 从 1980 年的 276 元/人到 2008 年的 14 781 元/人,增长近50 倍,年平均增长率达到 14.35%。尤其是 2000 年以来,人均 GDP 的年均增长率高达 15.28%(图 11-9)。

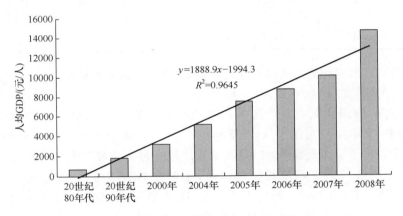

图 11-9　鄱阳湖流域人均 GDP 变化

区域 GDP 较好地反映了其社会经济发展速度和阶段性特征。根据钱纳里经济发展阶段衡量标准(Chenery et al.,1986;李恒全,2003;陈一鸣等,2007),1980～2004 年鄱阳湖流域处于初级产品生产阶段,2005 年之后鄱阳湖流域经济发展进入了新的发展阶段,即工业化阶段初期。由此可见,鄱阳湖流域社会经济发展迅速,但总体处于较低水平,处于初级产品生产阶段和工业化阶段初期。

根据全国、江西省、鄱阳湖区三个区域历年三次产业所占比例(见表 11-18),可见江西省是农业大省,农业所占比重高于全国平均值,而鄱阳湖区农业所占比重又高于江西省的平均值,即鄱阳湖区是省内主要的农业生产基地。三个区域农业所占比重都是呈逐年下降的趋势,说明近年来的产业结构调整有所成效,而江西省和鄱阳湖区第二产业和第三产业所占比重都小于全国平均值,即江西省和鄱阳湖区工业基础较薄弱,第三产业发展缓慢。

表 11-18　全国、江西省、鄱阳湖区历年三次产业比例表　　　%

年份	全国			江西省			鄱阳湖区		
	第一产业	第二产业	第三产业	第一产业	第二产业	第三产业	第一产业	第二产业	第三产业
1999	16.5	45.8	37.7	25.1	35.0	39.9	33.3	25.1	41.6
2000	15.1	45.9	39.0	24.2	35.0	40.8	37.1	30.9	32.0
2001	14.4	45.1	40.5	23.3	36.1	40.6	35.9	31.8	32.3
2002	13.7	44.8	41.5	21.9	38.5	39.6	33.5	32.8	33.7
2003	12.8	46.0	41.2	19.9	42.9	37.2	31.0	35.0	34.1
2004	13.4	46.2	40.4	19.2	45.3	35.5	46.4	27.9	25.7
2005	12.2	47.7	40.1	17.9	47.3	34.8	25.2	44.8	30.0
2006	11.3	48.7	40.0	16.8	50.2	33.0	22.8	47.9	29.3
2007	11.3	48.6	40.1	16.4	51.7	31.9	19.7	48.0	32.3

　　该阶段江西省和鄱阳湖区农业比重偏高,产业结构还有调整的空间,在今后的调整中要加快第二产业发展,并兼顾发展第三产业。另据统计,在 1998～2008 年的十年间,鄱阳湖区农业产值中的平均增长率为 9.8%,低于 GDP 平均增长率,农业在 GDP 中的贡献也从 1998 年的 18.4% 下降到 2008 年的 10.1%,下降了 8.3 个百分点。而与此同时,湖区工业产值在过去十年达到了 19.5% 的平均增长率,是农业产值平均增长率的两倍,工业在 GDP 中的贡献也从 1998 年的 44% 上升到 2008 年的 55.9%,上升了近 12 个百分点,显示了湖区强劲的工业化势头。第三产业在过去十年中的平均增长率为 15.5%,与 GDP 的增长率基本持平,对 GDP 的贡献也较为稳定,一直保持在 35%～40% 之间。

　　与发达国家相比,鄱阳湖区第三产业比例偏低。经济的增长主要依靠物资消耗,资源能源利用效率较低。农业方面,总体来说,近 20 多年来湖区的农业结构得到了较大调整,其合理性逐步显现出来。但农业结构方面尚面临一些问题:一是传统型农业仍占据较大比重,农业的基本格局仍为"粮猪型","五业"结构不合理,主要是种植业比重仍然较大,占整个农业总产值的 50% 以上,而林果业和工副业比重较小,二者总共不足农业总产值的 5%;二是农业内部(种植业)结构不合理,粮食作物比重过大,不利于提高种植业经济效益;三是粮食作物内部,水稻面积太大,而旱地作物、经济作物比重还不够高。导致农业的生产效益不高,种植业、畜牧业的减排问题存在隐患。工业方面,产业层次较低,中低档工业产品所占比重偏大,新产品开发滞后,缺乏科技含量高、附加值高,在市场占有一席之地的拳头工业产品,其加快发展速度后的减排问题存在隐患。

　　第三产业方面,层次不高,为生产服务的金融、保险、信息、咨询、技术、风险投资、现代物流等较高层次的新兴服务业欠发达,比重偏低。由此可见,鄱阳湖区经济的增长方式多为高投入、高消耗、高排放的粗放式增长方式,产业结构层次不高。从某种意义上来说,鄱阳湖流域的经济增长可以认为是环境资源的代价太高。

此外,随着流域社会经济的快速发展,鄱阳湖流域建设用地呈现增加趋势,统计数据显示,1988 年鄱阳湖区建设用地面积占各类用地比重为 1.61%,到 2005 年建设用地面积占各类用地比重升为 1.99%。人进湖退趋势明显,虽不及太湖等"不安全"湖泊,但长此以往,可对湖泊生态安全造成更为严重的干扰和威胁。

数据显示,2004~2008 年间,鄱阳湖区的城镇及农村生活污水、农业面源、畜禽养殖及水产养殖及五河来水所携带污染物总量呈逐年增加趋势。每年进入鄱阳湖的总氮量约为 15.0~18.0 万 t,总磷量约为 2.0~3.0 万 t。

2. 不和谐的"人湖"关系加剧了鄱阳湖生态安全状况演变

"人湖"关系是指人类处理湖泊资源利用和湖泊保护间的关系,是影响湖泊生态安全状况的重要原因。处理好"人湖"关系的关键在于人类对湖泊的认识与对待湖泊的行为方式。自新中国成立以来,我国湖泊的"人湖"关系可以概况为资源利用阶段、资源利用和保护阶段以及保护优先,兼顾资源利用阶段。其中资源利用阶段大概是从新中国成立初期到 20 世纪 80 年代,以围湖造田和大规模养殖为主要特征的向湖泊要粮和要鱼阶段。资源利用和保护阶段大概从 20 世纪 80 年代到 21 世纪初,是以重点流域治理为主的国家湖泊治理思路为标志,该阶段我国湖泊水污染和富营养化问题已经较严重,这一时期国家及各级政府开始重视湖泊治理,但是利用湖泊资源仍然是这一时期我国湖泊管理的主导思想。保护优先,兼顾资源利用阶段是以 2011 年国务院"关于加强环境保护重点工作的意见"(35 号文)为标志,实现了我国湖泊保护思路的重要转变。从以前的重点流域治理,转变为保护优先,保护和治理并重,分类治理,兼顾资源利用的思路。与国家"人湖"关系的变化相对应,鄱阳湖流域"人湖"关系也有类似的变化过程。从新中国成立到 20 世纪 80 年代,鄱阳湖的标志性工作是大规模围湖造田,水口夺粮。此时的"人湖"关系可以概况为关系紧张,是人类对湖泊资源的无序利用阶段。而从 20 世纪 80 年代到 21 世纪初,以"退田还湖、平垸行洪、移民建镇"为标志,"人湖"关系有一定程度的缓和,该阶段人湖关系可以概况为利用湖泊资源,开始重视湖泊保护。而从 21 世纪初到 2008 年,由于受到江湖关系变化等影响,鄱阳湖人湖关系又开始恶化,由利用湖泊资源转向不仅利用资源,同时开始利用湖泊空间。

新中国成立后,"围湖造田、水口夺粮"成为开发鄱阳湖的响亮口号。"与水争田东山低头,向湖进军西河让路",折射出一个时代对待湖泊、对待自然的态度。

据统计,20 世纪 50 年代、60 年代、70 年代,鄱阳湖围垦面积分别达 394.9 km²、793.4 km²、211.7 km²(闵骞,2000)。大规模围垦使得鄱阳湖生态安全状况快速恶化,造成鄱阳湖人湖关系紧张,是鄱阳湖生态安全状况快速下降阶段的根本驱动因素。围垦占据了湖泊的蓄洪空间,使湖面积、湖容积明显降低,四十年间,鄱阳湖全湖因围垦而缩小 1301 km²,损失容积高达 80 亿 m³。由于围垦,湖泊对洪水的调节系数从 1954 年 0.173 减为 1997 年的 0.138,对洪水的调蓄能力降低了近 20%。湿地面积减少,植被破坏,水土流失严重,生物多样性受到严重威胁。

调查显示,20 世纪 60 年代鄱阳湖湿地植物 119 种、渔业资源 126 种,80 年代则分别减少到 102 种、118 种,遍地的芦苇、荻群丛逐渐被植株矮小的薹草群丛所取代(《鄱阳湖研究》编委会,1985)。人类对自然的破坏性利用就要承受自然的报复。1998 年,长江中下游遭受历史罕见的特大洪涝灾害。据统计,有 870 多座圩堤决口,400 多万间房屋倒塌,159 万人无家可归,造成直接经济损失 380 多亿元。经历了世纪大洪水之后,国家认识到围湖造田的危害,适时作出了在长江中下游湖泊实施"退田还湖"的重大决策。提出了"封山植树,退耕还林;平垸行洪,退田还湖;以工代赈,移民建镇;加固干堤,疏浚河湖"的 32 字方针。这是中国自从春秋战国时期以来,第一次从围湖造田,自觉主动地转变为大规模地退田还湖,给洪水让路。江西省结合鄱阳湖区实际情况,确定平退的原则与条件,工程具体目标是恢复鄱阳湖水面约 834 km²,使鄱阳湖水面在高水位时恢复到 1954 年 5100 km² 的湖面积,相应蓄水容积 370 亿 m³(刘影,2003)。1998~2003 年冬,湖区共将 273 座圩堤退田还湖,圩区总面积 830.3 km²,容积 45.7 亿 m³。

到 2003 年年初,"退田还湖,移民建镇"工程基本完工,完成投资 60 多亿元;鄱阳湖面积扩展到 5100 km²,基本恢复到新中国成立之初的水平;90 多万人从鄱阳湖洪灾多发区迁出,住进了水电路等设施齐备的新村镇。此阶段,人们对自己以往的行为进行反思,在国家政策驱动下,调整与自然环境之间的关系。"退田还湖"使湖泊、湿地功能逐步得到恢复,灾害减少,人们能够安定生产,"人湖"关系趋向缓和(闵骞,2004),鄱阳湖生态安全状态也处于缓慢下降期,恶化速度趋缓。

近年来,鄱阳湖的主要生态安全问题是缺水,其生态安全状况在 2004 年和 2007 年出现低谷,这与长江三峡工程的建设和运行后江湖关系发生改变不无关系。2003 年伴随着长江三峡工程的建设及正式运行,鄱阳湖与长江间的关系发生了重要变化。由于长江来水来沙情势发生变化,引起鄱阳湖湖口、湖区及"五河"尾闾水文情势发生相应变化。以上变化进一步引起鄱阳湖及"五河"尾闾防洪形势、水资源利用形势、水环境和生态环境等的变化(吴龙华,2007)。

相关研究表明(刘文标,2007),三峡工程运行初期和正常运行后,对鄱阳湖水位产生了较大的影响。根据估算,三峡水库正常运行后,10 月份水库蓄水将使鄱阳湖水位降低达 2 m 左右,将引起全湖性水位急剧下降,使鄱阳湖水域面积、容积迅速减小,枯水期提前,并降低其枯水位,低水位持续时间延长,对鄱阳湖生态环境及湖区生产、生活用水产生了较大不利影响。受三峡水库 10 月蓄水和长江上中游来水偏少等影响,鄱阳湖星子、都昌、棠荫、康山、吴城湖区先后在 2004 年和 2007 年出现新的历史最低水位。鄱阳湖枯水位出现时间提前,持续时间加长,沿湖数十万人次发生取水困难,工农业取水成本增加。江湖关系的改变,其根源在于"人湖"关系,人类为了自身的发展和利益,大规模改造自然环境,造成江湖关系的巨大改变,也导致鄱阳湖生态安全状况加剧恶化。

由此可见,人类对待湖泊观念的转变,"人湖"关系的变化与其生态安全状况演变进程有着很好的一致性(见表 11-19)。人类对鄱阳湖的认识,对待鄱阳湖方式的转变,直接驱动其生态安全状况的演变进程。因此,尊重自然,遵循鄱阳湖生态系统的内在规律,构建和谐的"人湖"关系,坚持保护优先原则,是保障鄱阳湖生态安全的关键。

表 11-19　不同阶段鄱阳湖流域"人湖"关系

生态安全阶段	1980～1989 年 快速下降阶段	1990～2002 年 缓慢下降阶段	2003～2008 年 恢复下降阶段
重大事件	为了生存,20 世纪 50～80 年代对鄱阳湖进行大规模围湖造田、水口夺粮	1992 年被列入国际重要湿地;1998 年"退田还湖,移民建镇"政策	2003 年长江三峡运行,江湖关系发生重大改变;2005 年经济增长进入新的发展阶段
人湖关系	人湖关系紧张人类无序利用湖泊资源	人湖关系有一定的缓和利用湖泊资料,开始重视保护	人湖关系又开始恶化由利用湖泊资源转向不仅利用资源,同时开始利用湖泊空间

3. 湖区人口聚集是鄱阳湖生态安全状况下降的重要原因

鄱阳湖周边区域一直是江西省人口密度最高的地区。1980～2008 年间人口密度平均自然增长率为 7.8‰。2008 年,鄱阳湖区平均人口密度为 376.2 人/km² (表 11-20),是江西省和全国平均水平的 1.4 倍和 2.6 倍,湖区农业人口与非农人口比例高达 3.99∶1。

表 11-20　鄱阳湖区历年人口密度数据表

时间	20 世纪 80 年代	20 世纪 90 年代	2000 年	2004 年	2005 年	2006 年	2007 年	2008 年
人口密度 /(人/km²)	274.8	300.2	322.8	332.5	332.70	347.3	359.4	376.2

　　湖区人口密度高于流域人口密度,人口绝对数量大,增长快速,产业结构不合理,给鄱阳湖生态系统带来巨大的压力,是造成鄱阳湖生态安全状况恶化的重要原因。人口的增长导致对资源、粮食、工业品的需求不断增加,污染则日益加剧,使环境受到的压力加大,最终还会导致人类生活质量下降。为了解决人对粮食的需求,20世纪50年代到80年代初,对鄱阳湖进行了大规模的围垦,围垦面积占1950年鄱阳湖面积5050 km² 的23.96%,使湖泊面积减少,容积缩小,大大降低了鄱阳湖调蓄洪水的生态功能。尽管1998年后湖区实行了"退田还湖,移民建镇",但围垦对鄱阳湖生态安全的影响仍未完全消除。由于人口的增加鄱阳湖区渔民的数量大大增加,鄱阳湖捕捞船只数量猛增。1960年全湖捕捞渔船仅8000余只,至2008年已超过2万只,专业渔业人口5万多名,"僧多粥少"是鄱阳湖渔业生产面临的严峻现实。使鄱阳湖捕捞强度剧增,尽管鄱阳湖实行春季禁渔制度已20年,但至今鄱阳湖渔业资源仍难以恢复,渔业资源衰退的状况难以改观。

　　人口增加还造成湖区生活贫困,更加剧了人对鄱阳湖资源的不合理索取,非法捕鱼、捕鸟等现象时有发生。致使湖区人与自然的矛盾加深,形成人口越增加、资源越减少、利用强度越大的恶性循环。人口的增加,不仅对鄱阳湖资源造成巨大压力,而且产生的生活污水,生活垃圾等污染物数量越来越大,加大了入湖污染负荷,造成鄱阳湖水污染加剧。

　　人口密度是影响鄱阳湖生态安全状况的重要因素。而一定条件下,为了保障鄱阳湖生态安全状况水平,其可容纳的人口密度有一定的限度,此限度可用环境承载力来表示。根据环境承载力定义,从生态学、资源或环境的角度看,一定时期内某一区域能够持续供养的人口数量具有极限值。如果仅仅考虑维持人们的最基本生活需要,可得出区域所能容纳的最大人口密度(数量)。如果要达到一个理想的或最优的目标,则实际得出的是适宜人口密度(数量)。所谓的人口合理密度(数量)是指按照合理的生活方式,保障健康的生活水平,同时又不影响未来人口生活质量的前提下,一个国家或地区最适宜的人口密度(数量)。显然人口合理密度(数量)要小于环境承载力,合理人口密度(数量)不仅反映了人口发展与生态系统保护间的协调关系,而且体现了人口密度(数量)与一定阶段经济、社会发展的相适应性,是自然、经济、社会等因素共同作用的结果。对鄱阳湖区人口密度增长与其生态安全状况变化间的相关分析,可以看出其两者间有着显著的负相关关系(见图11-10)。

　　由图11-10可见,维护鄱阳湖生态系统处于"安全"以上水平,在相应的社会经济发展阶段,鄱阳湖区可接受人口密度值约在350人/km²。随着区域经济社会的进一步发展,人口布局的进一步优化,合理人口密度值也会随之发生变化。

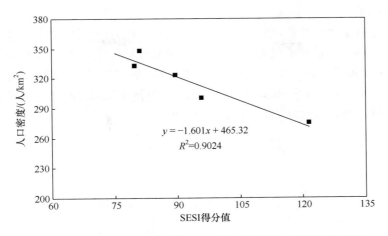

图 11-10　鄱阳湖生态安全指数 SESI 值与湖区人口密度相关关系

11.7　本 章 小 结

根据湖泊生态安全"4＋1"评估方法,提出了鄱阳湖生态安全评估技术方法,即水生态健康评估、生态服务功能评估、人类活动影响评估及灾变评估。在此基础上,通过指标选择,建立了较完备的生态安全综合评价指标体系,构成了"4＋1"鄱阳湖生态安全评估技术方法,并形成了综合评估结论。依此对鄱阳湖生态安全进行了系统诊断和定量评价,可为保障鄱阳湖生态安全提供理论依据和技术支持。

以鄱阳湖 1980～2008 年的生态安全调查与评估结果为基础,对 1980～2008 年间鄱阳湖生态安全状况演变过程及其阶段性特征进行了分析,进一步剖析了演变发生的原因,深入揭示了流域人类社会经济活动与鄱阳湖生态安全演变之间的关系,重点探讨了驱动鄱阳湖生态安全状况演变的关键因素,为保护鄱阳湖生态安全,为寻求基于保障鄱阳湖生态安全的流域社会经济协调发展之路提供重要的理论依据。

鄱阳湖生态安全评估结果显示,20 世纪 80 年代至 2008 年以来,鄱阳湖生态安全状况总体呈下降趋势,大致经历了三个演变阶段,即快速下降期(1980～1989 年)、缓慢下降期(1990～2002 年)和反弹下滑期(2003～2008 年)。鄱阳湖生态安全水平从"很安全"水平下降为"一般安全水平",2008 年生态安全水平仅相当于 20 世纪 80 年代的 61.8％,其中 2004～2008 年生态安全水平平均较 20 世纪 90 年代下降 14～21 个百分点。水生态健康状态和流域社会经济活动影响是影响其生态安全水平的主要制约要素。湖区人口密度、流域经济发展状况、"人湖"关系与鄱阳湖生态安全状况演变之间有着很好的相关性,是影响鄱阳湖生态安全状况演变的三大重要因素。

　　湖泊是有生命的系统,当人类的索取超过其承载力,系统将失衡。应根据湖泊生态系统的环境容量和承载力,科学确定湖泊流域的人口密度、产业布局及发展方式、发展速度和规模等。加快调整流域产业结构,促进发展方式转变,大力推行循环经济和清洁生产,构建和谐的"人湖"关系,走可持续发展之路才可为保障湖泊生态安全释放空间,才是保障湖泊生态安全的根本。

第四篇　鄱阳湖生态安全保障对策

第12章 鄱阳湖生态安全保障目标

12.1 鄱阳湖生态安全保障总体思路

12.1.1 对鄱阳湖生态安全的理解及其定位

作为我国最大的淡水湖,鄱阳湖生态安全状况总体为"安全"水平,但已经接近"一般安全"水平。其生态安全状况自1980年以来总体呈下降趋,而水生态健康状态和流域社会经济活动则是影响生态安全水平的制约要素。近年来,鄱阳湖主要的生态安全问题是缺水;同时,鄱阳湖作为国际重要湿地和我国中部地区的重要经济增长极,在保护生物多样性和维系长江中下游地区生态安全以及社会经济发展中具有重要作用(李京文和刘治彦,2009;金斌松等,2012;李琴等,2012)。

保障鄱阳湖生态安全要以"水"为核心,以水、草、鸟和鱼为保护重点,综合考虑人、水、草、鸟和鱼的和谐共处,需要重点解决好鄱阳湖与长江("江湖")、鄱阳湖与"五河"("河湖")以及湖区居民生产生活与鄱阳湖保护("人湖")等之间的关系,最终实现鄱阳湖生态安全状况长期处于"安全"水平以上。

鄱阳湖目前出现的诸多生态环境问题都是由人类的不当行为引发的,从根本上看,是"人湖"关系出了问题,是人口资源环境与经济增长间突出矛盾的具体表现。因此,须从人着手,尊重湖泊和善待湖泊,理顺"人湖"关系,实现"人湖"和谐。

鄱阳湖流域东、南、西三面环山、北面临江,中间河湖交织,"五河"水系发源于边缘山地,均汇流于鄱阳湖,然后注入长江。鄱阳湖的水文状况、泥沙运移和沉积,都受到长江和五大河流的影响,有其特殊的变化规律。鄱阳湖水量主要受长江水位和五河流域降水控制(金斌松等,2012),共同决定了鄱阳湖生态系统的结构与功能。鄱阳湖因为江湖连通,长江的健康与否将影响鄱阳湖的生态安全。鄱阳湖的污染源很多来自五条河流,"五河"的健康与安全也深刻影响着鄱阳湖的健康和安全。鄱阳湖是一个敏感区域,长江中游和上游的泥沙量和"五河"的健康共同决定着鄱阳湖的命运(李琴等,2012)。因此,解决好鄱阳湖的"江湖"、"河湖"关系对于鄱阳湖的生态安全至关重要。

目前鄱阳湖主要的生态安全问题是缺水。近年来,缺水已导致了其水文情势、节律、水动力状况等均发生明显改变,使得鄱阳湖水域与洲滩面积比例和时空分布发生了显著变化,并严重威胁湖泊湿地生态系统安全及生物(特别是一些珍稀动物)的栖息环境。鄱阳湖的缺水带来了一系列与水位相关的问题,究其原因主要是流域降水和"五河"来水偏少,加之三峡水库试运行使得长江来水发生变化,主要体现了"江湖"与"河湖"关系的不协调。

改善"五河"水质是鄱阳湖保护的重点。目前,受到"五河"流域及湖区等污染影响,鄱阳湖目前水体氮磷营养水平较高,水质下降趋势明显,富营养化风险较大,已具备了较大规模"水华"暴发的营养条件和风险(崔丽娟,2004b;闵骞等,2009)。而由污染产生的问题,则体现了"人湖"与"河湖"关系的不协调。

鄱阳湖水质优良,是长江中下游重要的清水补给水源,也是洄游性鱼类、珍稀水生动物的繁殖场所,是保障长江中下游水量平衡、生物多样性和生态安全不可缺少的屏障。而水质的下降将会给下游和物种多样性带来不可估量的损失。

因此,"人湖"关系、"江湖"关系和"河湖"关系是影响鄱阳湖生态安全状况的关键。人类经济社会的发展离不开湖泊河流,江河湖泊不仅孕育了人类文明,而且为人类的世世代代繁衍提供生命的保障。鄱阳湖有着巨大的生态、经济和社会价值,不仅有着蓄水防洪的功能,也是水利交通的重要枢纽,其盛产的鱼虾、莲藕、菱、茨、芦苇等是水产品和轻工业原料的重要来源。鄱阳湖区是江西省主要商品粮、棉、水产品及油料生产基地,亦是中国重要的商品粮和淡水养殖基地。然而,随着经济社会的快速发展,由于资源过度利用和不合理的发展模式等多重压力,造成了流域水土流失严重,旱涝灾害频繁,生态环境恶化,资源利用效率低,经济发展缓慢等区域性的环境与发展间的不协调等问题,对鄱阳湖湿地生态系统造成了日益严重的威胁(余达淮等,2010;包曙明,2009;杨励君等,2009)。

以上分析可以看出,保障鄱阳湖生态安全的重点是要解决好"江湖"、"河湖"和"人湖"关系,特别是要解决好"人湖"关系。鄱阳湖生态安全保障目标的制定是基于处理好以上三个方面的关系,其中水污染控制目标主要针对"人湖"、"河湖"关系,水土资源调控目标、湿地保护目标、产业结构调整目标与湿地管理目标则主要是针对"人湖"和"江湖"关系。"江湖"、"河湖"关系,最终又可归结为"人湖"关系。

保障鄱阳湖生态安全,应以"水"为核心,统筹考虑鄱阳湖水文情势、水质和湿地生态系统变化等内容,从生态安全的角度,详细剖析鄱阳湖的生态服务功能定位以及在其流域、区域经济社会发展中的地位和作用,预测鄱阳湖生态环境演变趋势,识别其主要生态安全问题;以水环境容量、湿地生态承载力为依据,合理确定鄱阳湖生态安全保障目标;按照构建和谐流域的理念,立足于鄱阳湖及流域的生态环境系统分析研究,针对鄱阳湖生态安全关键问题,制定适宜鄱阳湖生态安全保障对策,保障区域生态安全、流域经济社会协调发展以及鄱阳湖湿地生态系统健康。保障鄱阳湖生态安全应重点关注鄱阳湖的水污染防治、湿地保护、饮用水及工农业用水安全等方面,分阶段提出约束性指标和要求。

12.1.2 确定鄱阳湖生态安全目标的原则

鄱阳湖生态安全保障目标指标体系对鄱阳湖保护和治理方案的确定具有导向作用。因此,在鄱阳湖生态安全目标体系制定过程中需要遵循以下原则:

1. 坚持总体目标前瞻性和具体目标可操作性的统一

总体目标的制定应强调前瞻性和导向性,从战略角度提出鄱阳湖保护工作的方向定位,能够长期指导鄱阳湖的各项保护工作;具体目标的制定应强调可操作性与合理性,在分期实现保护目标的过程中具有现实的指导意义,能够指导各专题制定合理的工程目标,使整个目标框架体系处于一个衔接顺畅的状态。

2. 坚持相对稳定与动态调整的统一

制定的目标要具有相对的稳定性,能够使其在一定时期内对其他各项相关工作具有真正的约束和指导意义;同时,随着时间的推移和社会经济的发展等因素的影响,目标值会出现不合理状况,而通过在工作中积累的经验形成一种良性的反馈机制,要定期地对目标进行动态调整,使其不断适应变化了的外部环境或条件,使目标达到最优化。

3. 坚持方案科学性和管理可行性的统一

综合治理方案的目标确定必须基于鄱阳湖环境容量和区域环境承载力,对生态安全评估和关键问题识别,合理调节鄱阳湖经济区社会经济影响,避免鄱阳湖生态环境恶化并逐步加以改善。方案目标必须考虑经济区社会经济现阶段发展水平和未来发展需求,协调湖区及流域社会经济和生态环境间的关系,推动方案现实可行和有效落实。

4. 坚持鄱阳湖泊治理长期性和示范性的统一

综合治理方案必须充分认识湖泊治理的长期性,遵循湖泊环境生态治理的客观规律,借鉴国内外湖泊治理的成功经验,循序渐进原则逐步改善。同时要重视湖泊改善的示范效果,积极试点鄱阳湖治理技术,研究推广的技术条件与经济成本,资金与技术投入优先关注能够显著改善生态安全水平的重点环节。鄱阳湖属于生态安全水平较好的湖泊,其主要目标应当优先保持湖泊的生态安全长期稳定,为流域社会经济发展提供良好的发展空间;同时鄱阳湖又负有服务功能,如防洪、重要栖息地。因此,应保证服务功能的稳定发挥。

5. 坚持湖泊治理与流域管理的统一

鄱阳湖生态安全是流域生态安全问题的集中反映。鄱阳湖的治理和保护要避免就湖论湖,必须立足于流域综合管理的高度,合理调控流域及区域社会经济、水土资源,推广循环经济,加强源头管理,从而保持鄱阳湖治理效果的稳定。

12. 1. 3　确定鄱阳湖生态安全目标的总体思路

鄱阳湖生态安全保障目标应包括目标框架和目标指标体系两个部分,其中目标框架包括总体目标和具体目标,总体目标又分为近期目标与远期目标。近期目标以解决近期的突出问题为主,远期目标以达到全面安全为主。具体目标是对总体目标的细化,是总体目标在生态安全各个方面所需达到治理效果的具体体现,与各个具体对策方案及其治理目标一致。

目标指标体系是在总体目标框架下,考虑各对策方案实施过程中的定量要求,提出的最可能影响湖泊生态安全状况,又能体现湖泊特征的指标体系。

根据 2008 年鄱阳湖生态安全调查评估成果,鄱阳湖生态安全状况总体为"安全"水平,接近"一般安全"水平,在全国重点湖泊中处于较好水平。针对鄱阳湖自身特点和主要生态安全问题及其演变趋势,统筹鄱阳湖流域的社会经济发展需求以及鄱阳湖的生态功能定位,将鄱阳湖生态安全状况长期稳定在"安全"水平,为流域及区域社会经济发展提供良好发展空间作为总目标。近年来鄱阳湖水文情势发生了较大变化,丰水期水位较低,枯水期提前,且最低水位频繁出现,低水位持续时间明显延长;湿地生物资源受到严重威胁,湿地植被退化,渔业资源衰退,珍稀鸟类栖息环境受到威胁;入鄱阳湖污染物逐年增加;区域产业结构不尽合理。以上问题均对鄱阳湖生态安全状况产生较大或潜在影响。因此,针对以上重点生态安全问题,制定具体目标,提出能够反映治理效果和对鄱阳湖生态安全改善具有显著效益的指标体系。确定鄱阳湖生态安全目标的总体思路如图 12-1 所示。

以保障鄱阳湖生态安全为立足点,以构建和谐流域和"健康湖泊"的理念为指导,以实现鄱阳湖生态安全、湖区及流域社会经济协调发展以及湿地生态系统健康为目标,结合国内外湖泊保护的经验教训,以及鄱阳湖自身特点和影响其生态安全的关键问题,制定鄱阳湖生态安全综合保障对策。按照"5+1"(一个目标,五个方案)的目标要求,通过对鄱阳湖及其流域生态承载力的科学计算和评估,确定鄱阳湖生态安全保障总目标、阶段目标和相关指标体系;抓住影响鄱阳湖生态安全的主要因素及关注重点,结合鄱阳湖及其流域的特点,主要从流域水土资源调控、流域产业结构调整、流域水污染防治、湖区湿地生态系统保护和生态安全管理等五个方面提出和制定鄱阳湖生态安全保障目标及保障对策。

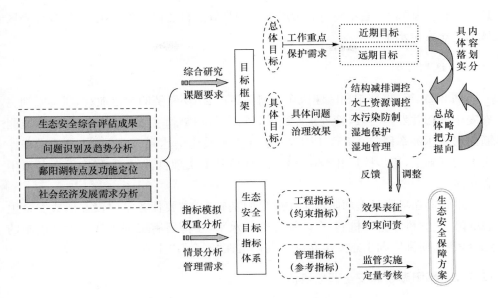

图 12-1　鄱阳湖生态安全目标研究思路示意图

12.2　鄱阳湖生态安全目标框架

12.2.1　鄱阳湖生态安全总体目标

遵循"避免恶化、保持稳定"原则,通过实施鄱阳湖生态安全保障策略,促进鄱阳湖区域经济社会与生态环境协调发展,最终实现鄱阳湖生态安全状况长期稳定在"安全"水平以上,维护湿地复合生态系统的完整性和生物多样性,保障长江中下游生态安全,可为区域及流域社会经济可持续发展提供良好基础。

1. 近期目标

到 2015 年,流域村镇生活污染得到有效控制,面源污染初步得到治理,入湖污染负荷全面降低;主要入湖河流及湖体断面水质达标率达到 85%,湖体水质明显改善,保证出湖水质总体达到Ⅲ类;全面保障湖区饮用水水质安全;湿地植被退化趋势得到缓解;农业产业结构水平有较大提高,清洁生产机制和循环经济体系基本建立;流域生态环境明显改善。

本阶段主要解决滨湖村镇生活污染及农村面源污染问题,巩固已有节能减排成果;推进土地集约化利用程度,加大受保护区面积;在重点行业推行清洁生产机制,并初步建立循环经济体系,发展特色种植业和无公害种植业,逐步形成以绿色农业为主的农业产业结构;继续实施湿地生态恢复和保护工程,在现有湖区自然保护区面积的基础上,逐步建立和形成鄱阳湖高效的自然保护管理机制,稳步提高区域的生态安全水平。

2. 远期目标

到 2020 年,将鄱阳湖区建成全国清洁生产、循环经济的示范地;构建鄱阳湖生态安全屏障并发挥功效,管理机制高效,管理手段科学;主要入湖河流及湖体监测断面水质达标率稳定在 85% 以上,力争Ⅱ类水质比例达到 50%,湖体水质在确保Ⅲ类的基础上,逐步接近Ⅱ类;流域生态环境基本实现良性循环,稳定发挥各项生态功能。

本阶段在巩固已上两阶段工作成果的基础上,主要任务是建设并形成安全生态屏障,建立科学管理机制,全面提升管理水平,发挥所有工程措施和管理措施的综合效益,使鄱阳湖生态安全状况长期稳定在"安全"以上水平。

12.2.2　鄱阳湖生态安全调控目标

按照"5+1"的总体设计,从流域产业结构调整、流域水土资源调控、湖区湿地生态系统保护、流域水污染防治、生态安全管理等五个方面确定各自的目标。

1. 产业结构调整减排调控目标

鄱阳湖生态经济区是对鄱阳湖生态安全产生直接影响的重要区域。要坚持生态优先,保护优先,促进绿色发展。把生态建设和环境保护放在重要位置,把资源承载能力与生态环境容量作为经济发展的重要依据,探索建立反映资源环境成本和生态效益的绿色国民经济核算体系,保护"一湖清水",建设绿色家园,发展生态产业,实现在集约和节约利用资源中求发展,在保护生态环境中谋崛起。到 2020年,生态经济区产业结构水平要有较大提高,在农业发展中趋向生态化和知识化,绿色食品、有机食品数量和销售规模达到全国先进水平;在工业发展中向高技术含量、高附加值的产业聚集,在保持工业、农业目前增长速度的基础上,大力发展第三产业;建立冶金、化工、建筑材料、农业食品等重点行业的清洁生产机制和循环经济体系;建全环保准入机制,加强高耗水、高排放企业的监管,有效降低工业污染负荷,全面完成国家下达的污染物减排目标。

2. 水土资源调控目标

水是生命之源、生产之要、生态之基,人多水少、水资源时空分布不均是我国的基本国情和水情。当前我国水资源面临的形势十分严峻,水资源短缺、水污染严重及水生态环境恶化等问题日益突出,已成为制约经济社会可持续发展的主要瓶颈。

水资源调控目标是,维护鄱阳湖及主要入湖河流健康,促进人水和谐,实现水资源的合理开发利用和有效保护;大力提高用水效率和效益,构建节水型社会,促进水资源可持续利用和经济发展方式转变,推动经济社会发展与水资源承载能力相协调,保障经济社会长期平稳较快发展。在保障湖区及生态经济区饮用水及工农业用水安全的基础上,为长江中下游地区提供丰富优良的水资源。

土地资源调控目标是,根据自然生态系统的不同特征和经济地域的内在联系,将鄱阳湖生态经济区划分为湖体核心保护区、滨湖控制开发带(滨湖保护区)和重点发展区。依据各区域资源环境承载能力、发展现状和开发潜力,界定区域功能,明确发展方向。到 2020 年,通过工程措施和非工程措施,实现湖体核心保护区全面保护,发挥其稳定湖体水质,维护湿地健康,保护和改善候鸟及水生动物栖息环境等主要功能;滨湖控制开发带建设成为生态功能完善的鄱阳湖生态安全屏障;重点发展区实现全面优化发展,以保障鄱阳湖流域的生态安全。

3. 湿地生态系统保护目标

全面维护鄱阳湖湿地生态系统的结构与生态功能,结合湖区"退田还湖"工程,恢复湖区湿地生态环境,以珍稀候鸟保护和江豚保护为特色,保证湖区浅水洼地、泥滩草洲面积相对稳定,保护越冬候鸟栖息地、鱼类产卵场、索饵场、越冬场和洄游通道等;降低湖区周边人为活动对湿地生态系统的不利影响;发展滨湖生态农业与生态产业,实现"人-水-草-鱼-鸟"和谐共处;提高湖区农民生活水平,促进区域经济社会发展。

4. 水污染防治目标

以污染物总量控制及农村面源污染防治为重点,以总磷、总氮及重金属为主要控制指标,有效削减入湖污染负荷,保护和改善湖区及"五河"水环境质量。"五河"主要监控断面及进入鄱阳湖水体水质稳定在Ⅲ类水质以上,确保河、湖水质达到水功能目标,保障用水安全。

5. 湿地生态系统安全管理目标

实现管理机制、体制与法制的创新,在收费制度、筹资渠道、投资主体及运作模式等方面,引入市场化运作机制和奖惩激励考评机制,建立多元化的污染防治投资、运行机制和多层次的行政管理责任考核机制;在生态经济区建立"政府主导、部门负责、舆论监督、公众参与"的湖泊污染防治体制;坚持立法管理,依法管理,严格执行区域内已有法律法规。在区域内完善管理监控体系和协调机制,随时掌握区域所处状态和存在问题并加以解决,及时协调区域内产生的各种矛盾,建立完善的湖区生态补偿机制,引导渔民转产,平衡各种利益。

12.3　鄱阳湖生态安全目标指标体系

12.3.1　鄱阳湖生态安全目标指标组成

　　湖泊保护和治理不仅是水质保护和水污染防治,要把湖泊保护和治理融入到社会经济发展中考虑。保护湖泊的实质是解决好"人湖"关系,应与环境承载力相协调,实现"人湖"和谐,即湖泊管理应由单一管理湖泊本身向"人湖"和谐转变。

　　因此,鄱阳湖生态安全保障方案的指标体系是由工程指标和管理指标两部分组成。其中工程指标主要用以考核评估治理工程方案的过程控制与实施效果,管理指标主要用以考核评估治理方案的管理投入与效果。同时,指标体系又可分为约束性指标和参考性指标。工程指标适宜作为约束性指标,其对生态安全评估结果有较大影响,用以表征治理方案的实施效果;管理指标适宜作为参考性指标,其便于考核,其主要目的是监督和确保方案的实施。

　　根据 2008 年鄱阳湖生态安全调查评估成果,并结合鄱阳湖地区的生态现状,同时考虑了鄱阳湖自身的特点,提出鄱阳湖生态安全综合治理指标体系(表 12-1)。

表 12-1　鄱阳湖生态安全保障目标指标体系表

指标类型,指标属性		工程指标	
		方案过程控制指标	方案绩效评价指标
结构减排调控 (生态经济区)	约束性指标	农产产业结构水平、集约化工业发展水平	农产产业结构水平、集约化工业发展水平
	参考性指标	产业结构水平、农药使用指数、化肥使用指数、工业水耗指数、水资源循环利用率、第三产业在 GDP 中的比重、畜牧业集约化水平、工业发展水平	
水土资源调控 (生态经济区)	约束性指标	单位 GDP 耗水量;基本农田保有率	单位 GDP 耗水量
	参考性指标	工业用水重复率;工业用地土地产值;受保护地区面积比例	
水污染防治 (流域)	约束性指标	城镇生活污水处理率;工业废水达标排放率;集中式饮用水源达标率;规模化畜禽废物处理率;污染物总量控制	湖区及入湖河流Ⅲ类以上水质断面所占比例
	参考性指标	湖区及入湖河流Ⅲ类以上水质断面所占比例;垃圾无害化处理率	
湿地生态系统保护(湖区)	约束性指标	珍稀候鸟数量;星子站水位	星子站水位
	参考性指标	越冬候鸟数量;国家级自然保护区面积、草州面积(高等水生植物面积);江豚数量	
湿地管理 (生态经济区)	约束性指标	环保投入占 GDP 比重;生态补偿机制的建立	环保投入占 GDP 比重
	参考性指标	重点工程投资完成率;重点工程完成比例;公众对生态环境的满意度;环境政策完善率;环境政策执行效益	

12. 3. 2　鄱阳湖生态安全目标特征指标

　　鄱阳湖的特殊性是选取其特征指标的重要依据。鉴于鄱阳湖特点及其重要功能和地位,提出以下鄱阳湖生态安全目标特征指标,作为今后鄱阳湖生态安全保障工作的重点。

　　1. 适宜生态水位(星子站水位)

　　鄱阳湖具有独特的水文情势,年际、年内变幅大,多年平均水位为 13. 39 m,年际最大变幅达 15. 41 m,年内变幅为 7. 67~14. 19 m(鄢帮有等,2010);由此造就了鄱阳湖湿地丰富的物种和生物资源。近年来连续的低枯水位,且枯水期提前并持续时间延长,对其生态环境、经济社会发展和群众生产生活均造成了严重影响(胡振鹏,2009)。而星子站的水文资料具有完整性和连续性,常常被大多数研究者采用。因此,选取星子站水位这一最具代表性的指标(星子站是鄱阳湖区最具代表性水文站),可作为反映鄱阳湖水文情势的特征指标。

　　2. 珍稀候鸟的数量

　　鄱阳湖是国际重要知名湿地,是国际越冬候鸟的重要栖息地。全世界 95% 的国际濒危物种白鹤、80% 的东方白鹳等珍稀鸟类在此越冬(崔丽娟,2004a;闵骞等,2009;鄢帮有等,2010;赵其国等,2007)。因此,珍稀候鸟数量是能体现鄱阳湖独特功能的特征指标。

　　3. 湖区Ⅲ类以上水质断面所占比例

　　鄱阳湖目前水质较好,出湖水量占长江总水量的 15. 6% 以上,为长江中下游补充了清洁水源,是江西省乃至长江中下游地区生态安全的重要保障。但近年来鄱阳湖水质有所下降,流域内水污染趋势没有得到有效遏制,水质性缺水问题日益严重(孙晓山,2009;余进祥等,2009;夏黎莉和周文斌,2007)。因此,控制全流域入湖污染负荷,保持鄱阳湖优良水质是流域环境保护工作的重点,可将湖口出湖水质作为反映鄱阳湖的特征指标。

　　4. 基本农田保护面积

　　鄱阳湖区是我国重要的商品粮生产基地,是全国主要的粮食生产基地,为维护和保障国家粮食安全承担着重要的责任。在保障鄱阳湖生态安全的同时,也必须保障人类社会稳定发展,找到两者的平衡点,实现共同发展,才是真正的安全。本指标既反映了鄱阳湖重要的社会经济功能,也反映了"人湖"关系。因此,也被选为特征指标。

12.4 本章小结

鄱阳湖生态安全状况处于"安全"水平,水质较好,其流域生态健康和安全不仅是长江中下游生态安全的重要保障,也是江西省乃至长江中下游地区社会经济可持续发展的重要支撑。保障鄱阳湖生态安全的重点是解决好"江湖","河湖"与"人湖"关系,最终构建区域生态安全、流域社会经济协调发展以及湿地生态系统健康的和谐流域,促使鄱阳湖生态安全状况长期稳定在"安全"水平以上。保障鄱阳湖生态安全应以"水"为核心,统筹考虑鄱阳湖与长江、鄱阳湖与"五河"间的相互作用和联系、水文情势、水质和湿地生态系统等变化,以珍稀候鸟、鱼类水生动物,草洲植被及湖泊湿地生态系统等为重点保护对象,强化湿地的保护和管理,保持湖区一定的水文节律,维持鄱阳湖湿地生态需水。

确定鄱阳湖生态安全保障总目标、阶段目标和相关指标体系,还应随着新问题和社会经济发展的要求随时增减相应的指标,从而为鄱阳湖的科学保护提供更加合理的导向。

抓住影响鄱阳湖生态安全的主要因素及关注重点,结合鄱阳湖及其流域的特点,主要从流域产业结构调整、流域水土资源调控、湖区湿地生态系统保护、流域水污染防治、生态安全管理等五个方面提出和制定鄱阳湖生态安全保障目标,以星子站水位、珍稀候鸟的数量和Ⅲ类以上水质断面所占比例、基本农田保护面积为鄱阳湖生态安全目标特征指标。

以水环境容量和水土资源承载力为依据,以流域重点江段治理和湖区面源污染控制为重点,严格落实污染物减排目标,保护水环境;按照构建和谐流域的理念,实施产业结构调整减排策略,保障区域生态安全、流域经济社会协调发展以及鄱阳湖湿地生态系统健康。

因此,保障鄱阳湖生态安全的核心是要解决好"江湖"、"河湖"与"人湖"关系,最终实现鄱阳湖生态安全状况长期稳定在"安全"水平以上。

第13章 鄱阳湖湿地保护对策

13.1 鄱阳湖湿地保护总体思路与目标

13.1.1 保护鄱阳湖湿地意义重大

1. 保护鄱阳湖湿地具有重要的国际意义

鄱阳湖湿地在全球迁徙候鸟和长江江豚保护方面具有重要地位。鄱阳湖国家级自然保护区是我国首批列入《国际重要湿地名录》的七块区域之一,受到国际社会的高度关注。作为全球越冬候鸟的重要栖息地,鄱阳湖湿地目前支持了世界上98%的国际濒危物种白鹤(*Grus leucogeranus*)、80%以上的东方白鹳(*Ciconia boyciana*)、60%以上的白枕鹤(*Grus vipio*)和50%以上的鸿雁(*Anser cygnoides*)等珍稀种群越冬栖息(图13-1)。此外,在鄱阳湖栖息的长江江豚数量约占整个种群数量的1/4~1/3,是长江江豚最重要的避难所。保护鄱阳湖湿地将有利于向世界展示我国对履行《国际湿地公约》和联合国《生物多样公约》的承诺,展示中国对生态环境负责任的大国形象,有助于进一步提升我国的国际威望及影响。

图13-1 鄱阳湖候鸟(江西省水利厅提供)

2. 鄱阳湖湿地生态系统安全是长江中下游地区生态安全的重要保障

鄱阳湖是长江中下游最大的天然调蓄洪区,其巨大的洪水调蓄能力,可以调蓄汛期长江干流及鄱阳湖"五河"等区间的洪水,有效缓解长江中下游地区的防洪压力。特有的江湖关系对洄游性鱼类和珍稀水生动物的繁殖及长江流域的生物多样性保护更有重要意义。保护鄱阳湖湿地生态系统,恢复和保持其自然特性和生态功能,是保障长江中下游的水资源平衡、生物多样性和生物及生态安全的基础,其价值之大不可估量。

3. 保护鄱阳湖湿地是江西省乃至长江中下游地区社会经济稳定和发展的重要支撑

自古以来,湖泊与人类生存和发展密切相关。鄱阳湖区及流域是我国重要的粮食基地和淡水渔业基地。长江中下游地区是中国经济社会最发达的区域,对水资源的依赖程度非常高。因此,保护好鄱阳湖湿地生态功能,确保鄱阳湖优质、丰富的水资源和健康安全的生态环境是鄱阳湖流域,以及长江中下游区域生态安全和经济社会发展的基本保障与支撑。

此外,促进区域经济和自然保护的协调发展,探索我国大湖流域生态建设和开发治理新模式,是江西省实施"生态立省、绿色发展"战略及实施"鄱阳湖生态经济区"战略的重要支撑。

13.1.2 保护鄱阳湖湿地需要关注的重点问题

受自然条件变化和人类活动干扰等共同影响,近年来鄱阳湖湿地呈现明显的退化趋势,其面临的主要生态环境问题可以概况为如下五个方面:

一是水文情势发生了重大变化,引起鄱阳湖湿地类型近期变化明显。近年来,鄱阳湖湿地除了受全球气候变化等影响外,人类活动也加剧了这一变化。鄱阳湖的水文情势、节律、水动力状况等均发生了明显改变,导致枯水期"五河"尾闾及湖区取用水困难,鄱阳湖湿地类型近期变化明显,湖滨消落带向湖心推进,后方的湖滩草洲湿地也同步推进。

二是湿地生态系统呈现明显退化趋势,湖区生物多样性丰富,但已受到严重威胁,主要表现在鄱阳湖湖区洲滩呈季节性和地域性出露,特别是近年来极端枯水期的出现,使鄱阳湖出现了生态蓄水困难,而湿地生态用水不足引起了鄱阳湖湿地植被的退化及演替。

三是鄱阳湖湖面萎缩,河道干涸,湖区渔业资源受到严重威胁,退化明显。

四是长时间露滩使湖区湿地受人为扰动加剧。长时间的洲滩出露,湖区人类活动对湿地生态系统的影响加强,主要包括过度捕捞、"堑秋湖"、不合理的养殖、放牧以及采砂等活动。湖区附近农民又开始了新一轮的围湖造田,如不加以控制,将会形成新的围圩,减少鄱阳湖实际水面,减少鄱阳湖的有效库容,对鄱阳湖的防洪抗旱及生态功能的发挥将产生较大不利影响。

五是由于入湖污染负荷持续增加,近年来水质下降明显,浮游植物组成及密度发生了一定的变化,藻类生物量增加,部分水域偶发小面积水华,藻类水华风险增加。

13.1.3 鄱阳湖湿地保护的总体思路

针对鄱阳湖湿地生态系统结构发生了较大变化,生物多样性降低,渔业资源退化,鸟类越冬栖息地受威胁,湖滩草洲人为经济活动加剧,以及湿地植被呈退化趋势等问题,以维护湿地生态系统健康,提升湿地生态服务功能,以水、水生植物和湿生植物、鱼类和鸟类为主要保护对象,改善入湖河道水质及尾闾湿地生态系统,保护与恢复"草滩-泥滩-积水洼地"组成的天然湿地,保障湖区用水安全和鄱阳湖生态安全。识别生态安全问题,确定保护目标,完成生态区划和保护布局,开展生态需水调控和湿地生态系统保护等研究、比选和优化,最终提出鄱阳湖湿地生态系统保护对策(图13-2)。

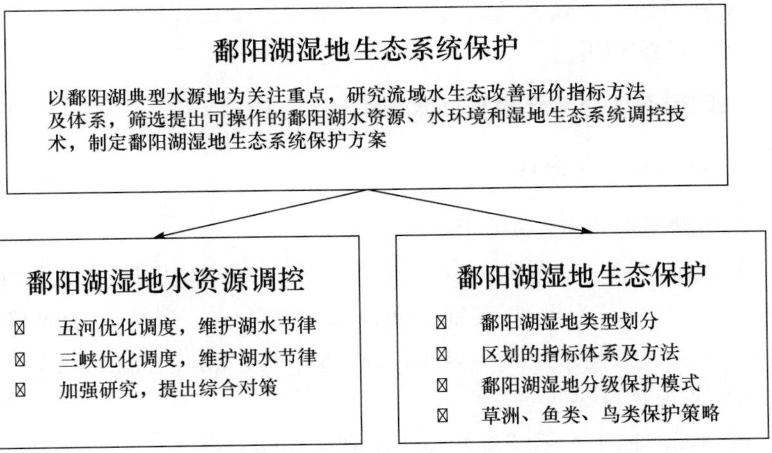

图 13-2　鄱阳湖湿地保护总体思路示意图

13.1.4 鄱阳湖湿地保护目标

基于对鄱阳生态安全的理解,结合鄱阳湖作为国际知名湿地的特征,保护鄱阳湖湿地的总目标为保障湖泊生态需水,保护珍稀候鸟、鱼类资源和草洲等,维护湿地生态功能;具体来讲分为两个阶段,其中到 2015 年为近期目标,到 2020 年为远期目标。

1. 近期目标(至 2015 年)

在南矶山鄱阳湖生物多样性热点区域,实施鄱阳湖湿地生态系统保护工程,进一步完善湖区自然保护区体系。结合鄱阳湖生态经济区建设,有效整合各级自然保护区资源,组建统一高效的保护区管理机构,保护区面积得到稳定,保护区职能得到加强。

在退田还湖区域分步骤实施湿地生态恢复示范工程,使湖区天然湿地面积得到恢复。湿地生态功能进一步增强。通过开展鄱阳湖综合整治,杜绝非法捕捞、非法猎杀候鸟、非法采砂、违法违规填湖、非法排污等行为的发生。

渔业资源得到可持续利用,渔业天然捕获量稳步增长,达到或超过历史平均水平以上。保护区外的湖滩草洲和湿地植物资源管理科学、利用合理。

2. 远期目标(至 2020 年)

健全鄱阳湖湿地保护体系和机制,即湖区自然保护区管理体系、法规体系、社区共建体系、生态补偿机制等。使鄱阳湖湿地生态系统得到有效的保护,生态服务功能得到恢复和加强。确保湖区防洪安全、饮水安全、水环境安全、生物多样性安全及水资源可持续利用。

13.1.5　鄱阳湖湿地分区保护及总体布局

1. 鄱阳湖湿地保护分区

(1) 鄱阳湖湿地重点保护范围

鄱阳湖湿地重点保护范围是以 1998 年 7 月 30 日鄱阳湖最高水位线 22.48 m(吴淞高程、湖口水位)为界线,湿地总面积约 8927 km²。其中包括面积 5181 km² 的湖体核心区及以最高水位线为界线,向陆地外伸 3 km 的面积为 3746 km² 的滨湖区,湖体核心保护区是重点。

(2) 鄱阳湖湿地生态系统保护与资源利用功能分区

根据鄱阳湖湿地不同区域生态环境敏感程度与经济社会发展特点,结合湖区产业布局等因素,将鄱阳湖区湿地重点保护范围划分为优化开发、限制开发和禁止开发三类功能区。确定其功能定位,明确发展方向,控制开发强度,规范开发秩序,完善开发政策,形成经济社会发展和湿地生态系统保护相协调的空间开发格局,鄱阳湖湿地保护分区详见表 13-1。

表 13-1　鄱阳湖湿地功能区建设布局

功能区	面积/km²	占鄱阳湖比例/%	占规划区比例/%
禁止开发区	2642.5	51.00	29.60
限制开发区	389.5	7.52	4.36
适度开发区	5895	—	66.04

资料来源:"鄱阳湖生态安全保障方案"项目

A. 禁止开发区

禁止开发区包括湖区依法设立的各级自然保护区和具有特殊保护价值的地区。目前,湖区共设有 18 个各级各类自然保护区和水产种质资源保护区,以及 2 个饮用水源地保护区等。总面积约为 2642.5 km²,约占重点禁止开发区面积的 51.0%,占湿地保护范围面积的 29.6%。

功能定位和发展方向:保护鄱阳湖代表性和典型性自然生态系统,珍稀濒危动植物物种的天然集中分布区,有特殊价值的自然以及所在地的文化遗址。将依据法律、法规、规定和相关规划实行强制性保护,严禁各类与保护无关的开发活动和工程项目。

保护措施:该区域将依据《中华人民共和国自然保护区条例》第 26 条至第 33 条规定,以及《江西省鄱阳湖湿地保护条例》(2003)第 23 条至第 24 条规定依法进行管理。

每年 10 月中旬至翌年 3 月下旬的候鸟越冬期。禁止在自然保护区从事渔业捕捞等生产和人为活动。每年 3 月 20 日至 6 月 20 日为鄱阳湖水域禁渔期。鱼类的越冬场所实行季节性轮流休渔禁港制度,在自然保护区内禁止猎捕或者破坏生态环境的行为。

B. 限制开发区

限制开发区是指资源环境承载能力较弱,且生态环境较敏感的区域。包括鄱阳湖 17 m 高层(吴淞高程)以下,除国家级和省级自然保护区以外的湖体范围,总面积约为 389.5 km²,约占湿地重点保护区面积的 7.52%,约占湿地保护范围面积的 4.36%。

在本区范围内,需根据相关法律或条例规定,限制不合理人为活动,划定禁猎区、禁渔区、禁采(砂)区、禁牧区及沉水植物和鱼类产卵场保护区等。

功能定位和发展方向:以生态恢复和保育为首要任务。在坚持保护优先的前提下,合理选择发展方向,点状开发,因地制宜地发展资源环境可承载的特色优势产业,限制损害主导生态功能产业的扩张,确保生态功能的恢复与保育,逐步恢复生态平衡。

管理措施:根据《国家重点生态功能保护区规划纲要》(2007),生态功能保护区属于限制开发区,应坚持保护优先、限制开发及点状发展的原则,因地制宜地制定生态功能保护区的财政、产业、投资、人口和绩效考核等社会经济政策,强化生态环境保护执法监督。

合理引导湖区生产活动:充分利用湿地生态功能保护区的资源优势,合理选择湖区居民生产方式和发展方向,优化调整区域生产结构,开展有益于区域主导生态功能发挥的资源环境可承载的生产活动,限制不符合主导生态功能保护需要的各类活动,鼓励使用清洁能源。

保护和恢复生态功能：遵循先急后缓，突出重点，保护优先，积极治理，因地制宜原则，结合相关工程措施，加大区域湿地自然生态系统保护和恢复力度，恢复和维护区域生态功能。

提高湖区调洪蓄洪能力：严禁围垦湖泊、湿地，积极实施退田还湖、还湿工程，禁止在蓄滞洪区建设与行洪泄洪无关的工程设施，巩固平垸行洪、退田还湿的成果。

增强生物多样性维护能力：采取严格的保护措施，促进湿地自然生态系统的恢复。对于生境遭受严重破坏的地区，综合采用生物措施、生态措施和工程措施等，积极恢复自然生境，建立鱼类和野生动植物救护中心和繁育基地。禁止滥捕、乱采、乱猎等不合理人为活动，加强外来物种监管。

促进湿地保护和恢复：鄱阳湖湿地的保护和开发利用应按照《江西省鄱阳湖湿地保护条例》(2003)中的第28条至第44条的规定进行管理。

滨湖区各级人民政府应当加强水土保持和湿地植被保护与恢复工作，严禁毁草开垦。经当地人民政府划定的植被恢复区，应当实行封洲禁牧。禁止围湖造田，已退田还湖的地域禁止新建居民点或者其他永久性建筑物与构筑物；退出后的旧房、旧宅基必须拆除、退还，禁止移民返迁。江西省人民政府有关部门和滨湖县（区）人民政府应当统筹规划，对自然保护区内人口居住较密集区，可以有计划地组织移民、渔民转产转业。在鄱阳湖内从事采砂活动，应当依法办理河道采砂许可证。时机成熟时，鄱阳湖可实施全面禁止采砂。

从严实行污染物排放总量控制制度和排污许可证制度，禁止在草洲、洲滩、岸坡存储固体废弃物。在鄱阳湖航行的船舶，应当配置符合国家规定的防污设备。编制鄱阳湖地区工业、农业（含水产、畜牧业）、林业、能源、水利、航运和交通、城市建设、旅游及自然资源开发等有关专项规划，在鄱阳湖自然保护范围内新建、扩建、改建任何项目，都必须依法进行环境影响评价。农业行政主管部门应当指导农民科学、合理地施用化肥，鼓励使用高效、低毒、低残留有机农药，防止造成湿地生态环境污染，损害湿地的生物多样性。

合理规划，分类指导，引导生产经营者从事种植业、畜牧业和水产业。提倡采取圈养、轮牧、轮养等措施，适度控制牧畜、鱼、蟹、虾、蚌、菱、莲等动植物的种养规模，保护湿地生态环境和湿地资源的再生能力。引入生物新品种，须省级以上人民政府林业、农业行政主管部门批准后方可实施。不得开设破坏湿地生态环境的旅游项目；自然保护区内开展旅游活动应当征得自然保护区管理机构的同意。鼓励和支持单位或者个人采取承包、租赁、股份合作等形式，从事治理水环境、恢复植被等有利于湿地生态功能保护和恢复的活动。

在卫生防疫方面，鄱阳湖区当地人民政府应当采取有效措施，预防和控制血吸虫病的传播。因防治血吸虫病需要在鄱阳湖灭螺的，县级人民政府应当采取防范措施,尽量减少或者避免生物资源和生态环境受到严重破坏。

C. 适度开发区

优化开发区指经济效益低下,产业结构不合理,对鄱阳湖湿地产生不利影响,但发展潜力较大的区域。优化开发区的范围为鄱阳湖周边 17 m(吴淞高程)高层以上的湖区和靠圩堤保护的大小圩区,面积为 5895 km²,约占鄱阳湖湿地保护范围面积的 66.04%。

功能定位和发展方向:提升环鄱阳湖区域竞争力的重要区域,也是重要的人口和经济密集区,更是带动区域社会经济发展的龙头。

要改变依靠大量占用土地,大量消耗资源和大量排放污染实现经济较快增长的发展模式,把质量增长和效益提升放在首位,保持经济持续增长,提升参与区域分工与竞争的层次和效率,率先提高自主创新能力,率先实现经济结构的升级和发展方式转变。

产业发展是以集聚经济和人口为重点,按照生态文明与经济文明高度统一的要求,构建生态文明示范区、新型产业集聚区、改革开放前沿区、城乡协调先行区和江西崛起带动区。

以保障粮食安全为重点,以发展生态农业、高效农业为突破口,优化产业布局,实现产业规模化、种养标准化与经营产业化,形成鄱阳湖特色高效渔业集聚区及生态水产养殖基地。

2. 鄱阳湖湿地保护总体布局

(1) 禁止开发区

在该区域内以及在与重要物种生境保护相关的湖滨带,实施湿地生态保护工程、湿地保护能力建设工程和湿地生态恢复工程,恢复退化的湿地植被,强化湿地生态监测体系、科技支撑体系、信息网络化管理体系、宣传教育培训体系和相关基础设施建设,全面提升湖泊湿地自然保护的能力与水平,实现对鄱阳湖湿地资源与其生态功能的有效保护。

(2) 限制开发区

在该区域内重点布设湿地生态恢复工程,尤其是实施候鸟栖息地恢复、湿地植被恢复、鱼类产卵场等三场的保护与恢复项目等。

(3) 适度开发区

在该区域内布设湿地资源合理利用及生态产业示范工程,包括实施渔业资源利用示范、水生经济植物种植示范、野生经济动物人工驯养繁殖、生态农业模式示范等项目,发展生态旅游,在鄱阳县和永修县建设国家湿地公园,在进贤、余干、鄱阳、湖口、九江、星子、都昌、共青城等地建立鄱阳湖湿地综合利用管理示范区。

13.2　鄱阳湖湿地保护对策措施

13.2.1　保障鄱阳湖水文节律,维持枯水期生态水位

近年来,水文情势的较大变化已成为威胁鄱阳湖生态安全的重要因素。鄱阳湖枯水期水位连创新低,枯水期提前且不断延长,致使湖区湿地植被变化明显,主要建群种由薹草群落演替为芦苇和南荻,并出现植株矮化,生物量下降。一些湿、沼生植物开始向该区域入侵,湿地植被向湖心推移等现象。渔业资源总体退化,渔获物低龄化和小型化趋势明显,总产量呈现下降。鄱阳湖水质呈现下降趋势,富营养化趋势加重。保障鄱阳湖湿地生态系统的稳定和生态安全,最关键的是要确保鄱阳湖的基本水情。研究认为,保证鄱阳湖的基本水文节律及枯水期的生态需水对维护鄱阳湖湿地生态功能、改善区域生态环境、促进流域及区域社会经济发展十分重要。主要对策方案包括优化"五河"干流控制性枢纽工程及三峡水库调度方案;积极开展鄱阳湖水利枢纽工程的科学研究与深化论证等工作。维持鄱阳湖基本水文情势,即丰平枯水期交替,适当调控枯水期最低水位,保护鄱阳湖湿地生境。

需要开展的工作包括:

1. 优化三峡水库运行调度

从维护长江流域生态安全的角度,优化三峡运行调度方案。尽量减轻三峡水库增泄或减泄对鄱阳湖生态环境产生的不利影响,充分发挥三峡工程对鄱阳湖水位的调控作用,避免极端的水旱灾害出现(胡振鹏等,2010)。应该建立包括鄱阳湖水系在内的三峡水库水情预报和调度系统,按一定的条件调整汛后蓄水方案,避免出现过大的减泄效应。

2. 优化"五河"干流控制性水利工程生态调度

考虑到鄱阳湖"五河"及其支流水资源丰富,尤其是洪水资源利用潜力巨大。对五河流域进行科学规划和布局,对现有水库实行科学调度,在保障防洪、供水、灌溉安全的前提下,适当提高洪水资源利用率。可在 8～9 月份汛期结束之前,利用五河支流水库适度拦蓄汛末洪水留存库中,在 10 月份以后,可在一定程度上增加"五河"下泄入湖流量,弥补或缓解此时三峡水库减泄的不利影响,避免湖区枯季出现极端干旱现象。

制定保障鄱阳湖水资源安全利用对策,加强生态缺水对鄱阳湖生态系统影响,以及鄱阳湖枯水季节生态缺水及水环境容量等研究。开展水生植被、水生生态系统保护等相关研究。

3. 开展三峡工程运行对鄱阳湖生态安全的影响研究与监测

三峡工程对鄱阳湖的影响十分复杂,涉及水文、泥沙、水资源、水力、航运、生态、环境、社会和经济等多个方面,而且这些影响是一个长期累积和逐渐显现的过程。此前关注得不够,已经开展的相关基础科学研究工作还不多,尚不能就公众和政府关注的问题给出明确的答复,很多问题目前都只是定性地推测,其中也存在着一些臆断。加强相关的基础研究,为鄱阳湖生态经济区建设提供科学依据和技术支撑,包括加强湖区生态环境监测和湿地演变规律研究、加强长江干流和五河水利工程等人类活动对鄱阳湖区的叠加累积影响研究、开展三峡水库与鄱阳湖水情预报和统一调度模式相关研究和加强全球气候变暖条件下的鄱阳湖极端水旱灾害污染特征及其对策研究等方面的工作。

4. 科学论证鄱阳湖水利枢纽工程

根据国务院批复的《鄱阳湖生态经济区规划》,拟实施工程措施增强对鄱阳湖水位异常变动的调控能力。江西省已将鄱阳湖水利枢纽工程的规划和建设正式提上议事日程。应本着实事求是的原则和认真务实的科学态度,应加强枢纽工程相关研究和论证(胡四一,2009)。当长江干流出现不利于鄱阳湖生态环境的水情时,尤其是流域降水偏少,以及三峡水库汛后蓄水之际,遇鄱阳湖区水位降幅过快时,通过措施可有效避免湖区出现不利于生态环境和工农业经济发展的极端水旱灾害,全面推动和促进鄱阳湖流域和鄱阳湖生态经济区发展。但是也需要综合考虑水利枢纽工程建设可能增加的湖泊富营养化风险。

13.2.2 实施鄱阳湖湿地生态保护工程

1. 完善自然保护区体系建设,提升保护能力

鄱阳湖区已建立两个国家级自然保护区和一个国家级水产种质资源保护区,以及三个省级自然保护区、十个县级自然保护区和三个鱼类(鲤、鲫和银鱼)产卵场和河蚌保护区等,保护面积 2642 km²,约占鄱阳湖天然湿地总面积的 59%。除国家级自然保护区以外,省级和县级自然保护区普遍存在着基础设施薄弱,必要的管理设施缺乏,综合管理能力不强,没有专项经费投入等问题。特别是县级保护区还存在体制不顺、权属不清与社区矛盾较多等问题。有的保护区尚没有专门的管理机构和编制。因此,有待健全自然保护区管理体系与机制,增加投入,提升保护和监管能力,以充分发挥其对自然保护区的保护作用。

健全江西省省级与县级自然保护区和水产种质资源保护区。首先,要建立和完善保护区的管理机构,修订和编制保护区的总体规划与管理规划,进一步明确功能区,使珍稀濒危物种及其栖息地得到有效保护;其次,要强化保护区的基础设施

建设和管理人员培训;第三,要进一步处理好保护区与当地群众及社区的关系,增加社区参与程度;第四,加大对保护区的支持力度,尽快建立政府和社会各界共同参与的多层次、多渠道的生态保护投入机制。加强县级自然保护区实验区的管理和投入,既是增加管护实力的客观要求,也是搞好社区共建的重要途径。

鄱阳湖以松门山为界分为南、北两部分,南部宽阔呈湖相,北部相对狭窄呈河相。南部重要区域是候鸟的主要栖息地和鱼类的主要产卵场所,也是大面积湖滩草洲分布区,是鄱阳湖生物多样性的热点区域,该区域应重点加强保护。

在现有的两个国家级自然保护区(合计面积 5.55 万 hm²)的基础上,适度调整保护区边界,整合三个省级自然保护区(面积 10.46 万 hm²),以及白沙洲县级自然保护区(4.09 万 hm²)、余干县康山县级自然保护区(3.5 万 hm²)和鄱阳湖鳜鱼翘嘴红鲌国家级水产种质资源保护区(总面积 4.85 万 hm²)等,优化配置相关的行政资源,构建鄱阳湖生物多样性保护体系。在充分协调湖区居民生产生活需求的基础上,对涉及永修、都昌、鄱阳、余干、进贤、南昌、新建七个县的保护区湿地,以鄱阳湖湿地生态系统为主要保护对象,确立保护区边界。

2. 加强珍稀濒危物种及其生境保护力度

鄱阳湖(尤其是入江水道)是长江江豚重要活动场所和江湖洄游通道,也是珍稀鱼类和"四大家鱼"等洄游通道,还是江西出省的唯一航道。在兼顾保护与发展的前提下,需加强物种保护与救护,进一步加强湖口豚类救护站建设,提升珍稀濒危水生物种救护能力。另外,在鄱阳湖栖息、繁殖或生长的国家级重点保护物种(如河麂)、列入《中国濒危动物红皮书》物种(如鲥鱼)以及江西省特有的物种(如鯮鱼)等具有重要科学价值与生态价值的物种,均属于应予以重点保护的水生和湿地重要物种。在保护措施上,要在加强栖息地生境调查和物种生活习性与适应环境能力研究的基础上,改善其迴游、繁殖及越冬生境。

湖滨带是维持湖泊生态系统健康的天然屏障,也是许多动植物的重要栖息地。随着人为活动干扰的强度加剧,湖滨带被大量侵占、利用和破坏,湖泊湿地萎缩。湖滨植被的保护与构建,不仅具有保护动植物重要生境与取食地的功能,也有净化入湖水质的作用,可成为有效控制入湖污染负荷的最后一道防线。因此,应根据滨湖天然湿地的结构,实施湖滨带植被的保护与构建工程。

3. 珍稀濒危物种的救护与繁育

鄱阳湖是白鹤、东方白鹳、鸿雁和小天鹅等珍稀候鸟的越冬场所。但是,不少珍稀濒危候鸟的生存都面临着来自人类及环境方面的威胁,例如非法捕捉、贩运和销售以及人为开发湿地引起的栖息地减少和破坏,食物资源减少,农药和环境污染导致的候鸟中毒等。鄱阳湖也是长江江豚和中华鲟等的重要栖息地。时有珍稀濒危水生物种被运输船舶致伤或渔民正常渔业生产误捕受伤的现象发生。

因此,人类有义务帮助那些因为人类有意或无意导致受伤和生病的水鸟、长江江豚和中华鲟等。建立珍稀濒危野生动物救护与繁育中心,目的在于专门救助各种野生伤病水禽和水生动物,并放归自然。在救护和科研的基础上,为公众特别是青少年进行科普教育。建立完善吴城珍稀濒危野生动物救护中心和湖口豚类救护站。救护中心(站)是以野生动物救护、濒危动物繁殖、科普宣传教育于一体的综合性救护场所。

4. 实施湿地生态系统恢复工程

湿地植物的恢复要因湿地植被群落组成及结构、退化原因和程度等不同而采取不同的措施,调整恢复适当水文节律,减少人为干扰是恢复湿地植被的关键。水文节律包括适当土壤水分、积水深度、淹没时间和周期等。在鄱阳湖,应重点在退田还湖区、碟形湖、尾闾区和沙滩实施植被恢复措施。

湿地植被恢复工程应以自然修复为主,人工建设为辅。对于自然湿地破坏较轻,尚存有原草洲残留的湿地植被——薹草群落或芦苇-荻群落,可采取自然恢复为主,自然恢复区内严禁放牧,恢复开发前水文变化规律,必要时通过围栏等方式进行封育,使草洲休养生息,植被按自身演替规律正常恢复到接近于原初自然状态。对于自然湿地植被破坏殆尽,根本无法自然恢复地区,则实施人工移植或人工种植方式重建湿地植被。如果待恢复湿地位于海拔 $14\sim16$ m,又无能力自然恢复,可就近选择以薹草为优势的湿生植被有计划的挖取(带根茎)活植株,移栽到待恢复湿地,可条状栽种,留出一定空间待薹草根茎延伸扩大植被面积,经过几年逐步实现湿地植被全面覆盖,完成湿地植被与生物栖息地恢复重建的目标。

洲滩植被恢复可以主要在星子、都昌、永修等地实施。鼓励种植蔓荆子等旱生植物改良沙化湿地。另外,鄱阳湖草洲面积 86 300 hm^2(年产鲜草约 1.54×10^6 t),其中薹草群丛面积 75 000 hm^2。薹草粗蛋白占 18.3%,粗脂肪 2.2%,粗纤维 22.0%,营养成分与优质牧草相近似。鄱阳湖独特的自然条件,造就湖草一年可以收获 $2\sim3$ 茬,湖草资源有效开发利用潜力大。草洲开发利用必须与生态保护有机结合。在两个国家级和都昌省级自然保护区内的湖滩草洲植被,要按法律法规严格加强保护。草洲开发利用区域定位在国家级和省级自然保护区外的范围,采取"封洲育草、定期开洲、分区轮牧、保护草洲"措施,在控制血吸虫病传染基础上,科学合理地利用洲滩草场。在血吸虫流行高危期的 $4\sim10$ 月,实施"封州禁牧、家畜圈养",采用生产优质干草、青贮料和草粉等方式适度利用草洲资源。

5. 实施湿地资源合理利用及生态产业示范工程

(1)综合利用管理示范区

进贤、余干、鄱阳、都昌、湖口、星子等县及共青城市等地围垦后形成已用于养殖的湖泊湿地,利用强度大,不适宜建立湿地保护区或纳入禁止开发区。可通过农渔业综合利用试验,建立湿地综合利用管理示范区 4 万 hm²。

(2) 渔业利用示范工程

针对适度开发区内的湿地,应本着因地制宜,形式多样,综合开发的原则,根据鄱阳湖区的渔业资源环境特点,大力发展以湖泊为中心的生态养殖业。

6. 实施鄱阳湖湿地保护能力建设工程

(1) 开展鄱阳湖湿地生态系统综合科学考察,加强湿地生态功能保护

水是湿地的关键因子,没有水就没有湿地。湿地保护首先必须是水环境质量的保护,要以水为本。要保证充足入湖水量和达标的入湖水质,有效控制入湖污染负荷,要维持鄱阳湖合理的水位节律,确保湿地生态需水量。保护鄱阳湖湿地不仅要处理好水的问题,对湿地生态过程及其功能的保护也尤为重要。鄱阳湖湿地保护不仅要保护湿地面积、湿地生物物种和湿地类型,更重要的是保护湿地生态过程与生态功能。

鄱阳湖复杂多变的水文过程导致了在一定的湿地空间,在不同时间出现了多种类型的生境,增加了湿地生境的多样性,从而可以容纳更多物种生存。因此,保护鄱阳湖关键在于保护诸多生境格局和生态过程,建立鄱阳湖生态功能恢复与生态重建区、农田防护林生态示范区、沙化防风林生态示范区与农业生态环境综合治理示范区,开展退化湿地的恢复与重建,恢复区域内生态功能,保护鄱阳湖湿地生态系统。而这一过程的实现需要对鄱阳湖加大科学研究的力度,通过实施鄱阳湖湿地生态系统综合科学考察等项目来支撑。

20 世纪 80 年代以来,鄱阳湖没有进行深入系统的实地调查研究,生态基础数据难以实现共享。近年来,有关单位虽然开展了一些专项研究,但仍非常缺乏系统的深入研究,与全国最大的淡水湖及国际重要湿地的名誉极不相称。非常迫切需要开展鄱阳湖湿地生态系统综合科学考察和深入研究。采用遥感(RS)、地理信息系统(GIS)与全球定位系统(GPS)的"3S"技术和实地调查结合,对湖区湿地的类型、各类湿地的面积、自然环境要素特征、野生动植物资源、渔业资源、洲滩植被等的现状及受威胁的程度等情况进行详细、全面、系统、完整的综合调查,建立相应的数据库,为鄱阳湖湿地生态系统的保护和管理提供技术支撑。

(2) 湿地生态系统监测体系建设

A. 建设生态监测站

多部门共同协作,采取多种方式,在湖区规划建设多个生态监测点,配备设备和人员,按照统一的监测技术规程,进行湿地类型与面积、水文等为主的自然环境因子,生物种群数量与特征等方面的动态变化及驱动因素监测,并实现各监测点(站)之间的网络连接。

B. 鸟类资源监测

从每年 9 月份开始至次年 4 月,在保护区进行越冬候鸟种群监测。在每个保护站设置固定监测路线,并根据实际情况进行修正,监测候鸟种群数量。

每年冬季进行三次保护区鸟类资源同步监测。时间分别为:9～10 月(秋末)、12～1 月(深冬)和 3～4 月(春末)。因保护区面积较大,水禽监测需由多组进行。

C. 鱼类资源监测

对洄游性鱼、鱼类产卵场进行长期资源定点监测。

(3) 鄱阳湖湿地生态系统信息网络化管理体系建设

A. 鄱阳湖湿地生态系统监测网络系统

目标是建成一个基于 TCP/IP 技术,有线与无线结合,安全可靠、结构合理、功能完善的信息化网络平台。该平台能够为鄱阳湖湿地环境保护提供信息化的支撑环境。能够确保数字业务、视频业务、音频业务等各种应用系统安全可靠地运行。通过构建网络平台将鄱阳湖湿地的重要监测点、保护站点互联起来,承载监测数据传输、视频监控数据传输,同时,还要能够承载 IP 电话和其他业务开展的需求。要求监测网络系统具有良好的可扩展性,能够满足系统未来的扩展需求,拟互联不少于 30 个湿地监测点。

B. 鄱阳湖湿地生态系统网络视频监控系统

在构建鄱阳湖湿地监测网络基础上,在重要的监测点安装网络监控设备。使用固定或移动的影像采集设备,对鄱阳湖湿地生境进行远程监控,性能要求达到较清晰的视频数据采集效果。并将监控产生的数据通过网络传送到远程的存储设备。拟部署不少于 30 套定点网络视频监控设备,对重点湿地监测点进行远程实时监测;拟装备不少于 5 套移动车载式的网络视频监控系统,支持在鄱阳湖区域湿地不同地点实现动态实时监测。

C. 鄱阳湖湿地系统保护基础数据平台

构建鄱阳湖湿地保护基础数据平台,主要包括鄱阳湖湿地保护数据资源的建设和采集,以及数据库系统的设计和建设;鄱阳湖湿地保护基础数据统计分析系统,对积累的数据进行统计和分析处理,并将处理结果呈现给决策和评估部门;支持鄱阳湖湿地保护数据的发布与利用,实现鄱阳湖湿地保护数据的共享。

支持对鄱阳湖湿地保护基础数据的管理和维护。管理鄱阳湖区域开展湿地保护所需的原始数据、保护活动中产生的数据、元数据和本体数据,并为相关人员提供数据录入(导入)接口、数据索引、数据检索接口,以及对外提供统一的数据访问接口等数据服务。

7. 加强鱼类资源恢复和渔业管理

鱼类资源的恢复就是要保障鱼类资源具有较高和可持续的自然繁殖力。为此,一方面要维持鱼类资源赖以生长的良好水域环境;另一方面,要维持其资源自身合理的动态结构。在实施定期禁渔并强化渔政管理的同时,可实施下列主要措施,加强其繁殖保护和增殖,恢复资源,维护鄱阳湖农副渔供给功能稳定。

(1)调整禁渔期和禁渔区,切实做好重要土著鱼类资源的繁殖保护

科学调整确定禁渔区和延长禁渔期,制定捕捞规格,控制捕捞强度。可将现在的每年3月20日至6月20日的全湖禁渔期调整为每年的3月1日至9月30日。分片分批将"堑秋湖"轮流纳入为冬季禁港休渔的管理范围,扩大鱼类越冬场所。通过这些措施,切实加强重要土著鱼类资源的繁殖保护和增殖,保证鱼类资源可持续利用和渔业可持续发展。

(2)积极开展鄱阳湖鱼类人工放流,恢复和保护日益衰退的"四大家鱼"资源

鱼类人工放流是自然水体增殖以及保护和维持自然种群数量的有效手段。在今后鄱阳湖渔业管理中,应有计划、有步骤地开展"四大家鱼"人工放流,以期恢复和增殖资源。同时监测人工放流效果,为今后人工放流提供技术撑。

高度重视凶猛性鱼类资源的保护与增殖,以期利用丰富的小型鱼类和虾类资源,提高鱼产品结构、质量和经济效益。

目前,在鄱阳湖中,具有一定产量且价值高的凶猛性鱼类有鳡、翘嘴鲌、蒙古鲌、达氏鲌、红鳍原鲌、黄颡鱼、鲇、鳜和乌鳢等,但在总产量中所占的比例非常低。这些鱼类在空间或营养生态位上存在一定的分化,能利用不同水层和生境中低值的小型鱼类和虾类资源。因此,在渔业资源管理中应该引起高度重视,通过加强繁殖保护,不断恢复和增强凶猛性鱼类种群,将低值、丰富的小型鱼类和虾类资源转化为名贵高档的水产品。

(3)逐步安排渔民转产转业,减少捕捞从业人员数量和捕捞强度

在鄱阳湖无法享受"退田还湖,移民建镇"政策的湖心岛等地,如永修县松门山、新建县的南矶山、鄱阳县莲湖、都昌县三山等,采用"个人自愿,国家资助,地方扶持"政策,逐步安排一定数量的渔民转产转业,减少捕捞人员数和捕捞强度。

(4)探索替代"堑秋湖"管理模式,扩大鱼类越冬场所

"堑秋湖"是鄱阳湖传统的捕鱼方式,对渔业资源破坏严重,但又禁而不止。建议参照冬季禁港休渔的管理经验,试行分片分区轮流禁止"堑秋湖",确保每年冬季有一定数量的湖面成为鱼类等水生生物的越冬场所,保护水生生物种质资源。并在生态补偿机制建立后,逐步严格禁止"堑秋湖"这种传统渔业生产方式。

8. 开展鄱阳湖综合整治①

(1)整治非法捕捞

依法取缔非法捕捞工具,清理和销毁滞留水中定置渔具,严肃查处各类破坏渔业资源的违法案件;打击电、毒、炸鱼、非法使用定置网等破坏渔业资源的各类违法

---

① 参见:江西省人民政府关于开展鄱阳湖综合整治坚决保护"一湖清水"的意见

捕捞行为和破坏江豚等水生野生动物保护区环境的行为;加大渔船安全检查力度,打击渔船违章载客等非法生产与违规作业行为。

（2）整治非法猎杀候鸟

打击非法猎杀、收购、携带、运输、藏匿、出售、食用越冬候鸟及其制品等各类违法行为,全面整治非法围堰种植、围湖养殖以及违规植树;打击破坏越冬候鸟栖息地行为,全面清除天网、黏网、迷魂阵、定置网、毒饵等危害候鸟安全的隐患;严密管理湖泊承包者、湖区放牧者以及湖区活动的人群,引导群众自觉保护候鸟和监督举报各类猎杀候鸟行为。

（3）整治非法采砂

减少作业采区,尽快妥善处理已批准的涉湖工程结合经营性采砂遗留问题,枯水作业期可采区控制在 3 个以内,丰水作业期可采区控制在 6 个以内,严格按现行规划年度开采总量的 50% 控制湖区年度采砂总量（含工程性采砂）。

减少作业时间,禁采期和禁渔期内,除个别因航道疏浚等工程施工需要可实施采砂作业外,其他规划可采区一律不允许开采,严格执行昼采夜停制度。

减少作业船舶数量,丰水期同时作业的采砂船舶控制在 40 艘以内,枯水期同时作业的采砂船舶控制在 10 艘以内,凡采砂设备功率超过 4000 kW 的采砂船一律不准入湖区采砂作业,从 2012 年起鄱阳湖水域采砂船舶数量只减不增。

严格现场监管,加快实施采砂船舶电子监控系统建设,严厉打击非法偷采行为,在赣江南昌市段至鄱阳湖湖口水域加大运砂流动检查的力度,从源头上遏制非法偷采行为。

（4）整治违法违规填湖

依法清理鄱阳湖水域内影响湖泊生态、景观和行洪安全的违法建筑物与构筑物;依法清理鄱阳湖水域内质量无保障且存在较大安全隐患的涉水违法建筑物与构筑物;有效清理鄱阳湖水域内废弃桥梁围堰、松木桩及湖床内的沉船、弃土弃渣;严厉打击违法违规填湖行为,对已填埋的湖泊必须要求恢复原状。

（5）整治非法排污

全面清查环湖区域内的污染物排放单位,取缔非法设置的排污口和近岸污染源;全面整治鄱阳湖周边沿岸一公里范围内排污单位,对超标排污企业停产整治、限期整改,对整改不达标的关停转产,确保污染物达标排放;加强环境监管,定期开展环境执法专项行动,增加重点排污企业污染物排放监测和现场执法检查频次,重点监测、检查氮磷等污染物排放和应急处置设施,严厉打击环境违法行为。

13.3　本章小结

鄱阳湖湿地保护范围包括鄱阳湖最高水位时的湖泊湿地面积(5181 km², 湖口水文站 1998 年 7 月 30 日最高水位 22.48 m, 吴淞高程)和湖泊四周靠圩堤保护的大小圩区, 规划区总面积约 8972 m²。保护目标是使鄱阳湖湿地生态系统得到全面而有效的保护, 确保湖区防洪安全、饮水安全、粮食安全、生态安全及水资源可持续利用。

保障鄱阳湖一定水文节律, 维持枯水期的生态水位, 实施湿地生态保护工程, 完善自然保护区管理体系, 建立健全湿地保护保障措施, 加强湿地管理。进一步加强保护与管理鄱阳湖湿地生态系统重要区域, 统筹安排湿地生态系统保护和管理, 合理安置湖区居民的生产和生活, 明显提高社区居民的经济收入。渔业资源得到可持续利用, 渔业天然捕获量稳步增长, 达到或超过历史平均水平以上。保护区外的湖滩草洲和湿地植物资源管理科学、利用合理; 修改和完善《江西省鄱阳湖湿地保护条例》, 为鄱阳湖湿地生态系统保护提供法律保障。加强自然保护区的社区共管、产业建设, 扩大社区参与程度。

根据鄱阳湖湖泊湿地不同区域生态环境和产业发展的特点、对湿地的影响程度和范围, 将鄱阳湖区划分为优化开发、限制开发和禁止开发三类功能区, 确定其功能定位, 明确发展方向, 管制开发强度, 规范开发秩序, 完善开发政策, 促进产业发展和湿地生态系统保护相协调的空间开发格局。鄱阳湖湿地生态系统需要重点关注的"水位"、"水质"、"湿地植物"、"水生动物"和"越冬候鸟"、"湖区居民"等影响因子, 鄱阳湖湿地保护应注重协调鄱阳湖区人与水、人与草、人与鱼、人与鸟、人与湖等之间的关系, 处理好湖区经济社会发展与水资源、水环境、水生态等之间的关系, 协调湖区湿地资源、湖泊生态健康与经济社会和谐发展的关系, 才能保障鄱阳湖湿地生态系统安全和区域经济可持续发展。

第 14 章　鄱阳湖水污染防治对策

14.1　鄱阳湖水污染防治总体思路与防治分区

14.1.1　鄱阳湖水污染防治总体思路

近年来鄱阳湖流域水文情势发生了较大变化,鄱阳湖生态经济区的建设将可能对鄱阳湖产生一定的环境压力。基于鄱阳湖作为国际重要湿地的特殊敏感性和保护鄱阳湖"一湖清水"的目标,确定鄱阳湖及其流域水污染防治的"点、面"结合、"源头、流域、滨湖区、湖体"分区防治的总体思路,其核心是以维护鄱阳湖流域生态环境功能,保护鄱阳湖水质。

针对鄱阳湖流域面临的生态环境问题,江西省委、省政府开展了大量的工作,从最初的"山江湖"工程,到 21 世纪初的绿色生态江西建设,再到当前的绿色崛起等战略的实施,有效地保护了鄱阳湖流域最大的优势——绿色生态和一流的环境,形成了包括鄱阳湖国家级生态功能保护区、鄱阳湖国家自然保护区、鄱阳湖生态经济区、"五河一湖"保护区等重要的建设成果。从湖泊、河流、源头不同层次形成了全流域完整的水污染防治体系。

目前,按照保护鄱阳湖"一湖清水"的总体目标,已经形成了由"湖体核心区-滨湖保护区-生态经济区-鄱阳湖流域-'五河'源头"五个层级构成的鄱阳湖水污染防治对策体系,总体思路见图 14-1,按五个层级制定了鄱阳湖水环境管理战略和相应的保护对策。

构建水污染防治对策,保护鄱阳湖水质,应加强源头区生态保护和水源涵养能力建设,推进鄱阳湖生态经济区生态产业体系建设,强化环境监管,建设鄱阳湖绿色生态屏障,实施生态廊道建设,建设和完善湖区生态监测和湿地保护工程,建立水质保护应急预案。

鄱阳湖水污染防治应坚持如下原则:

(1) 保护中发展,发展中保护

保护环境是发展的重要前提,在发展过程中必须坚持以可持续发展理论为指导,统筹经济、社会及人与自然相协调,根据可持续发展和环境保护的要求,结合区域环境经济特点,制定相应的环境保护策略,实现经济发展与生态环境保护"双赢",坚持在保护中发展,在发展中保护。

(2) 综合治理,防治结合

既要抓住经济社会快速发展的有利时机,加快污染治理,努力多还欠账,同时

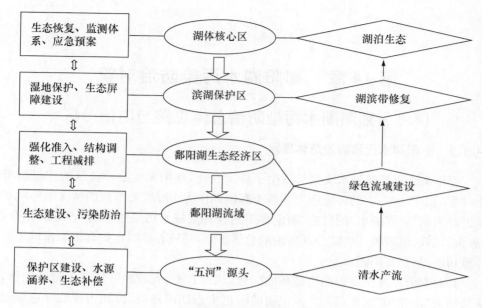

图 14-1　鄱阳湖水污染防治对策总体思路

又要结合流域产业结构调整,严格控制新增污染,坚决不欠新账;既要重视污染源治理,又要正确处理水资源利用与生态保护间的关系;既要重视工程减排,又要加强监管,巩固治污成果。

(3)因地制宜,突出重点

充分认识区域的实际情况,准确评估水环境保护规划(方案)实施的可行性,选择重点领域和重点区域进行突破。重点实施饮用水水源地污染防治工程,工业污染治理、城镇污水处理设施建设和区域水环境综合治理等项目。

14.1.2　鄱阳湖水污染防治分区及目标

1. 鄱阳湖水污染防治分区

按照鄱阳湖流域特征和江西省环境污染治理实际情况,根据地域划分和监测断面的布设,为防治水污染,将鄱阳湖流域分为赣江流域、袁河锦江流域、信江流域、抚河流域、乐安河流域、昌江流域、修河流域以及鄱阳湖区等八个水污染防治分区(图 14-2)。分区主要将赣江流域涉及赣西新余、宜春、萍乡三市的袁河和锦江流域化为一个分区,因为赣西产业和 GDP 发展等水平较高,对袁河、锦江的压力不同于赣江主河道,又可突出三市的特征,因此单独列出;同理,昌江地区和乐安河也具有不同的行政区属和污染特征,因此单独列出。

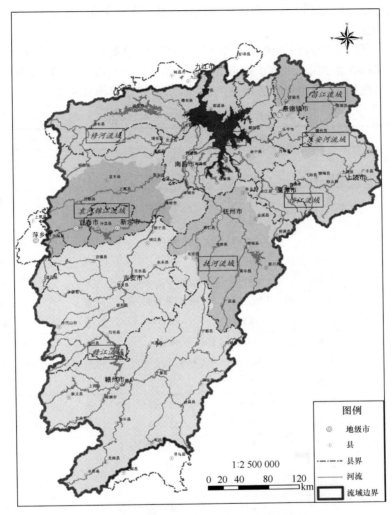

图 14-2 鄱阳湖流域水污染防治分区图

2. 水污染防治目标

(1) 水质保护目标

以污染物总量控制及农村面源污染防治为重点,有效削减入湖污染负荷,改善湖区及"五河"水环境质量,"五河"主要入湖控制断面及湖区水体水质稳定在Ⅲ类以上。确保河、湖水质达到水环境功能目标,保障饮用水及工农业用水安全。

水质保护目标:到 2015 年,鄱阳湖流域村镇生活污染得到有效控制,农村及农业面源污染防治成效明显,入湖污染负荷全面降低;主要入湖河流及湖体水质监测断面Ⅲ类以上水质达到85％,湖体水质明显改善,局部富营养化有所好转,保证出湖水质达到Ⅲ类。

到2020年,主要入湖河流及湖体水质监测断面Ⅲ类以上水质达到85％以上,湖体水质保持在Ⅲ类以上,逐步接近Ⅱ类,局部富营养化基本消除;流域生态环境基本实现良性循环,稳定发挥各项生态功能,水质控制目标详见表14-1。

表 14-1 鄱阳湖流域水质控制目标表

河流名称	地区	断面名称	断面性质	2015 年水质目标	2020 年水质目标
抚河	南昌	塔城	国控	Ⅲ	Ⅲ
	抚州	黄江口	市界(入南昌)	Ⅲ	Ⅲ
赣江	南昌	滁槎	国控	Ⅳ	Ⅲ
	南昌	生米	国控	Ⅲ	Ⅲ
	赣州	市自来水厂	国控	Ⅲ	Ⅲ
	赣州	新庙前	国控	Ⅲ	Ⅲ
	吉安	大洋洲	市界(入宜春)	Ⅲ	Ⅲ
	宜春	丰城拖船埠	市界(入南昌)	Ⅲ	Ⅲ
	九江	吴城赣江	入鄱阳湖	Ⅲ	Ⅲ
信江	鹰潭	梅港	国控	Ⅱ	Ⅱ
	鹰潭	双凤街	市界(入上饶)	Ⅲ	Ⅲ
	上饶	弋阳	国控	Ⅱ	Ⅱ
饶河	上饶	香屯	市界(入景德镇)	Ⅲ	Ⅲ
	上饶	赵家湾	入鄱阳湖	Ⅲ	Ⅲ
赣江袁河锦江	宜春	彬江	市界(入新余)	Ⅲ	Ⅲ
	新余	罗坊	国控	Ⅲ	Ⅲ
	萍乡	棚下	国控	Ⅲ	Ⅲ
修河	九江	吴城修水	入鄱阳湖	Ⅲ	Ⅲ
饶河昌江	景德镇	鲇鱼山	国控	Ⅲ	Ⅲ
鄱阳湖区	九江	鄱阳湖出口	国控	Ⅲ	Ⅲ

(2) 污染物总量控制目标

到2015年,鄱阳湖湖区及流域所有县(市)、设区市城区生活污水全部进入污水处理厂,城镇生活污水处理厂的出水达到《城镇污水处理厂污染物排放标准》(GB 18918—2002)一级 A 标准;到2020年,流域所有县级以上城镇污水处理设施增加脱氮除磷工艺,城镇人口规模大于 3 万人的乡镇城镇生活污水处理设施应全部建成,并完成污水收集,出水水质达到《城镇污水处理厂污染物排放标准》(GB 18918—2002)一级 A 标准。

要实现水污染防治目标,必须通过在湖区、滨湖带、生态经济区、流域和江河源头不同层次和尺度下,不同的污染防治对策来完成。

14.2　鄱阳湖湖体保护及水污染防治对策

14.2.1　防治思路及重点

通过对鄱阳湖区及其湖体主要水环境问题、污染源的识别和分析,确定鄱阳湖湖体水污染防治的思路是污染源控制、湖泊湿地生态保护与环境管理相结合,其水污染防治的重点在于湖内污染源控制及其湖泊生态系统保护。湖内主要的污染源包括湖泊开发活动(如采砂、捕鱼)、航运港口、旅游活动等,更重要的是湖内生态系统保护和恢复,主要是湿地生态系统的保护与湿地恢复等。除此之外,为加强对湖泊的科学认识和管理,应大力开展湖泊科学考察、生态环境监测和科学研究等工作,保障湖泊资源的有序利用和湿地生态系统健康安全。

14.2.2　水污染防治对策

1. 制定严格的污染物排放标准

对在湖区开展的排污行为,包括港口及码头、航运船舶、旅游业、采砂等活动,应执行更加严格的排放标准。加强湖区运输船舶船型标准化建设与管理,提高运输船舶技术水平,防止船舶污染环境。新建码头及港口需建设船舶污水收集和污水深度治理设施,确保船舶污水、压舱废水达标排放。控制鄱阳湖航行船只或其他旅游设施直接向鄱阳湖排污。要加强旅游和船舶污染防治,各类旅游设施必须配备污水及污染物处理装置,入湖机动船舶必须按标准配备使用防污设备,集中停泊区必须设置污染物收集处理设施。

2. 加强湿地保护与恢复,提高湿地净化水质功能

采取工程治理与自然修复相结合的方式,加大湿地恢复治理力度,实施鄱阳湖湿地生态恢复工程,建立湿地自然恢复区,保护好鄱阳湖天然湿地,完善引水设施体系,实施水位和水文周期调节,恢复湿地植被;治理乱堵堰、乱栽树、乱排污,严禁一切破坏湿地的行为。加大流域内河流、湖泊、河口三角洲、滩涂、沼泽等天然湿地保护,禁止非法侵占,切实提高天然湿地的生态服务功能。加强人工湿地建设,充分发挥人工湿地的多种功能效益。在鄱阳湖区已建闸控制的湖湾,建设湿地可持续利用示范区,通过农牧渔业综合利用和统筹管理实验,恢复湿地生态系统功能,提高湿地资源利用效率。切实加强流域内大型水库、水渠等人工湿地的保护和管理,提高湿地净化功能,进一步保护好湿地。

实施湿地生态保护工程,对鄱阳湖退田还湖重点区和沙化区实施湿地植被恢复工程。湿地植被恢复工程应以自然修复为主,人工建设为辅。开展重要退田还

湖圩区和鞋山湖、寺下湖、大汊湖、新妙湖、汊池湖、南疆湖、金溪湖、"三湖"等湿地植被恢复工程。加强湖区高程 11～17 m 重要湖滩草洲湿地植被保护。到 2020 年,力争在鄱阳湖退田还湖区域和洲滩恢复湿地植被超过 3 万 hm²;沙滩植被恢复鼓励种植蔓荆子等旱生植物改良沙化湿地。

3. 建设鄱阳湖生态环境观测站,开展湖区生态监测和科学考察

建设鄱阳湖生态环境观测站,在鄱阳湖典型区域,建立生态观测站(点),对鄱阳湖湿地生态系统及水环境开展全面监测,及时掌握湖区的生态环境现状与变化趋势。同时建立鄱阳湖湿地生态系统监测网络系统、视频监控系统以及保护基础数据平台等,构建集成信息化网络平台。开展实地科学考察研究,实现生态基础数据共享,开展专项研究,利用"3S"技术和实地调查结合,对湖区湿地自然环境要素、野生动植物资源特征、面积、分布及受威胁程度等情况进行详细、全面的综合调查,并编制调查报告与系列图件,建立相应的数据库,为鄱阳湖湿地生态系统的保护和管理提供数据支撑。

4. 加强鄱阳湖水质监测,完善鄱阳湖水环境应急体系建设

优化鄱阳湖现有监测点位和监测频次,针对近年来新出现的生态环境问题,增加环境监测点位,加强"五河"及区间河流尾闾区、碟形湖及自然保护区等敏感区域水环境监测,掌握鄱阳湖水质动态变化。强化污染源监督性监测,建设和完善监测监控和考核体系,提高环境应急监测能力以及对重大突发性环境事件的应急响应和处理能力,包括加强对湖区敏感水域水体蓝藻监测和预报;筛选鄱阳湖水质污染主要的风险源,对潜在污染源建立风险档案和应急机制。加强对重点氮磷排污企业的监管,做好企业水污染事故的应急预案。

5. 加强湖泊近岸区岸线管理和污染控制

结合鄱阳湖水质现状、湖盆形态、湖区污染源分布以及湖流特征等,应重点关注位于鄱阳湖北部狭长水域沿岸区域的污染控制,尤其是位于鄱阳湖出湖水道西岸的九江市庐山区姑塘镇及姑塘化纤工业基地为重点控制区。据调查,姑塘化纤工业基地总规划面积 20 km²,拥有 8 km 长的鄱湖岸线。目前基础设施建设快速推进,其中亿元以上项目 15 个,包括大唐氟化工、维科针织、维科印染、恒生化纤、赛得利化纤等污染型企业。因此,应加快基地产业结构调整和技术进步,发展高技术、高效益、低能耗、低排放产业,促进企业技术改造,大力推行清洁生产,加快形成集约、环保、高效的生态产业体系,从源头控制污染物产生,减少基地排入鄱阳湖的污染负荷;加强环境监管,对工艺落后、污染严重且不能稳定达标的直接或间接向鄱阳湖水体排放污染物的重污染企业,应坚决予以关停和淘汰;编制水污染防治规划,优先建设基地及城镇污水集中处理设施,对基地生活垃圾进行无害化与资源化处置。

针对湖区饮用水源地个别水质指标尚不能稳定达标的问题,抓住制约和影响鄱阳湖水环境特征的主要污染因子,严格控制湖区饮用水源地水域氮磷负荷。对区域排污口处于鄱阳湖湖体核心区的共青城市、星子县、都昌县、鄱阳县等地城镇及工业园区污水处理厂应增加除磷脱氮深度处理工艺和设施,控制磷、氮等排放,确保保护饮用水源水质稳定达标。

6. 湖区血吸虫病疫区水污染控制策略

(1)疫区改水改厕

结合新农村建设,实施血防疫区改水改厕,减少疫区群众与疫源水体的直接接触,实施疫区集中供水,滨湖区厕所均需实现粪便无害化处理。

(2)疫区粪便无害化处理

建立疫区渔船民集散地公共厕所,收集粪便并进行无害化处理。积极探索渔船民等水上流动人员粪便无害化管理模式,确保疫区粪便实现无害化处理。

(3)畜牧生产方式由散养改为圈养

引导疫区群众改变传统落后的敞放散养的耕牛饲养模式,实施家畜舍饲圈养,避免粪便污染草洲,进而通过家畜污染湖体,甚至感染人群。

(4)控制和减少灭螺药物的使用

加大疫区查螺力度,掌握螺情变化。正确处理灭螺和环境保护间的关系,在传染源控制各项措施落实的条件下,逐步控制和减少灭螺药的使用,对严重威胁人畜安全的易感环境有选择的实施药物灭螺,但在保障灭螺效果的前提下,控制和减少灭螺药物使用。

14.3　鄱阳湖滨湖区生态屏障建设及水污染防治对策

鄱阳湖生态经济区规划建立了"两区一带"的功能区划,其中十分重要的就是建设了鄱阳湖滨湖保护区(又称为鄱阳湖滨湖控制开发带),构建鄱阳湖生态屏障。

14.3.1　防治思路及重点

鄱阳湖滨湖区主要是指沿湖岸线的邻近水域。2009 年,江西省人民政府发布了关于成立"五河一湖"及东江源头保护区的通知,为保护鄱阳湖"一湖清水",设立了鄱阳湖滨湖保护区。鄱阳湖滨湖保护区的划定原则是按照平垸行洪、退田还湖、移民建镇政策和保护鄱阳湖天然湿地的要求,以 1998 年鄱阳湖最大水域面积(即 5181 km²)形成的最高水位线(1998 年 7 月 30 日湖口水位 22.48 m、吴淞高程)为界,向陆地延伸 3 km 的范围。

鄱阳湖滨湖保护区面积 3745.76 km²,涉及南昌、九江、上饶、抚州 4 个设区市,新建县、南昌县、进贤县、都昌县、湖口县、星子县、德安县、共青城、永修县、庐山

区、鄱阳县、余干县、东乡县 13 个县（区、开发区），101 个乡（镇），9 个农垦场，938
个行政村。其中南昌市所辖保护区面积 1181.26 km²，涉及 3 个县，24 个乡镇，242
个行政村、10 个分场；九江市所辖保护区面积 1310.2 km²，涉及 7 个县区，50 个乡
镇，4 个农垦场，385 个行政村、26 个分场；上饶市所辖保护区面积 1237.9 km²，涉
及 2 个县、26 个乡镇、5 个农垦场，309 个行政村、12 个分场；抚州市所辖保护区面
积 16.4 km²，涉及 1 个县，1 个镇，2 个行政村（具体范围见表 14-2）。该区域农业
发达，是鄱阳湖主要的污染来源。因此，鄱阳湖滨湖区污染防治的重点是加强对区
域面源污染的治理，建设绿色屏障，控制污染物直接入湖，主要的污染源包括滨湖
保护区内的农田径流、农村生活污染及畜禽养殖污染等。

表 14-2　鄱阳湖滨湖保护区基本信息

县（市、区）	乡（镇、场）	乡镇场数目	保护区面积/km²
进贤县	民和镇、架桥镇、七里乡、三阳集乡、前坊镇、南台乡、二塘乡、梅庄镇、三里乡、罗溪镇、钟陵乡、池溪乡	12	612.56
新建县	铁河乡、大塘坪乡、金桥乡、昌邑乡、南矶乡、象山镇	6	228
南昌县	塔城乡、幽兰镇、塘南镇、泾口乡、蒋巷镇、南新乡	6	340.7
都昌县	周溪镇、西源乡、三汊港镇、和合乡、万户镇、多宝乡、徐埠镇、都昌镇、大树乡、春桥乡、土塘镇、狮山乡、芗溪乡、南峰乡、中馆镇、左里镇、苏山乡、汪墩乡、北山乡、阳峰乡、大沙乡、农场水产场	22	697.7
湖口县	流芳乡、文桥乡、舜德乡、城山镇	4	233.6
星子县	泽泉乡、横塘镇、苏家垱乡、蛟塘镇、蓼花镇、温泉镇、蓼南乡、白鹿镇、华林镇、南康镇、沙湖山管理处、青山垦殖场	12	184.6
德安县	蒲亭镇、河东乡、宝塔乡、丰林镇	4	51
共青城	江益镇、金湖乡	2	
永修县	九合乡、吴城镇、恒丰企业集团、艾城镇、立新乡、马口镇、三角乡、永丰乡、涂埠镇	9	130.5
庐山区	海会镇	1	12.8
余干县	九龙乡、枫港乡、瑞洪镇、康山乡、大塘乡、石口镇、江埠乡、东塘乡、乌泥镇、古埠镇、三塘乡、渔池湖水产场、信丰垦殖场、康山垦殖场、大湖管理局、禾斛岭垦殖场	16	501.5
鄱阳县	莲湖乡、珠湖乡、白沙洲乡、双港镇、团林乡、四十里街镇、鸦鹊湖乡、油墩街镇、银宝湖乡、乐丰镇、柘港乡、谢家滩镇、响水滩乡、高家岭镇、鄱阳镇	15	736.4
东乡县	杨桥殿镇	1	16.4

注：共青城市设立前统计在德安县，故未单列保护区面积

14.3.2　水污染防治对策

滨湖保护区水污染防治重点是控制面源污染,建设生态屏障。

1. 严格禁止滨湖保护区新建排污项目

按照"构建生态屏障,严格控制开发"的总体要求,提高区内工程项目环境准入门槛,严格执行环境影响评价和总量控制制度,禁止在区内新建污染企业,禁止现有企业超标排放。控制该区域水体围网养殖规模及高浓度养殖废水的排放,开展规模化畜禽养殖企业环境污染专项整治,区内禁止新建规模化畜禽养殖企业,现有养殖企业必须治理达标、搬迁或关闭。

2. 大力推进农村环境综合整治,严格控制入湖污染负荷

制定《鄱阳湖滨湖保护区污染防治规划》,采取有效措施加快区域产业结构调整,大力发展循环经济。按照国家对农村环境保护工作的总体思路,积极实施农村环境综合整治工程,控制农村污染。按照以人为本、人水和谐的理念,以改善和美化农村环境,建设社会主义新农村为目标,开展滨湖区农村水污染治理,结合新农村建设,适时推进农村生活污水净化工程建设。建立农村人畜粪便管理制度,探索简易可行、适度集中的生活污染处理方式,推进生活垃圾的无害化、资源化。依据滨湖区内农村环境现状,积极推进一批环境问题突出区域开展集中连片综合整治。采取分散与集中相结合的方式,积极开展滨湖保护区村镇生活污水处理设施建设,率先建成滨湖保护区乡镇污水处理设施。在广大农村地区选择抗冲击能力强、建设运营成本低、处理效率高的生物及生态处理工艺。因地制宜推行生活污水简易生物处理,充分利用池塘、沟渠等的自净能力,有条件的地方积极推行污水人工湿地处理工程、生物滤池工程及接触氧化池处理工程,切实解决农村生活污水问题,实现鄱阳湖滨湖区村镇生活污水集中与分散处理相结合,提高水处理综合水平。

大力推进农村清洁工程,在合适的地点建设区域性的乡镇垃圾卫生填埋场,实现农村生产生活垃圾集中收集与集中处置,同时配套建成垃圾渗滤液处理设施,杜绝二次污染。

3. 推进滨湖区畜禽养殖污染防治

在湖区及流域合理布局规模化畜禽禁养区、控养区和适养区。搬迁或关闭位于湖区及水源保护区等地规模化畜禽养殖企业。强化对规模化畜禽养殖场的环境监管和监测,加强污染综合整治,促进畜禽粪尿的综合利用,新建畜禽养殖场必须同步建设粪尿治理与综合利用设施。积极普及与推广"猪-沼-果"、"猪-沼-菜"、"猪-沼-渔"等生态种养模式和节水农业模式,减少化肥、农药等化学物质使用,减

轻农业面源污染。

重点控制滨湖地区畜禽养殖废弃物的产生与排放,推进集中标准化生态养殖模式,促进畜牧业和资源环境协调发展。发挥集约化优势,加强湖区畜禽养殖企业环保准入及污染物排放监管与环境监测。

4. 加强水产养殖污染防治

推广生态健康养殖技术,适当控制并合理布局区内投饵性养殖网箱、工厂化等集约化养殖;控制水体养殖容量,推广种草养鱼养蟹,保护水域生态环境,确保水域可承载力。严禁在湖泊、水库等大型水域大量使用化肥和有机肥养鱼,推广池塘等小型可控水体测水施肥,并达标排放。发展鲢、鳙鱼、贝类等减排作用明显的品种养殖,并在投饵性养殖相对密集的水域,加大鲢、鳙鱼等减排品种的投放量,确保渔业经济发展和水域生态环境优良。全面取消湖泊禁养区的围网养与肥水养殖,严禁围湖造田和围湖养殖。

5. 滨湖区农业面源污染防治

在滨湖地区推广测土配方施肥和沃土工程,限制施肥量大的农业生产活动,从农业结构调整上控制湖区农业入湖污染负荷;采取措施有效控制湖区农业面源污染,提高农药和化肥施用效率,降低单位产值农药和化肥使用量,力争农作物秸秆和畜禽粪污资源化利用率达90%以上。推广使用高效、低毒、低残留、生物农药,推行人畜粪便、秸秆等废弃物的资源化、无害化处理技术,发展有机农业和生态农业,控制农业面源污染。建立生态沟渠和人工湿地等生态治污工程,实施灌区节水农业等措施阻断和拦截农业面源污染。

14.4　鄱阳湖生态经济区生态产业发展及水污染防治对策

14.4.1　防治思路及重点

鄱阳湖生态经济区确定的高效集约发展区是江西省今后一段时间发展的重点区域,也是对鄱阳湖环境压力相对较大的区域。该区域水污染防治的重点应针对高效集约发展,其水污染防治的重点应突出生态产业建设及其污染物削减。

14.4.2　生态经济区产业发展重点与调控对策

1. 优化区域农业产业结构

充分发挥鄱阳湖生态经济区良好生态环境和特色农业资源优势,大力发展高效生态农业。实施新增优质稻生产能力工程,构建优质油茶、优质油菜、蔬菜、棉花、水产品和食用菌加工基地,建设生态茶园、生态果园、生态农业技术集成示范园,推进现代农业示范区,以及抚河廖坊灌区节约环保型生态农业示范区建设,实施农产品加工转化工程。大力构建经济区内优势农业产业集群,形成不同区域不同农业产业的区域优势。

从农业结构调整上控制湖区农业入湖污染负荷,采取工程措施及管理措施有效控制湖区农业面源污染,提高农药和化肥施用效率。重点控制畜禽养殖废弃物的排放。积极推进集中标准化养殖等生态养殖模式,促进畜牧业和资源环境的协调发展。重点扶植规模化现代化畜禽养殖场,加强对畜禽养殖企业环保准入的管理及污染物排放的监管。

2. 加强工业产业调控

以工业园区为平台,以骨干产业及企业为依托,推广循环经济发展模式,推进工业企业节能减排降耗,着力增强企业自主创新能力,促进项目集聚与产业集群,形成科技含量高、经济效益好、资源消耗低及环境污染少的新型工业体系。

具体的调控措施包括:

1) 积极创建集约化、集群化工业发展模式,通过培育大型骨干企业和特色工业园区的模式,聚集优势资源,着力增强自主创新,促进项目集聚与产业集群。

2) 以工业园区为平台,延长产业链,以园区骨干企业为依托,推广循环经济发展模式,着力增强企业自主创新,形成科技含量高、经济效益好、资源消耗低、环境污染少的环境友好型工业体系,大力发展循环经济,推广清洁生产。

3) 加快发展高技术产业,坚持全面提升与重点突破相结合,突出自主创新,加快科技成果产业化,重点发展半导体照明、生物医药、电子信息、航空产业。加大第二产业中的科技投入,提升高技术含量、高附加值、低能耗、低污染产业在第二产业中的比重。

3. 大力发展生态三产

发挥鄱阳湖生态经济区生态资源优势和交通区位优势,依托中心城市,重点发展节能环保、生态旅游、特色文化、商贸物流及金融保险等服务业,不断提高服务业的比重,充分发挥服务业配套、支撑和引领作用,促进区域经济社会发展。

第三产业的调控措施包括:

1) 打造区域生态旅游业

突出"红色摇篮、绿色家园"江西整体形象,进一步做大红色旅游品牌,大力开发湿地生态游、珍禽观赏游、文化山水游、休闲度假游、科普科考游、陶瓷艺术游、乡风民俗游、健身养生游、宗教朝觐游等旅游产品。

2) 培育现代服务业

建设生态旅游基地、商贸物流基地、国家级服务外包基地、都市生态经济发展基地和传统文化产业园,发展红色旅游文化产业和旅游商品生产,培育壮大文化创意产业,构建特色产业公共服务体系,实施休闲旅游农业建设工程。

3)积极发展现代物流业

以水运为基础,航空口岸物流为重点,铁海联运为突破口,建立生态经济区全方位、多层次、立体式的口岸物流平台,形成铁路、航空、水运、公路多式联运的口岸物流商贸网络群。形成几个大型物流中心:南昌物流区域中心、赣北物流区域中心、赣东物流区域中心,赣西物流区域中心。

14.4.3 水污染防治对策

1. 严格环境标准,强化环境准入

突出特色、严格准入、优化布局。建立鄱阳湖生态经济区污染源台账。制定和颁布《鄱阳湖生态经济区水污染物排放标准》(暂定)。细化明确入湖水污染物排放量控制指标和削减目标。推行排污许可制度,依法按流域总量控制要求,把总量控制指标分解落实到污染源,实行持证排污,对"两高"行业执行严格环保准入政策。

结合产业结构调整,完善强制淘汰制度,根据国家相关产业政策,按期淘汰不符合产业政策的水污染严重企业和落后的生产能力、工艺、设备与产品。严格执行国家产业政策,不得新上、转移、生产和采用国家明令禁止的工艺和产品,严格控制限制类工业和产品,禁止转移或引进重污染项目,鼓励发展低污染、无污染、节水和资源综合利用的项目。排污企业要在稳定达标排放的基础上进行深度治理,鼓励企业集中建设污水深度处理设施。

2. 加强污染物减排工程建设

严格控制工业企业污水排放,实现排污减量化。鼓励发展资源消耗低、环境污染少的环境友好型产业和企业。推行鄱阳湖生态经济区内企业严格排污的准入制度和排污监控机制,对有严重环境安全隐患的企业进行严格限制,控制年度排污总量不增,保证单位产值污水排放量下降,力争在 2015 年实现污水达标排放率 100% 的目标。

针对各主要入湖污染负荷区提出调控对策,包括:①加强九江市庐山区姑塘镇及姑塘化纤工业基地污染控制,加快基地产业结构调整和技术进步,加强环境监管,建设工业区及城镇污水集中处理设施;②加强昌九工业走廊工业和沿线城镇生活污染治理,创建一批生态工业园区;③加强南昌市区域工业和城镇生活污水的收集和处理力度,以及畜禽养殖产业污染防治力度;④加强信江流域畜禽养殖污染防治和上游重点企业污染防治;⑤加强景德镇、鄱阳县等饶河流域工业和生活污染防治,以及乐安河流域重金属污染治理(水污染防治工程建设重点详见图 14-3)。

图 14-3 鄱阳湖生态经济区水污染防治工程建设重点

3. 优化城乡布局

依托区域良好的基础设施优势和产业关联,加快构建环鄱阳湖城市群及昌九一体化。建设南昌大都市圈,尽快形成一批具有较强辐射功能的城市和城市群。加快推进小城镇建设,实施百镇示范工程,密切小城镇和中心城市的联系,集聚更多农村人口,带动农村地区发展,形成城市群(中心城市)带动,小城镇融合,农村地区策应的城乡发展格局。统筹城乡产业发展一体化,统筹城乡基础设施建设一体化,统筹城乡生态环境保护和建设一体化,统筹城乡市场体系建设一体化,统筹城乡劳动就业和社会保障一体化,统筹城乡公共社会服务一体化。

14.5 鄱阳湖绿色流域建设及水污染防治对策

14.5.1 防治思路及重点

保护鄱阳湖的前提和重点是保护全流域一流的生态环境质量,在全流域尺度布置污染治理和环境保护各项工程,实施相应的对策措施。流域水污染防治思路是实现环境保护的全过程管理,包括污水处理、饮用水源保护、生态建设和保育等,推进建设绿色流域(图14-4)。

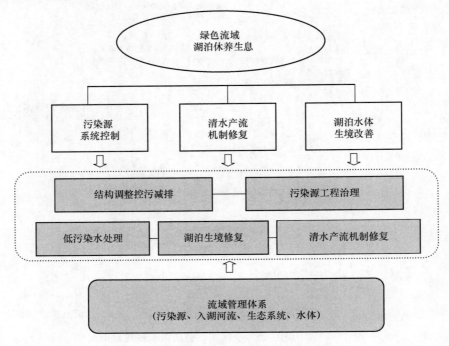

图 14-4　绿色流域建设模式(金相灿等,2011)

　　湖泊水环境质量及其营养状态,实际上是其流域整体污染水平的一种客观反映。流域社会经济发展水平、环境污染程度与生态状况直接影响湖泊水质及其变化趋势。因此,湖泊治理中,必须从流域经济、社会和环境的整体出发,建设与湖泊水环境保护目标相匹配的社会、经济、环境和谐发展的绿色流域,是湖泊环境保护与水污染防治的关键之所在。基于太湖、滇池、抚仙湖和洱海等我国湖泊治理经验,建设湖泊绿色流域主要应围绕建设六大体系(金相灿等,2010)开展:①社会经济布局及产业结构调整控污减排体系;②污染源工程治理与控制体系;③低污染水处理与净化体系;④入湖河流污染治理与清水产流机制修复体系;⑤湖泊水体生境改善体系;⑥系统管理与生态文明建设体系。建设湖泊绿色流域,就是要协调好流域社会经济发展与湖泊保护之间的关系,使流域社会经济发展模式与湖泊的水环境保护目标相适应,使流域污染物的入湖量与湖泊水环境承载力相适应。

　　建设湖泊绿色流域就是要立足于流域层面,开展流域的统筹规划和建设。流域产业政策与结构调整控污减排是"湖泊绿色流域建设"的基础,其主要思路是对流域各产业布局进行优化调整,形成流域低污染、循环发展的生态经济模式,从源头上减少污染物排放量。污染源控制和治理是"湖泊绿色流域建设"的重要内容，在结构调整减排的基础上，开展农村生活污染治理、农田面源污染控制、农村畜禽和水产养殖污染控制及水土流失污染控制等工程。流域系统管理与生态文明建设是"湖泊绿色流域建设"的重要保障，主要包括流域监管体系的建设、宣传教育能力建设、生态文明道德文化与观念建设等内容。

14.5.2 水污染防治对策

1. 加快实施城镇污水处理，提升区域的污染减排能力

为切实保护好鄱阳湖"一湖清水"，2008 年 5 月，江西省政府已在全省范围内全面实施了城镇污水处理工程。用两年时间全面建成江西省县级城镇生活污水处理设施。截至 2009 年末，江西省已建成污水处理厂 110 座，其中包括 10 座工业园区污水处理厂，城镇污水集中处理能力达到 295.9 万 m^3/d，污水处理率达到 56.4%（其中污水排放量为 425.7 万 m^3/d，集中处理量达到 240.2 万 m^3/d），城镇污水处理厂负荷率达到 81.2%；完成配套污水管网建设总长 4691.8 km；脱水污泥产量为 1073.96 t/d。

"十二五"期间，应进一步以完善污水配套管网、加强已建污水处理厂污泥处理处置和污水再生利用工程建设为重点，切实抓好项目组织实施工作。确保污水处理排放标准达到《城镇污水处理厂污染物排放标准》（GB 18918—2002）一级 B 标准，实现 COD 的有效削减。主要的工程措施包括建设城镇污水处理厂工程、城镇污水再生利用工程、污水管网建设工程和污泥处理处置工程等。

（1）加强污水处理厂配套工程建设

尽快完成配套管网建设。高度重视污水处理厂的污泥处理设施建设，新建和现有污水处理厂改造要统筹考虑配套建设污泥处理处置设施，重点在南昌建设污泥集中综合处理处置工程。

（2）合理确定污水处理厂设计标准及处理工艺

按照"集中处理为主，集中和分散相结合"的原则优化污水处理厂布局，根据流域降水及污水特点合理确定处理工艺。新建污水处理厂处理废水达标排放，直接排入湖库等封闭水体的现有污水处理厂，应配套建设除磷、脱氮设施，有计划削减和严格控制氮磷污染负荷。

（3）加强污水处理费征收

为保证污水处理厂的正常运行，应妥善解决其处理成本问题。所有城镇污水处理单位改制成独立企业法人，城市、建设污水处理厂的县（市）征收污水处理费，使各城镇污水处理收费标准提高到保本微利水平。

（4）加强城镇污水处理工程建设与运营监管

科学论证和筛选污水处理工艺，严格控制规模与投资。污水处理设施建设要

政府引导与市场运作相结合,推行特许经营,加快建设进度。投产的污水处理厂当年实际处理量不得低于设计能力的60%,投产三年以上的污水处理厂污水处理量不得低于设计能力的75%。城镇污水处理厂应全部安装在线监测装置,实现污水处理厂排水的实时、动态、全面的监督与管理,严禁污水处理厂超标排放污水。

2. 加大工业污染控制力度

(1) 结合经济结构调整,完善强制淘汰制度

根据国家相关产业政策,淘汰不符合产业政策的水污染严重企业和落后的生产能力、工艺、设备与产品。严格执行国家产业政策,不得新上、转移、生产和采用国家明令禁止的工艺和产品,严格控制限制类项目建设,禁止转移或引进重污染项目,鼓励发展低污染、无污染、节水和资源综合利用的项目。排污企业要在稳定达标排放的基础上进行深度治理,在政策上鼓励企业集中建设污水深度处理设施。

(2) 积极推进清洁生产,大力发展循环经济,提高企业用水重复利用率,降低单位能耗与污染物排放强度

要按照循环经济理念调整经济发展模式和产业结构,鼓励企业实行清洁生产和工业用水循环利用,建立节水型工业。对水污染物不能稳定达标的企业进行限期治理。限期治理期间应予限产、限排,逾期未完成治理任务的,责令其停产整治。重点加大对造纸、化工、电镀、钢铁、有色金属、矿山等行业的水污染防治力度。对化工、造纸、印染、酿造等污染物总量负荷较高以及有严重污染隐患的企业,依法实行强制清洁生产审核,企业要按清洁生产审核要求进行技术改造,消除污染隐患。全面推进工业园区污水处理厂工程建设、管网建设及运行管理制度建设,努力实现工业园工业废水的集中处理与循环利用,确保工业园区企业实现稳定达标排放。

(3) 严格环保准入

对新建排污企业实施严格的审批制度,新建水污染项目严格执行水污染物总量控制要求,严格执行建设项目环境影响评价制度和环境保护"三同时"验收制度,在生产源头上削减污染物的产生,有效控制流域污染物排放总量。

(4) 对重点行业、重点企业及主要污染物加强的监管

对流域内排放水污染物重点行业、重点企业,增加污染物排放监测和现场执法检查频次,重点监测和检查有毒污染物排放和应急处置设施运行情况。对重点污染源安装自动在线监控装置,实行实时监控、动态管理。并与环保部门联网监控。

(5) 矿山废水污染防制

重点对位于乐安河流域的德兴铜矿及位于信江流域的永平铜矿等大型铜矿产生的含重金属酸性废水进行综合治理。加强矿区环境保护及生态恢复工作;矿区施行清污分流,废水循环使用,综合回收废水中有用物质;坚持工程治理与生物治理相结合,积极进行矿山和尾矿山库坝体的植被恢复和土地复垦。

3. 加强重点河段综合整治

对流域重点河段要以水环境功能区划和水环境容量为依据,以保护流域水环境质量为目标,并根据减排目标,确定鄱阳湖区及各流域主要污染物排放总量和削减计划,制定和实施流域环境综合整治规划,实施重点污染源、重点流域、重点区域水环境综合整治工程,集中解决重点水域水污染问题。加快推进"五河"干流污染综合整治区和鄱阳湖平原生态保护与污染控制区等重点区域的环境综合整治。建立流域水环境保护屏障,以"五河"沿岸 1 km 为界划定保护线。综合整治和严格控制保护线内排污企业,取缔国家明令禁止和淘汰的污染企业。

4. 加强饮用水源保护

饮用水安全是国家发展水平的一个重要标志,同时也是鄱阳湖及流域水环境保护的重要内容。加强饮用水水源地环境保护力度,禁止在城镇生活饮用水源一、二级保护区设立污水排放口,在鄱阳湖及全流域范围内开展饮用水保护 8 项工程,分别为:饮用水水源地防护工程、保护区内点源治理工程、非点源污染防治工程、生态建设与修复工程、地下饮用水水源地环境保护工程、应急能力建设工程、监测体系能力建设工程、环境管理能力建设工程。通过保护工程的建设,实现湖区及流域饮用水水源地环境保护目标,并最终达到饮用水水源水质明显改善,稳定达标的远期目标,保障湖区及流域饮用水安全。

5. 推进农村和农业面源污染防治

合理规划布局流域内畜禽禁养区和集中养殖区,加快搬迁或关闭位于水源保护区、滨湖控制开发带、城市和城镇居民集中区的畜禽养殖企业。引导畜禽养殖业向畜禽粪尿消纳土地相对充足的农村地区转移,推行种养结合,走生态养殖之路。推广畜禽排泄物收集与再利用模式,加大畜禽养殖场改造和大中型沼气利用工程建设,加强污水和粪便无害化处理。加大测土配方施肥技术推广的力度,科学施用化肥、农药,鼓励使用农家肥和有机肥。

重点在滨湖县(区)推广农业清洁生产模式,建设一批环保型畜禽养殖基地和畜禽粪有机肥处理中心。实施水稻种植污染控制示范工程及畜禽标准化规模养殖示范工程,力争到 2015 年规模化畜禽养殖粪污处理率达到 100%。

6. 推进实施森林城乡、绿色通道建设工程

抓好基础设施、工业园区和矿山裸露地绿化及生态恢复,提升鄱阳湖流域造林绿化整体水平,构筑功能完备、结构合理、效益显著的森林生态体系。实施森林城乡、绿色通道工程是建设鄱阳湖绿色流域、健康河流,以及让河流休养生息等重要

措施。确保江西省森林覆盖率稳定在 63％以上,提升森林质量。城市和乡镇人均公共绿地面积显著上升,农村自然村庄和路沟渠基本绿化,高效的农田防护林带基本建成。已建和新建高速公路、铁路、县乡公路、江河堤防、灌区渠道两侧绿化率均达到提高。工业园区绿化覆盖率提高,园区内裸露地基本得到绿化;对各类废弃矿山、矿渣、尾砂(矿)区进行土地复垦和生态恢复。基本建成层次多样、结构合理及功能完备,点、线、面相结合的国土绿化体系,保障生态状况整体步入良性循环。

7. 大力推动仙女湖、柘林湖等生态功能区保护和建设

生态功能保护是当今国际社会区域生态保护的共同选择,为应对生态环境日益严重的问题,强调从单要素管理向多要素、全系统综合管理的转变,强化流域生态系统结构与功能的保护。结合江西省良好的生态环境和重要生态功能保护,在实施"山江湖"工程和绿水青山保护工程基础上,推进流域干流控制性水库(如仙女湖、柘林湖等)生态功能区保护和建设。

8. 加强水土流失治理

以小流域为单元,统一规划"山、水、田、林、路",采取生物措施、工程措施与耕作措施结合的方式,加强对坡耕地、崩岗、荒山、荒坡、残次林、沿湖沙山、沿河沙地及交通沿线侧坡等水土流失易发区的治理。加强对开发建设项目水土保持监督管理,做好城镇化过程中的水土保持工作。到 2015 年,治理流域水土流失面积 8095 km²。重要铁路、高速公路沿线和设市以上城市范围内矿山全面实现复垦复绿,江西省矿山地质环境综合治理率达到 50％以上,土地复垦率达到 30％以上。

14.6　鄱阳湖"五河"源头保护及水污染防治对策

14.6.1　防治思路及重点

1. "五河"源头保护区划定

2009 年,江西省人民政府发布,关于成立"五河一湖"及东江源头保护区的通知,设立了"五河"源头保护区。鄱阳湖"五河"源头保护区共有 7 个,涉及 6 个设区市,10 个县(市),41 个乡(镇),381 个行政村,45 个林场(表 14-3)。

表 14-3　鄱阳湖流域"五河"源头保护区区划表

序号	源头保护区名称	所在县	面积/km²	乡镇
1	赣江(章江)源保护区	崇义县	228.49	崇义县铅厂镇、聂都乡
		大余县	551.66	大余县内良乡、河洞乡、吉村镇、浮江乡

续表

序号	源头保护区名称	所在县	面积/km²	乡镇
2	赣江(贡江)源头水保护区	瑞金市	597.49	瑞金市日东乡、壬田镇、叶坪乡、大柏地乡
		石城县	111.46	石城县横江镇、龙岗乡
3	抚河源保护区	广昌县	1075.5	盱江镇、驿前镇、杨溪乡、塘坊乡、尖峰乡、头陂镇、赤水镇
4	信江源保护区	玉山县	371.44	双明镇、三清乡、紫湖镇
5	饶河(昌江)源保护区	浮梁县	866.78	西湖乡、江村乡、勒功乡、经公桥镇、兴田乡、峙滩乡
6	饶河(乐安河)源保护区	婺源县	529.58	段莘乡、溪头乡、江湾镇
7	修河源保护区	修水县	628.47	修水县白岭镇、全丰镇、路口乡、古市镇、渣津镇
		铜鼓县	687.09	铜鼓县高桥乡、棋坪镇、港口乡、温泉镇、三都镇(含茶山林场)

资料来源:水利部长江水利委员会编. 鄱阳湖区综合治理规划. 2011

保护区面积 5634.01 km²(表 14-3 和图 14-5)。江西省规定对保护区实行最严格环境保护政策,禁止在保护区内新建有污染的企业,源头保护区所有排污单位实现持证达标排污、限量达标排污,保护区范围内禁止规模化畜禽养殖。

2. "五河"源头保护区水污染防治思路及重点

鄱阳湖流域水系发达,河网密集,"五河"源头保护区水污染防治思路是加强鄱阳湖"五河"源头生态环境保护,恢复流域清水产流机制,确保足量清水入湖,有效控制水土流失,是保护湖泊水质的最终途径,也是保护鄱阳湖水环境的关键。

"五河"源头保护区水污染防治是以源头生态保护和污染控制为主,重点在于生态保护,建设一流的源头保护区,增强其水源涵养功能。

14.6.2 水污染防治对策

1. 推进流域造林绿化,提高水源涵养能力

实施植树造林工程是建设鄱阳湖绿色流域、健康河流,以及让河流休养生息的重要措施。确保全流域森林覆盖率稳定在 63%。做到山上绿化成效巩固提高,山下绿化水平显著提高。基本建成层次多样、结构合理、功能完备,点、线、面相结合的国土绿化体系,生态状况整体步入良性循环。使鄱阳湖流域绿化水平和水源涵养能力得到进一步提高。加大对源头保护区生态系统的管理,实施封山育林和天然林禁伐工程。

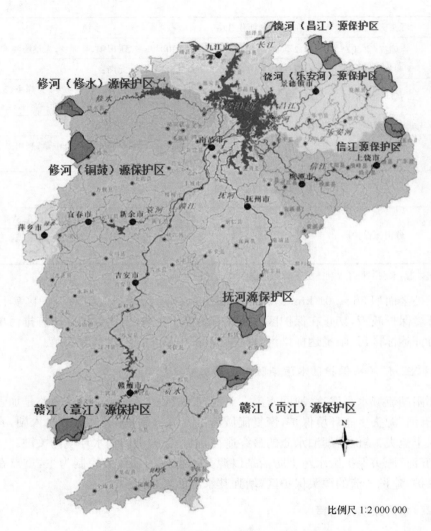

比例尺 1:2 000 000

图 14-5　鄱阳湖流域"五河"源头保护区示意图

2. 加快推进"五河"源头自然保护区建设

由于"五河"源头区域自然生态良好,诸多的原生态环境,在自然资源和物种保护具有重要的价值,因此应加大对区域保护的力度,在已建成赣江源、抚河源、修河源(修水县)等自然保护区的基础上,进一步推进信江源、修河源(铜鼓县)等自然保护区的建设,同时将具有保护特征的其他江河源头列入建设范围,保护"一流的生态环境"和清水产流功能。

3. 优化源头地区产业结构与布局

全面推进源头地区生态工业园建设。依托源头区良好的生态环境和独特的自然环境,鼓励发展生态农业、生态林业、生态养殖业和生态旅游业。严格按照产业政策,淘汰落后的生产能力、工艺和设备。要对高排放行业进行专项整治,关闭污染严重、不能治理达标的企业。制定政策,引导和鼓励企业开展清洁生产审核。加快建设一批污染物"零排放"的示范企业。根据环境承载力和污染物总量控制目标,进一步提高源头地区企业的环境准入门槛。

大力推进生态农业、绿色农业等特色产业建设,推动打造一批绿色食品、有机食品、无公害农产品品牌,是推动源头区域可持续发展的重要保障,如万载有机蔬菜、浮梁有机茶、吴茱萸等一系列特色农产品基地和产品。

4. 科学制定和稳步实施生态移民规划,建立产业补偿制度等政策

以鄱阳湖生态经济区建设为契机,因地制宜构筑源头地区生态移民工程的产业支撑体系。把"五河"源头保护区内生态移民纳入深山库区移民计划,进行统一规划,分步实施。采取措施解决源头生态移民的医疗、教育、就业等问题,切实提高移民的生活水平。

江西省政府每年安排一定数量的资金,对生态环境保护成效显著的地区进行奖励,同时对做出突出贡献的个人和单位予以表彰。制定自然资源与环境有偿使用政策,对资源受益者征收资源开发利用费和生态环境补偿费。

以东江源列入首批国家生态环境补偿试点地区开展补偿试点工作为契机,在流域及省内开展多种类型的生态补偿试点工作,加快生态补偿机制研究,尽快制订适合江西省情的生态补偿政策。

14.7　鄱阳湖流域水污染防治保障机制

14.7.1　完善体制,落实责任

1. 实行环境保护目标责任制

坚持地方政府对行政区域环境质量负责,把保护水环境的目标和任务分解到各级政府,层层抓落实。主要领导和有关部门负责人是本辖区和本部门环境保护的第一责任人,切实做到对环保工作认识到位、责任到位、措施到位和投入到位。

明确政府职能部门的环境保护任务和职责,切实加强对环境保护规划执行情况的考核评估,坚持环境保护一票否决制。建立政府环境保护重大决策监督与责任追究制度。

建立与科学发展观相适应的环境保护绩效考核机制,把环境保护纳入经济社

会发展评价体系。建立环境保护问责和奖惩制度,制订科学的评价指标,作为干部考核的重要内容和选拔任用、奖惩的依据之一。严格执行《环境保护违法违纪行为处分暂行规定》。

2. 落实单位负责

综合运用约束机制和激励机制,促进流域内企业和其他组织严格执行环境法规与标准,自觉治理污染,保护生态。建立企业环境信息公开制度,加强社会监督。

3. 加强部门合作

建立和完善湖区及生态经济区生态环境保护综合决策机制,建立政府、部门间信息共享和协调联动机制。逐步理顺部门职责分工,增强环境监管的协调性、整体性。有关部门、各级政府依照各自职责,做好相关领域环保工作,尤其是污染防治重点流域、区域所在地政府,要编制好本辖区的污染防治实施计划。

政府有关部门要根据各自的职能分工,切实加强规划实施的指导和协调。政府要安排环保项目建设计划,保障建设资金的落实,要组织贯彻落实国家制定的有利于环境保护的经济政策,从产业结构调整、投资建设等方面,加强指导和协调。财政部门要按照把环保投入作为公共财政支出重点并保证其增长幅度高于经济增长速度的要求,切实落实环境保护的财政支出安排。工业管理部门要推进企业清洁生产审核,加强对消耗高、污染重、技术落后的工艺和产品强制性淘汰。税务部门要贯彻落实环保税收优惠政策。科技部门要加大环保科技投入,将重大环保科研项目优先列入省级科研计划,并对省级环境保护重点实验室的创建和环境工程技术中心的建设给予政策扶持,行政执法部门也要共同做好环保工作。

环保部门要切实履行职责,统一环境规划,统一执法监督,统一发布环境信息,加强综合管理。建设、国土、交通、卫生、农业、水利、林业、气象等部门要依法做好各自领域的环境保护和资源管理工作。宣传、教育、文化部门以及工会、共青团、妇联等群众组织要积极开展环保公益宣传活动,普及环境教育。

14.7.2　创新机制,增加投入

1. 加大政府投入

把环境保护投入作为公共财政支出的重点并逐步增加。基本建设投资向环境保护基础设施建设倾斜,保障环境保护重大项目的建设。加大对污染防治、生态保护和环境公共设施建设的投资,把环保部门工作经费纳入各级财政支出预算,切实提高环保机构经费保障程度。

2. 完善环境经济政策

实施"绿色信贷",加强省级环保和信贷管理工作的协调配合,强化环境监督管理,严格信贷投放环保要求。鼓励银行特别是政策性银行对有偿还能力的环境基础设施建设项目和企业治污项目给予贷款支持。建立和推行绿色税收调节机制,运用税收杠杆促进资源节约型、环境友好型社会的建设。实行政府绿色采购,对不遵守环境保护法律、法规,履行环境保护责任和义务的企业,其产品不得列入政府采购目录。

完善生态补偿政策,建立生态补偿机制。坚持"谁开发、谁保护,谁破坏、谁恢复,谁受益、谁补偿"的原则,以"五河"源头为试点,探索实施主要河流上下游间的生态补偿机制,建立省级生态补偿整体框架。通过调整优化财政支出结构,完善一般性财政转移支付考核体系,加大对滨湖地区、"五河"源头的生态补偿力度。积极推进开征矿产资源开发生态补偿费,严格执行矿山环境治理和生态恢复保证金制度。

全面征收城市污水、生活垃圾、危险废物和医疗废物处理处置费及放射性废物收储费,保证治理设施和收储设施正常运行。加大排污费征收和稽查力度,进一步完善排污收费制度。加快建立统一开放、竞争有序的环保公用事业市场体系,采用BOT、TOT 等模式,鼓励各类企业参与环保基础设施建设和运营,推进污染治理市场化。建立生态环境保护支持机制,健全有利于"绿色生态江西"建设的环境保护奖励政策。对环境保护成效显著的县(市、区)进行奖励。

14.7.3　推动公众参与,动员社会力量保护鄱阳湖

1. 增强全社会生态文明意识

积极开展各类环境宣传教育活动,实行环境信息公开,动员社会各界力量参与环境保护。大力宣传环境保护的方针政策和法律法规,提高公众的环保意识和法制观念。全方位、多层次推广适应建立资源节约型、环境友好型社会要求的生产生活方式。在各级党校、行政院校和大学、中学、小学等院校,开设环境保护课程或培训班,提高各级领导干部、企业管理人员树立落实科学发展观和环境与发展综合决策的意识和能力,培育青少年的环境意识。鼓励和引导广大群众和社会团体积极参与环境保护,充分发挥工会、共青团、妇联等群众组织的作用。广泛开展绿色学校、绿色家庭、绿色社区等群众性创建活动,倡导绿色消费。

2. 扩大公众环境知情权

加强环境政务信息公开,利用现代化的网络技术,为政府与公众间的沟通和互动提供快捷的通道,在制定重大环境政策、环境立法、环保规划和建设项目环保审批时,通过听证会和社会公示等形式,广泛征求公众意见,接受社会监督,保障公众

对重要环境决策的参与权。加强环境信息披露工作,定期通过新闻媒体向社会发布环境质量信息,推进企业环境污染和突发性环境污染事故的信息披露,保障群众的环境知情权。

3. 完善公众参与环境保护机制

建立健全公众信息接入与反馈机制,充分发挥12369环保举报热线作用,拓宽和畅通公众举报投诉渠道,完善公众投诉反馈、处理机制,提高处理效率。完善公众参与规则和程序,采用听证会、论证会、社会公示等形式,听取公众意见,接受群众监督。

14.8　本 章 小 结

鄱阳湖水污染防治的总体思路以维护鄱阳湖生态环境功能,防止富营养化,保护水质为目标。采取"点、面"结合、"源头、流域、湖区"分区同步实施理念,以农村面源污染防治为重点,严格执行污染物总量控制,有效削减入湖污染负荷,改善湖区及"五河"水环境质量,"五河"主要监控断面及进入鄱阳湖水体水质稳定在Ⅲ类以上,保障区域饮用水源地水质安全。

按照保护鄱阳湖"一湖清水"的总体要求及流域综合管理方法,形成了"湖体核心区-滨湖保护区-生态经济区-鄱阳湖流域-'五河'源头"五个层级构成的流域尺度水污染防治综合对策体系。保护鄱阳湖水质就是要首先建立流域水污染防治方案,加强源头区生态保护和涵养能力建设,推进鄱阳湖生态经济区生态产业体系建设,强化环境监管,建设流域绿色生态屏障,实施生态保护,建设和完善湖区生态监测和湿地保护,建立水质保护应急预案。

通过加强江河源头的水环境保护,恢复湖泊清水产流机制,以及加强重点江段水污染防治,确保流域控制断面水质达标;在开展农村环境综合整治,严格控制农村面源污染和加大敏感水域水环境保护力度等方面,提出了以重要工程为主要内容的水污染防治对策,并最终实现水污染防治目标总要求。通过逐步建立先进的环境监测预警体系、建设完备的环境执法监督体系和建成区域环境安全监控指挥系统等建设鄱阳湖流域环境监管能力。从建立以政府为导向的生态补偿制度、完善绿色税收政策推进环境资源价格政策改革、积极探索排污权交易制度和实施可持续发展的绿色信贷政策等方面提出了鄱阳湖水污染防治的保障措施。

加快产业结构调整、完善体制,落实责任,创新机制,增加投入、强化法治、严格监管,动员社会力量保护环境等方面建设鄱阳湖流域水污染防治的机制体制。

第15章 鄱阳湖生态经济区产业发展与流域资源调控对策[①]

15.1 鄱阳湖生态经济区产业发展调控总体思路与目标

15.1.1 鄱阳湖生态经济区产业发展调控目标

人类活动是导致湖泊生态安全状况变化的重要驱动力之一。鄱阳湖作为中国最大的淡水湖泊,其流域面积约占江西省国土面积的96.8%,其生态环境的安全是长江中下游流域生态安全、经济社会发展的基本保障,是江西省生态环境保护的重中之重。虽然鄱阳湖生态安全水平优于太湖、巢湖、滇池等湖泊,但所存在的问题和隐患为鄱阳湖的环境保护工作敲响了警钟。鄱阳湖周边,乃至江西省正处在经济高速增长的跨越式发展阶段,在产业发展过程中不可避免对生态环境造成一定的影响。实现"绿色发展"是贯彻江西省"既要金山银山,更要绿水青山"及"发展升级、小康提速、绿色崛起、实干兴赣"发展理念的重要路径。在这一背景下,充分认识湖泊环境污染导致可能给周边地区带来的生态压力和潜在威胁,以资源承载力、水环境容量为约束,以保障鄱阳湖生态安全为目标,实施区域经济、产业发展模式的调控,提出相应可操作方案至关重要。

通过研究鄱阳湖生态经济区经济发展现状及趋势,建立区域水资源承载力、鄱阳湖水环境容量与区域经济社会发展的关系,以鄱阳湖生态承载力为约束,围绕"减排"这一核心问题,制定各产业调控策略、产业主体功能区策略及生态产业优化策略等一系列产业调控方案和水土资源利用策略,旨在通过科学合理的调整产业结构,突出"减排"这一核心问题,有效调控各产业潜在污染源,减低区域产业发展给鄱阳湖带来的生态安全隐患(张鹏等,2009)。

15.1.2 鄱阳湖生态经济区产业发展调控总体思路

在经济与环境的研究中,有一条环境库兹涅茨曲线,其显示随着经济发展,人均GDP的提高,污染物排放往往呈现先上升后下降的趋势(图15-1)。经济和产业调控的根本目标是通过产业结构调整和产业效率的提高,一方面,将曲线下移,使得在同样的人均GDP水平下污染物排放减少;另一方面,将曲率降低,减少污染

---

① 本章部分内容已被编入2009年12月颁布的《鄱阳湖生态经济区规划》及后续发布的若干配套专项规划中

物随经济发展上升的速率,从而减少经济发展带来的环境代价,避免走"先污染、再治理"的老路。从产业结构的角度,还分为三次产业整体结构的调整和各产业内部结构的调整。结合我国其他湖泊周边经济社会发展与产业布局的经验教训,本对策将遵循以下基本思路:

1) 根据湖泊水环境"污染容易、治理艰难"的特点,将"减排"作为产业结构调整的核心,从源头上将社会经济活动对生态环境的影响减到最低。

2) 加强对我国其他湖泊,特别是环境污染问题严重湖泊周边产业结构的对比研究,发挥后发优势,不重复错误,构建科学合理的产业初始布局。

3) 优化产业结构布局,从鄱阳湖生态经济区构建之初即注重第三产业的发展,注重高科技、高附加值、低污染、低能耗产业的发展,避免走先盲目发展,再回头治理的弯路

4) 优化产业布局,结合鄱阳湖的水资源特点与优势,既依赖鄱阳湖,又保护鄱阳湖,避免湖区上游兴建高污染工业产业和盲目扩张城市规模,产业合理布局,协调发展。

5) 在农业产业发展中,注重"退田还湖"和农业产业结构合理调整,在农业发展中走知识化和生态化的道路。

鄱阳湖生态经济区占江西省 60% 的 GDP,且是江西省发展的重点区域,集中了南昌、九江、景德镇、鹰潭、抚州和新余等六个中心城市,是江西省未来经济社会发展关键。因此,调控方案重点是以鄱阳湖生态经济区为核心,延伸至鄱阳湖全流域。

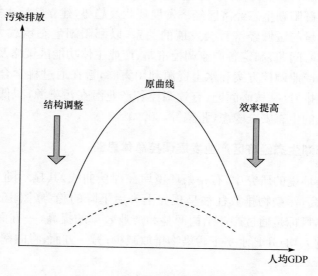

图 15-1　经济调控的总体思路

15.2　鄱阳湖生态经济区第一产业发展调控对策

15.2.1　鄱阳湖生态经济区第一产业发展现状

鄱阳湖生态经济区耕地总面积 1956 万亩、养殖水面 354 万亩,分别占江西省的 46.1% 和 59.9%。区域气候条件优越,非常适合种植业、林业和水产业的发展,自古以来就是"鱼米之乡",也是江西省乃至全国重要的农产品产区。农业作为区内传统优势产业,近年来稳步发展,初步形成了具有一定区域特色、有较大发展潜力的产业板块,为促进区域农民增收和鄱阳湖生态经济区发展奠定了基础。

区内第一产业发展现状特点鲜明,粮食生产优势明显。鄱阳湖地区是江西省粮食生产核心区,具有较强的粮食综合生产能力,在保障国家粮食安全方面发挥了重要作用。据统计,2007 年全区粮食播种面积 2345.5 万亩,占江西省 44.02%,粮食单产平均 393 kg、超过江西省 35.4 kg,粮食总产量 921.5 万 t,为江西省总量的 48.39%。人均粮食占有量 466 kg,比江西省人均高 30 kg。鄱阳湖南岸的南昌县、新建县、进贤县,以及隶属宜春市的丰城市、樟树市和高安市,湖东岸的鄱阳县和乐平市均是江西省重要的产粮基地。

鄱阳湖区及江西省第一产业产值变化见图 15-2。

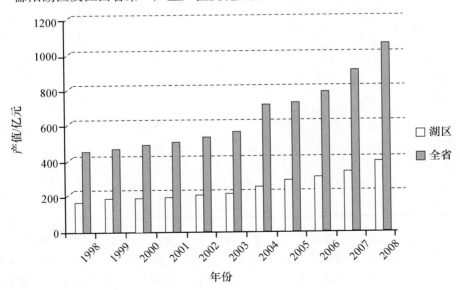

图 15-2　鄱阳湖区及江西省第一产业产值变化

渔业综合发展能力不断增强。鄱阳湖地区是我国重要的淡水渔业基地,也是江西省水产品商品率最高、出口水产品和外销水产品最多的地区,"四大家鱼"等大宗水产品以及青虾、鳜鱼、乌鱼、虾蟹、淡水珍珠等特色水产品产业带初步形成,成为该区第一产业中发展较快、市场竞争能力强、发展潜力大的产业(朱再昱等,2009)。2007 年,环鄱阳湖区水产养殖面积达到 354 万亩,总产量 117.4 万 t,分别占江西省的 59.5 ％和 59.9％。其中都昌县、鄱阳县、余干县、进贤县、新建县和南昌县是经济区内渔业发展重点区域。

规模化养殖发展迅速。鄱阳湖地区也是江西省重要的畜禽养殖基地。目前,区域内畜禽养殖方式正加快向现代养殖方式转变,规模化、标准化、专业化养殖发展迅速,区域内形成了一大批优势畜产品生产基地,对增加农民就业及增加农民收入发挥了积极作用。2007 年全区生猪出栏和肉类总产分别占江西省的 45.7％和40.8％。猪、禽规模养殖比重超过 70％。除南昌市、宜春市所辖区域畜牧业具有传统优势外,东乡县和余江县近年的发展较快。湖区重要农业基地县市分类产量及排名如表 15-1 所示。

表 15-1　湖区重要农业基地县市分类产量及排名　　　　　　单位:亿元

县(市、区)	种植业	排名	畜牧业	排名	渔业	排名
丰城市	20.29	1	6.71	5	4.69	6
南昌县	13.28	2	10.49	1	5.73	5
进贤县	9.71	6	7.64	3	9.26	1
新建县	11.32	3	8.35	2	6.17	4
樟树市	7.79	8	6.10	6	2.51	8
高安市	10.12	4	7.48	4		
鄱阳县	10.09	5			6.72	3
乐平市	9.12	7				
余江县			5.53	7		
东乡县			5.38	8		
余干县					8.46	2
都昌县					3.53	7
占全区产值	63.6％		68.1％		68.4％	

鄱阳湖地区在江西省农业生产中占有重要的位置,但总体而言,一方面,鄱阳湖天然的水资源为上述地区发展农业提供了自然条件。另一方面,较为单一的农业发展模式也使得上述地区人均 GDP 相对较低,如何提高农业发展中的知识化和生态化,并带动相关农产品加工产业的发展,是湖区农业发展未来需要考虑的重点问题。农业发展目前存在的主要问题包括以下几方面:

(1) 农业主产区经济欠发达

农业投入不足,农业生产基础设施相对落后,难以抵御湖区洪涝多发等自然灾害,极大地制约了粮食等农业综合生产能力的提高和生态高效现代农业的发展。

（2）农业产业化程度较低、农副产品加工落后

区域内或多或少地存在着农业产业结构雷同、分工不明、竞争过度的现象,缺少有较强带动能力的加工型龙头企业,产业化经营程度不高、较高附加值的加工产品偏少、知名品牌严重不足,农业总体效益不高。

（3）农业资源保护压力加大

在种植业方面,2008 年江西省种植业单位产值化肥用量为 380 kg/万元,而田间化肥流失则是造成湖泊富营养化的主要来源之一;在渔业方面,鄱阳湖水文情势变化较大,水生态环境下降趋势明显,渔业资源衰退,洄游性鱼类资源减少,生物多样性受到一定程度影响,渔业可持续发展面临后劲不足;在畜牧业方面,畜禽规模化发展造成了畜禽粪污的相对集中,加上资金、技术和管理不能及时跟上,粪污处理设施简陋,畜禽粪污得不到科学处理和及时"消化",区域环境污染日益突出。

15.2.2　鄱阳湖生态经济区第一产业发展调控目标

根据鄱阳湖生态经济区农业发展现状,提出了具体调控指标见表 15-2。

表 15-2　鄱阳湖生态经济区农业产业调控指标一览表

序号	指标项	指标值			指标释义
		现状	2015 年目标	2020 年目标	
1	新型农业占农业总产值的比例/%	26.7	35	40	减少"粮猪型"农业在农业总产值中的比重,发展新型农业
2	集约化畜牧业占畜牧业总量的比例/%		35	40	畜牧业集约化发展水平
3	农业分区优势度	1.35	2	2.5	各农业子行业重点发展区域在产值方面的优势程度,采用加权平均值
4	湖区开垦面积比例/%	0	0	0	避免"围湖造田"
5	化肥施用指标/(t/万元)	0.38	0.35	0.29	年度施用总量与种植业总产值的比值
6	农药施用指标/(t/万元)	0.026	0.022	0.017	

15.2.3　鄱阳湖生态经济区第一产业发展调控措施

1. 控制农田面源污染

提高农药和化肥施用效率,降低单位产值农药和化肥使用量,提高农作物秸秆和畜禽粪污资源化利用率 90% 以上;食用农产品 100% 达到无公害标准。

2. 优化农业结构,发展循环及生态农业

按照区域内农业发展和农业生态环境保护相互协调促进的要求,湖体核心区及沿湖岸 3 km 范围的区域为发展控制区,确保耕地不向湖区扩张。优化农业产业结构,滨湖圩区的农业发展热点为绿色水稻生产、标准化健康养殖以及无公害水生蔬菜生产等。区域内其余地域定位为优化发展区,是农业生态环境保护与农业协调发展区、畜禽养殖适养区、高效特色农产品基地集聚区和循环农业、生态农业的重点发展区。

3. 增强土壤有机质含量,改善土壤地力条件

严禁使用高残高毒农药,逐步减少化学农药用量,扩大测土配方施肥面积,普及科学合理平衡施肥,鼓励施用有机生物肥,推广有利于土壤肥力维护和改良的农作制度和生态模式,提高土壤肥力。利用人工湿地等措施,净化农业农村废水。

4. 控制养殖污染

重点关注畜禽养殖业对湖泊的潜在污染威胁,积极推进集中标准化养殖等生态养殖模式,促进畜牧业和资源环境的协调发展。根据资源承载能力重点扶植大规模畜禽养殖场,发挥产业集约化优势,同时加强对污染物排放的控制和监管。尤其在生猪养殖发展方面要注意规模扩张与土地承载力间的关系,并加大环保投入,将环境保护成本计入成本价格。

5. 发展特色生态农业,提升农业品质

充分发挥区域内良好生态环境和特色农业资源优势,大力构建优势产业集群,促进发展特色、高效生态农业,主要包括赣北、赣中棉花产区建设;赣东北、赣西北有机茶产区;极发展绿色蔬菜生产,适度开发有机蔬菜,推进区域内滨湖区反季节无公害蔬菜基地、地方名优特蔬菜生产基地、环湖水生蔬菜生产基地和加工蔬菜基地建设;进一步优化布局,加快以九江、南昌、鹰潭等地为主的赣北早熟梨产业发展。

15.2.4　鄱阳湖流域第一产业发展对策

围绕生态农业和农村循环经济这一中心,制定生态农业引导政策,坚持发展农业经济与环境保护相统一,逐步将农业发展调整到生态和经济良性循环的轨道。

1. 着力推进减灾生态农业模式

在鄱阳湖滨湖和"五河"流域灾情易发地区,重点引导滨湖地区改变过去传统

的耕作方式,避开洪水季节,强化秋、冬、春季生产,调整种植业结构,适当增加秋粮和冬、春季农作物种植面积,积极利用自然条件发展特色养殖业,建立适应湖区自然条件的农业生产体系。

2. 着力推进优质粮食产业生产

重点抓好鄱阳湖、赣抚平原优质粮食生产基地建设,确保国家粮食安全。

3. 着力推进高效特色产业

重点选择具有明显区域特色经济作物和养殖业,引导优质化、品牌化开发,规模化生产。以"猪(牛)-沼-果(粮、渔、油、菜)"为推进模式,继续实施"一村一品"示范工程,加大丘陵山区特色经济作物、平原特色经济作物、稻草畜禽、鄱湖水产等产业开发力度,加快无公害畜牧产品和有机蔬、果、林产品的发展。强化农产品无公害内在品质和品牌意识,推行地理标志产品保护制度。

4. 着力推进农业产业化经营

重点鼓励粮、猪两个大宗产品产业化发展,在实现了由卖谷到卖米的转变基础上,促进粮食由卖米变成卖精加工的制品第二个进步,促进生猪由卖猪到卖肉的转变,继而向卖肉到卖深加工产品的转变。继续实施农业产业化"双十双百双千"工程,围绕地方特色无公害名优品种,在特色优势产业区域,扶持建设一批特色无公害生态农产品深加工示范企业和重点项目,着力培育一批年销售收入超 10 亿元、利税 1 亿元的农业产业化龙头企业。

图 15-3 为鄱阳湖生态经济区第一产业发展对策示意图。

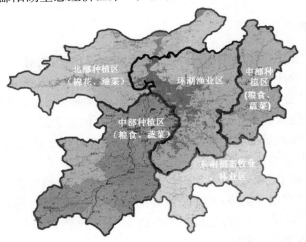

图 15-3　鄱阳湖生态经济区第一产业发展对策示意图

15.3　鄱阳湖生态经济区第二产业发展调控对策

15.3.1　鄱阳湖生态经济区第二产业发展现状

江西省围绕"工业强省"的发展战略,鄱阳湖生态经济区主攻工业的理念发生了深刻变化。陆续出台了"昌九工业走廊规划"、"加快向工业强省转变若干意见"、实施产业经济的"十百千亿工程"等政策措施,加快了"以工业化为核心"的步伐。1998～2008 年以来鄱阳湖生态经济区所含区县第二产业产值与江西省产值如图 15-4所示。

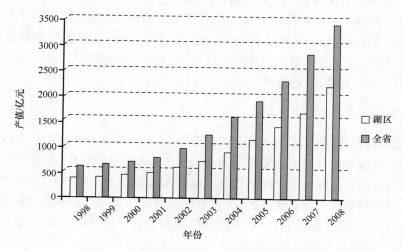

图 15-4　鄱阳湖湖区及江西省第二产业产值变化

1. 第二产业发展特点

区域支柱产业支撑能力增强,核心企业不断发展壮大,优势产业和重点骨干企业成为工业经济快速发展的中流砥柱。工业园区成为产业集聚地和工业快速发展的增长极,新兴产业的发展提升了产业层次。工业轻重结构变化不断优化,形成了较为完整的以特色资源采掘、加工、制造为主的工业体系。工业所有制结构不断优化,国有、集体企业数量逐步下降,三资私营企业迅速上升。工业企业规模不断扩大,工业生产集中度趋势明显。

工业发展具备了一定的产业集聚优势。南昌的汽车、航空工业、医药、电子信息、食品等在全国有竞争优势;九江是重要的老工业基地之一,装备制造、轻纺、石化、建材等产业占有重要地位;景德镇的陶瓷业、航空与汽车制造业,鹰潭的有色冶金、化工工业和物流业在全国具有重要影响;新余的光伏产业、钢铁产业发展迅猛,在全国有竞争优势。丰城是大型能源生产基地,电力工业基础好;高安的建筑陶瓷工业;樟树的中药业全国闻名;余江的眼镜和进贤的医疗器械等产业初具规模。这些形形色色的特色产业集群,为鄱阳湖生态经济区的协调发展奠定了良好的基础。

产业重点地域分布呈现“一面三点,带动全局”的态势。“一面”指“昌九工业走廊”,涉及昌九高速公路相应的沿线市、县。“三点”分别指西南部的新余市、东南部的鹰潭市、东北部的景德镇市三个重点工业城市。“昌九工业走廊”是近邻鄱阳湖西岸的工业带,其中南昌市周边的南昌县、新建县、进贤县和九江市的德安、共青城、永修、湖口等传统农业县近年来工业化进程迅猛,如何平衡经济发展与湖区生态安全间的关系需重点关注。

鄱阳湖流域及生态经济区第二产业发展存在总量偏小,总体实力不强;企业规模偏小,主营业务收入过百亿元的核心企业不多;结构仍不尽合理等问题。

2. 围绕“减排”核心存在的突出问题

工业耗水量偏高,排污量也仍有下降空间。工业对湖泊生态安全的威胁主要集中在水耗和排污两个方面,减排是工业发展中需要重点考虑的问题。在水耗方面,江西省工业平均水耗近两年来大幅下降,降幅达 40%,与 2000 年相比,更是下降了 2/3。生态经济区工业平均水耗也同比下降(如图 15-5 所示),2008 年为每万元产值平均用水 200.61 t,但仍略高于江西省平均水平,其循环用水率虽然也在逐年增高,但未达到江西省平均值。虽然区域水资源较丰沛,但节水同样意义重大。

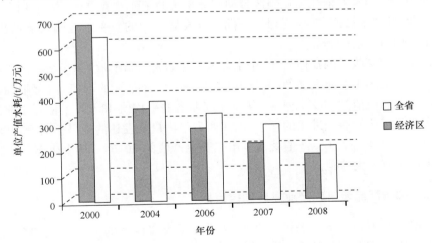

图 15-5　江西省及鄱阳湖生态经济区单位产值水耗

在污染物排放方面,鄱阳湖生态经济区紧邻鄱阳湖,对减排方面已显示出了更多重视,工业废水排放量下降明显(如图 15-6 所示),比江西省全省均值下降比率高 13 个百分点,达标排放量也一直维持在 90% 以上。随着生态经济区第二产业的进一步发展,如何控制排放指标,实现以"减排"为核心的产业结构调整,是工业化进程中需要重点关注的问题。

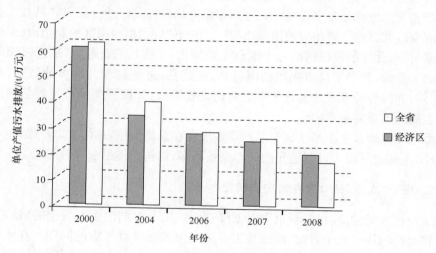

图 15-6   江西省及鄱阳湖生态经济区单位产值污水排放

产业集中度不高,工业园区尚有较大潜力可挖。集约化的工业发展模式不仅有助于集聚某类产业的相关优势,实现快速发展,也有利于对污染物排放的集中监管和处理。江西省对依托工业园区带动工业增长的工作非常重视,专门制订了《江西省工业园区"十一五"专项规划》,一批大有发展潜力的新兴工业园区陆续出现,成为了江西省经济的新亮点。

在统计年鉴收录的江西省 34 个工业园区中,位于鄱阳湖生态经济区内工业园区达 18 个,上述工业园区在 2008 年共创造了 793.73 亿元的产值,占鄱阳湖生态经济区工业总产值的 36%,这一比例低于江西省的平均值 43.7%。依托工业园区发展产业是工业发展先进化的标志,以江西省经济最为发达的南昌市为例,其辖区内五个工业园区的工业总产值就占全市工业总产值的 60.6%,整个生态经济区的相关指标还有较大差距。

15.3.2   鄱阳湖流域第二产业发展调控目标

根据对鄱阳湖经济生态区工业产业发展现状和存在的主要问题的分析,对策提出的工业产业的具体调控指标包括工业园区产值占工业总产值的比例、工业污水排放指数、水资源循环利用率、工业水耗指数和污水达标排放率等(详细见表 15-3)。

表 15-3　鄱阳湖生态经济区工业产业调控指标一览表

序号	指标项	指标值			指标释义
		现状	2015 年目标	2020 年目标	
1	第二产业年增长率/%	19.5（1998~2008 年均值）	15	15	工业发展水平
2	工业园区产值占工业总产值的比例/%	36%（2008 年）	50	60	集约化发展水平
3	工业水耗指数/(t/万元)	200.61	140	100	年度工业用水总量与年度工业产值的比值
4	工业污水排放指数/(t/万元)	17.14	14	10	年度工业污水排放总量与年度工业产值的比值
5	水资源循环利用率/%	68.1	80	90	水资源利用效率
6	污水达标排放率/%	93.8	100	100	污水处理能力

15.3.3　鄱阳湖流域第二产业发展调控措施

1. 推广循环经济发展模式，建设生态工业园（区）

以工业园区为平台，以骨干企业为依托，推广循环经济发展模式，通过生态工业园的发展，着力增强自主创新，促进项目集聚、产业集群，形成科技含量高、经济效益好、资源消耗低、环境污染少的环境友好型工业体系。

2. 严格控制工业污水排放，实现排污减量化

政策向资源消耗低、环境污染少的环境友好型企业倾斜。推行鄱阳湖生态经济区内企业严格排污的准入制度和排污监控机制，做到不引进有严重环境安全隐患的企业，控制年度排污总量不增，保证单位产值污水排放量下降。并在 2015 年达到污水达标排放率 100%。

3. 延伸产业链，实现资源利用的最大化

大力发展循环经济，全面提升改造工业制造、矿业开发等方面的工艺流程，着力推进废旧资源及工业废渣、废水、废气再利用，提高矿产的采选率、冶炼回收率及废物综合利用率；加快重点行业、重点企业循环经济发展，着力推进钢铁、化工和有色金属等行业改造生产流程、优化生产工艺、延伸生态产业链，提高企业全过程资源能源循环利用程度，实现资源利用的最大化。

4. 积极创建集约化工业发展模式

目前，江西特色产业集群比较优势脆弱，发展条件存在短板，外源企业根植性不足。将以通过培育大型骨干企业和特色工业园区的模式,聚集优势资源,着力增强自主创新,促进项目集聚、产业集群,在园区构建中,融生态产业链设计、资源循环利用为一体,合理规划园区企业结构,保证园区污废处理能力,加强园区数字化系统建设,实现园区与外界信息共享,推进物质和能源流动转换,拓展园区循环经济发展空间。

5. 加快发展高技术产业

坚持全面提升与重点突破相结合,突出自主创新,加快科技成果产业化,重点发展半导体照明、生物医药、电子信息、航空产业。逐渐提升第二产业种的科技投入,提升高技术含量、高附加值、低能耗、低污染产业在第二产业中的比重。

15.3.4　鄱阳湖流域第二产业发展对策

新型工业引导政策。环鄱阳湖城市群是江西新型工业化程度最高的区域,也是推进鄱阳湖生态经济区的新型工业化主要载体。要重点在这一区域以重大项目带动、适度重化为推进模式,构建"三大产业带、七大产业集群",循环发展,逐步推进生态工业建设。

1. 引导产业集聚发展

引导产业向八大领域集聚发展,重点围绕光电产业、高精铜材、优特钢材、特种车船、精密制造、生物医药、特色化工、绿色食品等产业,实行重大项目倾斜。培育产业龙头,完善产业链条,带动上下游产业发展,逐步形成在国内外有较强竞争力的产业集群。

2. 优化产业布局

引导产业向昌九工业走廊、浙赣沿线、九江沿江三大产业带集聚。通过调整重大项目布局,优化产业布局,重点引导高新技术产业、装备制造业、港口重化产业、纺织服装产业、有色冶金产业相关企业向三大产业带集群式发展,打造汽车航空、新型显示、钢铁、铜、有机硅、生物医药、服装鞋帽等在全国较有影响力和竞争力的环鄱阳湖七大特色产业集群。

3. 推进生态工业建设

引导企业发展循环经济,在环鄱阳湖城市群逐步推进生态工业建设。重点选择一批具有相应条件的工业园区在生产运行各环节进行模拟自然生态系统改造,在产品、企业以及企业之间形成共生网络,通过副产物和废物交换、能量和废水梯级利用等手段,促进园区物质集成、水系统集成、能源集成,改造成为生态工业园。

从建设绿色企业、生态工业园入手,逐步扩展到对原有工业体系进行生态化改造,形成低消耗、可循环工业发展模式。

4. 在南昌率先进行再制造业试点

在南昌重点鼓励对于机械、电子、家用电器等产业的产品,到达使用年限的可调整的相关零部件重新加工,进行功能修复,促进再制造业发展。

图 15-7 为鄱阳湖生态经济区第二产业发展对策示意图。

图 15-7　鄱阳湖生态经济区第二产业发展对策示意图

15.4　鄱阳湖生态经济区第三产业发展调控对策

15.4.1　鄱阳湖生态经济区第三产业发展现状

鄱阳湖生态经济区虽然第三产业产值总量仍然偏少,但也在近年来取得了一定的发展,第三产业自 1998 年以来的增长情况如图 15-8 所示。

鄱阳湖生态经济区内第三产业的发展重点主要集中在旅游、物流、金融、房地产、会展等新兴服务业,力图构筑"多层次、高增值、强辐射、广就业"的现代服务业体系。

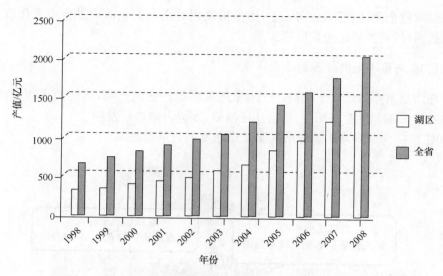

图 15-8　鄱阳湖湖区及江西省第三产业产值变化

旅游产业,从江西省总体状况来看,旅游业发展势头非常迅猛。主要旅游产业包括昌九地区"一山(庐山)一水(长江)二湖(鄱阳湖、柘林湖)一古城(浔阳)"的资源特色旅游。此外景德镇和浮梁古城为轴心的东北部旅游区和以鹰潭龙虎山道教文化为品牌的东南部旅游区也得到较快发展。根据游客估算,鄱阳湖生态经济区的旅游业产值总量应占江西省的 62%~65%,依次估算,2008 年鄱阳湖生态经济区的旅游业产值占三产比重的 26% 左右。

商贸流通业,在发挥生态经济区内各交通枢纽作用和区位优势,区内几大核心城市正在快速构建便捷、畅通、高效的现代商贸流通体系,以现代物流业为龙头,以产业发展为基础,以大型物流园区为平台,以港口码头、车站、批发市场等物流节点为支撑,以第三方物流和配送中心为重点,积极发展多功能、多层次、多类型的现代物流业。加快商品批发市场向中高级批发市场转变。除南昌和九江依托当地工业和商贸的传统优势巩固其物流中心位置外,鹰潭市近年物流业发展迅猛,逐渐成为生态经济区东南部的物流中心。

房地产业,随着全国房地产行业持续走高,鄱阳湖生态经济区内主要城市的房地产行业也取得了长足发展,不仅形成了规模可观的产业,也成为带动区域人口增长和相关服务产业发展重要因素。鄱阳湖生态经济区第三产业目前面临的主要问题是总量偏低,近年来生态经济区工业化发展势头迅猛,呈现第二产业比重持续增长,第一产业比重降低的局面,而第三产业比重一直稳定在 35% 左右,对比国内其他重要经济区,这一比重相对偏低。此外,区内第三产业也重要集中在几个重点城市,鄱阳湖畔市县开展绿色第三产业潜力较大。

目前鄱阳湖生态经济区产业发展呈现下列一些突出问题,鄱阳湖生态经济区内的经济发展水平极度不平衡,鄱阳湖周边各县经济发展相对滞后。从人均 GDP 这一项指标来看,排名第一的九江市区人均 GDP 是最后一位的都昌县的 15 倍,通过对人均 GDP 列后十位的地区进行分析,发现除武宁县、余江县离湖区稍远外,其余各县均近邻鄱阳湖,尤其是湖北岸和东岸的全部地区均处于人均 GDP 偏低的区域,其中鄱阳县还是国家级贫困县。

临湖地区的经济发展滞后与处于生态考虑的开发限制有一定关系,但经济的落后一定程度上会影响相关政策的推行效果,滨湖居民如果没有适当的谋生手段和致富途径,也会导致铤而走险,从事一些危害资源生态环境的活动,形成恶性循环。

因此,对湖泊保护不仅是禁止这么简单,还要重点考虑限制区域开发的生态补偿问题和健康产业扶植。由于农业和工业所附带的污染问题使其在湖区周边市县发展受到一定限制,发展第三产业、尤其是以鄱阳湖为主题的特色旅游业是上述地区未来产业发展的可能出路。

经济区第三产业的比重和水平均亟待提升。从产业结构看,2008 年鄱阳湖生态经济区三次产业结构比为 10∶56∶34,虽然较之江西省产业结构(16∶53∶31)更为先进,但这一比例仍不尽合理,与发达城市群相比有差距,长株潭城市群的三次产业结构比例为 9.2∶45.8∶45.0。但鄱阳湖生态经济区的第三产业发展不光是增加第三产业比例这么简单。

目前鄱阳湖第三产业发展占 GDP 总量较大的地区呈现两极分化的局面,既包含南昌市区、九江市区等全区域内经济较发达的地区,也包含鄱阳县、都昌县、星子县等经济发展相对落后的地区,这些地区的三产比例虽高,但层次偏低。第三产业发展水平也受一、二产业制约,不能盲目追求产值比例,必须重质重量稳步发展。

15.4.2　鄱阳湖生态经济区第三产业发展调控目标

根据对鄱阳湖经济生态区第三产业发展现状和主要问题的分析,提出的第三产业的具体调控指标包括第三产业增长率、第三产业比例结构水平和旅游业发展水平等(表 15-4)。

表 15-4　鄱阳湖生态经济区第三产业调控指标一览表

序号	指标项	指标值			指标释义
		现状	2015 年目标	2020 年目标	
1	第三产业增长率/%	15.4 (1998~2008 年平均值)	20	20	第三产业发展水平
2	第三产业比例结构水平/%	34	40	45	第三产业总值/GDP
3	旅游业发展水平/%	25.8	35	50	旅游业总产值/第三产业总产值

15.4.3　鄱阳湖生态经济区第三产业发展调控措施

1. 提升第三产业总量

全面提升第三产业总量,参照成熟经济区产业结构模式,加速发展第三产业,提高第三产业在 GDP 中所占比重,促进生态经济区产业结构的良性发展。

2. 打造生态经济区生态旅游业

按照产业化、市场化、规模化、网络化的发展要求,坚持"先规划、后开发,重保护、慎开发"的原则,以清洁生产技术为支撑,积极加强景区景点环境的整治、保护工作,实现固体废弃物减量化、资源化管理和无害化处理,加快生态旅游示范景区建设;加强对重点生态旅游区的公路、铁路、航空、水运线路建设规划的协调管理,有效控制旅游密度;积极开发绿色旅游产品,形成一批生态旅游景点。

3. 积极发展现代物流业

加快建设现代物流基地和配送中心,开展跨行业、跨地区、跨所有制的现代物流配送业务(张跃贵,2008)。建设一批现代化的大型商业服务中心和批发贸易中心,建设不同服务层次的商业网点,逐步形成集信息、仓储、加工配送等功能于一体的多层次、专业化、标准化的现代物流网络。改造现有商业中心,在新城区建设集购物、娱乐、饮食服务于一体的现代化购物中心和一些大型商业中心。

加速各类专业市场的建设。高起点、高标准建立和完善水产品市场以及农副产品、金属制品、现代装饰建材等批发市场,促进物流业向产业化和现代化发展。在湖区选择一批地理区位理想、交通运输方便的工贸型城镇作为商贸中心或物资集散地,建立大米市场、水产市场、畜禽市场等专业性贸易市场。

15.4.4　鄱阳湖生态经济区第三产业发展对策

充分发挥鄱阳湖区地理和生态环境优势,制定第三产业引导政策,大力发展以生态旅游、绿色物流与信息服务等为重点的现代服务业。

1. 大力发展特色旅游产业

着眼于全国一、二级旅游客源市场,引导生态旅游产品的建设与开发,高起点建设名山名湖名城名村的品牌旅游区。做响鄱阳湖世界性湿地、候鸟,以及历史文化、乡村风情品牌,重点开发度假休闲、康体游,名胜观光游等旅游产品。

重点打造庐山、三清山、龙虎山、龟峰绿色品牌,建设和保护婺源、浮梁美丽生态家园,增强更多游客吸引力。加强旅游资源整合,强化区域协作。构建以南昌为中心辐射大中华地区和周边国家的大旅游网络,形成集旅游、度假、休闲、娱乐为一体的世界知名的旅游区和度假目的地(龚志强和黄细嘉,2004)。

2. 加快物流业发展,引导传统物流业向绿色物流业转型

以南昌、九江、赣州、鹰潭四个物流集聚中心城市为重点,加快推进南昌中部物流枢纽,赣西、赣南、赣北、赣东物流区域建设,加强物流基础设施的整合与建设,提高物流设施综合利用效率,满足企业不断增长的物流需要。

强化"绿色物流"理念,提高物流业环保准入标准,对重点物流企业的节能减排进行监测。引进国内外著名物流企业,培育和发展一批具有市场竞争能力、经营规模合理、技术装备水平较高、生态环保物流基地(张际春和楚立松,2008)。

3. 推进区域信息化建设,引导信息服务产业化发展

重点推进建设区域性信息交流中心,为交通枢纽、物流基地、商贸基地和加工制造业基地提供现代网络和平台支撑。探索建立"以应用为纽带,以核心数据部门为基础,综合部门协调推进,应用部门共同建设"的共建共享模式,增强信息为区域经济社会建设服务的能力。

鼓励信息资源采集、整理、加工和应用的产业化,逐步推进商业性信息资源开发利用。加快信息技术服务业发展,重点开发面向金融、商贸、生产制造、农村建设等各行业信息化提供服务的软件产品和信息技术。支持网络及数字增值服务的研发和产业化项目,鼓励有条件的企业创办数字内容产业园区和信息服务产业基地。

图 15-9 为鄱阳湖生态经济区第三产业发展对策示意图。

图 15-9　鄱阳湖生态经济区第三产业发展对策示意图

15.5　鄱阳湖流域水资源调控对策

15.5.1　调控的目标和意义

1. 鄱阳湖流域水资源存在的主要问题

（1）鄱阳湖区水资源丰富,但时空分布不均

鄱阳湖地处长江中下游南岸的湿润多雨区,湖区多年平均降水量 1568 mm。受气温、水汽、蒸发等水文气象因子以及地形地貌等因素影响,鄱阳湖区蒸发量相对较大,湖区多年平均年蒸发量 1175 mm。鄱阳湖区多年平均水资源总量为234.0 亿 m³,其中是以地表水资源量为主,约为 215.5 亿 m³,约占水资源总量的92.1%,地下水资源总量(与地表水资源量的不重复计算水量)约 18.5 亿 m³,占水资源总量的 7.9%。鄱阳湖区多年平均产水系数和产水模数分别为 0.56 万 m³/km² 和89.0 万 m³/km²,人均水资源量为 1922 m³。

降水量年际变化大,年内分配极不均匀。例如多雨的 1954 年降水量为 2315 mm,少雨的 1963 年降水量仅为 1127 mm,4～6 月是降水量最集中的季节,占全年降水量的 45%～50%,而 12 月降水量最小,仅占年降水量 2.8% 左右。

8～10 月是少雨季节,其降水量仅占年降水量的 15%～20% 左右,对晚稻生长期造成影响,常发生夏(伏)秋连旱。2003 年发生了严重的伏旱、秋旱连冬旱,江西省 2/3 以上耕地受旱严重缺水缺墒,造成用水困难,持续时间较长。

（2）目前鄱阳湖区水资源总量可满足需求,但远期存在一定缺口

相关调查表明,2008 年湖区(环湖 12 个县、市、区)总用水量为 28.75 亿 m³(见图 15-10),其中湖区工业用水量占总用水量的 84%,其他用水仅占 16%。

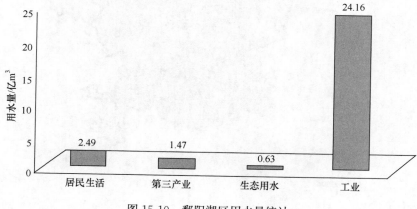

图 15-10　鄱阳湖区用水量统计

随着经济社会快速发展,城镇化人口增加和城市景观及生态用水量的增加,今后居民生活用水和生态用水量将不断增大,同时考虑到湖区受水环境容量的限制,在水量分配时,应进一步减少工业用水,加大生活和生态用水量,以缓解缺水问题。针对需水预测和供需平衡的相关研究表明,目前鄱阳湖区各城市可供水量总体大于需水量,基本可以满足经济社会发展要求。据预测,到 2020 年,鄱阳湖区城市需增加供水量 11.40 亿 m³,才能满足经济社会发展要求,到 2030 年,更需增加 11.68 亿 m³ 可用水资源量方能满足经济社会发展要求(图 15-11 和图 15-12)。

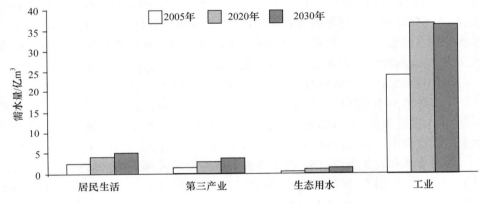

图 15-11 鄱阳湖区城市需水量

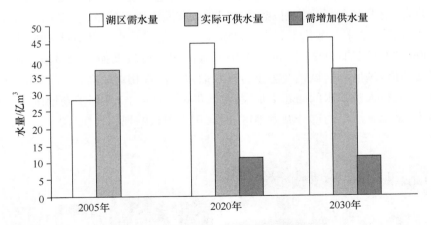

图 15-12 鄱阳湖区水量供需平衡分析

(3) 鄱阳湖区生态用水不足,特别是河道外生态需水将大幅增加

由于经济社会的快速发展和人居环境提高的要求,河道外生态需水量逐渐增加,主要包括景观河湖补水、景观绿化用水等。2007 年,鄱阳湖第三产业(含生

态用水)用水量仅为 1.85 亿 m³,仅占总用水量的 6.36％。城市生态用水量较低,特别是在南昌打造中国水都、世界动感都会的过程中,目前的生态用水量将不能满足发展需求。此外,枯水期湖区水量降低,群众生产生活受到影响,对河道生态用水也具有一定影响。

（4）水质性缺水成为部分地区缺水的重要原因

近年来随着经济发展,废污水的排放量不断增加,导致环境问题突出,进而导致水质下降,尤其是在枯水季节水质显著下降。20 世纪 90 年代,鄱阳湖Ⅲ类水质以下断面仅有 3％,2001 年占 5％,2003 年超过 10％,到 2007 年,Ⅲ类以下占20％,水污染降低了水资源的可利用量,致使湖区周围部分地区（鄱阳、都昌）出现水质性缺水问题。此外,从鄱阳湖湖区饮用水安全现状可以看出,至今为止,尚有25.68％的农村饮用水水源受到不同程度污染。

（5）工程性缺水对鄱阳湖区居民生产和生活造成严重影响

受多种因素的共同影响与作用,近年来鄱阳湖区及尾闾河道呈现枯水位不断降低,枯水期延长的趋势,部分河段最枯水位连创新低,给沿江沿湖城镇生产生活取水造成极大困难,工程性缺水问题突出,严重影响居民正常用水。

农村生活和农业生产引水、提水及蓄水工程较落后,湖区枯季缺水严重。虽然自 1997 年以来,国家持续投入灌区配套资金,但只能对大、中型建筑物及干渠以上渠道进行除险加固,对数量庞大的支、斗、毛渠则鞭长莫及,无力维修,导致鄱阳湖灌区的灌溉效率逐年衰减,工程老化失修现象日益严重。出现如渡槽损坏、水渠塌方等现象,有些甚至无法使用,渠系利用系数和灌溉用水的重复利用率低下。现状灌溉水源工程基本上都达不到设计供水能力,不能满足设计灌溉面积的需水要求。如 2006～2007 年有近 20 万 hm² 农田因鄱阳湖水位较低而无水可取。由于历史及现实原因,湖区周边城镇及乡镇自来水取水口高程相对较高,在低水位时取水困难,广大农村人畜饮水的问题更加突出。2006 年秋冬季,环鄱阳湖地区 25 万人饮水困难,鄱阳湖沿岸的部分城乡地区,时有用水短缺的现象发生（图 15-13）。

图 15-13 枯水季节都昌县自来水厂取水口状况

（6）入湖氮磷负荷增加，鄱阳湖水质下降风险逐渐加大

近年来随着鄱阳湖湖区经济快速发展，沿湖周围工业废污水和生活污水的排放量不断增加，以及农田过量化肥和农药、畜禽养殖、水产养殖等导致水环境污染，鄱阳湖水环境逐步受到破坏；另外，鄱阳湖枯水期、丰水期水环境容量差别较大，故非汛期水质有明显下降，抵御污染风险能力下降，水质下降风险不断加大。

2. 鄱阳湖流域水资源调控目标及意义

水资源既是基础性的自然资源也是战略资源，是人类生存和发展所必需的不可替代资源，同时又是环境的基本要素，水资源的可持续利用直接关系到经济社会的可持续发展。鄱阳湖区及流域目前水资源存在利用率低及分配不均等问题，对保障湖泊生态安全和鄱阳湖生态经济区建设具有一定的制约作用。通过合理调控水资源，提高其利用效率，充分利用鄱阳湖流域水资源，推进鄱阳湖生态经济区建设，保护鄱阳湖"一湖清水"和生态安全，有效保障鄱阳湖流域和长江中下游区域生态安全，实现生态、社会与经济效益的统一。

鄱阳湖流域水资源调控的总体目标是充分考虑水资源承载能力及时空分布不均的特点，坚持开发与节约并举，把节约利用放在优先位置，努力提高水资源的综合利用率，并与产业结构调整相结合，促进耗水型产业与水资源产业的合理布局，实现区域资源的可持续利用。基本遏制鄱阳湖湖区水污染问题与水质逐渐变差的趋势，保障区域水生态安全、供水安全、粮食安全；维护湖泊河流健康，促进人水和谐，实现水资源的合理开发利用和有效保护，保持鄱阳湖一湖清水，保证水资源的永续利用，实现水资源和水生态系统的良性循环，以水环境的持久良好维系区域水生态安全，以水资源的可持续利用支撑经济社会的可持续发展。

调控的具体指标包括工业用水重复利用率、农业灌溉用水有效利用系数和生态工业园区建设等指标（见表 15-5），水资源调控的重点为南昌市、九江市和环鄱阳湖 12 个县（市）。

表 15-5　鄱阳湖湖区水资源调控的阶段目标

序号	指标	现状	2015 年目标	2020 年目标
1	工业用水重复率/%	78	80	85
2	农业灌溉用水有效利用系数	0.42	0.48	0.55
3	生态用水量/亿 m³	0.63	0.8	1.0
4	生态工业园建设/%	10	50	80

15.5.2　鄱阳湖流域水资源调控思路和对策

以保障鄱阳湖生态安全为基本出发点，以保证生态需水为主要目的，通过湖区水资源调控保证湿地生态需水和一定的蓄水量，通过水量调度优化、水资源分配和

生态工业园区建设等,优化区域及流域产业布局,控制工业排污和农业面源污染,实施生态工业和节水农业建设等,合理调控水资源,保护和谐的人湖关系,建设节水型社会,保护鄱阳湖生态安全。

1. 调整水量分配方案,减少工业用水

随着城市发展,人口增加和城市水域景观增多等因素,居民生活用水和生态用水量将不断增大,同时湖区受水环境容量限制等影响。在水量分配时,应减少工业用水,加大生活和生态用水用水量,以缓解缺水问题。对于工业企业,湖区应合理布局高耗水企业,推进企业提高中水回用,减少新鲜用水量,逐步提高区域水资源重复利用率和企业清洁生产水平。

2. 逐步推进生态工业园建设

通过生态工业园的建设,降低园区企业水资源消耗,减废少排放,促进废旧物质回收和再生利用,提高资源利用率。为此,到 2015 年,规划建设 2~5 个国家级生态工业园区,所有工业园区污水处理厂全部建成并投入使用,污水管网到位,入园企业实现达标排放,湖区 30% 的工业园区建成省级生态工业园区,60% 完成生态工业园规划编制。2020 年,湖区建成 5 个国家级生态工业园,区内所有工业园区建成省级生态工业园区。

3. 优化流域调度,充分利用雨洪资源

考虑到鄱阳湖“五河”流域水资源丰富,尤其是洪水资源利用潜力巨大。根据流域规划在“五河”支流兴建蓄水水库,或对现有水库实行科学调度等工程和非工程措施,在保障防洪安全的前提下,适当提高该地区的洪水资源利用率。可在8~9月份汛期结束前,利用“五河”支流水库适度拦蓄汛末洪水,在 10 月份以后,可在一定程度上增加“五河”下泄入湖流量,弥补或缓解此时三峡水库减泄对鄱阳湖的不利影响,避免湖区枯季出现极端干旱现象。此外,应建立包括鄱阳湖“五河”干流控制性水库及三峡水库水情的预报系统和协调调度机制等,优化流域调度。

4. 加大农业节水设施建设

加大节水力度,重点加强农业节水的力度。对现有灌区的灌排工程续建配套完善,按建设标准扩大过水断面,除险加固渠系建筑物,渠道防渗处理等;发展喷滴灌、微灌、低压管道等节水灌溉;对新建工程按节水标准设计与施工。通过节水改造与节水设施建设,使流域灌区的灌溉水利用系数大为提高,可由现状的 0.45 左右提升到 0.50 以上,可节水约 6.7 亿 m³,灌溉保证率在现有基础上提高 10% 左右,工程社会、经济和生态效益明显。

5. 其他措施

加强低枯水位对鄱阳湖生态系统的影响以及鄱阳湖枯水季节湿地生态缺水及

水环境容量变化等方面的专题研究。针对部分地区存在的工程性缺水问题,可考虑改扩建城市供水水源地,以增加供水能力。同时结合长江中下游流域规划及鄱阳湖生态经济区系列规划,科学论证鄱阳湖控湖工程、新建水库以及引提工程等解决生产和生活用水问题。另外,加大湖区农村生活污染治理、调整畜禽养殖布局,控制养殖污染,加大污染治理力度和加大治理投入,大力推广生态农业示范工程等措施加强农村污染控制,改善水质性缺水。

15.6　鄱阳湖区土地资源调控对策

鄱阳湖生态经济区是鄱阳湖流域发展的重点区域,也是产业最为集中和土地利用矛盾最为突出的区域。因此,鄱阳湖流域土地资源调控的重点区域是鄱阳湖生态经济区。本章关于鄱阳湖流域土地资源调控对策也是针对鄱阳湖生态经济区提出。

15.6.1　调控的目标和意义

1. 鄱阳湖流域土地利用存在的主要问题

(1) 土地资源开发利用潜力没有得到有效发挥

鄱阳湖流域土地资源开发潜力较大,目前未利用土地占到土地总面积的17.9%,但相对开发难度较大,可供开发的荒草地面积仅占土地总面积的4.6%。农业用地中林业用地比重较高,占农用地比例的55%,耕地仅占35%。区内森林覆盖率虽然较高,但林业资源质量总体不好。基本农田保护率有待进一步提高。目前,鄱阳湖区基本农田保护面积约为130多万 hm², 占总耕地面积的80%。随着土地利用方式的调整,基本农田保有率将有下降趋势。

(2) 土地利用方式发生了变化,建设用地面积不断扩大

鄱阳湖湿地面积经历了由围湖造田造地向退田还湖转变过程,湿地面积由20世纪50年代的5000 km² 减少到80年代的3000 km²;1998年大洪水之后,重新认识人与自然的关系,实施了退田还湖,移民建镇,湿地面积恢复至4000 km²(鄱阳湖区土地利用变化如图15-14所示)。进入21世纪后,鄱阳湖区林地面积、水面面积和未利用地面积减少,耕地面积、草地面积和建设用地面积增加。其中建设用地增加最为明显,从1990年的321.4 km² 急剧增加至2008年的784.0 km², 增速高达每年5%;而此间,未利用地面积减少了近一半。

(3) 土地资源集约化利用效率较低

鄱阳湖区土地利用率为82.1%,土地农业利用率为73.5%,垦殖指数为25.6%,建设用地地均二、三产业产值30.1万元/hm², 园区土地工业产值仅为260万元/hm², 远低于生态工业园区的900万元/hm² 的标准。土地集约化利用水平较低,地均生产总值仅为6.3万元/hm²。

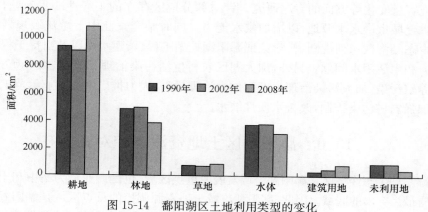

图 15-14　鄱阳湖区土地利用类型的变化

（4）人口密度较高，土地资源利用不合理

2008 年鄱阳湖生态经济区人口密度达到 392.0 人/km²，高于江西省 255.0 人/km² 的平均水平，而鄱阳湖区达到 697.5 人/km²，生态经济区和湖区人口密度分别是江西省的 1.55 倍和 2.75 倍。由此引发了湖区水退人进、围湖造田、围湖养殖、毁林开荒和水土流失等问题。因此，人口密度较高，经济发展水平角较低等原因导致了该区域土地资源利用不合理等问题。

（5）部分区域人口超过土地资源承载力

计算各县（市、区）的粮食消费水平指标，结合人均营养摄取水平、确定的指标分类和江西省土地资源利用实际，确定区内各县（市、区）土地承载力，如表 15-6 和图 15-15 所示（粮食消费水平指标＝粮食单产×耕地面积/区域人口总数）。

表 15-6　鄱阳湖生态经济区内各县（市、区）的粮食消费水平指标

县（市、区）	指标值	县（市、区）	指标值	县（市、区）	指标值
南昌县	848	星子县	303	东乡县	658
新建县	913	都昌县	479	余干县	607
安义县	520	湖口县	345	鄱阳县	499
进贤县	589	彭泽县	248	万年县	545
浮梁县	531	瑞昌市	175	抚州市区	618
乐平市	428	余江县	604	新余市区	473
九江县	189	贵溪市	573	鹰潭市区	219
武宁县	391	新干县	975	九江市辖区	94
永修县	543	丰城市	653	南昌市辖区	78
德安县	177	樟树市	956	景德镇市辖区	73
共青城市	165	高安市	848		

根据鄱阳湖生态经济区内土地承载力，可将其分为四类地区，包括超载区、敏感区、一般区和富裕区。具体情况如下：

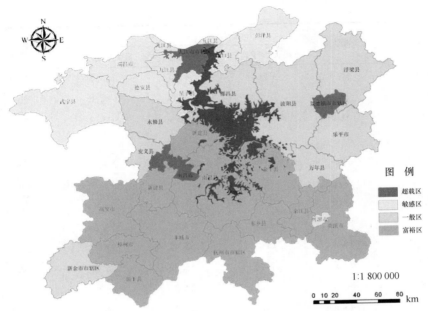

图 15-15　鄱阳湖生态经济区内各县(市、区)土地承载力分区

1) 超载区:南昌市辖区、景德镇市辖区、九江市辖区等 9 县(市、区),2008 年人均粮食消费低于 150 kg。

2) 敏感区:鹰潭市月湖区、瑞昌市、九江县、彭泽县、德安县、星子县、湖口县、武宁县、共青城开放开发区等 9(市、区),2008 年人均粮食消费低于 400 kg。

3) 一般区:新余市渝水区、乐平市、安义县、鄱阳县、浮梁县、永修县、都昌县、万年县等 8 县市,2008 年人均粮食消费都高于 400 kg。

4) 富裕区:南昌县、新建县、进贤县、樟树市、丰城市、高安市、新干县、抚州市临川区、东乡县、余干县、余江县、贵溪市等 12 县(市区),2008 年人均粮食消费量高于 550 kg。

依据 Thornthwaite Memorial 模型计算鄱阳湖生态经济区在 2015 年(富裕水平)和 2020 年(全面小康水平)区内各县(市、区)的极限土地承载能力(假设耕地面积不变),然后根据现状人口分布,列出各县(市、区)土地承载人口的建议(表 15-7)。

表 15-7　鄱阳湖生态经济区内各县(市、区)土地人口承载力　单位:万人

县(市、区)	现状人口	2015 年		2020 年	
		最大承载人口	调整人口	最大承载人口	调整人口
南昌县	95.6	246.6	151.0	179.3	83.7
新建县	71.6	254.1	182.5	184.8	113.2
安义县	27.4	82.9	55.5	60.3	32.9

县（市、区）	现状人口	2015 年		2020 年	
		最大承载人口	调整人口	最大承载人口	调整人口
进贤县	79.8	224.3	144.5	163.1	83.3
浮梁县	28.1	67.2	39.1	48.9	20.8
乐平市	84.6	185.9	101.3	135.2	50.6
九江县	34.8	69.2	34.4	50.3	15.5
武宁县	37.1	90.7	53.6	65.9	28.8
永修县	37.4	127.5	90.1	92.7	55.3
德安县	23.0	49.3	26.3	35.8	12.8
星子县	25.4	42.8	17.4	31.1	5.7
都昌县	78.3	133.7	55.4	97.2	18.9
湖口县	28.6	77.4	48.8	56.3	27.7
彭泽县	36.5	93.5	57.0	68.0	31.5
瑞昌市	43.9	74.6	30.7	54.3	10.4
余江县	37.1	104.8	67.7	76.2	39.1
贵溪市	58.5	168.7	110.2	122.7	64.2
新干县	31.8	97.4	65.6	70.9	39.1
丰城市	134.5	322.3	187.8	234.4	99.9
樟树市	54.0	181.0	127.0	131.6	77.6
高安市	80.9	304.2	223.3	221.3	140.4
东乡县	43.3	110.3	67.0	80.2	36.9
余干县	95.7	222.9	127.2	162.1	66.4
鄱阳县	152.2	313.6	161.4	228.1	75.9
万年县	38.9	86.5	47.6	62.9	24.0
南昌市辖区	223.09	37.4	−185.7	27.2	−195.9
景德镇市辖区	45.57	21.2	−24.4	15.4	−30.2
九江市辖区	60.44	43.2	−17.2	31.5	−29.0
新余市渝水区	91.15	177.9	86.8	129.4	38.2
鹰潭市月湖区	20.49	13.1	−7.4	9.5	−11.0
抚州市临川区	106.88	236.6	129.7	172.0	65.2
共青城市	11	5.3	−5.7	3.9	−7.1

总体上，鄱阳湖区人口仍有承载能力，各县（市、区）大体具有一定的人口承载

能力,仅有南昌市辖区、景德镇市辖区、九江市辖区、鹰潭市月湖区和共青城市,存在人口超过承载量的问题,其中以南昌市辖区人口超过承载力最为严重。

2. 鄱阳湖流域土地资源调控目标及意义

土地资源是人类赖以生存的重要资源之一。鄱阳湖流域土地利用存在的问题对湖泊生态安全和鄱阳湖生态经济区建设具有一定的制约作用。进行土地资源调控的意义是通过引导产业布局合理调整,调控土地资源利用方式,促进人口、产业和资源的集聚集约,推动经济社会发展,以保护鄱阳湖湿地生态系统和"一湖清水",可为鄱阳湖生态经济区建设提供支撑。

根据土地资源利用存在的问题,围绕鄱阳湖生态安全和建设鄱阳湖生态经济区的总体目标,结合鄱阳湖生态经济区建设需求,选取基本农田保有率、工业用地土地产值、受保护地区占国土面积比例等指标,构建鄱阳湖生态经济区土地资源调控的具体指标,具体详见表 15-8,土地资源调控范围指鄱阳湖生态经济区。

表 15-8　鄱阳湖生态经济区土地资源调控的阶段目标

序号	指标	现状	2015 年目标	2020 年目标
1	基本农田保有率/%	80.2	80.5	81.0
2	工业用地土地产值/(万元/hm²)	260	300	600
3	受保护地区占国土面积比例/%	10.6	10.8	12

15.6.2　鄱阳湖生态经济区土地资源调控思路和对策

鄱阳湖生态经济区土地资源调控思路是紧紧围绕土地资源集约利用这一核心,关注土地资源主要功能、土地利用的效率和土地资源可持续开发,确保基本农田和百亿斤粮食生产,重点关注工业园区土地利用效率和单位土地利用产值。

1. 功能分区

根据国家主体功能区规划,鄱阳湖流域根据主体功能分为湖体核心限制开发区、平原优先开发区和丘陵低山鼓励开发区(如图 15-16),其分区保护措施如下:

(1) 湖体核心限制开发区

该区域包括鄱阳湖水域和湿地,土地面积 0.80 万 km²,占全区土地总面积的 10.15%。

主体功能:以保护鄱阳湖水域和湿地为重点,按照越冬候鸟不减少、湖区水质不下降、血防疫情不扩散、湿地功能不衰退的要求,统筹安排、加强保护、合理利用。

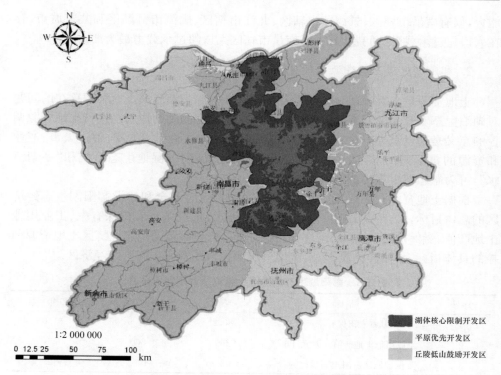

图 15-16　鄱阳湖生态经济区土地利用功能分区

保护措施：提倡防洪、治涝、灌溉、航运、血防等湖区综合治理，禁止不合理的围湖垦荒，保证洪水调蓄能力。清除坝坡、堤坡、渠坡上的杂草，以消灭钉螺孳生场所，控制血吸虫病的流行。加强生态水利建设，兴建分洪蓄水工程，实现排洪与蓄水相结合，保证充足的水量与水质来维持湿地的存在和湿地的环境功能。

加强渔政管理，实行休养生息，扩大禁渔区，延长禁渔期，保护渔业资源，统筹安排采砂、捕鱼、养殖、种植、航运、旅游等经济活动，禁止工业化、城镇化开发。

（2）平原优先开发区

主体功能：以集聚经济和人口为重点，按照生态文明与经济文明高度统一的要求，构建生态文明示范区、新型产业集聚区、改革开放前沿区、城乡协调先行区、江西崛起带动区。平原优先区包括南昌县、新建县、进贤县、安义县、九江县、湖口县、彭泽县、永修县、星子县、都昌县、鄱阳县、余干县、万年县、丰城市、樟树市、高安市、新干县 17 个县市，土地面积 2.5 万 km²，占生态经济区土地总面积的 54.69%。

保护措施：加强土地管理，合理控制非农建设的用地规模，严格控制占用耕地规模；强化农田基本设施建设，改造中低产田，增加土地投入，用养结合，保证农田正常生态环境，努力建设高产稳产农田；以产业集聚为依托，以交通干线为纽带，着力增强中心城市辐射带动作用，重点建设环湖城市群和南昌一小时经济圈；发展具

有区内特色的工业企业和中小企业,以九江市、景德镇市、南昌市、鹰潭市城市建设
为核心,形成产业互补发展模式(昌九一体化等),充分发挥市场机制在土地资源配
置中的基础性作用,以企业为合作主体,以项目为合作主导,推进多地产业联动发
展。充分发挥其作为环鄱阳湖城市群区域纽带作用;进一步发挥交通优势,加快交
通建设。

(3) 丘陵低山鼓励开发区

主体功能:因势利导地发展畜牧业和林业生产,在现有茶叶生产基础上,发展
茶叶生产及加工业;以旅游业为先导,积极发展第三产业与交通运输业。

丘陵低山鼓励开发区包括武宁县、德安县、瑞昌市、浮梁县、乐平市、贵溪市、余
江县、东乡县 8 个县市,土地面积 1.8 万 km^2,占生态经济区土地总面积
的 35.16%。

保护措施:改造中低产田,增加土地投入,增施有机肥和注意 N 、P 、K 肥料的
配合使用,以提高地力,维持农田安全生态环境;加强水土保持工作,防止水土流
失,同时加强防洪、排涝与灌溉等水利设施建设,以提高抵御自然灾害的能力;增强
生态保护意识,防止土地"三废"污染,改善土地生态环境;加强对非农建设用地的
内部挖潜,特别是对旧城区的改造利用,搞好风景旅游区的自然景观保护。

2. 土地开发利用的"三线"分区

(1) 红线保护区,保护东南西北四大基本农田保护区

合计面积 136.7 万 hm^2,加大鄱阳湖湖体核心区、滨湖保护区、柘林水库与桃
红岭梅花鹿自然保护区等的建设(图 15-17)。

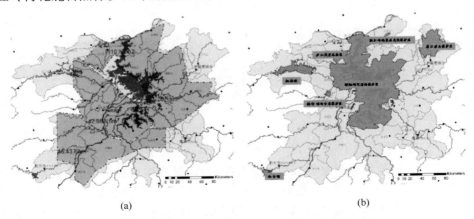

(a)　　　　　　　　　　　　　　　(b)

图 15-17　鄱阳湖生态经济区土地资源利用红线保护区示意图
(a) 基本农田;(b) 重要生态环境保护区

(2) 黄线控制区,重点加强"五河"及长江干流沿线生态保护,构筑河流及鄱阳
湖区的生态屏障

在红线区外,土地资源利用以鄱阳湖五大水系干流两侧 500 m 为界限,加强土地资源管护,切实形成湖泊生态保护的安全屏障。

此外,各红线区周边也应划定一定的管制政策,保障土地资源合理开发利用。

(3) 蓝线发展区,推动城镇化建成区、高效集约发展区土地高效开发利用

蓝线发展区以城镇建成区、工业园区以及生态经济区高效集约发展区为核心,结合相关土地政策,实施土地资源合理开发,在发展中加强环境保护(图 15-18)。

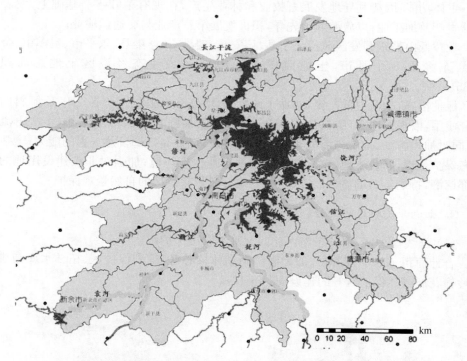

图 15-18　鄱阳湖生态经济区土地资源利用蓝线控制区示意图

3. 其他调控对策

(1) 发展高效生态农业

严格执行耕地保护制度和节约用地制度,稳定提高粮食播种面积,根据《全国新增 1000 亿斤粮食生产能力规划(2009—2020 年)》,加强农业基础设施建设,提高优质稻谷综合生产能力;大力推进农业综合开发和基本农田整治,加大土地复垦和中低产田改造的投入,实施沃土工程和测土配方施肥工程。

(2) 土地利用方式调整

大力开展农村土地整治,加大空心村整治力度,逐步取消零星分散的农村居住点,加强乡村规划与城镇规划的衔接,形成布局合理、节约用地、城乡贯通的村镇建

设格局。优化城镇空间结构,合理布局城市工业区、生活休闲区、商业服务区。

加强绿地建设,依托城镇公园、广场、社区、道路、湖泊、湿地,实施绿化净化美化工程,提高城镇绿化率,扩大城镇绿地空间。

(3) 实行土地置换制度

有序实施城镇建设用地增加与农村建设用地减少挂钩制度。积极开展环鄱阳湖城市群城镇建设用地增加与农村建设用地减少相挂钩的试点,大力实施旧村改造,加强农村居民点用地整理、农村工矿废弃地整理。积极探索置换出来土地统一城乡性质,建立耕地在环鄱阳湖城市群内异地置换与耕地指标异地转让等相关制度。解决或缓解环鄱阳湖城市群城市化进程与土地供应不足之间的现实矛盾。

15.7　本 章 小 结

通过研究鄱阳湖区域(尤其是鄱阳湖生态经济区)经济发展现状及趋势,建立流域水资源承载力、鄱阳湖水环境容量与经济社会发展间的关系,以鄱阳湖区域生态承载力为约束,围绕"减排"这一核心问题,提出了各产业调控策略、产业主体功能区保护策略及生态产业优化策略等一系列产业调控对策,旨在通过科学合理的调整产业结构,有效调控各产业潜在污染源,降低鄱阳湖生态经济区产业发展给鄱阳湖带来的生态安全隐患。注重产业结构布局,从生态经济区构建之初即注重第三产业的发展,注重高科技含量、高附加值、低污染、低能耗工业产业的发展,避免走先盲目发展,再回头治理的弯路。

注重产业的合理布局,结合鄱阳湖水资源特点及其优势,既依赖鄱阳湖,又保护鄱阳湖,避免湖区上游兴建高污染工业产业和盲目扩张城市规模,产业合理布局,协调发展。积极创建集约化、集群化工业发展模式,以工业园区为平台,延长产业链,以骨干企业为依托,推广循环经济发展模式。充分发挥区域内良好生态环境和特色农业资源优势,发展生态产业,注重"退田还湖"和农业产业结构调整,在农业发展中走知识化和生态化道路。大力构建优势产业集群,促进高效生态农业发展,形成不同区域不同农业产业的分区优势;通过大力发展以生态旅游业、信息产业和现代物流业等为主要内容的第三产业,实施调整产业结构减排策略实现"人湖"和谐,是解决湖区渔民和农民出路以及保障鄱阳湖生态安全的重要途径。

以工业园区为平台,以骨干企业为依托,推广循环经济发展模式,着力增强自主创新,促进项目集聚和产业集群,形成科技含量高、经济效益好、资源消耗低、环境污染少的环境友好型工业体系。大力发展循环经济,着力推进钢铁、化工和有色金属等传统行业技术改造和提升。加快发展高技术产业,重点发展半导体照明、生物医药、电子信息、航空产业,提升第二产业的科技投入,提升高技术含量、高附加值、低能耗、低污染产业在第二产业中的比重。构建"三大产业带、七大产业集群",推进生态工业建设,建成六大工业中心。

　　大力推进具有浓郁赣鄱文化底蕴的历史文化游、名胜古迹游和自然生态游。按照产业化、市场化、规模化、网络化的发展要求,加快生态旅游示范景区建设,积极开发绿色旅游产品,形成一批生态旅游景点。加快建设现代物流基地和配送中心,建设东南西北四大物流中心和信息中心,促进物流业向产业化和现代化发展,推进建设区域性信息交流中心。

　　鄱阳湖生态经济区水资源丰富,但时空分布不均。生态用水量较低及持续低水位等问题制约了区域发展。水资源调控策略是以遵从保证鄱阳湖生态需水和工农业生产生活用水为原则,主要策略包括调整水资源配、推进生态工业园建设和优化流域调度等方面。

　　鄱阳湖生态经济区土地资源调控策略是以国家重要湿地生态系统保护和区域"百亿斤"粮食增产以及土地资源集约持续开发为导向。加强林业生态体系建设,形成密布城乡、点线面结合的绿色屏障。主要策略包括划定基本农田保护区、湖体核心保护区和滨湖保护区等生态红线区,在长江沿岸、"五河"沿岸等实施河岸带植被恢复、水土流失防治示范及植树造林等工程,优化建设生态蓝线区域,控制非农用地和建设生态产业集聚区,实施生态修复和恢复、土地整理和生态建设等工程。

第16章 鄱阳湖湿地管理对策

16.1 国内外湿地管理经验及其对鄱阳湖的启示

16.1.1 国际湿地管理经验

1. 典型国际湿地管理案例

（1）美国

美国湿地资源丰富，但是从殖民时期开始就不断地消失，到 20 世纪仍然以 0.8 万～1.6 万 hm²/a 的速度消失（Mitsch,1994）。从美国的湿地管理研究与实践来看，美国非常重视湿地的立法问题，是世界各国中少有的拥有众多湿地法规的国家。为了保护湿地，美国于 1977 年颁布了第一部专门的湿地保护法规，以后又于 2000 年由总统签署了《保护湿地法案》。为遏制湿地面积下降，美国提出湿地"零净损失"政策目标，即任何地方的湿地都应该尽可能地受到保护，转换成其他用途的湿地数量必须通过开发或恢复的方式加以补偿，从而保持甚至增加湿地资源基数。如为了赔偿在 1993～2000 年间损失的 0.97 万 hm² 湿地，美国陆军工程师团已经新建了 1.7 万 hm² 湿地，湿地损失得到一定程度的遏制。

美国对湿地保护与管理的研究也非常重视，提出了许多新的观点与见解，以及一些新的技术和方法。如 3S,YSI,Hydrolab 越来越广泛地被运用于湿地监测和湿地保护研究中，还提出了一些新的计划和方案。此外，美国湿地保护与管理不仅仅局限于维持现状，而是重点进行退化和受损湿地生态系统的恢复和重建，例如，重建了佛罗里达大沼泽。政府拨 2 亿美元专项经费用于密西西比河上游生态恢复。为促进湿地保护工作的开展，美国联邦政府于 1993 年专门制定发布了题为《保护美国湿地：公正、灵活、有效的方法》的政府政策性文件。该政策文件包括为联邦湿地保护政策与法律的修订提供了基本框架的联邦湿地政策五原则。其具体内容如下：政府支持防止国家现存湿地净流失的中期目标，支持提高国家现有湿地资源质量、增加现有湿地资源数量的长期目标。湿地法案务必保证其有效性、公正性、灵活性及可预见性；贯彻实施湿地法案必须避免对私人财产和公众产生不必要的影响；为湿地提供有效保护的同时，尽量减少不可避免的不良影响；必须避免各执法部门的重复工作，使公众能够清楚了解法规的具体规定和不同部门的具体职能。鼓励非法令性计划的出台，如先期规划、湿地重建、湿地调查、公私合作等，从而减少联邦政府对作为湿地资源保护主要手段的各项法案的依赖程度。联邦政府扩大与各洲、各地区、各地方政府、私人机构及公民个人之间的合作,并在生态系统和水域环境中实现保护和重建湿地的目标。联邦政府的湿地政策建立在可获得的最前沿的科学信息的基础之上。

(2) 加拿大

加拿大湿地面积为 1.27 亿 hm², 占世界湿地资源的 24%, 居世界第一位。加拿大还是世界上首先在全国范围制定湿地保护政策的国家之一, 1992 年加拿大颁布了《联邦湿地保护政策》(Rubec, 1994)。加拿大湿地政策强调政府在处理国家领地湿地的示范带头作用, 以及在公众意识和培训项目的鼓励推动下人们对私有土地湿地的自发管理和激励机制。湿地政策明确指出了土地所有者的权利以及工、商、自然保护组织和一般民众在保护湿地方面实施合作的必要性。另外, 湿地政策中还涉及了其他一些公众话题, 包括在发展经济的同时, 能够长期维持湿地功能正常发挥的"可持续发展"途径, 能够改善湿地自然景观并协调湿地与周边环境相互关系的"生态系统"途径, 以及关于维持湿地功能及价值的焦点问题。此外, 加拿大政府十分重视流域管理在湿地保护与管理中的作用, 重视环境影响评价。

联邦或省在对湿地开发利用前, 往往都要开展环境影响评价。联邦、省和地区各级政府、社区和其他投资者还制定了一系列旨在防止污染和恢复被污染的生态系统的流域规划。这些地区性的行动计划包括:弗雷泽(Fraser)河流行动计划、加拿大北方河流生态系统计划、2000 年大湖计划、大西洋沿岸行动计划和 2000 年圣劳伦斯(St. Lawrence)河计划。这些行动计划有效地促进了加拿大湿地的保护和淡水资源的管理。加拿大的湿地立法在两个重要方面取得了不错的进展:法律体系中涉及"湿地"的内容更加明确;授予湿地工作志愿者以更多的权利。从省级立法来看, 各项新制定和修订的具有广泛环境意义的法案以及相关的政策和指南都在明确地将湿地作为值得特别关注的重要生态系统予以重点保护。

(3) 澳大利亚

澳大利亚联邦政府对自然环境的保护非常重视。自 20 世纪 50 年代, 联邦和地方政府就投入大量财力进行环境研究与保护。从 1996 年起, 筹建了 12.5 亿澳元的自然遗产基金, 重点用于保护土地、植被、河流、土著动植物、生物多样性和海岸海洋等自然遗产。作为其中一部分的国家湿地项目, 主要用于编制国际重要湿地管理计划、更新国家湿地名录、提名新的国际重要湿地、制定国家湿地政策、开展湿地研究和发展项目、社区教育和涉禽行动计划等。20 世纪 90 年代以来, 澳大利亚联邦政府采取了不少湿地保护的政策和措施, 其中最为重要的是 1997 年颁布的《澳大利亚联邦政府湿地政策》, 用于指导各州的湿地保护。而为了指导各州的河口生态保护, 2002 年又颁布了《河口管理办法》等重要文件。地方政府的湿地管理主要是湿地的保护管理。政府通过立法和开展建设项目的环境评估, 限制湿地的开发活动。同时, 在重要的湿地和鸟类栖息地建立国家公园和自然保护区也是一个重要的手段。对于属于私人土地的重要湿地和鸟类栖息地,政府常采取购买的方式,然后建立自然保护区或国家公园将其保护起来。另外,澳大利亚的国际非政府机构,如湿地国际、世界自然基金会、鸟类国际,以及国内的非政府组织,如涉禽研究组、海洋保护协会、湿地保护协会等也在不同地区和领域开展和从事湿地保护和管理活动,并联合成立了澳大利亚湿地联盟,定期举行会议,为政府湿地保护出谋划策,为推动澳大利亚湿地保护发挥了重要作用。

(4) 德国

德国拥有完善的湿地保护法规体系。在国际层面,加入了国际湿地公约。目前德国有 86.8 万 hm² 的湿地注册为国际重要湿地,履行国际公约规定的承诺和义务。在欧盟层面上,德国是《欧洲自然保护框架》的成员国。1992 年签署的欧盟《动物植物栖息地法令》与《鸟类法令》组成了具有综合性和代表性的"Natura2000 网络",其成员国需根据标准确认和保护相关区域,德国境内的重要湿地几乎全部属于保护范围。在国家层面,德国联邦自然保护法将欧盟"Natura 2000"《鸟类保护法令》和《动物植物栖息地法令》作为有效条款。德国各联邦州、自治区可以在环境领域自行制定法规和规范,以作为国家法律的有效补充。

德国重视对湖泊的保护和沼泽湿地的恢复。20 世纪 50～80 年代对欧洲第三大湖博登湖进行了污染治理。20 世纪 90 年代为梅克仑堡州 1.2 万 hm² 的沼泽地恢复了自然状态的供水。2000 年初又通过了《保护与恢复沼泽地计划》(方子云等,2001)。德国相关湿地保护和恢复项目可以获得欧盟的资金支持。《欧盟农业共同政策》也提供了对湿地限制利用的相关补偿机制,欧盟补助湿地标准为每年每公顷 350 欧元。德国中央、区域政府和企业也支持了一大批湿地保护恢复项目。1979～2010 年,德国实施了大规模河流湿地保护恢复项目,涉及 30 个项目,核心区域面积 11.37 万 hm²,投资 2.56 万欧元。实施地点包括奥德河、伊莎河、哈维尔河、阿尔河口区,实行埃尔波河中游恢复、埃姆士河流平原农业集约利用、莱茵河河流平原开发等项目。在恢复治理过程中,采取自愿原则,使土地业主不丧失所有权;利益相关者之间的平衡原则;土地有偿转让,限制利用时给予资金补偿。

德国积极推动国际与区域交流合作及利益相关者广泛参与机制。欧洲自然与国家公园联盟是一个非政府组织,成立于 1973 年,目前在欧洲有 39 个国家 40 个成员单位。其宗旨是促进自然保护地的良好管理实践,推动管理者和专家的合作与交流,促进政府和相关机构支持保护地的目标和工作。总部设在德国雷根斯堡,2007 年在布鲁塞尔设立办公室。该组织设主席和协调员,任务是与总部和各部门、各其他相关研究分支机构沟通交流,加强成员间联络,组织研讨、会议和成员大会,准备项目建议,保持网络交流等。联盟作为各国家公园、生物圈保护区和自然公园等保护地的一体性组织,"代表欧洲保护地的声音"。

发挥民间组织的作用。在德国公众参与自然保护历史悠久,有力地推动了湿地保护事业的开展。一些保护地由非政府组织管理并与公共团体和私营机构建立了伙伴关系。莱茵河宾根至爱特维尔湿地静水区、岛屿、浅滩是水鸟的重要栖息地。德国自然保护协会(Nabu)莱茵奥恩自然保护中心作为非政府民间组织,积极对湿地进行了保护管理。1999年受黑森州、莱茵兰普法尔茨和萨尔州鸟类保护协会的委托,制订了湿地综合管理计划,在鸟类监测、栖息地保护、湿地威胁因子调查、法律监督、游客管理、环境教育、公共宣传等方面较好地弥补了保护管理的缺失。瓦登海论坛是2002年根据瓦登海三方合作机制(丹麦、德国、荷兰)第9次政府会议决议成立的,是瓦登海国际重要湿地和世界自然遗产地各利益相关方参与的论坛。该论坛旨在为瓦登海地区可持续发展提供交流的平台。各方在广泛参与的基础上就整体和局部问题交换意见为政府决策提供咨询和开展应对行动。

2. 国际湿地管理经验

国外对湿地研究可以追溯到17世纪。工业革命以后,大量湿地遭到破坏或被改造,湿地保护与管理被列上日程。目前美国、英国、日本等发达国家的湿地保护管理工作取得了极大的进展,所具有的共性特征可以总结为以下几个方面:

1) 湿地保护管理工作均具有相应的法律法规保障。美国在州层面出台了有专门针对湿地生态系统保护的法律法规。英国、日本虽然没有湿地专项法,但其有关生物多样性、环境保护的法律法规较为完备,使湿地保护管理作同样拥有较为坚实的法律保障。

2) 湿地保护管理体系健全。美国、英国、日本等发达国家的湿地保护管理体系多样,机构均较为健全。其中,既有"多部门分工协作"管理模式,确保不同部门的管理工作有利于推动统一的保护管理目标得以实现;也有"国家湿地委员会"管理模式,委员会的设立着眼于从立法、政策制度设置等角度统筹一国家的湿地保护管理工作。

3) 保护管理与科研之间的结合紧密。美国、英国、日本等发达国家将科学研究成果作为决策依据,无疑提高了湿地保护管理的有效性,推动保护管理工作得以更好开展。

4) 采取"近自然"手段开展保护管理工作,追求城市湿地保护与城市发展的融合。未遭受严重破坏的城市湿地生态系统,具有自我恢复能力,能够通过自我调节,回到原本的自然状况,使其原本具有的生态服务功能得以恢复。采取"近自然"手段开展湿地保护管理工作体现了,发达国家对自然的尊重,也体现了其湿地管理工作的科学性。

5) 注重吸引公众参与湿地保护,构建多渠道的保护投入机制。吸引公众参与湿地保护,对于此项工作而言具有双重意义,一方面可以加强湿地保护管理力量,为社会公众创造有效参与湿地保护管理工作的机会,同时还可扩大对于湿地保护与管理的资金投入;另一方面也可以减少人类不合理活动等对湿地的威胁,尤其是来自公众生产生活方面的威胁。

16.1.2　我国湿地管理概况

中国在湿地方面的研究始于 20 世纪 50 年代,湿地的保护与管理大致经历了三个阶段(黄成才,2004)。第一阶段,20 世纪 50~70 年代,主要是摸清家底,对现有湿地资源进行调查和研究;第二阶段,20 世纪 80~90 年代,制定了大量与湿地保护与管理有关的法律及战略规划,并且启动了长达 8 年之久的全国性湿地及湿地资源专项调查;第三阶段,2000 年以来,湿地保护走上了规范化快速发展的轨道。

2000 年 11 月颁布了由国家林业局牵头,多部门共同参与编制的《中国湿地保护行动计划》,这是中国湿地保护与可持续利用的一个纲领性文件。2003 年 8 月,国家林业局会同国家发改委等 9 个单位完成了《全国湿地保护工程规划(2002—2030)》,并得到了国务院原则批复。从此,中国湿地保护与管理逐渐步入正规化的发展时期。

在湿地的保护与管理方面,相关的研究工作等主要集中在湿地自然保护区建设,处理好湿地保护与开发利用的关系、湿地监测体系建设以及湿地立法等方面。

1. 自然保护区建设

湿地生态系统具有水陆相兼的特殊地带性分布,生态脆弱性明显,加强对湿地生态系统的保护非常必要。建立湿地自然保护区是目前国际通行的做法,也是加强对湿地保护与管理最有效的方法之一。目前,中国湿地自然保护区的建设主要集中在对列入国际重要湿地名录和国家重要湿地名录的重要湿地进行保护;另外,保护主要对象是濒临灭绝或列入国家一级和二级保护对象的一些野生动物。今后,中国在湿地自然保护区的建设方面应重点在以下方面努力:①保护生物多样性。以往保护湿地注意力主要集中在鸟类和鱼类等物种资源上,而对湿地生态系统、生态功能,以及供养这些生物的植物、浮游生物、无脊椎动物和一些微生物等保护重视不够;②对于生境脆弱而又功能价值特别重大的湿地要实施抢救性保护,如红树林湿地和珊瑚礁等;③保护濒临灭绝和十分稀缺的一些重要物种;④保护有重大价值的小种群和生态系统中的关键物种。

2. 湿地保护与开发利用

湿地是一种重要的自然资源,湿地不仅给人类带来巨大的经济价值,而且还具有重要的生态价值、科学价值和美学价值。人类对湿地的开发利用,给人类带来了巨大的经济效益,但也破坏了湿地的生态功能和生态平衡。在对湿地的开发利用中,如何保护湿地,如何做到湿地保护与开发利用的合理取舍,是人类一直在思考的问题。无疑,对湿地资源的开发利用是获得生存发展的重要前提,但对湿地的开发利用不能无止境,更不能盲目行动,不能以牺牲环境和破坏生态平衡为代价,要合理开发和利用,更要加强保护。

在开发中保护,在保护的基础上开发利用。开发利用前,一定要进行环境影响评价;建立并严格执行湿地开发利用审批程序,防止破坏性利用;要制定湿地保护的倾斜政策,建立重要湿地补偿机制,如实施"占一补一"的生态补偿政策等。

3. 湿地监测体系建设

湿地生态监测主要是运用一些可比的方法,在时间和空间上对特定的湿地地域范围内生态系统的类型、数量、结构和功能等方面的一个或多个要素进行定期的观测。建立完善的湿地监测体系,对湿地的动态变化情况进行监测和控制,为湿地管理、科学研究和合理利用湿地资源等提供及时准确的数据及参考资料,对于保护湿地,维护湿地生态功能,实现国家社会经济可持续发展有重大意义。近些年来,我已经建立了一些相关的湿地监测站,并利用"3S"技术对重要湿地进行了动态监测和评价,取得了一定的成绩。

由于适宜与湿地资源开发环境影响评价的生态监测体系和评价指标体系尚未建立,无论在湿地监测标准化、规范化,还是在湿地监测网络建设、长期生态监测计划以及队伍和相关技术规范等方面都存在许多不足,主要表现在数据可比性差,监测参数、指标内容及方法不统一等。建立依托"3S"技术和湿地监测站的湿地生态环境监测网络是今后加强湿地保护与管理的重要途径和手段。

4. 湿地立法

我国目前还没有对湿地进行专门立法,对湿地保护与管理的相关依据散落在各种基本法律和行政法规中。国外在湿地保护与管理方面也很少有专门立法,仅美国于 2000 年由总统公布了《保护湿地法案》,规定拨出资金专门用于湿地恢复。湿地资源破坏的日益严重,以及所导致的生态失调问题,引起了越来越多的人士的关心,加强湿地立法的呼声也日益高涨(戴建兵等,2006),这方面的研究也受到普遍关注。湿地保护与管理问题已是一个非常紧迫的问题,加强湿地立法已为大势所趋。但是在建立保护湿地的法律体系之前,需要做认真的调查研究工作,确信其必要性和可行性,确定相关的路线图和时间表。

16.1.3　国内外典型湿地管理模式

根据国内外典型湿地管理模式及案例,当前我国湿地管理主要集中在保护区的管理。对保护区外的湿地管理,几乎就是一片空白,也就是很多保护区外的湿地几乎处于"无人管"的尴尬境地。而发达国家针对湿地的管理,具有较为完善的体系。其中针对区域内全部湿地范围进行管理,主要有区域协调管理模式、流域综合管理模式以及生态系统管理模式等;而针对湿地保护区管理,根据实际情况,可以采取的管理模式,主要包括集中式管理、分散式管理、合作式管理以及社区参与管理等模式。

1. 集中式管理模式

对于重要湿地保护区集中的区域,一般采取集中式管理模式,即保护区管理机构把管理重心集中放在保护区内,集中人力、财力、物力对其进行保护。如江西省鄱阳湖国家级自然保护区、海南省东寨港国家级自然保护区等。由于保护区范围连片,因此可以根据自身的实际情况,采用集中式管理模式。在采用集中式管理模式的保护区中,只设置一套管理机构,称为保护区管理处(局),该管理机构内部设有不同的管理站、科室,科室内部分工明确。在人员管理方面,保护区管理处(局)制定了严格的工作规章制度,对科室成员的职权进行明确的规定,根据职工的工作情况,对职工予以奖惩。采用集中式管理模式可以集中人力、财力、物力对保护区进行重点管理和规划,行动统一、迅速,不易产生矛盾。

同时,信息可以通过保护区工作人员直接反馈,便于保护区管理机构可以及时处理。但是,该模式也存在不足,首先是管理过度集中,下级保护站只能听从上级的指示,如对突发事件,保护站需先向管理机构报告,根据上级的指示来处理;其次是管理集中,导致上层管理人员数量较多,而基层工作人员少,不利于保护工作开展。

2. 分散式管理模式

分散式管理模式主要适用区域分散的保护区,如广东湛江国家级红树林自然保护区,其区域涉及 6 个市县。分散式管理模式最主要的特征就是设置一个保护区管理处(局),各地区设有保护站,负责对当地保护区的管理。在这种管理模式中,由于各个分保护区相距太远,保护区管理处(局)管理人员不可能经常到各地保护区巡护。为此,保护区管理处(局)把一部分管理权利赋予当地保护站,让其充分行使湿地保护与管理的权利。

该种模式能够根据当地的实际情况管理保护区,但也存在一些问题,首先是人力、财力和物力较分散;其次是由于各保护站相距太远,而上级管理机构对保护站只起指导作用,各保护站交流少,内部沟通不畅,不利于保护资源整合与信息的沟通;其三是分散管理,导致信息反馈慢,不利于问题的及时发现与处理。

3. 合作式管理模式

合作式管理模式是将一个地区多个同类型的湿地保护区进行合作管理。该模式主要针对我国的实际情况,即当前我国在保护区建立审批过程中,出现一个地区多个同类型湿地保护区的重复建设。如广西北海山口国家级红树林自然保护区与湛江国家级红树林自然保护区相邻,保护的物种相同,生态环境相同,却建成了两个由不同主管部门管理的保护区,浪费了人力、财力和物力。因此,为了有利于湿地的保护与管理、信息交流以及节约费用,应提高保护区的工作效率,采用合作管理模式。

合作式管理模式同样也适用于在区域上不相邻的保护区。该种模式尤其适用于以越冬候鸟为保护对象的保护区,因为鸟类每年从北迁徙到南方越冬,北方的保护区与南方的保护区在管理工作的开展上具有很大的相似性;进行合作管理,可以较大的提高管理工作效率。

4. 社区参与管理模式

社区参与管理是使当地社区和有关利益团体积极参与湿地过程的维护与管理工作,通常是指当地社区对湿地的规划和使用具有一定的职责,社区同意在持续性利用资源时与保护区生物多样性保护的总目标不发生矛盾。同时,政府相信当地社区居民的能力并给予必要的支持和帮助。当地社区在利用湿地的过程中,居民为自己提供管理资源的机会,并规定自己的责任,明确自己的要求、目标和愿望,明确所进行的活动涉及自己的福利。从而自觉地成为自然生境和生物多样性等的管理者、保护者与维护人员(初彩霞等,2009)。

社区参与管理,可以最大限度地调动社会资源,使湿地资源保护与社区可持续发展相结合。社区参与管理的优势主要表现在两个方面,其一是有利于良性引导、协调发展。通过社区参与管理,保护区和社区居民的交流与互相学习就相应增多,可以促进保护区周边社区及居民参与湿地资源的管理,使社区的自然资源利用和管理不与保护区的保护发生矛盾和冲突,进而达到促进保护工作的目标。保护区可以帮助和促进社区社会经济的发展,帮助建立自我认识和自我发展的能力。其二是有利于保护区工作人员和群众进行换位思考。出台相应的管理制度也更富有弹性和可操作性;群众的意识也提高了,也看到保护区和社区是共同的利益者,生物多样性保护与社区发展休戚相关。如此看来,社区不再是保护区工作的防范对象和对立面,而是共同保护湿地的合作伙伴。

5. 流域集权管理模式

以美国田纳西流域管理局为典型代表,印度、墨西哥、斯里兰卡等国相继推行了流域管理模式。以职权高度集中的流域管理机构来实施流域管理,并具有以下特点。其一是以改善流域经济为目标,不仅负责流域水资源管理,而且对流域内与水资源有关的经济和社会发展具有广泛的权力;其二是流域管理机构属于中央政府的一个机构,直接对中央政府负责;其三是法律授予高度的自治权;其四是有专门经费来源,可滚动实施对湿地保护、管理及开发。

6. 流域协调管理模式

流域协调管理模式是以立法或法律授权的方式,组建有流域内各地方政府和有关中央部门参加的流域协调组织,也称为流域协调委员会。其职责主要是对规划、政策和分配水量等进行协调,该流域管理模式反映的是中央政府与流域各地方政府的协调关系。

7. 流域综合管理模式

流域机构的职责是对流域统一治理和水资源统一管理,其特点一是管理综合性强,流域内供水、排水、防洪、污水处理,甚至水产和水上娱乐等河流活动的所有方面都进行管理。二是具有部分的行政职能又有非盈利性质的经济实体;三是具有控制水污染的职权。典型的综合性流域管理模式是英国成立的泰晤士河水务局,产生了很好的管理效果。

流域综合管理的核心是在流域尺度上,通过跨部门和跨地区的协调管理、合理开发、利用和保护流域资源,最大限度地利用河流的服务功能,实现流域经济社会和环境福利的最大化。推进流域综合管理重要的是政策、体制和机制的改革和强有力的法律支撑,流域综合管理涉及经济、计划、水利、环保、国土资源、农业、林业、交通、科技和旅游等各部门,要求跨部门合作和各利益相关者等的共同参与。

8. 流域集成化管理模式

为了克服统一规划、经营与管理的单主体"综合化"管理模式带来不可避免的集权和难于兼顾多方利益的问题,有些国家正推行流域集成管理模式。流域水资源集成管理是一种"集中—分散"的管理模式,具体由国家设立专门机构对流域水资源实行统一管理,或者由国家指定某一机构对水资源进行归口管理,协调各部门的水资源开发利用。但这一管理机构的作用,主要是制定有关流域管理方面的法律、法规与标准等,而不直接参与水资源开发。流域水资源集成管理是通过水资源使用权与排污权的拍卖,通过市场调节,通过流域内水资源管理过程中冲突各方的磋商与仲裁等手段,实现流域水资源的统一管理。

9. 生态系统管理模式

生态系统管理是在充分理解生态系统功能、结构与过程等的基础上,制定和执行一系列的政策、规划和目标。并且根据实践经验、理论研究和实际情况作调整,以维持和增强生态系统可持续性的过程,促进生态系统与社会经济系统之间的协调发展是生态系统管理的核心。确保湿地生态系统和区域社会经济系统发展间的可持续性,实现区域可持续发展是湿地生态系统管理的根本目标。

对于保存比较完好的自然生态系统,主要的任务是保护,使之不受人为干扰或少受人为干扰,至少也要把人为干扰控制在自然生态系统能够承受的范围内,即能够保持自然生态系统自身的可持续性。在受到较大自然或人为干扰的情况下,或者是已受过较大干扰的生态系统,主要考虑的是生态系统的恢复。而对于受损严重,已经不能进行恢复的生态系统,建立新的平衡与可持续状态。对于自然或人工生态系统的可持续管理就是根据不同生态系统的受损程度,进行保护、恢复或重建。

与一般生态系统保护、恢复或重建不同的是,湿地生态系统管理模式是把生态系统管理的思想和可持续性发展的目标贯穿始终。从整个流域全局出发,统筹安排,综合管理,合理利用和保护流域内各种湿地资源,从而实现全流域综合效益最大和促进区域经济社会的可持续发展。

16.1.4 国内外湿地管理经验对鄱阳湖湿地管理的启示

1. 鄱阳湖湿地管理

鄱阳湖湿地生态功能丰富,对湿地资源利用的相关利益群体众多。因此,对鄱阳湖湿地管理牵涉的范围和管理对象是点多面广。鄱阳湖湿地管理,还是以政府部门为主、社会组织参与监督管理为辅的集权式管理体制。鄱阳湖湿地管理是在江西省政府统一领导下,由发改委、林业厅、农业厅、环保厅、卫生厅、山江湖工程办公室、各设区市政府、各县级政府以及各乡级政府等政府部门集群进行管理,同时各科研院所、协会、农(林、渔)场等进行参与监督(如环境监测、渔业状况调查、湖区垦殖场管理等)(姬鹏程等,2009)。目前鄱阳湖湿地存在管理体制不健全、管理职责和组织体系混乱、规章制度和监管体系有待完善,特别是缺乏宏观层面上鄱阳湖湿地管理监督体制,鄱阳湖湿地相关监测及科研还需要进一步提升。

(1) 管理权限分散,体制不健全

湿地是自然界存在的一种土地现象,是一种自然生态系统,也是一种自然资源。对湿地资源的利用,牵涉方方面面。既要考虑社会的相关利益群体,又要考虑到湿地生态系统本身结构、功能和过程等的可持续性。由于湿地利用具有的社会性和自然性,对湿地管理的认识具有很大的局限性,导致当前我国还没有一套可行的管理体制。

鄱阳湖湿地管理,当前更多的是考虑湿地的社会属性,而对其自然属性的考虑明显不足。从宏观上进行管理,即政府部门对各自利益的保护和管理。如农业部门主要是对鄱阳湖渔业资源进行管理,水利部门主要对鄱阳湖水资源、水利工程及采砂活动进行管理,林业部门对鄱阳湖湿地及候鸟(保护区)资源管理,交通部门主要对鄱阳湖航道、码头及航运进行管理,卫生部门主要对湖区血吸虫病防治进行管理,环保部门主要对鄱阳湖水环境及排污进行管理等;对湿地自然属性,主要还是处于科研层面。当前对鄱阳湖湿地自然属性的认识还不很全面,还未上升到政府统一管理的层面。多头管理存在着部门利益、行业技术等方面的局限。湖区行政区域的辖区分割,在一定程度上也加剧了管理上的复杂性和相互制约性,湿地、渔业与环境等方面的管理资源亟待整合。

(2) 组织体系紊乱

当前鄱阳湖湿地管理的组织体系相对松散,缺乏一个系统的管理组织体系。鄱阳湖湿地管理牵涉的部门非常多,湿地利用分部门多头管理,湿地保护缺乏综合协调管理和利用监督机制。各级政府及部门在湿地保护工作上职责不清,没有将湖区湿地保护纳入当地国民经济和社会发展计划中,生态与资源保护未成为地方政府政绩考核指标之一。例如,对鄱阳湖的水沙问题,主要是水利部门在管;对于水质污染和水生态问题,更多的是环保部门在管;对于渔业资源及捕捞问题是农业部门在管;对于湖区土地利用问题,是国土部门在管;对于湖区农作物种植问题,则是农业部门在管;对于湖区植被、特别是林木种植,是林业部门在管;还有其他的湿地资源利用,各有相应的利益部门以及地方各级政府部门在管理。但是,对于湿地功能退化,很有可能找不到相应的管理部门,因为鄱阳湖湿地问题的出现并不是由单一因素引起的,而上述管理部门的职能也具有一定的重叠性。

鄱阳湖当前的执法体系众多,据统计,目前江西省共有 17 项关于鄱阳湖管理的法律法规及条例,由 8~9 个执法部门在执行,农业(渔政)部门的渔政执法、水利部门水政执法和采砂管理、林业部门自然保护区执法,以及环保部门环保执法等。各自关注相应执法领域,难以形成对鄱阳湖湿地综合执法的合力及其有效性,而且存在执法成本过高等问题。

(3) 规章制度有待完善

由于鄱阳湖湿地范围广、功能众多、相关利益群体多。因此适用于鄱阳湖湿地管理的相关规章制度比较多,如国家制定的相关法律法规(环境保护法、水法、渔业法、环境影响评价法、水污染防治法、土地管理法、野生动物保护法等),以及江西省指定的地方法规和文件如环境污染防治条例、资源综合利用条例、矿产资源开采管理条例、公民义务植树条例、森林防火条例、血吸虫病防治条例、鄱阳湖湿地保护条例、鄱阳湖自然保护区保护条例、基本农田保护办法、鄱阳湖自然保护区候鸟保护规定、林地保护管理试行办法、森林限额采伐管理暂行办法、野生植物资源保护管理暂行办法、水资源费征收管理办法、矿产资源补偿费征收管理实施办法、征收排污费办法、江西省渔业许可证、渔船牌照实施办法、关于制止酷渔滥捕、保护增殖鄱阳湖渔业资源的命令等。

　　由于法律法规由相关职能部门制定，对特定的鄱阳湖湿地来说，这些规章制度的部分条款配合不合理，但是总体来说，鄱阳湖湿地管理已经形成了一套相对完整的规章制度。针对鄱阳湖湿地管理，江西省也制定和出台了相应的法规，特别是《鄱阳湖湿地保护条例》，对鄱阳湖湿地管理提供了重要的法律依据。但是，由于部门规章制度，是从部门利益出发制定的，没有完全考虑到鄱阳湖湿地资源利用的众多相关利益群体，导致一些看上去比较科学的法规，在执行过程中一些部门却难以落实。因此，鄱阳湖湿地管理的相关规章制度，应依据湿地生态系统特性（完整的生态系统，是社会-经济-自然的复合生态系统，具有社会性、经济性和自然性等特点）进行修改和完善。

　　（4）监管体系亟待完善

　　湿地管理的监控体系主要由两部分组成，一是政策执行和部门职能的监督，二是湿地状态和功能变化的监测。鄱阳湖湿地管理监控体系主要是湿地生态系统监测和信息反馈，而政策执行和部门职能监督，仅仅是江西省人大环资委有一定的权限。鄱阳湖尚未建立起完善的湖泊湿地生态环境监测监控技术体系，环保、农业、林业、水利、国土、气象等各行业部门都在鄱阳湖开展了生态环境监测工作。但受制于不同部门的隶属关系，数据难以统一共享，所监测数据虽具有行业代表性，但也不乏雷同之处。而且在生态环境信息发布方面，由于分散监测，监测数据投入较大且结论不一致，数据利用率低也是矛盾所在。甚至在描述生态环境的时候出现根据目标选择数据，数据前后不一致，难以实现对鄱阳湖的科学管理。

　　对于鄱阳湖湿地生态系统监控，江西省许多部门都在开展生态环境监测工作，农业部门设有农业环境监测站，水利部门设有水文及水环境监测站，气象部门设有气象观测站，国土部门设有地质环境监测站，林业部门设有候鸟观测站。已建的地方监测机构大多数配备了开展常规监测、部分重金属监测、石油类监测、部分农药检测等的仪器设备，具备了常规监测能力。其监测的内容各自具有行业代表性，但存在较大的雷同和重叠。与此同时，一些各具特色的科研监测站点也在湖区相继成立，如昌邑的鄱阳湖自然保护区湿地生态站、星子的鄱阳湖湖泊湿地综合研究站、都昌的鄱阳湖环境与健康生态实验站，这些监测站点的建立都为鄱阳湖区的生态环境保护提供了科学依据。

　　如前所述，鄱阳湖湿地管理缺少宏观上的监督体制，对鄱阳湖湿地的相关监测、科研也存在一些问题。监测站（点）建设缺乏统一规划。由于监测站（点）是各部门自行规划、建设和管理,缺乏统一规划和有力的监督。造成了站点重复建设和布局不合理现象突出,监测站(点)的监测业务没有得到合理分配,各部门的生态环境监测工作只是为本部门决策需要,生态环境监测工作条块分割严重,没有形成合力。使生态环境监测整体效果下降。此外,监测范围领域急待拓宽,生态环境监测的指标体系丰富而庞杂,目前湖区已开展的例行监测领域只是大气、地表水、噪声和重点污染源,而对森林、湿地、水生态的监测则刚刚起步,而且还有一些监测领域尚属空白。一方面监测成果不系统,不完整;另一方面各行业部门获取的监测成果主要是为了满足自身需要,基本上是自己保管,部门使用,没有实现共享形成完整的成果,未能发挥监测资料的使用价值,造成大量的重复劳动和重复投资。监测人才队伍缺乏。生态环境监测作为一个综合性学科,需要具备各种知识能力的人才,目前从事生态监测的技术人员在随时了解和掌握现代环境科学理论、现代环境监测技术、现代环境监测手段及现代监测管理体系等方面,存在较大差异。综合分析,人才、学科带头人和复合型人才缺乏,不能站在现代环境监测领域的前沿。

(5)鄱阳湖管理科技支撑力不足,公众参与机制不够健全

有关鄱阳湖的科学研究尚未完全跟上,也存在分散研究多而综合研究少,低水平重复多而科技创新少等问题,各科研院(所)和高等院校从事鄱阳湖相关研究的整体效应难以优化,缺少集中优势力量攻克重大难题的创新氛围。

与此同时,利益相关者参与式决策体系、湖泊和湿地保护与可持续开发利用的宣传教育体系等公众参与机制仍未建立,难以发挥民间组织对鄱阳湖生态环境保护的作用。

2. 国内外湿地管理经验对鄱阳湖湿地管理的启示

(1)建立湖泊综合管理协调机制

国内外湖区发展经验表明,湖区的可持续发展必须基于流域综合开发管理理念、区域协调发展理念、生态经济与生态城市以及生态服务价值等先进理念,才能促进区域社会经济的协调发展,优化流域内的生态环境质量,管理好湖泊湿地必须首先建立湖泊综合管理协调机制。这一机制在北美五大湖、日本琵琶湖、我国青海湖、巢湖等湖泊的管理中得到了较好的实践(贺晓英等,2008)。为了保护五大湖水域的环境,改善污染状况,美国和加拿大两国成立了一系列管理协调机构,包括五大湖国际联合委员会、五大湖政策委员会、五大湖渔业委员会、五大湖州长协会、五大湖委员会、五大湖地区合作体等。其中,国际联合委员会是五大湖的最高管理机构,其职责是帮助两国政府寻求对各种水事问题的解决方案。我国青海省于2009年批准设立省政府派出机构—青海湖景区保护利用管理局(正厅级)。该管理局为独立机构,行使一级政府职能,设有相关的派出机构,用以协调青海湖开发利用与生态环境保护的矛盾,协调利益分配,同时具有一定的环境保护执法权及监督检查

权。安徽巢湖也建立了副厅级巢湖管理局,统一管理巢湖规划、水利、环保、渔政、航运、旅游等事项。

(2)行政首长高位推动

在湖泊管理中,行政首长的高位推动在我国部分湖泊得到了广泛的应用,其主要核心就是建立领导分区分片责任制,综合协调区域发展和生态环境保护,同时接受广泛的社会监督。近年来,云南省以滇池为重点的九大高原湖泊保护治理综合协调机制,成立了由省长亲自担任领导小组组长,常务副省长和分管副省长分别担任副组长的九湖领导小组,同时接受省人大常委会、省政协常委会、专家督导组的检查和监督。

在实践中云南省政府与有关州(市)政府相关部门签订了目标责任书,并建立"河(段)长负责制",河(段)长均由市级领导和县(区)党政一把手担任。该模式在滇池、洱海、抚仙湖等湖泊保护管理工作中取得了较明显的成效,促进了湖泊湿地环境保护。

16.2　鄱阳湖湿地管理对策

16.2.1　以湿地生态安全为核心的管理目标

鄱阳湖湿地生态安全目标的总体定位是以珍稀候鸟、鱼类以及草洲植被等为重点保护对象,保持一定的水文节律,强化湿地的保护和管理。

保证鄱阳湖湿地生态安全,最重要的是要确保湿地基本水情。结合鄱阳湖多年的水文资料、主要生态因子(水质、湿地植物、湿地土壤、水生动物、渔业、越冬候鸟、血吸虫防治、居民生活等)与主要服务功能(调蓄洪水、污染物降解、水源涵养、营养循环、航运、灌溉、生物栖息等)等,提出了以下鄱阳湖基本水情指标。

1. 维持鄱阳湖基本水文情势及节律

丰水期与枯水期年内交替出现,确保一年中丰水期和枯水期的基本水位。

2. 丰水期(6～8月)

星子站水位达到18～19 m(吴淞高程),草洲淹没时间达到60～100天。

3. 枯水期(12～2月)星子站水位保持在11.0～12.0 m(吴淞高程)之间

为了进一步推动鄱阳湖生态安全保障,优化鄱阳湖生态安全控制指标,由中国环境科学研究院、江西省环境保护科学研究院、江西省科学院等单位,2009年9月8日在南昌召开了"鄱阳湖水文情势与湿地生态系统关系学术研讨与专家咨询会",来自北京和江西省的16个科研院所、高等院校、管理部门的34位长期从事鄱阳湖研究的相关专家学者和管理者参加了会议。通过研讨水位和水质对湖泊湿地生态系统的影响,水资源、湿地植物、水产资源和越冬候鸟的保护与发展及外来物种的防控,公共卫生防治,鄱阳湖生态安全保障措施等,重点探讨了水文变化对鄱阳湖湿地生态系统中水、土、草、鱼、鸟等的影响,并讨论提出了有利于保护鄱阳湖湿地草、鱼、鸟的水文条件等指标。

综合专家咨询意见,鄱阳湖年内各月推荐理想水位及主要依据详见表 16-1 及图 16-1 所示。

表 16-1　年内各月推荐理想水位及主要依据表

时段	内容	高程/m	主要依据
12～2 月	水位范围	6.83～14.57	基本维持湿地生态系统的稳定及候鸟栖息环境;
			解决湖区枯水期生产及生活用水;
	理想水位	11.0～12.0	改善湖区水质;
			湖区湿地生态系统及服务功能基本不受影响
3～5 月	水位范围	7.20～19.88	湿地植被生长,保护鱼类产卵生境;
			提高湖区农业灌溉能力,保障粮食安全;
	理想水位	15.5～17	湖区湿地生态系统及服务功能基本不受影响
6～8 月	水位范围	10.62～22.52	鱼类索饵、育肥及洄游生境;
			确保湖区防洪安全及调蓄洪水功能;
	理想水位	18～19.0	湖区湿地生态系统及服务功能基本不受影响
9～11 月	水位范围	8.14～21.58	满足水生植物生长需求,积蓄养分;
	理想水位	14.5～18.5	湖区湿地生态系统及服务功能基本不受影响

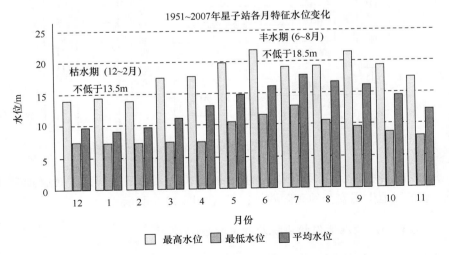

图 16-1　鄱阳湖适宜生态水位分析

枯水期(12月至次年2月),保证水位不低于11.0~12.0 m(星子站,吴淞高程),维持湿地生态系统稳定及江豚、候鸟栖息环境,解决湖区枯水期生产及生活用水及输入长江下游水质,维持湿地生态系统及服务功能基本不受影响。

丰水期(6~8月),保证水位不低于18.5 m,保护鱼类产卵、索饵、育肥及洄游生境,促进湿地生态系统物质循环,提高湿地降解功能,保障湖区防洪安全及调蓄洪水功能及确保湖区湿地生态服务功能基本不受影响(星子站,吴淞高程)。

16.2.2　创新鄱阳湖湿地管理机制和体制

1. 构建新的鄱阳湖湿地管理体系

鄱阳湖湿地管理,应结合生态系统管理的相关理论模式,分别从宏观的社会经济以及微观的自然生态系统方面开展湿地管理工作,框架如图16-2所示。鄱阳湖湿地管理首先必须从宏观层面进行管理,制定湿地利用与保护的相关政策,编制湿地资源利用的规划,做好投资和政府决策等。在湿地资源利用过程中,应协调好相关利益群体的利益分配。在微观层面,需要做好湿地生态系统的状态、功能和过程的监测评价和信息反馈。同时,对鄱阳湖湿地生态系统服务功能进行评估,促进鄱阳湖湿地生态系统服务及湿地资源的可持续利用。

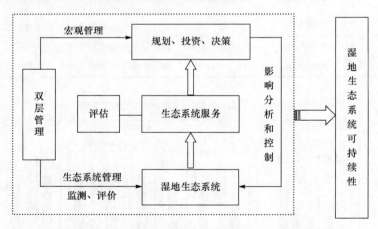

图16-2　鄱阳湖管理体系框架示意图(Zhao and Jia,2008)

通过鄱阳湖湿地生态系统服务的评估,有机联系鄱阳湖湿地宏观管理和微观管理,基于湿地生态安全的鄱阳湖管理模式如图16-3所示。

2. 完善鄱阳湖湿地保护法规及相关政策

在国家立法方面,尚未出台全国湿地保护条例,对湿地保护缺乏统一的规定;在地方立法方面,江西省在全国是走在前列的,已经初步建立起湿地保护法律体

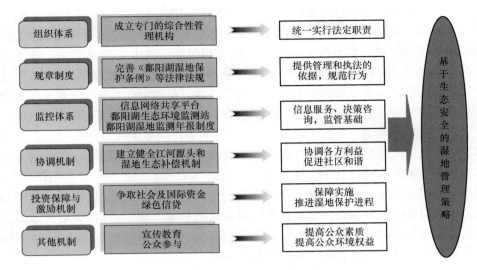

图 16-3　基于湿地生态安全的鄱阳湖管理模式构成

系。1996 年,江西省政府发布了《江西省鄱阳湖自然保护区候鸟保护规定》,率先在我国自然保护区实行了"一区一法"。2003 年,江西省人大通过了《江西省鄱阳湖湿地保护条例》。2006 年,江西省政府办公厅下发了《关于加强湿地保护管理的通知》,对建立湿地保护管理协调机制、抢救性保护天然湿地、实施湿地保护工程项目、规范湿地资源利用行为等提出了明确要求。

　　2012 年 5 月 1 日,《鄱阳湖生态经济区环境保护条例》正式颁布实施,将鄱阳湖生态经济区分为湖体核心保护区、滨湖控制开发带和高效集约发展区,对生态经济区内从事影响生态环境的生产、经营、建设、旅游、科学研究、管理等活动进行了规范。

　　法律体系和政策的建立对规范鄱阳湖湿地保护与管理有一定的成效,但与湿地保护的要求相比,还存在不少问题。例如:各相关部门规划不统一,部门间缺乏有效协调,致使规划期间有时会产生冲突和相互矛盾。各相关资源管理部门对资源开发活动的行政许可有可能与湿地保护不协调。对于湿地保护缺乏从流域角度的整体考虑。鄱阳湖的污染、泥沙淤积等生态环境问题大多是上游人类活动造成的。所以,仅仅局限于湖区范围开展湿地保护是不够的,应该着眼于鄱阳湖全流域。行政手段运用过多,经济手段运用少,政策缺乏灵活性。在许多方面缺乏可操作的规定,也给执法和管理带来难度。例如:提出建立生态补偿制度,但是对于生态补偿的实现途径和具体的管理办法缺乏具体规定。提出了要建立部门间协调机构,但是对协调机构的职责和权限、议事程序等缺乏具体规定。提出应当采取多种形式,多渠道筹措和安排专项资金用于湿地保护。但是,对资金筹措的渠道、使用和管理缺乏具体规定。缺少关于湿地中的各种自然资源(如土地、水、渔业资源、牧草等)的权属问题解决办法、湿地资源的有偿使用制度、社区共管等方面的改革。

　　针对以上问题,提出以下完善措施的建议,主要包括对湿地进行合理利用。湿地利用不得改变湿地生态系统的基本功能,不得对区内的土壤、地表或者地下水文状况、野生生物物种造成损害,不得破坏野生动物的栖息环境,危及受保护的野生生物物种的安全。将湿地保护纳入各相关部门的行业和专业规划。加强和改进部门行政许可制度,限制资源开发规模及其布局,与湿地保护相协调。

　　进一步加强环境影响评价制度执行力度,严格控制湿地区域的新、改、扩建项目。对涉及向天然湿地区域排污或者改变湿地自然状态,以及建设项目占用天然湿地的单位和个人,应当按照《环境影响评价法》等法律法规进行环境影响评价后,报有关部门审批。通过立法进一步明确湿地保护部门协调机制、生态补偿制度与资金保障机制的实施细则。组织和开展湿地立法和政策研究,针对湿地资源的产权配置与湿地资源有偿使用制度等问题进行研究。建立领导目标责任制,将湿地保护指标纳入地方政府领导干部政绩考核体系。

　　3. 设立鄱阳湖湿地保护专项基金,强化多元化投入机制

　　政府投入是湿地保护资金来源的主渠道。目前,国家级自然保护区的资金来源于中央政府,而省级、县级自然保护区的资金主要来源于地方各级政府。鄱阳湖国家级自然保护区已经被列入《全国湿地保护工程实施规划》(2005—2010)的湿地恢复工程和能力建设工程。除鄱阳湖国家级保护区外,湖区大部分自然保护区都缺乏经费保障。根据《条例》规定,湿地自然保护区所需管理经费,由湿地自然保护区所在地的县级以上人民政府安排。环湖市、县的湿地保护管理机构均属事业单位,但绝大部分属差额拨款或自收自支性质,管理费用严重不足。

　　由于经费缺乏,职工工资发放和机构运转困难,缺乏必要的湿地保护、管理、监测等设施设备,致使管理措施无法到位,难以开展正常的保护工作。目前湿地保护资金投入不足,融资渠道狭窄,其原因主要有:虽然政府公共预算发挥着主导作用,但投入力度不够;资金投入渠道单一,主要是政府投资,其他投资渠道和融资手段严重不足或缺位;各类收费和税收政策不完善。

　　湿地保护和恢复的资金可以从以下多种渠道获得:首先通过全国湿地保护工程规划,争取国家财政的资金支持;其次需要各级地方政府将湿地保护规划纳入本地区国民经济和社会发展计划,并将湿地保护资金纳入地方财政预算计划,做到专款专用;各相关部门将湿地保护的内容纳入本部门专项规划,并为湿地保护提供资金支持;第三,积极开展国际合作项目,向国际社会宣传鄱阳湖湿地保护的重要性,展示湿地保护的成果,向国际公约(生物多样性公约、湿地公约)、国际自然保护组织争取资助;第四,寻求对湿地保护感兴趣企业的公益性捐赠;第五,建立向资源开发利用活动征收费或税收的制度。

4. 完善自然资源有偿使用管理制度

鄱阳湖湿孕育了有丰富的自然资源,如渔业、水、河砂、土地、牧草、旅游等。国家可以对各类资源实行许可制度和有偿使用制度,通过征收税费实现自然资源的价值。由各类自然资源的行政主管部门负责批准许可和收费。收取的费用主要用于自然资源的保护和恢复。目前问题是:缺少湿地恢复费,导致湿地被无偿占用;收费标准过低,导致湿地中的自然资源不能得到有效利用,甚至遭到破坏。湿地自然资源价值应当得到认可及合理的有偿使用。

经批准占用或者征用重点湿地的单位和个人应当按照占补平衡的原则,在湿地保护有关部门指定的地点恢复同等面积和功能的湿地;对无能力恢复湿地的,按规定缴纳湿地恢复费。同时,重点湿地名录应当定期向社会公布。可由林业部门负责征收湿地恢复费,用于湿地的恢复。对湿地生态影响较大的或者湿地资源开发利用项目,其投资或者利润的一部分应用于进行湿地保护和恢复。开展湿地生态旅游,对湿地中的生物资源进行开发,在湿地附近利用湿地景观进行房地产开发或者建设宾馆餐饮业等项目,其收入的一部分用于湿地保护。可以通过项目审批部门,如旅游、建设、农业、土地等,在项目设计中考虑湿地保护和恢复措施,按照利用和影响程度的不同收取湿地恢复费。

5. 实施生态补偿制度,促进湖区渔民转产转业,切实解决好“人湖”关系

鄱阳湖湿地是我国长江中下游重要生态安全屏障,其资源、环境和生态保护对长江下游省区乃至整个国家的生态安全和生物多样性保护起到了十分关键的作用。但是,长期以来鄱阳湖生态系统服务价值并未得到应有的重视,湿地保护资金投入不足,受益者和破坏者没有付出相应的代价,而受害者和保护者也没有得到补偿,致使湿地破坏,生态功能下降。

生态补偿制度是实现湿地价值的一种有效途径,同时也是湿地保护的融资渠道之一。《鄱阳湖湿地保护条例》虽明确了省人民政府应当建立健全鄱阳湖湿地生态效益补偿制度,但因缺乏具体可操作的细则而无法实施。完善生态补偿政策,逐步建立鄱阳湖区湿地生态补偿机制。坚持“谁开发、谁保护,谁破坏、谁恢复,谁受益、谁补偿”的原则,通过调整优化财政支出结构,完善一般性财政转移支付考核体系等手段,加大对鄱阳湖滨湖地区生态补偿力度,使湿地资源所有者、使用者的合法权益得到保障,推进鄱阳湖区渔业补偿和湿地生态补偿。生态补偿应遵循公平性、效率性和可操作性的原则。补偿对象为因湿地保护受损者、生态保护和建设者,包括当地社区居民和保护区管理机构。补偿资金来湿地保护的受益者、自然资源的使用者和生态破坏者,包括国际组织、中央和地方财政、下游省区政府、游客、湿地资源开发企业等。

　　鄱阳湖不仅为下游提供丰富的淡水资源,而且对"五河"和长江洪水具有较大的调蓄作用。鄱阳湖水资源生态补偿包括水资源保护的工程投入补偿、水资源保护的发展机会损失补偿、水源补给生态效益补偿与洪水调蓄等生态效益补偿。

　　生态补偿制度的建立需要国家和地方出台相应法律和政策。应积极争取将鄱阳湖列为国家生态补偿的试点,研究生态补偿的标准和实施办法,推动开展上下游之间的水资源生态补偿和自然保护区生态补偿,开展基于生态补偿的财政转移支付制度创新,建立生态补偿专项基金,以中央政府投资为主、多渠道筹集经费。

6. 建立鄱阳湖湿地管理体系与协调机制

　　建立自然保护区是保护湿地生态环境、自然资源和生物多样性最重要和最有效的措施,同时也是维护生态安全,促进生态文明,实现社会经济可持续发展的重要保障。经过近20年的建设,鄱阳湖在湿地保护区建设方面取得了很大进展,初步形成了湿地保护管理体系。湖区大部分都已经被纳入自然保护区的管理范围。但是,鄱阳湖国家级自然保护区管辖面积仅占鄱阳湖天然湿地面积的10%左右。除国家级自然保护区外,其他自然保护区由于缺乏必要的资金、人员和设备,监管能力弱,只建不管的现象普遍存在,没有起到实质性的保护作用。滞后的保护区建设严重影响了鄱阳湖湿地的有效管理和保护。

　　湿地保护仅靠建立封闭的自然保护区是不够的,还要依靠涉及的多个部门和周边多个行政区域的合作和协调。除环保和林业部门外,农业、水利、国土、建设、交通、卫生、旅游等部门也履行鄱阳湖资源开发、保护与管理职责。如果各部门和各区域从自身利益出发制定湿地资源开发利用规划,各自为政,分割管理,会造成湿地整体功能受到损害,不利于湿地的统一保护和管理。一些地方政府在湿地开发利用上不征求相关部门的意见,单方面与开发者签订合同,如湿地造林、围垦湿地、养殖等,造成对湿地资源的不合理利用。

　　为加强部门和区域间协调与合作,建议在省政府领导下,由环保部门牵头,组织建立由各相关部门和区域代表组成的综合协调委员会,主管省长担任主任。建立湿地保护联席会议机制,负责明确各部门和区域在湿地保护管理方面的职责;审议和检查各部门和地区在湿地保护方面的财政预算计划;明确利益分配机制,协调各方利益冲突;实现各部门和区域的信息交流与共享;审议湿地生态监测报告,制定统一的湿地保护和利用规划,保证该规划与各部门和区域制定的相关规划协调一致,监督该规划在各部门和各区域的落实。

　　借鉴国内外湖泊及流域综合管理体制,建立具有综合决策管理权的流域管理机构,有效整合环保、农业、林业、水利等管理机构。设立鄱阳湖生态经济区环境保护办公室,统一协调和组织实施有关鄱阳湖生态经济区环境保护的具体工作。

　　履行如下职责:

1) 宣传贯彻环境保护有关法律法规;

2) 组织拟定鄱阳湖生态经济区环境保护相关制度,协调鄱阳湖生态经济区环境保护中的重大事项;

3) 组织拟定鄱阳湖生态经济区环境保护工作计划,检查和督促鄱阳湖生态经济区内各设区的市、县(市、区)人民政府和有关部门依法开展环境保护工作;

4) 组织拟定鄱阳湖生态经济区环境保护实绩考核目标责任,并检查、督促和考核鄱阳湖生态经济区内各设区的市、县(市、区)人民政府和有关部门目标责任完成情况。

16.2.3　建立健全鄱阳湖湿地管理保障措施,提升管理能力

1. 系统调查,科学规划

为鄱阳湖湿地保护确定方向。要充分运用"3S"等各种技术积极开展鄱阳湖湿地科学研究,特别是对"平垸行洪,退田还湖"、三峡工程、控洪工程的效应进行研究和评估,利用环境遥感等技术,监测鄱阳湖湿地生态系统动态及演变规律,通过国家重大政策及工程建设实现对鄱阳湖水位的调控和湿地环境的改善。最终真正实现鄱阳湖区人类、自然、环境和社会经济协调和可持续发展。要组织各方面的人员和力量,开展系统而全面的鄱阳湖湿地资源与社会经济状况调查,并建立鄱阳湖湿地资源数据库及空间数据库,实现对鄱阳湖湿地的实时监测,建立数字化鄱阳湖,科学系统地掌握鄱阳湖湿地现状及其演变特征。

在此基础上,科学制定规划。鄱阳湖湿地的保护与管理涉及多个部门,又有多部法律法规重叠。因此,必须有一个科学、全面、系统的规划来规范鄱阳湖湿地的保护与利用行为。当前,相关部门要依据《鄱阳湖湿地保护条例》,结合鄱阳湖的实际,尽快拟定《鄱阳湖湿地保护与利用总体规划》。在规划中要明确鄱阳湖湿地的范围和边界;要对鄱阳湖湿地实行合理的功能区划,在严格保护的基础上,建立鄱阳湖湿地可持续利用的示范区和湿地公园。

2. 以人为本,加强湖区基础设施建设,帮助湖区群众尽快脱贫致富

鄱阳湖湿地生态系统保护要以人为本,突出解决影响人湖和谐的问题。目前湖区群众生活还比较贫困。同时还受到血吸虫病的危害。因此,要加强湖区基础设施建设投入,帮助湖区群众尽快脱贫致富。

大力发展生态旅游。鄱阳湖具有丰富的生态旅游资源,发展生态旅游是鄱阳湖湿地合理利用的有效途径。在发展鄱阳湖生态旅游的过程中,可以借鉴国际上生态旅游发展良好国家的经验,结合鄱阳湖的实际情况,做好以下方面的工作:①应本着积极、科学的态度加以引导,制定生态旅游规划和管理办法,加强管理;②要对开展生态旅游活动的区域进行环境影响评价,加强监测和疏导,把游客数量控制

在自然环境承载能力范围之内;③加强环境宣传和教育,让游客在旅游中获取生态知识,在享受自然的同时,把保护环境变成自觉的行动;④鄱阳湖是血吸虫的重疫区,因此要做好血吸虫的防治工作。

发展循环经济、清洁生产。鄱阳湖区发展循环经济,要做到废物减量化,尽量减少废弃物的排放,逐步向"零排放"发展。废物无害化,通过加工、转化,以及生物降解、化学处理等多环节,降低和减缓废弃物对环境、生物、生态系统产生的危害。废弃物资源化,做到"废物不废,变废为宝、变废为肥,化害为利"。

增加社区投入。鄱阳湖区农民经济基础较差,亟须国家和省政府有关部门支持。应设立扶持湖区发展的"专项资金",用于湖区发展教育,用于发展湖区农村卫生医疗事业,并加大血吸虫病的防治力度,提高农民的健康水平,着力发展湖区经济,增加农民收入等。

对湖区居民实行生态移民和渔民转产转业,促进产业转移。1998年后,湖区已完成移民90余万人,但湖区还有不少居民生计受到自然灾害、血吸虫病的侵害,生态移民政策的实施对保护湿地和血防具有十分重要的意义。

3. 建设鄱阳湖绿色流域,有效控制水土流失

巩固和提高鄱阳湖流域森林植被覆盖率和质量,建设鄱阳湖绿色流域,搞好流域水土保持。首先,全面保护,将鄱阳湖流域之"五河"及其支流现有的森林资源划定为重点生态公益林保护区,依法确定其生态保护的法律地位,禁止商业性采伐和林地的非林用流转;其次,加快坡耕地的退耕还林,改善"五河"及其主要支流区域的森林植被,尽快构建恢复其水土保持功能;第三,加快鄱阳湖周边区域的森林植被恢复进度。

4. 可持续利用湿地资源

对鄱阳湖湿地资源的利用和综合开发,要以"科学发展观"为指导,走可持续发展之路。鄱阳湖湿地生态系统服务价值巨大,科学合理地利用湿地资源有赖于良好的鄱阳湖生态环境,同时也要有利于保护鄱阳湖生态环境。为此必须具有战略高度和全局观点。要从全局出发,统筹规划、合理布局,适度开发、注重保护,以真正实现鄱阳湖可持续发展。坚持"科学利用、保护为先"的原则,加快制定《鄱阳湖湿地资源利用总体规划》。

根据鄱阳湖湿地生态系统的现状,尽快制定资源利用总体规划。调整湿地利用模式,推进生态经济建设。鄱阳湖区在由中心向四周扩展依次为水域-洲滩-平原阶地-岗地-丘陵-山地的地貌结构特征下,形成了内环敞水带、中环季节淹没带、外环渍水低地三大类型的湿地。内环敞水带为水深不超过2 m的浅水区,包括湖泊、河流(水道)、沟渠等,其中以湖泊湿地为主,加强水质保护;中环季节淹没带主

要以洪水期淹没,枯水期出露的湖滩草洲为主,应加强湿地保护和湿地生态修复。外环渍水低地,由于地下水位过高,适于湿生植物生长,控制人为活动对湿地的干扰。再往外是丘陵山地,适宜开展茶、果、林等生态农业和立体农业。

调整产业结构,推行清洁产业。对湖区及周边当前容易造成湿地生态破坏的产业及项目,如采石、采砂、取沙业,要适当调整,尽量减少对湖区生态环境的破坏;对容易造成污染的企业,如造纸厂、化工厂等,要毫不犹豫地进行"关、停、并、转"。要大力提倡发展绿色、清洁、安全、健康的产业。在农业上,要尽量减少化肥、农药、除草剂、土壤改良剂、植物生长调节剂和动物饲养添加剂等各种化学制品、生物激素使用,减少对湖区水体、土壤、大气、生物和食物等造成的污染。

建立科学的捕捞方式,促进渔业资源的恢复。渔业资源的开发利用是鄱阳湖湿地资源利用的重点。改变传统的捕捞方式,改进渔具、渔法,变天然捕捞为养殖捕捞,屏弃"斩秋湖"之类的竭泽而渔的方式,控制捕捞量、捕捞规格,在原有休渔期的基础上,设立一定区域为禁渔区,大力发展水产养殖业,引进新的养殖模式,促进鄱阳湖渔业资源的恢复。

加强对湿地资源利用的研究,提高湿地生物资源利用价值。关注草洲等生物质资源,加强对鄱阳湖湿地生物资源的利用研究,改变传统的粗放式利用模式。

5. 加强科学研究,提升管理水平

开展鄱阳湖湿地生态系统生态结构、生态过程与生态功能关系研究。重点加强对湖泊微生物、小型土壤动物等分解者的研究;对鄱阳湖水位变化这一重要生态过程的生态学意义进行研究;加强对鄱阳湖生态承载力的评估,全面分析、准确评估生态控湖的可行性。

开展鄱阳湖湿地生态安全格局研究,建立鄱阳湖流域数字化管理系统。依托科研院所和高等高院校等建立鄱阳湖湿地生境模型和基础数据平台;建立一个可完全共享的鄱阳湖基础数据库包括水文、地质、气象、地形、遥感影像等;在此基础上构建鄱阳湖流域生态保护与生态建设决策支持系统,利用地理信息系统技术,以遥感影像为背景,叠加各种生态学相关的植被、土壤、降雨、径流、土地利用、生物物种等专题信息,建立图形和属性之间的连接,实现图形信息和属性信息的统一管理,双向查询和统计分析。系统建立遥感动态监测和系统评价动态分析功能,系统建成可供各级部门进行宏观、中观、微观尺度决策时参考。

开展鄱阳湖区生态监测,建立集中管理监测网络。整合原有分散管理监测体系,重点监测水文、气象、水土流失、水环境、生物多样性、植被覆盖、土地利用等,通过数字化平台整体监测信息,及时向社会发布,供相关研究和政府决策参考。研究生态补偿的方案,深入鄱阳湖生态水利枢纽工程的生态影响及对策等。

16.2.4　推进鄱阳湖湿地管理的措施建议

1. 建立以湖泊生态管理为核心的分类考核机制

参照全国各地分类考核的有效经验,结合鄱阳湖生态经济区建设的总体要求和功能分区,建设基于"两区一带"划分的鄱阳湖生态经济区分类考核机制,重点对滨湖 12 县(市、区)实行不同类别的考核制度,建立相对完善的指标体系,由鄱阳湖生态经济区综合管理机构实行统一考核。县以下单位的考核由各县(市、区)参照建立分类考核机制进行考核。

2. 推进国家级生态保护与治理工程

识别鄱阳湖湿地主要生态安全问题,并从自然地理、社会经济等综合生态系统着手,筛选实施一批生态环境保护工程和生态修复工程,切实保护鄱阳湖多样的生态环境及重要生态功能。应始终围绕国家和区域战略需求,以湿地生态环境保护为核心,将工程体系纳入到国家级发展规划体系之中,带动区域湿地保护工作。

3. 逐步建立先进的湿地生态环境监测预警体系

建设鄱阳湖生态环境监控中心,对鄱阳湖的水生态环境状况开展常态和动态监测,及时掌握鄱阳湖的水生态环境现状与变化趋势。建设鄱阳湖流域主要河流的控制断面、入湖河口水质自动监测站;建设设区市和县级市的重要饮用水源地水质自动监测站,使其具备实时监测与污染事故预警能力;完善湖区环境监测软硬件设施。按照国家和江西省突发环境事件应急预案的要求,建立健全与鄱阳湖流域突发水环境事件分类相适应的环境应急监测体系。

4. 建设完备的环境执法监督体系

环境监察作为一种具体的、直接的、"微观"的环境保护执法行为,是环境保护主管部门实施统一监督、强化执法的主要途径之一,也是我国社会主义市场经济条件下实施环境监督管理的重要举措。进一步完善环境监察机构标准化能力建设是保护好鄱阳湖及流域水环境的重要手段。省级环境监察机构和设区市环境监察机构要全面达到国家环境监察标准化建设要求,各县(市、区)环境监察大队基本达到家环境监察标准化建设要求。建设重点污染源自动监控网络,加快推进全省重点污染源自动监控现场端建设、数据传输网络建设和省、市污染源自动监控平台建设。省、市两级环境监测站要按照统一的技术规范加强对国控、省控重点污染源进行实时监控、数据采集、计量分析、异常报警和信息传输。最终要将废水重点工业污染源及污水处理厂纳入远程连续监控,动态掌握重点污染源排污数据,为环境监督执法和污染减排提供及时、可靠的数据支撑,为有效控制鄱阳湖及流域入湖污染负荷提供技术支持。

5. 建成区域环境安全监控指挥系统

建设省环境监控指挥中心和设区市环境监控指挥分中心。利用现代化通信、计算机网络、视频监控、GIS 地理信息系统、大型数据库系统等技术,集成环保投诉举报与接警处理、污染源监控管理、环境质量监测管理、应急指挥管理等四大系统功能,基本具备对江西省辖区及鄱阳湖流域内重点污染源、高危污染源、跨界断面及重要饮用水源地水质、城市空气质量以及区域生态质量状况等实施连续自动监测(监控)、预测(预警)和应急指挥的能力。

16.3　本 章 小 结

国际上对于湿地保护与管理工作重点是围绕湿地自然保护区建设、湿地保护与开发利用、湿地监测体系建设和湿地立法等方面进行了大量的研究和实践。我国在湿地方面的研究始于 20 世纪 50 年代,湿地的保护与管理大致经历了三个阶段。其中 20 世纪 50～70 年代为第一阶段,为摸清家底;20 世纪 80～90 年代为第二阶段,制定湿地保护与管理的法律及相关的战略规划;第三阶段是自 2000 年以来,湿地保护走上了规范化和快速发展的轨道,主要标志是编制了《中国湿地保护行动计划》等我国湿地保护与可持续利用的一个纲领性文件。我国湿地保护与管理逐渐步入正规化和法制化的时期。

鄱阳湖湿地管理主要存在管理权限分散,体制不健全、组织体系凌乱、规章制度与监管体系亟待完善和鄱阳湖管理科技支撑力不足,以及公众参与机制不够健全等问题。要以构建新的鄱阳湖湿地管理框架、完善鄱阳湖湿地保护法规及相关政策、设立鄱阳湖湿地保护专项基金,完善自然资源有偿使用管理制度,实施生态补偿制度,促进湖区渔民转产转业和建立鄱阳湖湿地管理体系与协调机制等为工作重点,加强制度建设,提升鄱阳湖湿地管理水平。

同时,还要提升自然保护区监管能力,完善自然保护区体系;加强湿地生态过程与生态功能保护;开展退化湿地恢复与重建;加强湖区基础设施建设,帮助湖区群众脱贫致富;科学规划,合理调控;提高鄱阳湖流域森林植被覆盖率;可持续利用湿地资源,提升鄱阳湖湿地管理保障能力。

建立以湖泊生态管理为核心的分类考核机制、推进实施国家级生态保护与治理工程、逐步建立先进的环境监测预警体系、建设完备的环境执法监督体系与建成区域环境安全监控指挥系统等是近期推进鄱阳湖湿地管理应采取的主要措施。

第17章 结论与展望

17.1 鄱阳湖面临较为严重的生态安全问题,保护任务艰巨

17.1.1 鄱阳湖主要生态安全问题

近年来,伴随着水文情势的剧烈变化,鄱阳湖面临着较为突出的生态安全问题,包括用水安全、水质安全、湿地安全、粮食安全等方面。概括起来,水文情势变化、湖泊富营养化以及湿地退化等三方面是造成鄱阳湖生态安全问题的主因及主要问题。其他问题都是由这些问题衍生而来。因此,鄱阳湖的主要生态安全问题可以概况为如下方面:

1. 近年来低水位频繁出现、枯水期提前和延长,水文情势发生较大改变

2003 年以来,由于流域降水与长江上游来水减少,鄱阳湖水文情势发生了较大变化。无论是枯水年(2003 年、2004 年和 2007 年)还是平水年(2005 年和 2006年),鄱阳湖星子站水位低于 10 m,9 m 和 8 m(吴淞高程)持续的天数均明显高于历史最干旱年份(1963 年),部分高于大干旱年份(1978 年)。其中,2006 年星子水位低于 10 m 的连续天数达到 141 天,创历年新高,并且出现的时间比正常年份平均值提前了 75 天,有 65 天实测水位低于历史同期最低水位。2005 年、2006 年、2007 年,星子站低于 12 m 以下水位的天数分别为 153 天、230 天、223 天。2006 年8 月 22 日至 2007 年 5 月 2 日星子水位出现了连续 254 天低于 12 m 的罕见低水位。2010 年 9 月以来,湖区及流域旱情加剧,三峡水库 175 m 试验性蓄水,长江上游来水明显减少,鄱阳湖水位进一步下降。据水文部门监测,2009 年 8 月 15 日～10 月 13 日期间,鄱阳湖水位累计跌幅 7.53 m,平均每日下降 0.13 m。10 月 13 日08 时,星子站水位为 9.65 m,比 2008 年同期低 3.85 m,比历年同期平均水位低 5m,枯水期较正常年份提前约 40 天。

根据 1951～2007 年、1951～2002 年及 2003～2007 年三组时间段星子水文站各月平均水位、最高水位和最低水位资料分析,2003～2007 年期间的平均水位、最高水位和最低水位均较历史同期偏低。相对于 55 年的总体趋势而言,年最高水位的下降幅度最大,其次是年最低水位,年平均水位的下降幅度相对平缓。

鄱阳湖水位变化主要与"五河"来水的增减、河床冲刷、湖盆淤积以及长江顶托等因素有关。流域及上游水利工程的建设,也可能对湖区水位产生一定影响。鄱阳湖丰水期水位偏低,枯水期最低水位频繁出现且持续时间延长,不仅给湖区居民

的生产和生活造成了较大影响,也严重影响了湖区水质、湿地生态系统稳定性以及珍惜候鸟的栖息环境。

2. 入湖污染负荷增加,湖区水质下降,富营养化趋势加剧

鄱阳湖区及周边地区是江西省社会经济发展的重要区域,也是江西省农业重点发展区。随着社会经济的快速发展,入鄱阳湖污染负荷逐年增加,其中"五河"输入的负荷占总量的 80% 左右,而湖区径流带入相对较少。2008 年江西省废污水排放量达到 13.89 亿 t,比 2000 年增加了 44.83%。期间废污水排放量平均每年约以 0.48 亿 t 的速度递增,化学需氧量排放量平均每年约以 1.2 万 t 的速度递增,氨氮排放量平均每年约以 0.13 万 t 的速度递增。2004~2008 年五年期间,每年入鄱阳湖总氮约为 15.0~18.0 万 t,总磷约为 2.0~3.0 万 t。

尽管目前鄱阳湖较全国其他大型淡水湖泊而言,水质总体较好,但其水质已由 20 世纪 80 年代的 Ⅰ、Ⅱ 类水质为主,逐渐变为目前的 Ⅲ 类和劣于 Ⅲ 类水质为主,水质总体呈现下降趋势。至 2008 年,鄱阳湖 Ⅲ 类和劣于 Ⅲ 类水质已占到 80% 以上,其中总磷和氨氮为主要的超标因子。根据湖泊富营养化评价结果,鄱阳湖富营养化指数 $[TLI(\sum)]$ 已由 1985 年的 35 上升到 2005 年的 49,年平均增长速率为 0.7 个单位。由此可见,鄱阳湖虽未发生大面积富营养化,但富营养化呈逐年上升趋势,部分时段,局部水域富营养化指数达 55.75。水质下降,导致鄱阳湖湿地生态系统功能下降,影响湿地生物多样性和湖区饮用水安全。

3. 湿地生物多样性丰富,但已严重受到威胁

鄱阳湖独特的地貌、水文和气候条件,使其孕育了丰富多样的生物资源。然而,近 30 年来,由于受到人类社会经济活动以及河道泥沙淤积等影响,鄱阳湖湿地常见的水生、湿生和沼生植物群落及生物量等发生退化,动物、植物种群规模和数量明显下降,许多珍惜濒危物种面临灭绝的危险。主要表现在以下几个方面:

(1) 越冬雁鸭类种群数量增加较快,白鹤等珍稀候鸟生境受到威胁

近年来,鄱阳湖越冬的主要珍稀鸟类,如白鹤、白头鹤、白枕鹤、灰鹤、东方白鹳和黑鹳等种群数量相对稳定。但近十年来,受枯水期水位变化及长江流域大型湖泊环境退化的影响,雁鸭类(鸭科鸟类,如鸿雁、白额雁和小天鹅等)越冬候鸟种群数量大幅增加,给鄱阳湖湿地生态系统的稳定与安全增添了压力(涂业苟等,2009)。雁鸭类种群数量的增多不仅给鄱阳湖区防控禽流感带来了更多的压力,而且鸿雁等鸟类与白鹤等珍稀水鸟混群觅食,也会对白鹤等珍稀水鸟在鄱阳湖的越冬食源和栖息环境产生不利影响。根据调查显示,1998~2007 年间的前 6 年,26 种雁鸭类年均总数维持在 20.7 万只左右,后 3 年增长为年均总数 35.7 万只,同比增长了 72.5%。其中,种群数量增长较快的种类主要为小天鹅、白额雁、豆雁、斑

嘴鸭(繁殖鸟)、绿翅鸭、针尾鸭、赤颈鸭等。另外,鄱阳湖近年来水文情势的剧烈变化,"枯秋湖"等现象必将威胁白鹤等国际濒危鸟类的越冬栖息环境。

(2) 鱼类种类减少,低龄化、小型化趋势明显

鄱阳湖水系发达,"江湖"与"河湖"相通,有广阔的水域和众多的可养殖水面。湖区水生植物、浮游动植物、底栖动物相对丰富,是江西省重要的渔业生产基地,也是江西省乃至长江流域最大的淡水渔业种质资源库。据统计,鄱阳湖已记录鱼占我国淡水鱼类种数的 17.5%,占长江水系鱼类种数的 36%,占江西鱼类种数的66%(《鄱阳湖研究》编委会,1988)。其中,列入《国家重点保护经济水生动植物资源名录(第一批)》的鱼类有 30 种。但近年来鄱阳湖渔业种质资源严重衰退,珍稀特有鱼类种类数量显著下降,受保护濒危物种增多,已有 19 种被收录在《中国动物红皮书名录》中。鄱阳湖渔获物总产量 20 世纪 90 年代达到历史最高,2000 年以后呈现下降趋势。受人类社会经济活动影响,目前鄱阳湖渔业资源衰退程度呈加重趋势,湖区常见鱼类种类约 70 余种,除捕捞产量减少外,渔获物小型化、低龄化、低质化现象明显,捕捞生产效率和经济效益均呈现下降趋势。受冬季枯水期延长和持续低水位的影响,鄱阳湖鱼类越冬空间严重萎缩。

(3) 湿地植被退化较严重

鄱阳湖水位季节性变化的水情特点,促使其形成了水陆交替的草洲。维管束植被以其特殊的生理结构,适应了水位起落的滩地环境,构成了洲滩植被群落的主体。近年来部分湖区春秋季干旱现象加剧,在一定程度上引起了土地的沙化,影响湿生植被的生长发育,导致其生物多样性下降(胡振鹏等,2010)。湖区 11.10～12.15 m 高程范围内,大面积泥滩提前出现,以马来眼子菜和苦草等为优势种的沉水植被面积萎缩,大量的湿生植被得以繁殖,沉水植物向湖内迁移。湖区部分16 m 高程以上区域种植杨树,湿地变林地,破坏了原有湿地维管束植物的生存条件,也给湿地结构和功能带来了重大改变和影响。

17.1.2　鄱阳湖生态安全演变主要驱动力

1. 流域不合理的人类活动是引起鄱阳湖生态安全演变的主因

2008 年末,鄱阳湖流域总人口约为 4286.62 万人,占江西省总人口的 97.2%。鄱阳湖周边区域是江西省人口密度最高的地区,其人口密度高于流域人口密度。人口增长过快、尤其绝对数量增加较快,给鄱阳湖生态系统带来了巨大压力。

(1) 围湖造田

20 世纪 50 年代到 80 年代初,为了解决粮食问题,鄱阳湖进行了大规模的围湖造田。围垦面积达 1210 km²,占 1950 年鄱阳湖面积的 23.96%。围垦使湖泊面积减少,容积缩小,大大降低了鄱阳湖调蓄洪水的生态功能。尽管 1998 年后湖区实行了"退田还湖,移民建镇",但围垦对鄱阳湖生态环境的影响仍未完全消除。

（2）竭泽而渔

鄱阳湖流域人口密度的增加，刺激了湖区渔业的发展。"僧多粥少"是鄱阳湖渔业生产面临的严峻现实。目前，湖区围网捕鱼、电捕鱼和"斩秋湖"等过度捕捞现象严重。这不仅造成鄱阳湖渔业资源的萎缩，而且还导致鱼类小型化、杂型化和低质化，物种群落结构演替明显。赣江、修河等流域上大型水利工程的建设及高强度的水产捕捞严重影响了湿地的生物多样性，对珍稀鸟类的保护十分不利。

（3）外来物种入侵

近几年，鄱阳湖区在 16 m 高程以上部分地区种植杨树。杨树属外来物种，代替了原有的湿地维管束植物，给湿地结构和功能带来了重大改变，直接导致湿地沙化、硬化，水草等植物难以生长，进而影响了候鸟和底栖动物等的生存。

（4）草洲粗放利用

湿地草洲作为水陆交界过渡的自然生态系统，是许多珍稀动植物的栖息地，蕴藏着丰富的物种资源和生物生产力。同时，作为自然生态系统的组成部分，湿地又有着巨大环境效应。一方面，鄱阳湖湖区草洲利用粗放，资源价值未得到充分发挥；另一方面，放牧、刈割、火烧是湖区草洲最常见的方式。草洲蓄、养、种与承载力间的矛盾加剧。近年来，湖区部分地区血吸虫病再度肆虐也可能与草洲粗放利用有关。

（5）无序采砂

多年来，湖区无序的采砂活动给鄱阳湖带来了"爆发性"的生态破坏。无序的采砂活动不仅破坏原有的航道和湖盆形态，导致湖体水动力条件发生变化，而且大片草洲崩塌滑入水中，采砂作业区周边水体一片浑浊，直接影响鱼类的栖息环境，以及草洲生态系统的稳定。

2. 入湖污染负荷增加加重了鄱阳湖生态安全问题

鄱阳湖及其周边地区是江西省社会经济发展的重要区域。入湖污染物以"五河"输入为主，占总输入量的 80%。其中，赣江入湖污染物最多，达到污染物总入湖量的 55.50%，饶河、信江、抚河和修河的入湖污染物分别达到 12.80%、9.50%、5.60% 和 1.60%。在"五河"入湖污染物和湖区面源污染的驱动下，鄱阳湖水质下降，富营养化趋势加重。近 30 年来，鄱阳湖富营养化指数总体呈现上升趋势，目前总体处于中营养水平，已经十分接近富营养化，局部湖区处于轻度富营养化，偶有短时水华发生。

3. 可能建设的枢纽工程对鄱阳湖水环境质量有一定影响

鄱阳湖水利枢纽工程（以下简称"枢纽工程"）是江西省政府规划建设的一项综合性水利工程。目前正处于前期研究和规划阶段。根据已有资料，枢纽工程的运行将会改变已经形成的"河湖"与"江湖"关系。枢纽工程将在枯水期提高湖区水位,不仅改变了湖区的水动力条件,增加了枯水季节的湖区面积,同时也增加了湿地面积。因此,枢纽工程将导致鄱阳湖区部分时间水文情势发生较大变化,可能对鄱阳湖部分水域的水环境质量有一定影响。

　　枢纽工程蓄水期使枯水期湖区水位升高,湖区流速变缓,入湖污染物极易在"五河"尾闾及回水区等静水水域聚集,局部水质下降及富营养化风险增加;枯水期偏高水位将会导致湿地珍惜候鸟的栖息场所和觅食受到威胁,不利于湿地的生物多样性保护;下闸蓄水期的江湖阻隔,将会影响湖区水生动植物及长江中下游地区洄游性鱼类的生态安全;随着鄱阳湖生态经济区规划的实施,入湖污染负荷将进一步增加,湖区水质和湖口出湖水质下降的风险较大,进而影响长江水质,加重长江下游省市日益严重的水环境风险。

17.2　保障鄱阳湖生态安全的对策措施

17.2.1　以"水"为核心,统筹水质、水量与水生态是保障鄱阳湖生态安全的关键

　　以"水"为核心,统筹考虑鄱阳湖的水文情势、水量、水质和湿地生态系统变化等内容是保障鄱阳湖生态安全的关键所在。从历史变化的角度预测鄱阳湖生态环境演变趋势,识别其主要驱动力;以水环境容量与湿地生态承载力等为依据,以实现区域生态安全、流域经济社会协调发展以及湖泊湿地生态系统健康为最终目标,合理确定鄱阳湖生态安全保障目标指标体系;构建和谐流域,立足于鄱阳湖及流域的生态环境系统分析,针对鄱阳湖生态安全面临的关键问题,结合已有湖泊保护经验与教训以及鄱阳湖自身特点,抓住影响鄱阳湖生态安全的主要因素及关注重点,主要从流域水土资源调控、流域产业结构调整、流域水污染防治、湖区湿地生态系统保护以及湖区生态安全管理等五个方面制定鄱阳湖生态安全保障对策方案,保障区域生态安全、流域经济社会协调发展以及鄱阳湖湿地生态系统健康。

　　纵观我国污染严重的湖泊,大都存在结构型污染问题,而产业结构和布局不合理以及经济社会发展模式和规模与湖区水环境承载力不协调是造成湖泊污染严重的主要原因。鉴于鄱阳湖流域经济社会特点及其环境现状,经济社会发展对湖泊环境的压力日益增大,其出现的环境问题也在日渐严重。因此,应吸取其他湖泊流域经济社会发展的经验和教训,依据鄱阳湖生态环境承载力,对流域经济社会进行科学调控,从根本上为鄱阳湖的健康发展提供借鉴和思路。从可持续发展的长远观点和保障鄱阳湖生态安全的角度,合理调控水土资源,可有效防止水土资源不合理调配和利用对湖泊造成的危害;制定科学合理的流域水污染防治方案,可以使地方政府有效掌握流域污染现状和入湖污染负荷特征,有利于选择可行、有效的技术和措施削减污染负荷,改善湖泊水环境质量,提高其生态环境承载力,扩大区域发

展空间;湿地保护是鄱阳湖的特色,其独特的洪水调蓄功能和湿地生物多样性是其他湖泊生态系统所无法替代的。根据其特点,从现状保护入手,选取先进有效的措施,避免其遭到人为或其他方面的破坏而退化,可通过必要的人工干预等措施进行适度优化,使其保护效果达到最佳。

任何先进的治理技术和措施的实施,都要以先进的管理系统和有效的约束机制为后盾,没有配套的管理方案,治理工程和措施的效果大打折扣,既浪费了人力、物力和财力,又影响到地方治理保护湖泊的积极性。因此,管理对策是鄱阳湖生态安全保障对策中的重中之重,只有管理水平和效能提高了,才能产生长远的生态、经济和社会效益。

17.2.2 转变经济发展方式,实现"人湖"和谐是保障鄱阳湖生态安全的根本举措

湖区人口密度、流域经济发展状况(包括发展速度、发展方式、所处发展阶段)、"人湖"关系(包括人类对湖泊的认识,对待湖泊的方式)与鄱阳湖生态安全状况演变进程之间有着很好的相关性,是影响鄱阳湖生态安全状况演变的三大重要因素。湖泊是有生命的系统,当索取超过其承载力,湖泊生态系统将失衡。应根据湖泊生态系统的环境容量和承载力,科学地确定湖泊流域的人口密度及其分布和流域经济社会发展速度和规模等。加快调整流域产业结构,促进发展方式转变,大力推行循环经济和清洁生产,构建和谐的"人湖"关系,走可持续发展之路才可为保障湖泊生态安全释放空间,才是保障鄱阳湖生态安全的根本举措。

具体来讲,保障鄱阳湖生态安全急需采取的措施主要包括如下几个方面:

1. 优化产业结构,转变经济增长方式

滨湖保护区为控制发展区,是保护鄱阳湖的重要屏障。在该区域,需要重点关注规模化畜禽养殖和种植等农业面源对湖泊的污染威胁。充分发挥区域内良好生态环境和特色农业资源优势,促进高效生态农业发展。在鄱阳湖生态经济区,大力构建优势产业集群,严格环境准入,优化产业布局。以工业园区为平台,以骨干企业为龙头,推广循环经济发展模式,推进节能节水减排降耗,突出特色,打造南昌、九江、景德镇、鹰潭、抚州和新余六个工业中心,发展其优势产业,并着力推进昌九工业走廊及昌九一体化发展。

以生态旅游和发展现代物流产业为重点,大力发展第三产业。通过打造北部山水名胜区(重点发展庐山旅游)、中部湖泊生态区(重点发展鄱阳湖、拓林湖旅游)、南部人文景观区(重点发展南昌旅游)、东部特色文化区(重点发展景德镇旅游和龙虎山旅游)等生态旅游业,形成南昌(以南昌市昌北、昌南、昌西南物流基地为主)、赣北(以九江市为主)、赣东(以鹰潭—上饶为主)、赣西(以新余—宜春为主)等物流中心,全面提升第三产业总量。

2. 以"五河"治理为重点,削减入湖污染负荷

水环境容量是指水体在满足功能要求前提下,扣除已容纳污染物的量后,还可容纳污染物的量。当水体中某一污染物超标,则该水体这种污染物的环境容量为零。目前鄱阳湖"五河"还具有一定的水环境容量值,但各水系差异较大,其中信江和修河水系具有较大的水环境容量。赣江相对较小,表明赣江所承载的污染物负荷最大,受污染程度也较为严重。

结合各区域污染物排放预测、污染物削减水平及河流自净能力,估算本区对鄱阳湖主要污染物的贡献,结果表明赣江对鄱阳湖 COD、氨氮的污染贡献最大,鄱阳湖区次之,修河最小。赣江入湖污染物所占比重最大与其流域面积及水量最大有关,而鄱阳湖区次之;主要由于区内污染物削减水平较低、农业面源污染及农村生活废水直接入湖。因此,加大对赣江控排与环境整治是流域环境治理及鄱阳湖水质保护的重要内容。与此同时,针对鄱阳湖区,加大农业面源污染控制、减少农村生活废水直排入湖是减少本区域对鄱阳湖污染贡献的关键。

3. 严格区域排放标准,协调经济社会发展与湖泊保护间的关系

俄罗斯卫生学家于 19 世纪末首先提出了环境质量基准的概念。美国在 20 世纪 60~70 年代与欧盟等国开始了正式的水质基准研究,已建立了比较完善的基准推导方法学体系,并公开发布了一系列水质基准技术指南。水质基准有一个系统的框架,以保护水生生物和人体健康基准为核心,还包括生物学(完整性)基准、营养物基准、沉积物基准、微生物(病原菌)基准、娱乐用水基准和感官基准等。水质基准是水质标准的基础,是为保护水环境的特定用途所允许的污染物浓度,也是客观的科学记录和制定水质标准的科学依据。水质基准决定着水质标准的科学性、准确性和可靠性。而水质标准是综合考虑社会、经济、技术等条件制订的法定限值,具法律强制性。水质标准是环境管理的基础和目标,也是识别环境问题、判断污染程度、评估环境影响程度和确定技术方法进行污染治理等的重要依据。

营养物基准是湖泊富营养化控制标准的理论基础和科学依据。1998 年 6 月,美国环保局制定了区域营养物基准国家战略;相继颁布了河流、湖泊、湿地等的营养物基准制定技术指南,并首先制定了一级分区湖泊营养物基准,各州根据营养物基准技术指南陆续制定了本州的营养物基准,作为各州制定营养物基准的指导性文件。营养物基准指标主要包括营养物变量、生物学变量和流域特征等。氮、磷等营养物对水生生物的危害主要是促进藻类生长而暴发水华,进而引起水生生物死亡和水生态系统破坏;在一定浓度范围内,氮、磷对水生生物的毒理作用相对较小,适量氮磷浓度可促进水生生物的繁殖,并提高生物多样性。

"十一五"期间,我国水环境管理提出了从目标总量控制向容量总量控制转变,从单纯的化学污染控制向水生态系统保护转变的调整思路,这就迫切要求进一步完善和发展现有水质标准体系。然而,目前我国保护和管理湿地水体的唯一标准是《地表水环境质量标准》(GB 3838—2002),与富营养化相关的水质指标仅 TN 和 TP 两项,利用这些指标难以解决湿地富营养化出现的水华和生态退化问题。尤其缺少度量生态响应和初级生产力的指标,如表征初级生产力的叶绿素和生物量等指标。因此,基于水环境承载力,提出了适于鄱阳湖流域的环境优化和经济增长模式,是有效解决鄱阳湖湿地生态环境问题,保护湿地生物多样性的关键举措。

4. 以湿地生态安全为核心,保证湖区水质和基本水情

鄱阳湖水环境集工业用水、农业灌溉、生活饮用、渔业、景观、生态用水等多种服务功能。目前,鄱阳湖生态安全状况虽然总体处于"安全"水平,但是已接近"一般安全"水平,发展趋势不容乐观(游文苏等,2009)。为保证湖区及长江中下游地区社会、经济、生态及环境可持续协调发展,保持鄱阳湖湿地生态过程和生命支持系统,保护生物多样性,保障人类对湿地生态系统和生物物种的持续利用,鄱阳湖水环境质量总体应控制在《地表水环境质量标准》(GB 3838—2002)Ⅲ类或Ⅲ类标准以上。2007 年,在现状水文条件下,以Ⅲ类水为控制目标,全年鄱阳湖对化学需氧量的环境容量有一定盈余,总磷和总氮的现状入湖量分别超过其环境容量的693.5 t/a 和 5621 t/a;即在现状负荷条件下,达到Ⅲ类水质标准,鄱阳湖总磷需削减 10%以上,总氮需削减 5%以上;非汛期鄱阳湖化学需氧量的环境容量有一定盈余,总磷和总氮的现状入湖量分别超过其环境容量的 2153.5 t/a 和 32 266 t/a。因此,有效控制和减少入湖总磷、总氮负荷成为保护鄱阳湖水环境的主要任务。

保证鄱阳湖湿地生态系统的稳定和生态安全,最重要的是要确保基本水情。结合鄱阳湖多年的水文情势(水位、流量、水位变幅、倒灌等)、主要生态因子(水质、湿地植物、水生动物、渔业、越冬候鸟、血吸虫防治、居民生活等)、主要服务功能(调蓄洪水、污染物降解、水源涵养、营养循环、航运、灌溉、生物栖息等),提出以下水位基本要求:①维持鄱阳湖基本水文情势,即丰水期与枯水期交替出现,确保一年中丰水期和枯水期的基本水位。②丰水期(6～8 月):星子站水位达到 16～18 m(吴淞高程),草洲被淹没一定的时间;枯水期(12 月～次年 2 月)星子站水位保持在 11～12 m(吴淞高程)之间。

17.2.3　构建鄱阳湖安全生态格局,促进流域生态文明建设

湖泊安全生态格局是以流域发展的空间布局和产业布局为重点,强调湖泊流域生态安全的空间存在形式,由一些点、线、面的生态用地及其流域空间发展格局构成,对维护湖泊流域生态水平和重要生态过程起着关键性作用。通过空间格局

的优化,建立健康的系统空间格局,保护湖泊流域生态系统的生态过程及其服务功能,并满足湖泊流域发展需要。空间格局的优化主要是给湖泊生态系统以必要的空间,充分发挥生态系统自我修复、自我更新功能,是生态系统得以恢复、发展,有"失衡"走向平衡,进入良性循环,实现"人湖"和谐。

构建湖泊流域生态安全格局首先是要做好规划,通过空间格局的建构来实现湖泊流域生态系统的"结构、过程、功能"的有机结合。"结构"是实现"过程"与"功能"健康的重要途径,"结构"规划除了要考虑关键性的社会要素、生态系统要素(如关键性大型生态斑块)外,更要选择那些具有重要生态意义的受干扰的生态过程,以及具有重要社会意义的空间过程(如湖泊流域增长模式、自然保护区域、人文景观保护等),才能实现空间结构与生态过程、功能的有效对接。因此,构建鄱阳湖流域生态安全格局,应针对湖泊生存及其流域发展的空间需求,为鄱阳湖流域经济社会健康发展确定规模和方向,促进其流域生态文明建设。

17.3　鄱阳湖保护研究展望

鄱阳湖经历了湖盆与水体两大要素的形成发育,其中鄱阳湖湖盆形态和结构,受多种构造成分的长期影响,由白垩纪和新生代早期的封闭性质陆盆发展成为具有湖口-星子通江谷道的外泄湖盆;鄱阳湖湖盆的形成主要与构造因素有关,但其在湖泊成因上所占的比重远不及典型的构造断陷湖泊,故鄱阳湖不宜简单地类比为构造湖。鄱阳湖水域的形成,主要是全新世中期以来,长江来水的顶托和阻滞作用增强,湖口外泄跌水的落差不断减小,长江来水对湖盆内水体泄流的顶托、阻滞及倒灌作用的不同,逐渐形成了鄱阳湖大水面。

鄱阳湖自形成以来,在不断地发展变化,特别是近年来,由于受到江湖关系等变化的影响,鄱阳湖水文情势发生了较大变化,流域人类活动对鄱阳湖的影响也日益增强。特别是随着鄱阳湖生态经济区建设上升为国家战略,鄱阳湖保护和治理将进入新的历史阶段。江西省十分注重鄱阳湖生态环境保护与治理,进入新世纪以来,围绕鄱阳湖生态环境保护做了诸多卓有成效的工作。加强流域污染控制,保护"一湖清水"。从江河源头、重点江段、重要污染源、环境污染治理设施管理等入手,全面加强流域水污染控制,有效削减入湖污染物总量。加强鄱阳湖"五河"源头生态环境保护和管理,实施源头保护区建设和天然林保护等工程,提高水源涵养能力。加强流域重点河段综合整治,加快推进"五河"干流整治区(沿线陆域 1 km 范围)和鄱阳湖平原生态保护与污染控制区等重点区域的环境综合整治,集中解决重点区域水污染问题;加快完善城镇污水集中处理工程,污水配套管网、污泥处理处置和污水再生利用工程,加快推进工业园区污水处理厂建设等工程。

建设滨湖保护区,构建鄱阳湖生态安全屏障。滨湖保护区是保障鄱阳湖生态安全的天然屏障,加强滨湖保护区建设,是保护鄱阳湖天然湿地,促进发挥其生态功能的重要措施。大力推进滨湖区农村环境综合整治,按照国家对农村环境保护工作的总体思路,开展滨湖区农村水污染治理、生活垃圾资源化、无害化处理、养殖业污染治理,有效控制农村面源污染入湖;加强湖滨湖精准农业、绿色农业、生态农业体系建设,大力推广测土配方、滴灌、精准控施肥等现代农业技术的应用,开展农业生物防治,推动建设绿色(有机)、无公害农业生产体系和生态农业建设,有效控制农业面源污染;开展湿地生态系统恢复工程,在退田还湖区、沙滩等滨湖保护区实施以自然修复和人工建设相结合的湿地植被恢复工程,促进湖泊湿地生态功能的有效发挥,保护鄱阳湖生态安全。

大力推进湖区综合整治,保护鄱阳湖生态系统。稳定生态系统是健康和谐鄱阳湖的核心。因此,应针对湖区开发行为,推进鄱阳湖区综合整治,坚决整治违法填湖,规范湖区经济活动,加强保护。依法取缔非法捕捞工具,打击破坏渔业资源的各类违法捕捞行为和伤害江豚等水生野生动物的违法行为;打击破坏越冬候鸟栖息地行为,全面清除天网、粘网、迷魂阵、定置网、毒饵等危害候鸟安全的非法设施隐患;规范湖区采砂,严厉打击非法偷采行为;依法清理影响鄱阳湖生态、景观和行洪安全等违法建筑物、构筑物,严厉打击违法违规行为;全面清查环湖区域污染物排放,取缔非法排污口,加强环境监管。

推进鄱阳湖保护的体制改革和法规制度建设。湖泊管理体制改革和法制建设是鄱阳湖保护的根本管理策略。针对鄱阳湖条块管理、辖区分割的现状,借鉴国内外湖泊及流域综合管理的经验,建立一个具有综合决策管理权的合作式湖泊管理机构,有效整合环保、农业、林业、水利等现有管理机构,推进鄱阳湖生态环境保护。同时参照各地分类考核的有效经验,建立鄱阳湖保护的分类考核机制。加强鄱阳湖生态环境保护的法规和制度建设,实施更加严格的准入政策和环境保护要求,推行排污许可制度,规范排污行为,严格环境执法。

着眼长江流域及鄱阳湖流域全局,充分考虑"江湖"(长江与鄱阳湖)关系、"河湖"(五河流域与鄱阳湖)关系的变化,以及"人湖"(湖区居民生计与鄱阳湖保护)关系及其变化。从调整和恢复江湖关系、保障国家粮食安全和区域饮水安全、保证枯水期湿地生态需水、维护湖区生态环境,保护珍稀物种,以及完善长江中下游枯水季节水资源应急调度等方面,开展相关工程措施及综合措施等的论证和前期研究。

从鄱阳湖流域及湖区入湖污染源入手,以控制氮、磷等营养污染物为重点,从农业面源污染控制切入;协调流域与区域发展,切实解决区域发展与湖泊保护问题。保障鄱阳湖水资源安全,加强生态缺水对鄱阳湖生态系统及流域发展影响相关研究;提出鄱阳湖水资源安全保障对策和工程措施,并开展相关研究。

加强江湖关系变化对鄱阳湖水环境影响研究,针对江湖关系变化对湖泊水环境的影响,识别影响湖泊水环境质量的主要江湖关系变化因素,阐明湖泊氮磷等污染物的输移、赋存形态及分布特征,揭示水环境效应机理,研究确定鄱阳湖藻类水华发生主控生态环境因子,分析湖泊藻类水华发生风险,并阐明其影响机制。

系统开展鄱阳湖水环境及生态环境监测和观测,整合各部门现有的监测力量,标准化改造已有的各类生态环境监测与观测站(点),健全生态环境监测和观测网络,构建湖区生态环境监测网络体系,建设湖泊生态环境试验站和观测站。

建立鄱阳湖湿地生态补偿机制,建立和完善鄱阳湖生态环境保护法律、法规,结合全国主体功能区划,划定沿岸污染控制区,制定滨湖地区水污染物排放标准。

保护鄱阳湖取决于周边居民对鄱阳湖的关心和保护意识。在全社会的共同努力下,鄱阳湖必将以"一湖清水"的姿态呈现在世人面前,鄱阳湖资源得到可持续利用,对长江中下游地区乃至全国生态安全、粮食安全、供水安全等的支撑能力将进一步增强,使鄱阳湖成为全国乃至全世界的一颗璀璨明珠。

17.4　本章小结

鄱阳湖面临近年来低水位频繁出现、枯水期延长,水文情势不容乐观、入湖污染负荷增加,湖区水质下降,富营养化趋势加剧、湿地生物多样性丰富,但已严重受到威胁等较为严重的生态安全问题,保护任务艰巨。流域不合理的人类活动是引起鄱阳湖生态安全问题的主因、入湖水量变化加剧了鄱阳湖生态安全问题、可能建设的枢纽工程对鄱阳湖及长江生态系统具有一定的影响。以"水"为核心,统筹考虑水量、水位、水质与湿地生态变化是保障鄱阳湖生态安全的关键,转变经济发展方式,实现"人湖"和谐是保障鄱阳湖生态安全的根本举措。具体来讲,从优化产业结构,转变经济增长方式、以"五河"治理为重点,严格控制总量,削减入湖污染负荷、严格区域排放标准,协调经济社会发展与湖泊保护的关系、以湿地生态安全为核心和保证湖区水质和基本水情等方面提出了鄱阳湖生态安全保障对策。

通过对鄱阳湖生态安全状况及其保障对策的研究,提出了我国湖泊保护和治理需要从保护投入方式、保护技术、保护手段等方面,从国家层面提出我国湖泊保护的战略调整,突出保护中发展,发展中保护,以及保护优先的思想。

由于我国湖泊水污染与富营养化严重,治理投入巨大、水质良好湖泊生态环境脆弱,保护进程严重滞后、加强水质良好湖泊保护是国内外湖泊保护的重要模式和进一步加强水质良好湖泊保护是建设生态文明的重要内涵等原因,重点突出需要进一步加强我国水质良好湖泊生态环境保护。在开展湖泊流域生态安全评估、修复湖泊流域清水产流机制和构建基于富营养化控制的湖泊流域水土资源利用新格局等方面提出了构建湖泊流域安全生态格局,促进流域生态文明建设的战略重点。

附录 新中国成立以来鄱阳湖生态安全演变及资源利用与保护治理简要历程

生态安全阶段	资源利用与治理阶段	特点	大事记
	资源利用阶段 （1949～1980 年）	大量围垦，获取粮食和鱼产品等 人口聚集，防洪标准低，水灾严重 管理单一	1949 年起开展大规模"围垦运动"（围湖达 1355km²，损失湖容超过 80 亿m³（增加粮食产量） 1949 年起大力开展繁殖放流与人工养殖（增加渔获物）
快速下降期 （很安全水平）	工程治理阶段 （1980～1990 年）	综合考察与科学研究 山江湖综合整治 建立科技开发综合试验示范 实施候鸟保护，建立保护区 重视湿地管理与保护	1983～1985 年开展"鄱阳湖区综合考察和开发整治研究" 1985 年启动"山江湖工程" 1989～1991 年农业科技综合开发试验示范 1983 年建立鄱阳湖候鸟保护区 1988 年鄱阳湖候鸟保护区晋升为国家级自然保护区
缓慢下降期 （安全水平）	生态恢复工程 治理相结合阶段 （1990～2002 年）	封山育林，退耕还林 移民建镇，以工代赈 平垸行洪，退田还湖 加固干堤，疏浚河道 进一步加强湿地管理，提升管理能力	1992 年国家环境保护局与日本国际协力事业团开展"中国鄱阳湖水质保护对策计划调查" 1997 年颁布《江西省鄱阳湖自然保护区管理办法》，建立"江西南矶山省级自然保护区" 1998～2003 年湖区实行"退田还湖，移民建镇"工程 2001 年国家将鄱阳湖列为全国生态功能保护区试点 2008 年国务院批准"江西南矶山湿地国家级自然保护区"

续表

生态安全阶段	资源利用与治理阶段	特点	大事记
反弹期 （一般安全水平）	深度开发与资源综合利用阶段（2002~2008年）	统一规划 发展生态渔业、畜牧业及旅游业等 调查与评估生态安全状况 提升资源、生态产业价值 缺水问题突出，人类活动影响加剧	2002年鄱阳湖实施全湖春季禁渔 2003~2006年湖区实际栽种杨树面积达19.83万亩 2007年建立鄱阳湖湿地与流域研究教育部重点实验室 2008年环保部鄱阳湖生态安全调查与评估 2008年，江西省正式启动全省85座城镇污水处理厂建设工程 2009年环境保护部组织开展鄱阳湖生态安全保障对策研究
	建设生态经济区，实施综合治理阶段（2009年至今）	提出生态发展目标、转变发展方式 加强综合治理 提出经济发展战略 建立生态保护与经济发展长效机制 加强科学研究，支撑区域发展	2009年国务院批复"鄱阳湖生态经济区规划" 2010年开展鄱阳湖水利枢纽工程六大课题综合研究 2011年"973"项目"长江中游通江湖泊江湖关系演变过程与机制" 2011年鄱阳湖水利枢纽工程规划环境影响评价 2012年江西省颁布《鄱阳湖生态经济区环境保护条例》

主要参考文献

《鄱阳湖研究》编委会 1988. 鄱阳湖研究[M]. 上海科学技术出版社:13-43.

包曙明. 2009. 国内外湖区发展的经验教训及其对鄱阳湖生态经济区建设的启示[J]. 鄱阳湖,2:
　　15-22.

卜跃先,陆强国,谭建报. 1997. 洞庭湖水质污染状况与综合评价[J]. 人民长江,28(2):40-48.

蔡其华. 2009. 健康长江与生态鄱阳湖[J],人民长江,40(21):1-4.

柴政,玉米提·哈力克,苟新华,等. 2008. 新疆柴窝堡水源地地下水超采引发的环境问题[J]. 水
　　土保持研究,15(5):132-135.

陈国阶. 2002. 论生态安全[J]. 重庆环境科学,24(3):1-3.

陈雷. 2009. 实行最严格的水资源管理制度 促进人与湖泊和谐发展——在第十三届世界湖泊大
　　会上的讲话在第十三届世界湖泊大会上的讲话[R/OL]. http://www. mwr. gov. cn/slzx/
　　slyw/200911/t20091103_154124. html. 2009-11-02.

陈立群,王友联,王全喜,等. 1994. 镜泊湖的浮游藻类及水质评价[J]. 哈尔滨师范大学自然科学
　　学报,10(1):80-84.

陈一鸣,全海涛. 2007. 试划分我国工业化发展阶段[J]. 经济问题探索. (11):166-170.

初彩霞,蔡为民,冯学超. 2009. 湿地自然保护区社会化管理模式研究[J]. 生态经济:143-146.

崔丽娟. 2004a. 鄱阳湖湿地生态系统服务功能研究[J]. 水土保持学报,18(2):109-113.

崔丽娟. 2004b. 鄱阳湖湿地生态系统服务功能价值评估研究[J]. 生态学杂志,23(4):47-51.

崔心红,蒲云海,熊秉红,等. 1999. 水深梯度对竹叶眼子菜生长和繁殖的影响[J]. 水生生物学
　　报,23(3):269-272.

崔心红,钟扬,李伟,等. 2000. 特大洪水对鄱阳湖水生植物三个优势种的影响[J]. 水生生物学
　　报,24(4):322-325.

戴建兵,俞益武,曹群. 2006. 湿地保护与管理研究综述[J]. 浙江林学院学报,26(3):328-333.

董慧文. 2005. 镜泊湖水质的曹养特征及变化趋势分析[J]. 黑龙江环境通报,25(2):18-19.

段安华. 2003. 明确思路抓住重点,促进水资源可持续利用[J]. 政策,(5).

方豫,邢久生,谭胤静. 2008. 鄱阳湖水环境容量及水环境管理研究[J]. 江西科学,26(6):
　　977-981.

方子云,汪达. 2001. 水环境与水资源保护流域化管理的探讨[J]. 水资源保护,(4):4-7.

高而坤. 2004. 谈流域管理与行政区域管理相结合的水资源管理体制[J]. 水利发展研究,(4):
　　15-20.

高桂青,阮仁增,欧阳球林. 2010. 鄱阳湖水质状况及变化趋势分析[J]. 南昌工程学院学报,29
　　(4):50-53.

龚志强,黄细嘉. 2004. 鄱阳湖区旅游生产力布局与产品开发初探[J]. 中共南昌市委党校学报,
　　(2):34-37.

韩瑞梅,姚亦淳,韩瑞清. 1995. 哈素海富营养化及防治对策[J]. 内蒙古农牧学院学报,16(2):
　　78-82.

贺晓英,贺缠生. 2008. 北美五大湖保护管理对鄱阳湖发展之启示[J]. 生态学报,28(12):

6235-6242.

胡春华,周文斌,王毛兰,等.2010.鄱阳湖氮磷营养盐变化特征及潜在性富营养化评价[J].湖泊科学,22(5):723-728.

胡会峰,徐福留,赵臻彦,等.2003.青海湖生态系统健康评价[J].城市环境与城市生态,16(3):71-73.

胡茂林,吴志强,刘引兰,等.2009.在鄱阳湖南矶山自然保护区建立鲤、鲫种质资源库的可行性探讨[J].海洋湖沼通报,(1):129-134.

胡四一.2009.对鄱阳湖水利枢纽工程的认识和思考[J].水利水电技术,40(8):2-3.

胡振鹏,葛刚,刘成林,等.2010.鄱阳湖湿地植物生态系统结构及湖水位对其影响研究[J].长江流域资源与环境,19(6):597-605.

胡振鹏.2009.调节鄱阳湖枯水位维护江湖健康[J].江西水利科技,35(2):82-86.

黄成才.2004.论中国的湿地保护与管理[J].林业资源管理,(5):36-39.

黄国勤.2006.论鄱阳湖区生态安全与生态建设[J].科技导报,24(1):73-78.

黄志杰.1983.大力节约能源消耗[J].中国能源,(1):1-2.

姬鹏程,孙长学.2009.鄱阳湖生态经济区建设的体制机制创新[J].鄱阳湖学刊,(3):14-21.

简敏菲,弓晓峰,游海.2003.鄱阳湖流域重金属污染对湖区湿地生态功能的影响及防治对策[J].江西科学,21(3):230-234.

江西省鄱阳湖鸟类考察队.1998.江西省鄱阳湖地区的鸟类区系组成及分析[J].四川动物,(1):13-16.

姜宏瑶,温亚利.2010.我国湿地保护管理体制的主要问题及对策[J].林业资源管理,(3):1-5.

姜加虎,窦鸿身,苏守德.2009.江淮中下游淡水湖群[M].武汉:长江出版社.

姜加虎,黄群,孙占东.2006.长江流域湖泊湿地生态环境状况分析[J].生态环境,15(2):424-429.

姜加虎,黄群.1997.三峡工程对鄱阳湖水位影响研究[J].自然资源学报,(3).

姜加虎,王苏民.2004.长江流域水资源、灾害及水环境状况初步分析[J].第四纪研究,24(5):512-517.

金斌松,聂明,李琴,等.2012.鄱阳湖流域基本特征、面临挑战和关键科学问题.长江流域资源与环境,21(3):265-275.

金相灿,胡小贞,储昭升,等.2011."绿色流域建设"的湖泊富营养化防治思路及其在洱海的应用[J].环境科学研究,24(11):1203-1209.

金相灿,胡小贞.2010.湖泊流域清水产流机制修复方法及其修复策略[J].中国环境科学,30(3):374-379.

金相灿,刘鸿亮,屠清瑛,等.1990.中国湖泊富营养化[M].北京:中国环境科学出版社.

金相灿,倪栋,王圣瑞,等.2009.完善环境影响评价公众参与的初步研究[J].环境监控与预警,12(1):46-49.

金相灿,王圣瑞,席海燕,2012.湖泊生态安全及其评估方法框架[J].环境科学研究,25(4):357-362.

金相灿.1995.中国湖泊环境[M].北京:海洋出版社.

金志民,杨春文,金建丽,等. 2009. 镜泊湖水质及富营养化现状调查[J]. 水资源保护,25(6):
56-57.

李东. 2009. 基于水资源综合管理的公众参与研究[D]. 长春:吉林大学.

李凤山,刘观华,吴建东,等. 2011. 鄱阳湖湿地和水鸟的生态研究[M]. 北京:科学普及出版社.

李恒全. 2003. 学术书评——H. 钱纳里等《工业化和经济增长的比较研究》[J]. 学海(4).

李京文,刘治彦. 2009. 全国区域发展格局中的鄱阳湖生态地位取向分析. 鄱阳湖,1:10-17.

李立人,王雪冬. 2003. 乌伦古湖水质现状及污染防治对策[J]. 干旱环境监测,17(2):102-106.

李琴,金斌松,陈家宽. 2012. 鄱阳湖流域的基本特征、面临威胁以及政府的保护行动[J]. 鄱阳湖
学刊,2:51-55.

李荣昉. 2008. 关于水利怎样为环鄱阳湖生态经济区建设服务的思考[J]. 江西水利科技,(5).

李世杰,窦鸿身,舒金华,等. 2012. 我国湖泊水环境问题与水生态系统修复的探讨[J]. 中国水
利,13:14-17.

李世杰. 2008. 我国主要湖泊八成受到污染[EB/OL]. http://news. h2o-china. com/html/2008/
07/728041214962929_1. shtml. [2008-07-02].

廖奇志,谈昌莉,张仲伟. 2009. 鄱阳湖湿地保护和修复措施研究[J]. 人民长江,40(19):15-17.

林联盛,夏雨,刘木生,等. 2009. 鄱阳湖水生态监测现状与监测体系的思考[J]. 江西科学,
27(4):510-516.

刘鸿亮. 2011. 湖泊富营养化控制[M]. 北京:中国环境科学出版社.

刘吉峰,吴怀河. 2008. 中国湖泊水资源现状与演变分析[J]. 黄河水利职业技术学院学报,
20(1):1-4.

刘青,鄢帮有,葛刚,等. 2012. 鄱阳湖湿地生态修复理论与实践[M]. 北京:科学出版社.

刘文标. 2007. 三峡水库运行初期对鄱阳湖汛期高水位变化趋势的影响研究[D]. 南昌大学.

刘信中,樊三宝,胡斌华. 2002. 江西南矶山湿地自然保护区综合科学考察[R].

刘耀彬,蔡潇,姚成胜. 2010. 城市河湖水域生态服务功能价值评价的研究现状与进展[J]. 安徽
农业科学,38(25):13936-13939.

刘影. 2003. 平垸行洪退田还湖对鄱阳湖区防洪形势的影响分析[J]. 江西科学,21(3):235-238.

刘永,郭怀成. 2008. "湖泊-流域"生态系统管理研究[M]. 北京:科学出版社.

刘永,郭怀成,黄凯,等. 2007. 湖泊-流域生态系统管理的内容和方法[J]. 生态学报,27(12),
5352-5360.

刘永,郭怀成. 2004. 湖泊生态系统健康评价方法研究[J]. 环境科学学报,24(4):723-729.

卢玲,刘永,赵彩霞,等. 2002. 黑龙江绥芬河兴凯湖渔业水域水质及评价[J]. 水产学杂志,
15(2):69-73.

卢玲,赵彩霞,陈中祥,等. 2011. 兴凯湖水域水体氮、磷含量特征及潜在性富营养化评价[J]. 黑
龙江科学,2(3):1-3.

吕兰军. 1994. 鄱阳湖水及其沉积物中的重金属调查[J]. 上海环境科学,13(5):17-21.

吕兰军. 1994. 鄱阳湖重金属污染现状调查与分析[J]. 人民长江,25(4):32-38.

罗静伟,郑博福,钱万友,等. 2010. 基于生态安全的鄱阳湖湿地管理模式[J]. 安徽农业科学,38
(36):20880-20882.

马龙,吴敬禄.2011.30多年来干旱区柴窝堡湖演化特征及其环境效应[J].干旱区地理,34(4):650-653.

马荣华,杨桂山,段洪涛,等.2011.中国湖泊的数量、面积与空间分布[J].中国科学:地球科学,41(3):394-401.

闵骞,刘影,马定国.2006.退田还湖对鄱阳湖洪水调控能力的影响[J].长江流域资源与环境,15(5):574-578.

闵骞,谭国良,金叶文.2009.鄱阳湖生态系统主要问题与调控对策[J].中国水利,11:44-47.

闵骞.2000.近50年鄱阳湖形态和水情的变化及其与围垦的关系[J].水科学进展,11(1):76-81.

闵骞.2004.鄱阳湖退田还湖及其对洪水的影响[J].湖泊科学,9(16):215-222.

欧阳珊,詹诚,陈堂华,等,2009.鄱阳湖大型底栖动物物种多样性及资源现状评价[J],南昌大学学报(工科版),31(1):9-13.

饶建平,易敏,符哲,等.2011.洞庭湖水质变化趋势的研究[J].岳阳职业技术学院学报,26(3):53-57.

申锐莉,鲍征宇.2007.洞庭湖湖区水质时空演化(1983—2004年)[J].湖泊科学,19(6):677-682.

施雅风,曲耀光.1989.柴窝堡达坂城地区水资源与环境[M].北京:科学出版社:11-35.

史小红,李畅游,贾克力.2007.乌梁素海污染现状及驱动因子分[J].环境科学与技术,30(4):37-39.

苏布达,姜彤,董文杰.2008.长江流域极端强降水分布特征的统计拟合.气象科学,28(6):625-629.

孙宁涛,李俊涛.2007.城市湖泊以生态系统服务功能及其保护[J].安徽农业科学,35(22):6885-6886

孙晓山.2009.加强流域综合管理 确保鄱阳湖一湖清水[J].江西水利科技,(35)2:87-92.

涂业苟,俞长好,黄晓凤,等.2009.鄱阳湖区域越冬雁鸭类分布与数量.江西农业大学学报,31(4):760-764.

万金保,蒋胜韬.2005.鄱阳湖水质分析及保护对策[J].江西师范大学学报(自然科学版),29(3):260-263

万金保,蒋胜韬.2006.鄱阳湖水环境分析及综合治理[J].水资源保护,22(3):24-27.

王耕,王利,吴伟.2007.区域生态安全概念及评价体系的再认识[J].生态学报,27(4):1627-1637.

王毛兰,胡春华,周文斌.2008.丰水期鄱阳湖氮磷含量变化及来源分析[J].长江流域资源与环境,17(1):138-142.

王苏民,窦鸿身.1998.中国湖泊志[M].北京:科学出版社.

王晓鸿,鄢帮有,吴国琛.2006.山江湖工程[M].北京:科学出版社.

王晓鸿.2004.鄱阳湖湿地生态系统评估[M].北京:科学出版社.

魏卓,王丁,张先锋,等.2002.长江八里江江段江豚种群数量、行为及其活动规律与保护,长江流域资源与环境,11(5):427-432.

吴龙华.2007.长江三峡工程对鄱阳湖生态环境的影响研究[J].水利学报,10:586-591.

夏黎莉,周文斌.2007.鄱阳湖水体氮磷污染特征及控制对策[J].江西化工,(1):105-106.

夏少霞,于秀波,范娜.2010.鄱阳湖越冬季候鸟栖息地面积与水位变化的关系[J].资源科学, 32(11):2072-2078.

肖笃宁,陈文波,郭福良.2002.论生态安全的基本概念和研究内容[J].应用生态学报,13(3): 354-358.

肖强,郑海雷,叶文景,等.2005.水淹对互花米草生长及生理的影响[J].生态学杂志,24(9): 1025-1028.

肖霞云,羊向东,沈吉,等.2005.陕西红碱淖近百年来的孢粉记录及环境变化[J].湖泊科学, 17(1):28-34.

谢屹,温亚利,牟锐.2009.基于人与自然和谐发展的湿地保护研究[J].北京林业大学学报(社会 科学版),8(2):29-32.

熊小英,胡细英.2002.鄱阳湖渔业资源开发及其可持续利用[J].江西水产科技,92:7-11.

徐海量,陈亚宁,李卫红.2003.博斯腾湖湖水污染现状分析[J].干旱区资源与环境,17(3): 95-97.

徐荟华,夏鹏飞.2006.国外流域管理对我国的启示[J].水利发展研究,(5):56-57.

许继军,陈进.2009.鄱阳湖口生态水利工程方案探讨.人民长江,(3).

许其功,曹金玲,高如泰,等.2011.我国湖泊水质恶化趋势及富营养化控制阶段划分[J].环境科 学与技术,34(11):147-151.

许文杰,许士国.2008.湖泊生态系统健康评价的熵权综合健康指数法[J].水土保持研究, 15(1):125-127.

鄢帮有,刘青,万金保,等.2010.鄱阳湖生态环境保护与资源利用技术模式研究.长江流域资源 与环境,19(6):614-618.

鄢帮有,谭晦如,刑久生.2004.鄱阳湖水环境承载力分析[J]。江西农业大学学报,26(6): 931-935.

鄢帮有.2004.鄱阳湖湿地生态系统服务功能价值评估[J].资源科学,26(3):61-68.

杨桂山,马荣华,张路,等.2010.中国湖泊现状及面临的重大问题与保护策略[J].湖泊科学, 22(6):799-810.

杨国兵.2003.洞庭湖水质污染状况及综合评价.中国水利学会2003年学术年会论文集: 633-636.

杨健,肖文,匡新安,等.2000.洞庭湖、番仔阳湖白鳍豚和长江江豚的生态学研究[J].长江流域 资源与环境,9(4):444-450.

杨励君,刘铭富,刘良源.2009.加强鄱阳湖生态经济区环境保护的建议[J].江西农业学报, 21(1):131-133.

杨荣俊,杨志诚.2009.粮食安全与鄱阳湖流域粮食可持续发展[J].鄱阳湖,3:22-28.

尹立河,张茂省,董佳秋.2008.基于遥感的毛乌素沙地红碱淖面积变化趋势及其影响因素分析 [J].地质通报,27(8):1151-1156.

游文荪,丁惠君,许新发.2009.鄱阳湖水生态安全现状评价与趋势研究.长江流域资源与环境, 18(12):1173-1180.

于成龙,袁力龚,文峰. 2010. 基于 GIS 和 RS 兴凯湖国家级自然保护区景观时空格局变化[J]. 东北林业大学学报,38(6):53-56.

于凌飞. 2009. 不同生活型水生植物对水位波动的生态适应[D]. 武汉:武汉大学.

余达淮,贾礼伟. 2010. 鄱阳湖人湖和谐发展的问题与对策[J]. 江西水利科技,36(3):196-200.

余国营,刘永定,丘昌强,等. 2000. 滇池水生植被演替及其与水环境变化关系[J]. 湖泊科学, 12(1):73-80.

余进祥,刘娅菲,钟小兰. 2009. 鄱阳湖水环境承载力及主要污染源研究[J]. 江西农业学报, 21(3):90-93.

袁龙义,李伟. 2008. 水深和基质对鄱阳湖刺苦草冬芽分布的影响[J]. 长江大学学报(自然科学版),5(1):55-58.

曾海鳌,吴敬禄. 2010. 蒙新高原湖泊水质状况及变化特征[J]. 湖泊科学,22(6):882-887.

张本. 1988. 鄱阳湖区国土资源综合评价和开发整治战略[J]. 自然资源学报,(3):215-225.

张本. 1989. 鄱阳湖自然资源及其特征. 自然资源学报,4(4):308-318.

张际春,楚立松. 2008. 中国物流产业发展的现实问题及对策研究[J]. 中国高新技术企业,(12): 17-18.

张建平,胡随喜. 2008. 博斯腾湖矿化度现状分析[J]. 干旱环境监测,22(1):19-24.

张建云,章四龙,王金星. 2007. 近 50 年来中国六大流域年际径流变化趋势研究. 水科学进展, 18(2):230-234.

张鹏,郑垂勇,田泽. 2009. 我国主要旅游城市生态安全评价及差异分析[J]. 科技管理研究,(7): 141-144.

张晓宇,窦世卿. 2006. 我国水资源管理现状及对策[J]. 自然灾害学报,15(3):91-95.

张兴奇,秋吉康弘,黄贤金. 2006. 日本琵琶湖的保护管理模式及对江苏省湖泊保护管理的启示 [J]. 资源科学,11(6):39-45.

张跃贵. 2008. 论从地税角度促进环鄱阳湖生态经济区建设[J]. 当代经济,(17):96-100.

张振克,杨达源. 2001. 中国西北干旱区湖泊水资源-环境问题与对策[J]. 干旱区资源与环境, 15(2):7-10.

赵峰,鞠洪波,张怀清,等. 2009. 国内外湿地保护与管理对策[J],世界林业研究,22(2):22-27.

赵峰. 2009. 武汉市浅水湖泊生态系统健康评价指标重要度分析[J]. 工业安全与环保,35(12): 31-33.

赵其国,黄国勤,钱海燕. 2007. 鄱阳湖生态环境与可持续发展[J]. 土壤学报,44(2):318-326.

赵志凌,黄贤金,钟太洋,等. 2009. 我国湖泊管理体制机制研究——以江苏省为例[J]. 经济地理,29(1):74-79.

中国环境科学研究院,等. 2012. 湖泊生态安全调查与评估[M]. 北京:科学出版社.

中国环境与发展国际合作委员会. 2010. 提高水生态系统服务功能的政策框架研究[R].

Asaed A T, Hung L Q. 2007. Internal heterogeneity of ramet and flower densities of *Typha angustifolia* near the boundary of the stand[J]. Wetlands Ecology and Management, 15(2): 155-164.

Barrat-Segretain M H, Bornette G, Hering-Vilas-Boas A. 1998. Comparative abilities of vegetative regeneration among aquatic plants growing in disturbed habitats[J]. Aquatic Botany,60(3): 201-211.

Blindow I,Hargeby A,Andersson G. 1998. Alternative stable states in shallow lakes:What causes a shift? [J]. Ecological Studies,131:353-360.

Chenery H,Robinson S,Syrquin M. 1986. Industrialization and Growth: A Comparative Study [M]. Oxford:Oxford University Press.

Cooling M P,Ganf G G,Walker K F. 2001. Leaf recruitment and elongation:An adaptive response to flooding in *Villarsia reniformis*[J]. Aquatic Botany,70(4):281-294.

Coops H,Beklioglu M,Crisman T L. 2003. The role of water-level fluctuations in shallow lake ecosystems-workshop conclusions[J]. Hydrobiologia,506-509 (1-3):23-27.

Costanza R,Arge R,Groot R,et al. 1997. The value of the world's ecosystem services and natural capital [J]. Nature,386:253-260.

Costanza R, Mageau M. 1999. What is a healthy ecosystem ? [J]. Aquatic Ecology, 33 (1): 105-115.

Costanza R. 1998. Special section:Forum on valuation of ecosystem services. The value of ecosystem services[J]. Ecological Economics,25(2):1-2.

Depoe S P,Delicath J W,Elsenbeer M A. 2004. Communication and Public Participation in Environmental Decision Making[M]. Albany,NY:State of University of New York Press.

Dungumaro E W,Madulu N F. 2003. Public participation in integrated water resources management:The case of Tanzania[J]. Physics and Chemistry of the Earth,(28):1009-1014.

Haskell B D, Norton B G,Costanza R. 1992. What Is Ecosystem Health and Why Should We Worry about It[M]. Washington DC:Island Press:3-20.

Havens K E. 2003. Submerged aquatic vegetation correlations with depth and light attenuating materials in a shallow subtropical lake [J]. Hydrobiologia,493(1-3):173-186.

Henry C P, Amoros C,Bornette G. 1996. Species traits and recolonization processes after flood disturbances in riverine macrophytes [J]. Vegetatio,122(1):13-27.

Karr J R,Fausch K D, Angermeier P L. 1986. Assessing Biological Integrity in Running Water Waters:A Method and Its Rationale[M]. Champaign:Illinois Natural History Survey.

Keddy P A,Reznikek A A. 1986. Great lakes vegetation dynamics:The role of fluctuating water levels and buried seeds [J]. Journal of Great Lakes Research,12(1):25-36.

Lee B J. 1982. An ecological comparison of the McHarg method with other planning initiatives in the Great Lakes Basin [J]. Landscape and Planning,9(2):147-169.

Li M,Hou G,Yang D,et al. 2010. Photosynthetic traits of *Carex cinerascens* in flooded and non-flooded conditions[J]. Photosynthetica,48(3):370-376.

Luijten J C,Knapp E B,Jones J W. 2001. A tool for community-based assessment of the implications of development on water security in hillside watersheds[J]. Agricultural Systems,70: 603-622.

Macek P,Rejmankova E,Houdkova K. 2006. The effect of long-term submergence on functional properties of *Eleocharis cellulosa* Torr. [J]. Aquatic Botany,84(3):251-258.

Manzur E M,Grimoldi A A,Insausti P. 2009. Escape from water or remain quiescent? Lotus tenuis changes its strategy depending on depth of submergence [J]. Annals of Botany,104 (6):1163-1169.

Marion L. 2001. Water level fluctuations for managing excessive plant biomass in shallow lakes [J]. Ecological Engineering,37(2):241-247.

Matsui S,Ide S,Ando M. 1995. Lakes and reservoirs:Reflecting waters of sustainable use[J]. Water Science and Technology,32(7):221-224.

Mcmahon T A,Finlayson B L. 2003. Droughts and anti-droughts:The low-flow hydrology of Australian rivers [J]. Freshwater Biology,48(7):1147-1160.

Middelboe A L,Markager S. 1997. Depth limits and minimum light requirements of freshwater macrophytes [J]. Freshwater Biology,37(3):553-568.

Mitsch W J,Gosselink J G. 2000. Wetlands[M]. New York,USA:Wiley.

Mitsch W J. 1994. Wetlands of the old and new world:Ecology and management[M]//Mitsch W J. Global Wetlands:Old World and New. Amseterdam:Elsevier.

Nishihiro J,Miyawaki S,Fujiwara N,et al. 2004. Regeneration failure of lakeshore plants under an artificially altered water regime [J]. Ecological Research,19(6):613-623.

Rapport D J,Costanza R,Mc Michael A J. 1998. Assessing ecosystem health [J]. Trends in Ecology and Evolution,13(10):397-402.

Rapport D J,Whitford W G. 1999. How ecosystem respond to stress:Common properties of arid and aquatic systems[J]. Bioscience ,49(3):193-203.

Rubec C D A. 1994. Canada s federal police on wetland conservation:A global model [M]// Mitsch W J. Global Wetlands:Old World and New. Amsterdam:Elsevier.

Santos A M,Esteves F A. 2002. Primary production and mortality of *Eleocharis interstincta* in response to water level fluctuations [J]. Aquatic Botany,74(3):189-199.

Santos A M, Esteves F A. 2004. Influence of water level fluctuation on the mortality and aboveground biomass of the aquatic macrophyte *Eleocharis interstincta* (VAHL)Roemer *et* Schults [J]. Brazilian Archives of Biology and Technology,47(2):281-290.

Shibayama Y,Kadono Y. 2007. The effect of water-level fluctuations on seedling recruitment in an aquatic macrophyte *Nymphoides indica* (L.)Kuntze (Menyanthaceae) [J]. Aquatic Botany,87(4):320-324.

Sorrell B K,Tanner C C. 2000. Convective gas flow and internal aeration in *Eleocharis sphacelata* in relation to water depth [J]. Journal of Ecology,88(5):778-789.

Sousa Z W T,Thomaz M S,Murphy J K. 2010. Response of native *Egeria najas* Planch. and invasive *Hydrilla verticillata* (L. f.) Royle to altered hydroecological regime in a subtropical river [J]. Aquatic Botany,92(1):40-48.

Van der Valk A G. 2005. Water-level fluctuations in North American prairie wetlands [J]. Hydrobiologia,539(1):171-188.

Van Geest G J,Coops H,Roijakers R M M,et al. 2005. Succession of aquatic vegetation driven by reduced water-level fluctuations in floodplain lakes [J]. Journal of Applied Ecology,42(2): 251-260.

Vretare V,Weisner S E B,Strand J A,et al. 2001. Phenotypic plasticity in *Phragmites australis* as a functional response to water depth [J]. Aquatic Botany,69(2-4):127-145.

Wallsten M,Forsgren P O. 1989. The effects of increased water level on aquatic macrophytes [J]. Journal of Aquatic Plant Management,27:32-37.

Wantzen K M,Rothhaupt K O,Mörtl M,et al. 2008. Ecological effects of water-level fluctuations in lakes:An urgent issue [J]. Hydrobiologia,613(204):1-4.

White S D,Deegan B M,Ganf G G. 2007. The influence of water level fluctuations on the potential for convective flow in the emergent macrophytes *Typha domingensis* and *Phragmites australis*[J]. Aquatic Botany,86(4):369-376.

Yang Y Q,Yu D,Li Y K,et al. 2004. Phenotypic plasticity of two submersed plants in responses to flooding [J]. Journal of Freshwater Ecology,19:69-76.

Yu L F,Yu D. 2011. Differential responses of the floating-leaved aquatic plant *Nymphoides peltata* to gradual versus rapid increases in water levels [J]. Aquatic Botany,94(2):71-76.

Zhao J Z,J A H Y. 2008. Strategies for the sustainable development of Lugu Lake region [J]. International Journal of Sustainable Development and World Ecology,15(1):71-79.

Zhu G R,Zhang M,Li W,et al. 2012. Adaptation of submerged macrophytes to both water depth and flood intensity as revealed by their mechanical resistance [J]. Hydrobiologia,696(1): 77-93.